“十二五”国家重点图书出版规划项目

先进制造理论研究与工程技术系列

FINITE ELEMENT ANALYSIS OF MECHANICAL STRUCTURE

机械结构有限元分析

（第2版）

张文志　韩清凯　刘亚忠　戚向东　编著

哈爾濱工業大學出版社
HARBIN INSTITUTE OF TECHNOLOGY PRESS

内 容 摘 要

本书对机械结构有限单元法的基本概念、力学模型和数值方法及其在工程中的应用进行了较全面系统的论述。内容除包括线性弹性力学基本问题有限元法，即除介绍平面、空间、轴对称问题和薄板弯曲问题外，还介绍了结构动力学分析、温度场和热应力问题。为适应部分学校机械类专业研究生应用，还对几何与物理非线性有限元法的基础知识进行了较深入和适用性的讨论。

本书可作为工科院校机械类本科生和研究生的教材，也可供相关专业工程设计和研究人员学习参考。

Abstract

This book systematically discusses the FEM basic conception, mechanical mode, numerical method and application in engineering. It contains FEM of plane, space, axial symmetry and sheet bending problem, additionally, it introduce the FEM of structure dynamics, the temperature field and thermal stress. Also, it deeply discusses the fundamental knowledge of nonlinear finite element of the geometrically nonlinear, physically nonlinear problems, in order to meet the need of the postgraduate′s study in the mechanical disciplines.

This book is written for the college students and postgraduates of the mechanical disciplines. And it can also be used as reference for engineers who are engaged in the mechanically engineering design and research.

图书在版编目(CIP)数据

机械结构有限元分析/张文志等编著. —2 版. —哈尔滨:哈尔滨工业大学出版社,2016.8(2023.6 重印)
ISBN 978 - 7 - 5603 - 6151 - 2

Ⅰ.①机… Ⅱ.①张… Ⅲ.①机械设计-有限元分析
Ⅳ.TH122

中国版本图书馆 CIP 数据核字(2016)第 182865 号

责任编辑 张 荣
封面设计 卞秉利
出版发行 哈尔滨工业大学出版社
社 址 哈尔滨市南岗区复华四道街 10 号 邮编 150006
传 真 0451 - 86414749
网 址 http://hitpress.hit.edu.cn
印 刷 哈尔滨市工大节能印刷厂
开 本 787 mm×1 092 mm 1/16 印张 17.75 字数 432 千字
版 次 2016 年 8 月第 2 版 2023 年 6 月第 4 次印刷
书 号 ISBN 978 - 7 - 5603 - 6151 - 2
定 价 38.00 元

总　序

自1999年教育部对普通高校本科专业设置目录调整以来,各高校都对机械设计制造及其自动化专业进行了较大规模的调整和整合,制定了新的培养方案和课程体系。目前,专业合并后的培养方案、教学计划和教材已经执行和使用了几个循环,收到了一定的效果,但也暴露出一些问题。由于合并的专业多,而合并前的各专业又有各自的优势和特色,在课程体系、教学内容安排上存在比较明显的"拼盘"现象;在教学计划、办学特色和课程体系等方面存在一些不太完善的地方;在具体课程的教学大纲和课程内容设置上,还存在比较多的问题,如课程内容衔接不当、部分核心知识点遗漏、不少教学内容或知识点多次重复、知识点的设计难易程度还存在不当之处、学时分配不尽合理、实验安排还有不适当的地方等。这些问题都集中反映在教材上,专业调整后的教材建设尚缺乏全面系统的规划和设计。

针对上述问题,哈尔滨工业大学机电工程学院从"机械设计制造及其自动化"专业学生应具备的基本知识结构、素质和能力等方面入手,在校内反复研讨该专业的培养方案、教学计划、培养大纲、各系列课程应包含的主要知识点和系列教材建设等问题,并在此基础上,组织召开了由哈尔滨工业大学、吉林大学、东北大学等9所学校参加的机械设计制造及其自动化专业系列教材建设工作会议,联合建设专业教材,这是建设高水平专业教材的良好举措。因为通过共同研讨和合作,可以取长补短、发挥各自的优势和特色,促进教学水平的提高。

会议通过研讨该专业的办学定位、培养要求、教学内容的体系设置、关键知识点、知识内容的衔接等问题,进一步明确了设计、制造、自动化三大主线课程教学内容的设置,通过合并一些课程,可避免主要知识点的重复和遗漏,有利于加强课程设置上的系统性、明确自动化在本专业中的地位、深化自动化系列课程内涵,有利于完善学生的知识结构、加强学生的能力培养,为该系列教材的编写奠定了良好的基础。

本着“总结已有、通向未来、打造品牌、力争走向世界”的工作思路，在汇聚多所学校优势和特色、认真总结经验、仔细研讨的基础上形成了这套教材。参加编写的主编、副主编都是这几所学校在本领域的知名教授，他们除了承担本科生教学外，还承担研究生教学和大量的科研工作，有着丰富的教学和科研经历，同时有编写教材的经验；参编人员也都是各学校近年来在教学第一线工作的骨干教师。这是一支高水平的教材编写队伍。

这套教材有机整合了该专业教学内容和知识点的安排，并应用近年来该专业领域的科研成果来改造和更新教学内容、提高教材和教学水平，具有系列化、模块化、现代化的特点，反映了机械工程领域国内外的新发展和新成果，内容新颖、信息量大、系统性强。我深信：这套教材的出版，对于推动机械工程领域的教学改革、提高人才培养质量必将起到重要推动作用。

蔡鹤皋
哈尔滨工业大学教授
中国工程院院士
丁酉年8月

前　　言

自从 1960 年 Clough 提出“有限单元法”的名称以来,有限单元法的理论研究工作与应用技术得到了迅速而蓬勃的发展。有限单元法是当今科学技术发展和工程分析中获得最广泛应用的数值方法之一。由于它的通用性和有效性,受到工程技术界的高度重视,它不仅已经成为机械结构分析中必不可少的工具,而且能够应用于连续介质力学的各类问题而成为现象分析的一种手段。伴随着计算机科学和技术的快速发展,现已成为计算机辅助设计(CAD)与计算机辅助制造(CAM)工程和数值仿真的重要组成部分。

对于复杂的机械结构的静态、动态与热态,线性与非线性或稳定性计算分析,采用有限元法借助计算机运算,均可获得满意的结果。有限元结构分析与计算机图形、优化技术、可靠性计算等相结合形成完整的计算机辅助设计与辅助制造系统。此外,有限元法已经从固体力学领域扩展到流体力学、传热学、电磁场等其他领域。

到目前为止,虽然在应用技术上已开发出很多商业化的有限元分析软件以及以有限元方法为核心的大型通用结构分析程序系统,一般结构分析问题均可采用通用程序或专用程序求解,但在深化理论基础、构造优质单元、扩展应用范围、提高计算效率与精度,特别是对复杂系统的过程模拟或仿真计算、多场耦合分析等方面仍有研究和发展的巨大空间和面临重大挑战。

当代从事机械设计与制造等的机械工程技术人员必须具备有限元法方面的知识。无论是为了合理使用或开发通用程序、准备数据和正确分析计算结果,以及对现有软件的二次开发,都必须掌握有限元法的基本原理和方法。

本书的编写意在给予学生关于机械结构有限元分析的全面系统的概念、原理和方法,深刻地理解有限元法的数学力学基础,能比较全面地掌握机械结构分析各类问题的理论和方法,以便正确地构造单元和建立有限元分析模型,从而为能有效地开发分析程序或利用现有软件进行结构分析建立坚实可靠的基础。

本书是为工科院校机械工程各专业学生学习有限元法而编写的,我们在编写中结合以往的教学经验,力求做到由浅入深,难点分散,循序渐进,从物理概念上说明问题。本书未引入典型程序,读者可根据各自的情况采用合适的计算程序。

全书共十章,内容分三部分:即基本部分、专题部分和提高部分。第 1 ~4 章为基本部分;第 5 ~7 章为专题部分;第 8 ~10 章为提高部分。书的内容比较广泛,在讲授中可以根据专业需要做适当的选择。在深度上还有一定的伸缩性,所以本书既适用于机械类专业的高年级本科生,提高部分又可作为机械工程学科研究生的教学内容。

本书由燕山大学张文志教授、东北大学韩清凯教授、哈尔滨工业大学刘亚忠副教授、燕山大学戚向东副教授主编；燕山大学杜凤山教授主审。书中第 1 ~ 3 章由韩清凯教授编写；第 5、6 章由刘亚忠副教授编写；第 4、7 章由戚向东副教授编写；第 8 ~ 10 章由张文志教授编写。杜凤山教授认真而详细地审阅了全部书稿，并提出许多宝贵意见。燕山大学机械学院的博士生董志奎、硕士生张娜为本书出版做了许多有益的工作，在此一并表示感谢。另外，本书在编写过程中参考了许多文献，在此向其作者表示衷心感谢。限于我们的水平，书中难免有不妥之处，欢迎读者予以批评指正。

编著者

2006 年 2 月

第2版前言

有限单元法是当今科学技术发展和工程分析中应用最广泛的数值方法,由于它的通用性和有效性,受到了工程技术界的高度重视。伴随计算机科学和技术的快速发展,有限单元法已成为机械设计、制造、计算机辅助工程和数值仿真的重要组成部分,为机械工程创新性研究开发提供可靠的数据和方案,是机械工程数值分析强有力的工具,同时它在几乎所有的工业领域中也发挥着其他研究方法无可替代的作用。编写本教材的意图意在给予学生关于机械结构有限元分析的全面和系统的基本概念、原理和方法,深刻地理解有限元方法的数学力学基础,掌握有限元方法分析各类机械结构问题的理论和方法,以便能正确地构造单元和建立有限元分析模型,从而为能有效地分析实际工程问题和开发程序,或为利用现有软件进行结构分析以及对现有软件的二次开发,建立坚实可靠的基础。不熟练掌握有限元的基础理论和方法,是不能成功地完成上述理论研究和工程实践任务的。

本教材的内容比较广泛,目的是使该教材基础部分(第1~4章)适合于本科学生,而专题(第5~7章)与提高部分(第8~11章)适合研究生教学。这次再版,我们根据近10年来使用该教材过程中遇到的一些问题和教学体会,做了一些删减和修改补充,在第3章中,原来为了学习基础知识而在计算实例中编写了一些MATLAB程序,考虑这对有限元学习并无大的帮助,这次改版将之删除,实例教学方面教师可以通过实验课用典型的通用程序指导学生学习。考虑到专业不同的学生,即学过弹性力学和没有学过弹性力学的学生,本书都能给予弹性力学的基础知识,对没学过弹性力学的学生用来讲解这方面的基础理论,对已学过弹性力学的学生,可以将本书简要介绍的弹性力学的基础理论作为复习资料以便熟悉本书用到的参数符号,所以保留第2章是必要的。第11章阐述的接触问题是边界非线性的重要问题,对于机械结构来说是非常普遍与重要的问题,可以说加入了这一章,我们的教材内容,关于机械结构问题的主要方面基本都包括了。本书论述的是线性和非线性有限元的基本原理和基本方法,所以不追求数学和力学中更深的理论,不讨论计算程序和工程应用,而是想在理论基础与工程计算之间起一个媒介作用。对于非线性部分内容教师可以根据学生(主要是研究生)所在机械工程学科中各不同的专业特点进行取舍。

本书再版仍由原编著者修改编写,第1~3章由韩清凯教授和张文志教授编写,第5、6章由刘亚忠教授编写,第4、7、11章由戚向东教授编写,第8~10章由张文志教授编写。

我们编写此书参考了许多文献,在此向其作者表示衷心感谢。限于水平,书中仍会有不妥与疏忽之处,望请教师、学生与广大读者给予批评和指正。

编著者

2015年11月

目　录

第1章 绪　论

1.1 有限单元法简介

1.1.1 有限单元法的简介

有限单元法(finite element method, 简称FEM)是求解数理方程的一种数值计算方法,是将弹性理论、计算数学和计算机软件有机结合在一起的一种数值分析技术,是解决工程实际问题的一种有力的数值计算工具。由于这一方法灵活、快速和有效,因而迅速发展成为求解各领域数理方程的一种通用的近似计算方法。目前,有限单元法在许多科学技术领域和实际工程问题中都得到了广泛的应用,如机械制造、材料加工、航空航天、土木建筑、电子电气、国防军工、船舶、铁道、汽车和石化能源等,并受到了普遍重视。现有的商业化有限元软件已经成功应用于固体力学、流体力学、热传导、电磁学、声学和生物力学等领域,能够求解由杆、梁、板、壳和块体等各类单元构成的弹性(线性和非线性)、弹塑性或塑性问题(包括静力和动力问题),求解各类场分布问题(流体场、温度场、电磁场等的稳态和瞬态问题),求解水流管路、电路、润滑、噪声以及固体、流体、温度相互作用等问题。

有限单元法的主要思想,是对连续体的求解域(物体)进行单元剖分和分片近似,通过边缘结点相互连接而成为一个整体,然后用每一单元内所假设的近似场函数(如位移场或应力场等)来分片表示全求解域内的未知场变量,利用相邻单元公共结点场函数值相同的条件,将原来待求场函数的无穷自由度问题,转化为求解场函数结点值的有限自由度问题,最后采用与原问题等效的变分原理或加权余量法,建立求解场函数结点值的代数方程组或常微分方程组,并采用各种数值方法求解,从而得到问题的解答。

有限单元法具有如下优点:

①分析对象的几何形状适应性强。有限单元法可以处理任意的几何形状和一般的边界条件,还可以处理非均匀的和各向异性的材料,即可以处理由许多不同材料组成的、任意几何形状的对象。

②适用范围广。有限单元法的场函数选择灵活,一般能够应用于固体、流体、热传导、电磁学和声学等多种场问题的分析。

③较好的稳定性和收敛性。有限单元法的数学基础是积分形式的变分原理或加权余量法,把数理方程的求解等效成为定积分运算和线性代数方程组或常微分方程组的求解,只要保证数学模型的正确性和方程组求解算法的稳定性和收敛性,并选择收敛的单元形式,其近似解总能收敛于数学模型的精确解。

④便于计算机进行处理。有限单元法采用矩阵形式和单元组装方法,每一个步骤都

便于实现计算机软件模块化,有利于计算机软件的处理。

1.1.2 有限单元法的发展

从应用数学的角度考虑,有限单元法的基本思想可以追溯到20世纪40年代初,当时就有人尝试使用三角形区域定义分片连续函数并与最小位能原理相结合,以求解扭转问题。到了50年代中期,开始利用这种思想对飞机结构进行矩阵分析,其中基本思路是将整个结构视为由有限个力学小单元相互连接而形成的集合体,把每个单元的力学特性组合在一起以提供整体结构的力学特性。1960年,这一方法开始用于求解弹性力学的平面应力问题,并开始使用"有限单元法"这一术语,人们更清楚地认识到有限单元法的特性和功效。到20世纪70年代以后,随着计算机软件技术的发展,有限单元法也随之迅速地发展起来,相关方面发表的论文犹如雨后春笋,学术交流频繁,期刊、专著不断出现,可以说进入了有限单元法的鼎盛时期。大型有限元分析软件已成为现代工程设计中不可缺少的工具,并且与CAD等相结合,形成了大规模集成的CAE(计算机辅助工程分析)系统。发展到今天,工程技术人员使用有限单元法已经十分简便。例如,完成一项结构分析的主要内容,主要包括如何将复杂的工程实际问题加以简化、如何建立合理的计算力学模型,然后再按有限元程序的要求准备所需数据和信息,最后再检查计算结果是否合理等几个方面。

当前有限单元法的发展趋势是:

①需要建立更多新材料的单元形式,以适应工程实际中新材料和新复杂结构分析的需要,特别是复合材料、高分子材料、陶瓷材料、纳米材料、环境材料、智能材料和功能材料等;

②研究模拟复杂和极端载荷工况下的结构力学行为、结构非线性特性、多场耦合等问题,以及相应的自适应数值计算方法;

③加强与网络化CAD/CAM/CAE等大型软件的无缝集成,实现产品从设计、制造、运行直至失效的分析与模拟,以达到全面提高并保证产品综合质量的目标。

1.1.3 机械结构分析的有限单元法应用及有关软件

在机械结构的分析中,有限单元法的应用主要分为以下几个方面:

①静力学分析,即求解所受的外部载荷不随时间变化或随时间变化缓慢的机械系统平衡问题。

②模态分析,即求解关于系统的某种特征值或稳定值的问题。

③瞬态动力学分析,即求解所受的外部载荷随时间发生变化的动力学响应问题。

④非结构力学分析,主要有机械系统的热传导(温度场)、噪声分析与控制以及结构、热、噪声等多维场有限元耦合分析。

在机械结构分析的软件方面,最早的是美国国家宇航局(NASA)在1965年委托美国计算科学公司和贝尔航空系统公司开发的NASTRAN有限元分析系统,该系统发展到现在已有几十个版本。此外,比较知名的有限元分析软件有德国ASKA,英国PAFEC,法国SYSTUS,美国ABAQUS、ADINA、ANSYS、BERSAFE、BOSOR、COSMOS、ELAS、MARC、STARDYNE等。下面仅介绍几种当前比较流行的有限元软件系统。

①ANSYS。ANSYS是融结构、流体、电场、磁场和声场分析于一体的大型通用有限元

分析软件。其主要特点是具有较好的前处理功能,如几何建模、网格划分、参数设置等;具有分析计算模块,主要包括结构分析、流体动力学分析、电磁场分析、声场分析、压电分析以及多物理场的耦合分析,可以模拟多种物理介质的相互作用,具有灵敏度分析及优化分析能力;后处理的计算结果有多种显示和表达能力。ANSYS 软件系统主要包括 ANSYS/Multiphysics 多物理场仿真分析工具、LS-DYNA 显式瞬态动力分析工具、Design Space 设计前期 CAD 集成工具、Design Xploere 多目标快速优化工具和 FE-SAFE 结构疲劳耐久性分析等。ANSYS 已在工业界得到了较广泛的认可和应用。

②MSC/NASTRAN。MSC/NASTRAN 是在原 NASTRAN 基础上进行大量改进后的系列软件,主要包括 MSC. Patran 并行框架式有限元前后处理及分析系统、MSC. GS-Mesher 快速有限元网格、MSC. MARC 非线性有限元软件等。其中 MSC. MARC 具有较强的结构分析能力,可以进行线性和非线性结构分析,如线性/非线性静力分析,模态分析,简谐响应分析,频谱分析,随机振动分析,动力响应分析,静/动力接触,屈曲/失稳,失效和破坏分析等。它提供了丰富的结构单元、连续单元、特殊单元的单元库,几乎每种单元都具有处理大变形几何非线性、材料非线性和包括接触在内的边界条件非线性以及组合的高度非线性的能力。MARC 的结构分析材料库提供了模拟金属、非金属、聚合物、岩土、复合材料等多种线性和非线性复杂材料行为的材料模型。MARC 软件还提供了多种加载步长自适应控制技术,能够自动确定分析屈曲、蠕变、热弹塑性和动力响应的加载步长。此外,它还具有分析非结构场问题(温度场、流场、电场、磁场等)、模拟流-热-固、土壤渗流、声-结构、耦合电磁、电-热、电-热-结构以及热-结构等多种耦合场的能力。

③ADINA System。ADINA System 主要包括 ADINA、ADINAT 和 ADINAF,能够完成结构和流体流动分析。基本线性结构分析效率高,能够有效地考虑非线性效应,如几何非线性、材料非线性和接触状态等,对于流体能够计算可压缩和不可压缩流动,具有流体-结构全耦联分析功能。

④ABAQUS。ABAQUS 是能够解决线性分析和许多复杂的非线性分析问题的一个通用有限元软件。ABAQUS 带有丰富的单元库和材料模型库,可以模拟金属、橡胶、高分子材料、复合材料、钢筋混凝土,可压缩超弹性泡沫材料以及土壤和岩石等典型工程材料和地质材料。ABAQUS 还可以模拟热传导、质量扩散、热电耦合分析、声学分析、岩土力学分析(流体渗透/应力耦合分析)、压电介质分析等。ABAQUS 有两个主求解器模块(ABAQUS/Standard 和 ABAQUS/Explicit),对某些特殊问题还提供专用模块。ABAQUS 具有解决庞大复杂问题和模拟高度非线性问题的独特优点。

⑤COSMOS。COSMOS 是一套强大的有限元分析软件,能够提供广泛的分析工具以检验和分析复杂零件及其装配,能够进行应力分析、应变分析、变形分析、热分析、设计优化、线性和非线性分析。COSMOS 的主要功能模块为:前、后处理器是一个在交互图形用户环境中完全结合特征几何造型和前后处理的处理器;静力分析模块提供一个完全集成的前后处理器,在操作环境中即时显示设计过程。此外,还包括频率及屈曲分析模块、热效分析模块、动力分析模块、非线性分析模块、疲劳分析模块、优化和灵敏性分析模块、流体分析模块、紊流分析加强模块、低频电磁分析模块、高频电磁分析模块等。同时 COSMOS具有强大而完整的分析能力,能够在设计造型与机构模拟之后,快速且直接地取得该设计的有限元分析信息。

⑥LS-DYNA。LS-DYNA 是以显式为主、隐式为辅的通用非线性动力分析有限元程序，特别适合求解各种二维、三维非线性结构的高速碰撞、爆炸和金属成形等非线性动力冲击问题，同时可以求解传热、流体及流固耦合问题。LS-DYNA 程序是功能齐全的几何非线性(大位移、大转动和大应变)、材料非线性(材料动态模型)和接触非线性程序。它以 Lagrange 算法为主，兼有 ALE 和 Euler 算法；以显式求解为主，兼有隐式求解功能；以结构分析为主，兼有热分析、流体-结构耦合功能；以非线性动力分析为主，兼有静力分析功能(如动力分析前的预应力计算和薄板冲压成形后的回弹计算)；军用和民用相结合的通用结构分析非线性有限元程序。LS-DYNA 利用 ANSYS、LS-INGRID、ETA/FEMB 及 LS-POST 强大的前后处理模块，具有多种自动网格划分选择，并可与大多数的 CAD/CAE 软件集成并有接口。前处理：有限元直接建模与实体建模；布尔运算功能，实现模型的细雕刻；模型的拖拉、旋转、拷贝、蒙皮和倒角等操作；完整、丰富的网格划分工具，自由网格划分、映射网格划分、智能网格划分、自适应网格划分等。后处理：结果的彩色等值线显示、梯度显示、矢量显示，等值面，粒子流迹显示，立体切片，透明及半透明显示，变形显示及各种动画显示；图形的 PS、TIFF 及 HPGL 格式输出与转换等。

1.2 有限单元法的基本思想

有限单元法的基本思想是将结构离散化，用有限个容易分析的单元来表示复杂的对象，单元之间通过有限个结点相互连接，然后根据变形协调条件综合求解。由于单元的数目是有限的，结点的数目也是有限的，所以称为有限单元法。

有限单元法的概念源于结构力学分析理论，下面以结构力学中的杆件系统求解为例描述有限元的基本过程。对于一个杆系结构，通常是由许多结构杆件(单元)组成，这些单元仅在有限个结点上彼此相连。对每个单元而言，力与位移之间的关系等结构特性可以用结点上所确认的自由度来唯一地加以规定，而整体杆系的结构特性则可以通过组集这些单元特性加以描述。

图 1.1 所示为一个由二根杆件组成的铰接桁架。杆件的截面积为 A，弹性模量为 E，长度分别为 l_1 和 l_2。该桁架在各铰接点处有外力 X_1、Y_1、X_2、Y_2、X_3、Y_3。因杆件在结点处是铰接，不承受弯矩，只能承受轴向力，所以，每个结点的力和位移各有两个分量，即每个结点均具有两个自由度，因此每个单元则有四个自由度。为此，用四个方程来描述每个单元的力与位移之间的关系。对于单元①，有

$$\left.\begin{aligned} U_1^1 &= k_{11}u_1^1 + k_{12}v_1^1 + k_{13}u_2^1 + k_{14}v_2^1 \\ V_1^1 &= k_{21}u_1^1 + k_{22}v_1^1 + k_{23}u_2^1 + k_{24}v_2^1 \\ U_2^1 &= k_{31}u_1^1 + k_{32}v_1^1 + k_{33}u_2^1 + k_{34}v_2^1 \\ V_2^1 &= k_{41}u_1^1 + k_{42}v_1^1 + k_{43}u_2^1 + k_{44}v_2^1 \end{aligned}\right\} \tag{1.1}$$

式中 U_1^1、V_1^1——结点 1 施于单元①的结点力沿坐标轴方向的分量；

U_2^1、V_2^1——结点 2 施于单元①的结点力沿坐标轴方向的分量；

u_1^1、v_1^1——结点 1 的位移沿相应坐标轴方向的分量；

u_2^1、v_2^1——结点 2 的位移沿相应坐标轴方向的分量。

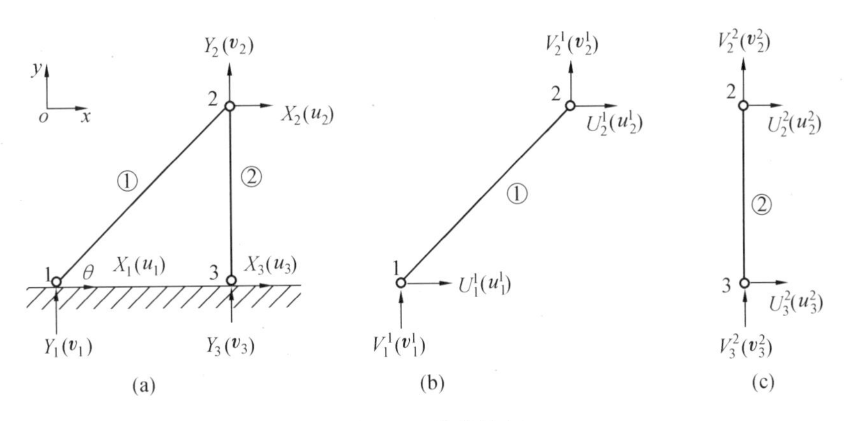

图1.1 铰接桁架

上标是单元编号,下标为结点编号。

可将式(1.1)写成矩阵形式,有

$$\begin{bmatrix} U_1^1 \\ V_1^1 \\ U_2^1 \\ V_2^1 \end{bmatrix} = \begin{bmatrix} k_{11} & k_{12} & k_{13} & k_{14} \\ k_{21} & k_{22} & k_{23} & k_{24} \\ k_{31} & k_{32} & k_{33} & k_{34} \\ k_{41} & k_{42} & k_{43} & k_{44} \end{bmatrix} \begin{bmatrix} u_1^1 \\ v_1^1 \\ u_2^1 \\ v_2^1 \end{bmatrix} \tag{1.2}$$

或简记为

$$\boldsymbol{R}^1 = \boldsymbol{k}^1 \boldsymbol{\delta}^1 \tag{1.3}$$

式中 $\boldsymbol{\delta}^1$——单元①的结点位移向量,$\boldsymbol{\delta}^1 = [u_1^1 \quad v_1^1 \quad u_2^1 \quad v_2^1]^{\mathrm{T}}$;

$\boldsymbol{R}^1$——单元①的结点力向量,$\boldsymbol{R}^1 = [U_1^1 \quad V_1^1 \quad U_2^1 \quad V_2^1]^{\mathrm{T}}$;

$\boldsymbol{k}^1$——单元①的刚度矩阵,其中 $k_{11}, k_{12}, \cdots, k_{44}$ 为刚度系数。

若令

$$u_1^1 = 1$$

及

$$v_1^1 = u_2^1 = v_2^1 = 0$$

则有

$$U_1^1 = k_{11} \qquad V_1^1 = k_{21} \qquad U_2^1 = k_{31} \qquad V_2^1 = k_{41}$$

这表明,当结点1沿 x 方向产生一单位位移($u_1^1 = 1$),而其余结点、其余自由度方向上的位移为零时,刚度系数就等于施加于该单元各自由度方向上的力。

如图1.2所示,在此状态下,单元的长度将缩短 $\Delta l_1 = \cos\theta$。根据材料力学知识,在结点1处需要向单元①施加的轴向压力为

$$\left(\frac{EA}{l_1}\right)\Delta l_1 = \frac{EA\cos\theta}{l_1}$$

由此可以求得作用于单元①结点1处两个自由度方向上的力,即该轴向压力在 x 和 y 方向上的分量

$$k_{11} = \frac{EA}{l_1}\cos^2\theta$$

$$k_{21} = \frac{EA}{l_1}\cos\theta\sin\theta$$

而作用于结点 2 的两个自由度方向上的力，则与之大小相等、方向相反。即

$$k_{31} = -\frac{EA}{l_1}\cos^2\theta$$

$$k_{41} = -\frac{EA}{l_1}\cos\theta\sin\theta$$

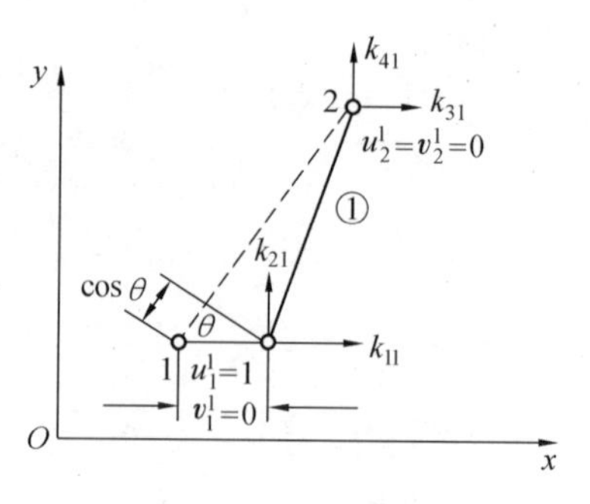

图 1.2 杆单元

再继续做类似的分析，便可得到其余的刚度系数，即

$$\boldsymbol{k}^1 = \frac{EA}{l_1}\begin{bmatrix} \cos^2\theta & \cos\theta\sin\theta & -\cos^2\theta & -\cos\theta\sin\theta \\ \cos\theta\sin\theta & \sin^2\theta & -\cos\theta\sin\theta & -\sin^2\theta \\ -\cos^2\theta & -\cos\theta\sin\theta & \cos^2\theta & \cos\theta\sin\theta \\ -\cos\theta\sin\theta & -\sin^2\theta & \cos\theta\sin\theta & \sin^2\theta \end{bmatrix} \tag{1.4}$$

同理，可以求出单元 ② 的刚度矩阵

$$\boldsymbol{k}^2 = \frac{EA}{l_2}\begin{bmatrix} 0 & 0 & 0 & 0 \\ 0 & 1 & 0 & -1 \\ 0 & 0 & 0 & 0 \\ 0 & -1 & 0 & 1 \end{bmatrix} \tag{1.5}$$

为了获得整体结构的力与位移之间的关系，需要引入整体结构的结点位移分量 u_1、v_1、u_2、v_2、u_3、v_3 和单元结点位移分量 u_1^i、v_1^i、u_2^i、v_2^i 及 u_3^i、v_3^i（上标 i 为单元编号）之间的协调关系，即

$$u_1 = u_1^1 \qquad v_1 = v_1^1$$
$$u_2 = u_2^1 = u_2^2 \qquad v_2 = v_2^1 = v_2^2$$
$$u_3 = u_3^2 \qquad v_3 = v_3^2$$

另外，根据力的平衡条件，作用在结点上的外力应该等于与该结点相连的各单元所受到的结点力之和。因此可得到结构的力与位移的关系

$$\left.\begin{aligned}
X_1 &= U_1^1 = \frac{EA}{l_1}(u_1\cos^2\theta + v_1\cos\theta\sin\theta - u_2\cos^2\theta - v_2\cos\theta\sin\theta) \\
Y_1 &= V_1^1 = \frac{EA}{l_1}(u_1\cos\theta\sin\theta + v_1\sin^2\theta - u_2\cos\theta\sin\theta - v_2\sin^2\theta) \\
X_2 &= U_2^1 + U_2^2 = \frac{EA}{l_1}(-u_1\cos^2\theta - v_1\cos\theta\sin\theta + u_2\cos^2\theta + v_2\cos\theta\sin\theta) \\
Y_2 &= V_2^1 + V_2^2 = \frac{EA}{l_1}(-u_1\cos\theta\sin\theta - v_1\sin^2\theta + u_2\cos\theta\sin\theta + v_2\sin^2\theta) + \frac{EA}{l_2}(v_2 - v_3) \\
X_3 &= U_3^2 = 0 \\
Y_3 &= V_3^2 = \frac{EA}{l_2}(-v_2 + v_3)
\end{aligned}\right\} \tag{1.6}$$

写成矩阵形式，有

$$\begin{bmatrix} X_1 \\ Y_1 \\ X_2 \\ Y_2 \\ X_3 \\ Y_3 \end{bmatrix} = EA\begin{bmatrix} \cos^2\theta/l_1 & \cos\theta\sin\theta/l_1 & -\cos^2\theta/l_1 & -\cos\theta\sin\theta/l_1 & 0 & 0 \\ \cos\theta\sin\theta/l_1 & \sin^2\theta/l_1 & -\cos\theta\sin\theta/l_1 & -\sin^2\theta/l_1 & 0 & 0 \\ -\cos^2\theta/l_1 & -\cos\theta\sin\theta/l_1 & \cos^2\theta/l_1 & \cos\theta\sin\theta/l_1 & 0 & 0 \\ -\cos\theta\sin\theta/l_1 & -\sin^2\theta/l_1 & \cos\theta\sin\theta/l_1 & \sin^2\theta/l_1+1/l_2 & 0 & -1/l_2 \\ 0 & 0 & 0 & 0 & 0 & 0 \\ 0 & 0 & 0 & -1/l_2 & 0 & 1/l_2 \end{bmatrix}\begin{bmatrix} u_1 \\ v_1 \\ u_2 \\ v_2 \\ u_3 \\ v_3 \end{bmatrix} \tag{1.7}$$

或简记为

$$\boldsymbol{R} = \boldsymbol{K}\boldsymbol{\delta} \tag{1.8}$$

这就是有限单元法所要建立的基本方程组。上式中 $\boldsymbol{R}$ 是由作用在结点上的外载荷所组成的向量，称为载荷向量（或载荷列阵）；$\boldsymbol{\delta}$ 是由基本未知量——结点位移所组成的向量；矩阵 $\boldsymbol{K}$ 称为结构的整体刚度矩阵，有

$$\boldsymbol{K} = EA\begin{bmatrix} \cos^2\theta/l_1 & \cos\theta\sin\theta/l_1 & -\cos^2\theta/l_1 & -\cos\theta\sin\theta/l_1 & 0 & 0 \\ \cos\theta\sin\theta/l_1 & \sin^2\theta/l_1 & -\cos\theta\sin\theta/l_1 & -\sin^2\theta/l_1 & 0 & 0 \\ -\cos^2\theta/l_1 & -\cos\theta\sin\theta/l_1 & \cos^2\theta/l_1 & \cos\theta\sin\theta/l_1 & 0 & 0 \\ -\cos\theta\sin\theta/l_1 & -\sin^2\theta/l_1 & \cos\theta\sin\theta/l_1 & \sin^2\theta/l_1+1/l_2 & 0 & -1/l_2 \\ 0 & 0 & 0 & 0 & 0 & 0 \\ 0 & 0 & 0 & -1/l_2 & 0 & 1/l_2 \end{bmatrix} \tag{1.9}$$

不难看出，结构的整体刚度矩阵是由各单元的刚度矩阵叠加组成的。在上式的矩阵 $\boldsymbol{K}$ 中，左上方的虚线部分恰好是单元①的刚度矩阵，而右下方的虚线部分正是单元②的刚度矩阵；两虚线框的重叠部分中的元素，则是两个单元刚度矩阵在同一位置处的元素之和。

建立整体结构的刚度矩阵是运用有限单元法求解问题的核心内容，一旦获得了整体刚度矩阵，就等于列出了有限单元法的基本方程。而建立整体刚度矩阵的问题，又可归结为求解单元的刚度矩阵问题。

对于一个连续体的求解问题，有限单元法的实质就是将具有无限多个自由度的连续体，理想化为只有有限个自由度的单元集合体，单元之间仅在结点处相连接，从而使问题简化为适合于数值求解的结构型问题。这样，只要确定了单元的力学特性，就可以按结构分析的方法来进行求解。

1.3 有限单元法的基本步骤

通过以上的简单论述，我们可以把有限单元法的基本步骤归纳为以下几个方面。

1. 结构的离散化

结构的离散化是进行有限单元法分析的第一步。数学上，把无限自由度处理成有限自由度的过程叫做“离散化”。有限单元法中的结构离散化过程，简单地说，就是将分析

的对象划分为有限个单元体,并在单元上选定一定数量的点作为结点,各单元体之间仅在指定的结点处相连。有限单元法的整个分析过程就是针对这种单元集合体来进行的。单元的划分,通常需要考虑分析对象的结构形状和受载情况。对于前面所研究讨论的桁架,其单元的划分比较简单,因为分析对象本身就是由一系列杆件相互连接而成,所以可直接取每根杆件作为一个单元。但是,对于其他非杆件的机械结构物,如齿轮、轧机机架等,为了能有效地逼近实际的分析对象,就必须认真考虑划分方案、选择何种类型单元以及划分的单元数目等。对于一些比较复杂的结构,有时还要采用几种不同类型的单元来进行离散化。许多大型有限元分析软件都备有多达几十种类型的单元库,供分析计算人员选用。常用的主要有杆单元、平面单元、块单元、壳单元等参数单元,以后我们将陆续介绍、讨论有关这方面的具体实施方法。

2. 位移模式的选择

有限单元法是应用局部的近似解来求得整个问题的解的一种方法。根据分块近似的思想,可以选择一个简单的函数来近似地构造每一单元内的近似解。本书讲授的有限单元法是以结点位移为基本未知量,所以为了能用结点位移表示单元体的位移、应变和应力,在分析求解时,必须对单元中位移的分布做出一定的假设,即选择一个简单的函数来近似地表示单元位移分量随坐标变化的分布规律,这种函数称为位移模式。

位移模式的选择是有限单元法分析中的关键。由于多项式的数学运算比较简单、易于处理,所以通常是选用多项式作为位移模式。多项式的项数和阶数的选择一般要考虑单元的自由度和解答的收敛性要求等。我们以后要对此做详细的讨论。

3. 单元的力学特性分析

分析单元的力学特性主要包括以下三部分内容:

① 通过几何方程建立单元应变与结点位移的关系式。

② 利用物理方程导出单元应力与结点位移的关系式。

③ 由虚功原理推出作用于单元上的结点力与结点位移之间的关系式及单元的刚度方程。

4. 等效结点力的计算

分析对象经过离散化以后,单元之间仅通过结点进行力的传递,但实际上力是从单元的公共边界上传递的。为此,必须把作用在单元边界上的表面力,以及作用在单元上的体积力、集中力等根据静力等效的原则全都移置到结点上,移置后的力称为等效结点力。

5. 建立整体结构的平衡方程

建立整体结构的平衡方程也叫做结构的整体分析,实际上就是把所有单元的刚度矩阵集合形成一个整体刚度矩阵,同时将作用于各单元的等效结点力向量组集成整体结构的结点载荷向量。从单元到整体的组集过程主要是依据两点:一是所有相邻的单元在公共结点处的位移相等,二是所有各结点必须满足平衡条件。通常,组集整体刚度矩阵的方法是所谓的直接刚度法,即按结点编号对号入座,直接利用单元刚度矩阵中的刚度系数子阵进行叠加。

6. 求解未知的结点位移及单元应力

在上述组集整体刚度矩阵时没有考虑整体结构的平衡条件,所以组集得到的整体刚度矩阵是一个奇异矩阵,尚不能对平衡方程直接进行求解。只有在引入边界约束条件、对所建立的平衡方程加以适当的修改之后,方可根据方程组的具体特点选择恰当的计算方法来求得结点位移,继而求出单元应变和应力。引入边界条件修改平衡方程实质上就是消除整体结构的刚体位移。

1.4 机械结构分析中的常用单元

在采用有限元法对结构进行分析计算时,依据分析对象的不同,采用的单元类型也不同。常见的有以下几种单元:

① 杆、梁单元。杆、梁单元是最简单的一维单元,单元内任意点的变形和应力都由沿轴线的坐标确定,多用于弹簧螺杆、预应力螺杆、薄膜、桁架、螺栓(杆)、薄壁管件、C形截面构件、角钢或者狭长薄膜构件(只有膜应力和弯应力的情况)等模型。

② 平面单元。平面单元内任意点的变形和应力由X、Y两个坐标确定,这是应用最广泛的基本单元,有三角形平面单元和矩形平面单元。

③ 多面体单元。多面体单元可分为四面体单元和六面体单元。

④ 薄壳单元。薄壳单元是由曲面组成的壳单元。对于任意形状的壳体,通常有三种有限元离散形式:a. 借助于坐标变换以折板代替曲面的平板型壳元;b. 基于经典壳体理论的曲面型壳元;c. 基于空间弹性理论的三维实体退化型壳元。

⑤ 管单元。对于每一个管单元中任意一个截面上内力值可用单元内力的变换矩阵与单元末端截面上的内力值乘积确定;管单元中任一截面的位移值可用结点截面内力值与变换矩阵乘积确定。

图1.3所示为常用的几种用于机械结构分析的单元。

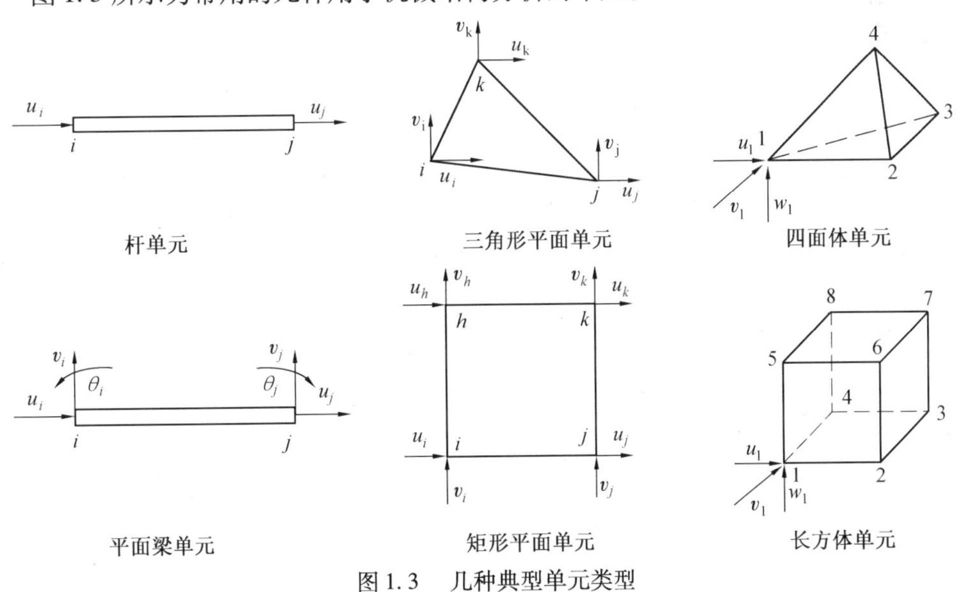

图1.3 几种典型单元类型

此外,还有用于温度场分析等方面的单元,如稳态热传导有限元、壳体温度有限元、瞬态热传导有限元。温度场的有限元分析有两条思路:一条是用加权余量法推导出有限元公式;另一条是人为地构造一个温度场的泛函,然后用变分法去推导有限元公式。

习　　题

1.1　有限单元法的基本思想是什么?

1.2　列举几种机械结构分析的有限元软件。

1.3　有限单元法有哪些优点?

1.4　简述用有限单元法分析杆件系统的基本步骤。

1.5　列举几种机械结构分析中常用的单元。

第2章 弹性力学基础

2.1 引　　言

弹性力学(elastic mechanics)作为一门基础技术学科,是近代工程技术的必要基础之一。在现代工程结构分析,特别是在航空、航天、机械、土建和水利工程等大型结构的设计中,广泛应用着弹性力学的基本公式和结论。

弹性力学与材料力学(materials mechanics)在研究内容和基本任务方面是基本相同的,研究对象也是近似的,但是二者的研究方法却有较大的差别。弹性力学和材料力学研究问题的方法都是从静力学、几何学、物理学三方面入手的。但是材料力学的研究对象是杆状构件,即长度远大于宽度和厚度的构件,分析其在拉压、剪切、弯曲、扭转等几类典型外载荷作用下的应力和位移。在材料力学中,除了从静力学、几何学、物理学三方面进行分析外,为了简化推导,还引用了一些关于构件的形变状态或应力分布的假定(如平面截面的假定、拉应力在截面上均匀分布的假定等)。杆件横截面的变形可以根据平面假设确定,因此综合分析的结果,即问题求解的基本方程,是常微分方程。对于常微分方程,数学求解是没有困难的。而用弹性力学相关知识研究杆状构件一般都不必引用那些假定,其解答也比用材料力学相关知识得出的解答精确得多。当然,弹性力学在研究板壳等一些复杂问题时,也引用了一些有关形变状态或应力分布的假定来简化其数学推导。但是由于弹性力学除研究杆状构件之外,还研究板、壳、块,甚至是三维物体等,因此问题分析只能从微分单元体入手,以分析单元体的平衡、变形和应力应变关系,因此问题综合分析的结果是满足一定边界条件的偏微分方程。也就是说,问题的基本方程是偏微分方程的边值问题。从理论上讲,弹性力学能解决一切弹性体的应力和应变问题,但在工程实际中,一般构件的形状、受力状态、边界条件都比较复杂,所以除少数的典型问题外,对大多数工程实际问题,往往都无法用弹性力学的基本方程直接进行解析求解,有些只能通过数值计算方法来求得其近似解。近似求解方法,如差分法和变分法等,特别是随着计算机的广泛应用而发展的有限单元法,为弹性力学的发展和解决工程实际问题开辟了广阔的前景。

作为固体力学(solid mechanics)学科的一个分支,弹性力学的基本任务是针对各种具体情况,确定弹性体内应力与应变的分布规律。也就是说,当已知弹性体的形状、物理性质、受力情况和边界条件时,确定其任一点的应力、应变状态和位移。弹性力学的研究对象是理想弹性体,其应力与应变之间的关系为线性关系,即符合虎克定律。所谓理想弹性体,是指符合下述假定的物体。

①连续性假定。连续性假定就是假定整个物体的体积都被组成该物体的介质所填满,不存在任何空隙。尽管一切物体都是由微小粒子组成的,并不能符合这一假定,但是只要粒子的尺寸以及相邻粒子之间的距离都比物体的尺寸小得很多,则对于物体的连续性的假定,就不会引起显著的误差。有了这一假定,物体内的一些物理量(如应力、应变、位移等)才能是连续的,因而才可能用坐标的连续函数来表示它们的变化规律。

②完全弹性假定。完全弹性假定就是假定物体服从虎克定律,即应变与引起该应变的应力成正比。反映这一比例关系的常数,就是所谓的弹性常数。弹性常数不随应力或应变的大小和符号而变。由材料力学已知:脆性材料的物体,在应力未超过比例极限前,可以认为是近似的完全弹性体;而韧性材料的物体,在应力未达到屈服极限前,也可以认为是近似的完全弹性体。这个假定,使得物体在任意瞬时的应变将完全取决于该瞬时物体所受到的外力或温度变化等因素,而与加载的历史和加载的顺序无关。

③均匀性假定。均匀性假定就是假定整个物体是由同一材料组成的。这样,整个物体的所有各部分才具有相同的弹性,因而物体的弹性常数才不会随位置坐标而变,可以取出该物体的任意一小部分来加以分析,然后把分析所得的结果应用于整个物体。如果物体是由多种材料组成的,但是只要每一种材料的颗粒远远小于物体而且在物体内是均匀分布的,那么整个物体也就可以假定为均匀的。

④各向同性假定。各向同性假定就是假定物体的弹性在所有各方向上都是相同的。也就是说,物体的弹性常数不随方向而变化。对于非晶体材料,是完全符合这一假定的。而由木材、竹材等做成的构件,就不能当作各向同性体来研究。至于钢材构件,虽然其内部含有各向异性的晶体,但由于晶体非常微小,并且是随机排列的,所以从统计平均意义上讲,钢材构件的弹性基本上是各向同性的。

⑤小位移和小变形的假定。在弹性力学中,所研究的问题主要是理想弹性体的线性问题。为了保证研究的问题限定在线性范围,还需要做出小位移和小变形的假定。这就是说,要假定物体受力以后,物体所有各点的位移都远远小于物体原来的尺寸,并且其应变和转角都小于1。所以,在建立变形体的平衡方程时,可以用物体变形前的尺寸来代替变形后的尺寸,而不致引起显著的误差,并且,在考察物体的变形及位移时,对于转角和应变的二次幂或其乘积都可以略去不计。对于工程实际中的问题,如果不能满足这一假定的要求,一般需要采用其他理论来进行分析求解(如大变形理论等)。

上述假定都是为了研究问题的方便,根据研究对象的性质,结合求解问题的范围而做出的。这样可以略去一些暂不考虑的因素,使得问题的求解成为可能。

弹性力学问题的求解方法按求解方式可以分为两类:解析方法和数值算法。解析方法是通过弹性力学的基本方程和边界条件,用纯数学的方法进行求解。但是,在实际问题中能够用解析方法进行精确求解的弹性力学问题只是很少一部分。现在工程实际中广泛采用的是数值算法,如有限单元法。

2.2 弹性力学的几个基本概念

2.2.1 外力与内力

1. 外力(load)

作用于物体的外力通常可分为两类,即面力(surface force)和体力(body force)。面力是指分布在物体表面上的外力,包括分布力(distributed force)和集中力(concentrated force),如压力容器所受到的内压、水坝所受的静水压力、物体和物体之间的接触压力等。通常情况下,面力是物体表面各点的位置坐标的函数。

在物体表面 P 点处取一微小面积 ΔS,假设其上作用有表面力 ΔF,则 P 点所受的表面力定义为

$$Q_S = \lim_{\Delta S \to 0} \frac{\Delta F}{\Delta S} \tag{2.1}$$

体力(body force)一般是指分布在物体体积内的外力,它作用于弹性体内每一个体积单元。通常与物体的质量成正比且是各质点位置的函数,如重力、惯性力、磁场力等。作用在物体内 P 点上的体力,可按面力定义方式进行定义,即在 P 点处取一微小体积 ΔV,假定其上作用有体力 ΔR,则 P 点所受的体力可定义为

$$Q_V = \lim_{\Delta V \to 0} \frac{\Delta R}{\Delta V} \tag{2.2}$$

2. 内力(internal force)

物体在外力作用下,其内部将产生抵抗变形的"附加内力",简称内力。若假想用一经过物体内 P 点的截面 mn 将物体分为两部分 A 和 B,并移去其中的一部分 B。我们知道,当一个物体在外力作用下处于平衡状态时,物体各部分都应保持平衡。显然,在截面 mn 上必定有某种力存在,这种力就称为内力,实际上也就是物体内部的相互作用力。如图2.1所示,在截面 mn 上应该有移去的虚线部分 B 对 A 部分作用的内力。

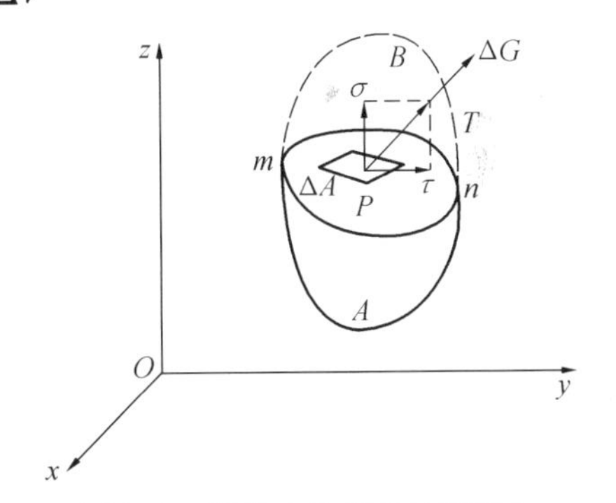

图2.1 物体内任意点处的应力

2.2.2 应力

所谓一点处某个截面上的应力(stress),就是指该截面上的"附加内力",即内力在该点处的集度。如图2.1所示,点 P 处在截面 mn 上,在该点处取一微小面积 ΔA,假设作用于 ΔA 上的内力为 ΔG,则

$$T = \lim_{\Delta A \to 0} \frac{\Delta G}{\Delta A} \tag{2.3}$$

T 就是 P 点处的应力。通常将应力沿截面 ΔA 的法向和切向进行分解,相应的分量就是正

应力 σ_n 和剪应力 τ_n。它们满足

$$|T|^2 = \sigma_n^2 + \tau_n^2 \tag{2.4}$$

在物体内的同一点处，不同方向截面上的应力（正应力 σ 和剪应力 τ）是不同的。只有同时给出过该点截面的外法线方向，才能确定物体内该点处此截面上应力的大小和方向。

在弹性力学中，为了描述弹性体内任一点 P 的应力状态，可从弹性体的连续性假定出发，将整个弹性体看作是由无数个微小正方体元素组成的。在该点处切取一微小正方体，正方体的棱线与坐标轴平行，如图 2.2 所示。正方体各面上的应力可按坐标轴方向分解为一个正应力和两个剪应力，即每个面上的应力都用 3 个应力分量来表示。由于物体内各点的内力都是平衡的，作用在正方体相对两面上的应力分量大小相等、方向相反。这样，可以用 9 个应力分量写成矩阵的形式来表示正方体各面上的应力，即

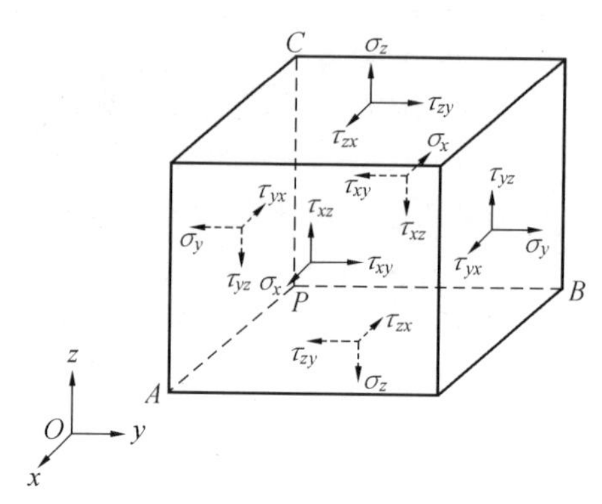

图 2.2　微小正方体元素的应力状态

$$\boldsymbol{\sigma}_{ij} = \begin{bmatrix} \sigma_x & \tau_{xy} & \tau_{xz} \\ \tau_{yx} & \sigma_y & \tau_{yz} \\ \tau_{zx} & \tau_{zy} & \sigma_z \end{bmatrix} \tag{2.5}$$

其中，σ_i 为正应力，下标表示作用面和作用方向；τ_{ij} 为剪应力，第一下标表示与截面外法线方向相一致的坐标轴，第二下标表示剪应力的方向。

应力分量的符号规定：若应力作用面的外法线方向与坐标轴的正方向一致，则该面上的应力分量就以沿坐标轴的正方向为正，沿坐标轴的负方向为负。相反，如果应力作用面的外法线是指向坐标轴的负方向，那么该面上的应力分量就以沿坐标轴的负方向为正，沿坐标轴的正方向为负。

根据材料力学的基本概念（下一节中将进一步证明），从图 2.2 中微小正方体的平衡条件（力矩平衡方程）出发，作用在正方体各面上的剪应力存在着互等关系：作用在两个互相垂直的面上并且垂直于该两面交线的剪应力是互等的，不仅大小相等，而且正负号也相同，即

$$\tau_{xy} = \tau_{yx} \qquad \tau_{xz} = \tau_{zx} \qquad \tau_{yz} = \tau_{zy} \tag{2.6}$$

这就是所谓的剪应力互等定理。

2.2.3　应变

物体在外力作用下，其形状要发生改变，变形指的就是这种物体形状的变化。这种形状的改变不管多么复杂，对于其中的某一个单元体来说，只包括棱边长度的改变和各棱边夹角的改变两类。因此，为了考察物体内某一点处的应变（strain），同样可在该点处从物

体内截取一单元体，研究其棱边长度和各棱边夹角之间的变化情况。

对于微分单元体的变形，将分为两部分讨论：棱边长度的伸长（或缩短）量，即正应变（或线应变，linear strain），以及两棱边间夹角的改变量（用弧度表示），即剪应变（或角应变，shear strain）。图2.3是对这两种应变的几何描述。在每个图例中单元体的初始位置和变形后的位置分别用实线和虚线表示。物体变形时，物体内一点处产生的应变与该点的相对位移有关。图2.3表示单元体变形前后在xy面上的投影，图中表示了单元体的应变和刚体转动与位移导数的关系；在小应变情况下（位移导数远小于1的情况），位移分量与应变分量之间的关系（变形几何方程）。

在图2.3(a)中，单元体在x方向上有一个Δu_x的伸长量。微分单元体棱边的相对变化量就是正应变。用ε_x表示x轴方向的正应变，则

$$\varepsilon_x = \frac{\Delta u_x}{\Delta x} \tag{2.7}$$

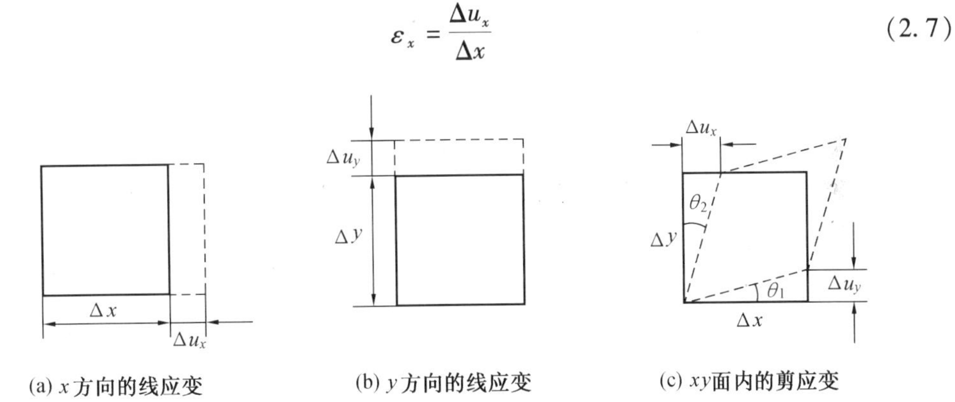

图2.3　单元体应变的几何描述

相应地，如图2.3(b)所示为y轴方向的正应变，即

$$\varepsilon_y = \frac{\Delta u_y}{\Delta y} \tag{2.8}$$

图2.3(c)所示为xy面内的剪应变γ_{xy}。剪应变定义为微分单元体棱边之间夹角的变化。图中总的角变化量为$\theta_1+\theta_2$（弧度制）。假设θ_1和θ_2（弧度制）都非常小，于是可以近似地认为$\theta_1+\theta_2=\tan\theta_1+\tan\theta_2$。

根据图2.3(c)，有

$$\tan\theta_1 = \frac{\Delta u_y}{\Delta x}$$

$$\tan\theta_2 = \frac{\Delta u_x}{\Delta y} \tag{2.9}$$

因此，剪应变γ_{xy}为

$$\gamma_{xy} = \theta_1 + \theta_2 = \frac{\Delta u_y}{\Delta x} + \frac{\Delta u_x}{\Delta y} \tag{2.10}$$

由于正向剪应力τ_{xy}和τ_{yx}分别引起微分单元棱边夹角减小，所以，在弹性力学中把相对初始角度的减小量视为正向剪应变。

ε_{xx}、ε_{yy}和ε_{zz}分别代表了一点上x、y、z轴方向的线应变。γ_{xy}、γ_{yz}和γ_{xz}则分别代表了

xy、yz 和 xz 面上的剪应变。与直角应力分量类似,上边的6个应变分量也被称为直角应变分量。这6个应变分量还可以以矩阵形式表示,即

$$\boldsymbol{\varepsilon}_{ij}=\begin{bmatrix}\varepsilon_x & \gamma_{xy} & \gamma_{xz}\\ \gamma_{yx} & \varepsilon_y & \gamma_{yz}\\ \gamma_{zx} & \gamma_{zy} & \varepsilon_z\end{bmatrix} \tag{2.11}$$

线应变 ε 和剪应变 γ 都是无量纲的量,γ 的单位是 rad(弧度)。

除了上面介绍的两种应变,另外还有一种应变——体积应变(volume strain),它是指微分单元体积的相对变化。

2.3 应力分析

应力是弹性力学理论中的一个重要概念。应力分析主要包括:一点的应力状态、主应力(principle stress)、柯西应力公式(Cauchy′s stress formula)。柯西应力公式可用来确定应力边界条件,建立应力分量与体积力分量之间的关系式,即应力平衡微分方程(differential equations of equilibrium of stresses)。

2.3.1 一点的应力状态

一般地,弹性体内各点的应力状态都是不同的。假定已知弹性体内任一点 P 的6个应力分量为 σ_x、σ_y、σ_z、τ_{xy}、τ_{yz}、τ_{zx},则按下述方法可以求得经过 P 点的任一斜面上的应力。如图2.4所示,在 P 点附近取一平面 ABC 与给定斜面平行,且该平面与经过 P 点而垂直于坐标轴的3个平面形成一个微小四面体 $PABC$。当平面 ABC 无限接近于 P 点时,平面 ABC 上的应力就无限接近于斜面上的应力。

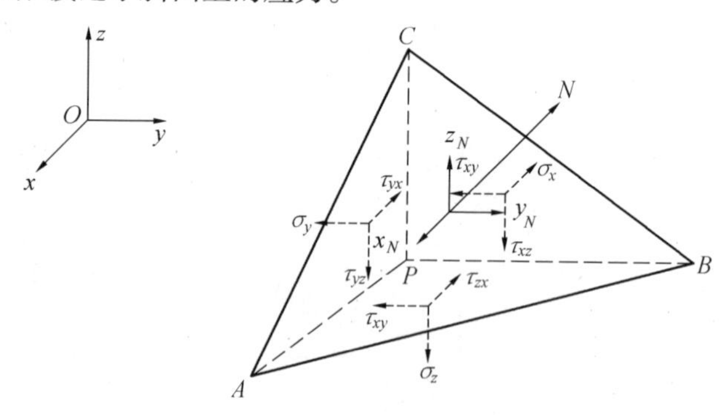

图2.4 一点的应力状态

设平面 ABC 的外法线为 N,而 N 的方向余弦为

$$\cos(N,x)=n_x \qquad \cos(N,y)=n_y \qquad \cos(N,z)=n_z \tag{2.12}$$

可见,如果把平面 ABC 的外法线 N 作为变换后的任一坐标轴,则 N 的方向余弦对应变换矩阵的一行。用应力变换的方法可快速求得平面 ABC 上的正应力 σ_n,即

$$\sigma_n=[n_x \quad n_y \quad n_z]\begin{bmatrix}\sigma_x & \tau_{xy} & \tau_{xz}\\ \tau_{yx} & \sigma_y & \tau_{yz}\\ \tau_{zx} & \tau_{zy} & \sigma_z\end{bmatrix}\begin{bmatrix}n_x\\ n_y\\ n_z\end{bmatrix}=$$

$$n_x^2\sigma_x+n_y^2\sigma_y+n_z^2\sigma_z+2n_xn_y\tau_{xy}+2n_yn_z\tau_{yz}+2n_zn_x\tau_{zx} \tag{2.13}$$

采用静力平衡推导的方法求平面 ABC 上的全应力 T_n、正应力 σ_n 和剪应力 τ_n。若 $\triangle ABC$ 的面积为 ΔA，则 $\triangle PCA$、$\triangle PBC$、$\triangle PAB$ 的面积分别为 $n_x\Delta A$、$n_y\Delta A$、$n_z\Delta A$。令 T_{xn}、T_{yn}、T_{zn} 分别为 $\triangle ABC$ 上的全应力在坐标轴上的投影，根据平衡条件 $\sum F_x=0$，有

$$T_{xn}\Delta A-\sigma_xn_x\Delta A-\tau_{yx}n_y\Delta A-\tau_{zx}n_z\Delta A=0 \tag{2.14}$$

这里没有考虑体积力，因为当平面 ABC 趋近于 P 点时，四面体的体积与各面的表面积相比是高阶的微量，可以忽略不计。

同理，由平衡条件 $\sum F_y=0$ 和 $\sum F_z=0$ 可得到另外两个相似的方程，整理得

$$\left.\begin{aligned}T_{xn}&=n_x\sigma_x+n_y\tau_{yx}+n_z\tau_{zx}\\ T_{yn}&=n_x\tau_{xy}+n_y\sigma_y+n_z\tau_{zy}\\ T_{zn}&=n_x\tau_{xz}+n_y\tau_{yz}+n_z\sigma_z\end{aligned}\right\} \tag{2.15}$$

以上方程称为柯西应力公式(Cauchy′s stress formula)，它描述了弹性体内任一点 P 的6个应力分量与通过 P 点任一平面上的应力之间的关系。

由上述公式容易求出平面 ABC 上的全应力 T_n 为

$$T_n=\sqrt{T_{xn}^2+T_{yn}^2+T_{zn}^2}=$$

$$\sqrt{(n_x\sigma_x+n_y\tau_{xy}+n_z\tau_{zx})^2+(n_x\tau_{xy}+n_y\sigma_y+n_z\tau_{yz})^2+(n_x\tau_{zx}+n_y\tau_{yz}+n_z\sigma_z)^2} \tag{2.16}$$

平面 ABC 上的正应力 σ_n 则可通过投影求得，即

$$\sigma_n=n_xT_{xn}+n_yT_{yn}+n_zT_{zn}=$$

$$n_x^2\sigma_x+n_y^2\sigma_y+n_z^2\sigma_z+2n_xn_y\tau_{xy}+2n_yn_z\tau_{yz}+2n_zn_x\tau_{zx} \tag{2.17}$$

且有

$$\tau_n=\sqrt{T_n^2-\sigma_n^2} \tag{2.18}$$

可见，在弹性体的任意一点处，只要已知该点的6个应力分量，就可求得过该点任一斜面上的正应力和剪应力，也就是说6个应力分量完全确定了一点的应力状态。

2.3.2 主应力

可以证明，在过一点的所有截面中，存在着3个互相垂直的特殊截面，在这3个截面上没有剪应力，而仅有正应力。这种没有剪应力存在的截面称为过该点的主平面，主平面上的正应力称为该点的主应力，主应力的方向总是与主平面的法线方向平行，称为该点应力的主方向。

设一主平面方向余弦为 n_x、n_y、n_z，因为在主平面上没有剪应力，可用 σ 代表该主平面上的全应力，则全应力在 x、y、z 轴的投影可表示为

$$T_{xn}=\sigma n_x \qquad T_{yn}=\sigma n_y \qquad T_{zn}=\sigma n_z \tag{2.19}$$

由柯西应力公式,有

$$\left.\begin{aligned}T_{xn}&=\sigma n_x=\sigma_x n_x+\tau_{xy}n_y+\tau_{xz}n_z\\T_{yn}&=\sigma n_y=\tau_{xy}n_x+\sigma_y n_y+\tau_{yz}n_z\\T_{zn}&=\sigma n_z=\tau_{xz}n_x+\tau_{yz}n_y+\sigma_z n_z\end{aligned}\right\} \tag{2.20}$$

整理得

$$\left.\begin{aligned}(\sigma_x-\sigma)n_x+\tau_{xy}n_y+\tau_{xz}n_z&=0\\\tau_{xy}n_x+(\sigma_y-\sigma)n_y+\tau_{yz}n_z&=0\\\tau_{xz}n_x+\tau_{yz}n_y+(\sigma_z-\sigma)n_z&=0\end{aligned}\right\} \tag{2.21}$$

因为$n_x^2+n_y^2+n_z^2=1$,即n_x、n_y、n_z不全为0。上述方程组中n_x、n_y、n_z有非零解的条件是其系数矩阵的行列式为0,即

$$\begin{vmatrix}(\sigma_x-\sigma) & \tau_{xy} & \tau_{xz}\\\tau_{xy} & (\sigma_y-\sigma) & \tau_{yz}\\\tau_{xz} & \tau_{yz} & (\sigma_z-\sigma)\end{vmatrix}=0 \tag{2.22}$$

将此行列式展开,得到一个关于应力的一元三次方程,即

$$\begin{aligned}&\sigma^3-(\sigma_x+\sigma_y+\sigma_z)\sigma^2+(\sigma_x\sigma_y+\sigma_y\sigma_z+\sigma_z\sigma_x-\tau_{xy}^2-\tau_{yz}^2-\tau_{zx}^2)\sigma-\\&\quad(\sigma_x\sigma_y\sigma_z+2\tau_{xy}\tau_{yz}\tau_{zx}-\sigma_x\tau_{yz}^2-\sigma_y\tau_{zx}^2-\sigma_z\tau_{xy}^2)=0\end{aligned} \tag{2.23}$$

可以证明,该方程有3个实根σ_1、σ_2、σ_3,这3个根就是P点处的3个主应力。将主应力分别代入(2.20),并结合式(2.21)便可分别求出各主应力方向的方向余弦。还可以证明,3个主方向是相互垂直的。

方程式(2.23)中,σ^2、σ的系数以及常数项可表示为

$$I_1=\sigma_x+\sigma_y+\sigma_z \tag{2.24}$$

$$\begin{aligned}I_2&=\sigma_x\sigma_y+\sigma_y\sigma_z+\sigma_z\sigma_x-\tau_{xy}^2-\tau_{yz}^2-\tau_{zx}^2=\\&\begin{vmatrix}\sigma_x & \tau_{yx}\\\tau_{xy} & \sigma_y\end{vmatrix}+\begin{vmatrix}\sigma_y & \tau_{zy}\\\tau_{yz} & \sigma_z\end{vmatrix}+\begin{vmatrix}\sigma_z & \tau_{xz}\\\tau_{zx} & \sigma_x\end{vmatrix}\end{aligned} \tag{2.25}$$

$$I_3=\sigma_x\sigma_y\sigma_z+2\tau_{xy}\tau_{yz}\tau_{zx}-\sigma_x\tau_{yz}^2-\sigma_y\tau_{zx}^2-\sigma_z\tau_{xy}^2=\begin{vmatrix}\sigma_x & \tau_{xy} & \tau_{xz}\\\tau_{xy} & \sigma_y & \tau_{yz}\\\tau_{xz} & \tau_{yz} & \sigma_z\end{vmatrix} \tag{2.26}$$

I_1、I_2、I_3定义为第一、第二、第三应力不变量。方程(2.23)可表示为

$$\sigma^3-I_1\sigma^2+I_2\sigma-I_3=0 \tag{2.27}$$

2.3.3 平衡微分方程

一般情况下,物体内不同的点将有不同的应力。这就是说,各点的应力分量都是点的位置坐标(x, y, z)的函数,而且在一般情况下,都是坐标的单值连续函数。当弹性体在外力作用下保持平衡时,可根据平衡条件来导出应力分量与体积力分量之间的关系式,即平衡微分方程。

假定有一物体在外力作用下而处于平衡状态，由于整个物体处于平衡状态，则其内各部分也都处于平衡状态。为导出平衡微分方程，我们从中取出一微小正六面体进行研究，其棱边尺寸分别为 dx、dy、dz，如图 2.5 所示。为清楚起见，图中仅画出了在 x 方向有投影的应力分量。需要注意的是，对于两对应面上的应力分量，由于其坐标位置不同，而存在一个应力增量。例如，在 $AA'D'D$ 面上作用有正应力 σ_x，那么由于 $BB'C'C$ 面与 $AA'D'D$ 面在 x 坐标方向上相差了 dx，由泰勒级数，并舍弃高阶项，可导出 $BB'C'C$ 面上的正应力，表示为 $\sigma_x + \frac{\partial \sigma_x}{\partial x}dx$，其余情况可类推。

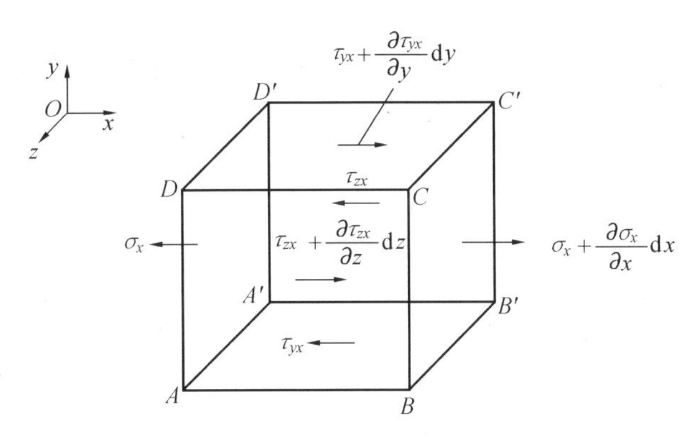

图 2.5　微小单元体的应力平衡

由于所取的六面体是微小的，其各面上所受的应力可以认为是均匀分布的，且作用在各面的中心。另外，若微小六面体上除应力之外，还作用有体积力，那么也假定体积力是均匀分布的，且作用在微元体的体积中心。这样，在 x 方向上，根据平衡方程 $\sum F_x = 0$，有

$$\left(\sigma_x + \frac{\partial \sigma_x}{\partial x}dx\right)dydz - \sigma_x dydz + \left(\tau_{yx} + \frac{\partial \tau_{yx}}{\partial y}dy\right)dxdz - \tau_{yx}dxdz +$$

$$\left(\tau_{zx} + \frac{\partial \tau_{zx}}{\partial z}dz\right)dxdy - \tau_{zx}dxdy + Xdxdydz = 0 \tag{2.28}$$

整理得

$$\frac{\partial \sigma_x}{\partial x} + \frac{\partial \tau_{yx}}{\partial y} + \frac{\partial \tau_{zx}}{\partial z} + X = 0 \tag{2.29}$$

同理可得 y 方向和 z 方向上的平衡微分方程，即

$$\left.\begin{aligned} \frac{\partial \sigma_x}{\partial x} + \frac{\partial \tau_{yx}}{\partial y} + \frac{\partial \tau_{zx}}{\partial z} + X = 0 \\ \frac{\partial \tau_{xy}}{\partial x} + \frac{\partial \sigma_y}{\partial y} + \frac{\partial \tau_{zy}}{\partial z} + Y = 0 \\ \frac{\partial \tau_{xz}}{\partial x} + \frac{\partial \tau_{yz}}{\partial y} + \frac{\partial \sigma_z}{\partial z} + Z = 0 \end{aligned}\right\} \tag{2.30}$$

上述这组微分关系是弹性力学中的基本关系之一。凡处于平衡状态的物体，其应力分量函数都应满足平衡微分方程。

再列出 3 个力矩方程。在将各面上的应力分量全部写出后，首先列出 $\sum M_{AA'} = 0$，得

$$\sigma_x \mathrm{d}y\mathrm{d}z\frac{\mathrm{d}y}{2}-\left(\sigma_x+\frac{\partial\sigma_x}{\partial x}\mathrm{d}x\right)\mathrm{d}y\mathrm{d}z\frac{\mathrm{d}y}{2}+\left(\tau_{xy}+\frac{\partial\tau_{xy}}{\partial x}\mathrm{d}x\right)\mathrm{d}y\mathrm{d}z\mathrm{d}x+$$
$$\left(\sigma_y+\frac{\partial\sigma_y}{\partial y}\mathrm{d}y\right)\mathrm{d}x\mathrm{d}z\frac{\mathrm{d}x}{2}-\sigma_y\mathrm{d}x\mathrm{d}z\frac{\mathrm{d}x}{2}-\sigma_y\mathrm{d}x\mathrm{d}z\frac{\mathrm{d}x}{2}-\left(\tau_{yx}+\frac{\partial\tau_{yx}}{\partial y}\right)\mathrm{d}x\mathrm{d}z\mathrm{d}y+$$
$$\left(\tau_{zy}+\frac{\partial\tau_{zy}}{\partial z}\mathrm{d}z\right)\mathrm{d}x\mathrm{d}y\frac{\mathrm{d}x}{2}-\tau_{zy}\mathrm{d}x\mathrm{d}y\frac{\mathrm{d}x}{2}-\left(\tau_{zx}+\frac{\partial\tau_{zx}}{\partial z}\mathrm{d}z\right)\mathrm{d}x\mathrm{d}y\frac{\mathrm{d}y}{2}+$$
$$\tau_{zx}\mathrm{d}x\mathrm{d}y\frac{\mathrm{d}y}{2}=0 \tag{2.31}$$

展开这个式子，略去四阶微量，整理后得到

$$\tau_{xy}\mathrm{d}x\mathrm{d}y\mathrm{d}z-\tau_{yx}\mathrm{d}x\mathrm{d}y\mathrm{d}z=0$$

用同样的方法列出另外两个力矩平衡方程 $\sum M_{A'B'}=0$，$\sum M_{A'D'}=0$。这样将得到任意一点处应力分量的另一组关系式，即

$$\tau_{xy}=\tau_{yx}\qquad\tau_{yz}=\tau_{zy}\qquad\tau_{zx}=\tau_{xz} \tag{2.32}$$

这个结果表明任意一点处的 6 个剪应力分量成对相等，即所谓的剪应力互等定理。由此可知，前节所说的一点的 9 个应力分量中，独立的只有 6 个。

对于处于运动状态的物体，只要加上惯性力，也可用列平衡方程的方法来得到运动方程。这时所得方程的形式仍如式(2.30)，但在等式左边的最后一项中，应加有单位体积内的惯性力在响应方向的分量。例如，设 $u(x,y,z,t)$、$v(x,y,z,t)$、$w(x,y,z,t)$ 分别表示一点在 x、y、z 方向的位移分量，它们都是点的坐标及时间的函数。再用 ρ 表示物体的密度(单位体积的质量)，对图 2.5 的单元体，在 3 个坐标方向上应分别加上惯性力 $-\rho\frac{\partial^2u}{\partial t^2}\mathrm{d}x\mathrm{d}y\mathrm{d}z$、$-\rho\frac{\partial^2v}{\partial t^2}\mathrm{d}x\mathrm{d}y\mathrm{d}z$、$-\rho\frac{\partial^2w}{\partial t^2}\mathrm{d}x\mathrm{d}y\mathrm{d}z$。当考虑到这些惯性力(属于体积力)来列平衡方程时，得到

$$\left.\begin{aligned}\frac{\partial\sigma_x}{\partial x}+\frac{\partial\tau_{yx}}{\partial y}+\frac{\partial\tau_{zx}}{\partial z}+X-\rho\frac{\partial^2u}{\partial t^2}=0\\ \frac{\partial\tau_{xy}}{\partial x}+\frac{\partial\sigma_y}{\partial y}+\frac{\partial\tau_{zy}}{\partial z}+Y-\rho\frac{\partial^2v}{\partial t^2}=0\\ \frac{\partial\tau_{xz}}{\partial x}+\frac{\partial\tau_{yz}}{\partial y}+\frac{\partial\sigma_z}{\partial z}+Z-\rho\frac{\partial^2w}{\partial t^2}=0\end{aligned}\right\} \tag{2.33}$$

2.3.4 边界条件

若物体在外力的作用下处于平衡状态，那么物体内部各点的应力分量必须满足前述的平衡微分方程组(2.30)。该方程组是基于各点的应力分量，以点的坐标函数为前提而导出的。

现在，如果考察位于物体表面上的点，即边界点，显然，这些点的应力分量(代表由内部作用于这些点上的力)应当与作用在该点处的外力相平衡。这种边界点的平衡条件，称为用表面力表示的边界条件，也称为应力边界条件。

在应力边界问题中，可以建立面力分量与应力分量之间的关系。弹性体边界上的点

同样满足柯西应力公式,设弹性体上一点面力为 $\bar{X}$、$\bar{Y}$、$\bar{Z}$,由柯西应力公式有

$$\left.\begin{aligned}\bar{X} &= n_x\sigma_x + n_y\tau_{yx} + n_z\tau_{zx}\\ \bar{Y} &= n_x\tau_{xy} + n_y\sigma_y + n_z\tau_{zy}\\ \bar{Z} &= n_x\tau_{xz} + n_y\tau_{yz} + n_z\sigma_z\end{aligned}\right\} \tag{2.34}$$

上式即为物体应力边界条件的表达式。

但是,如果我们用 S 表示整个弹性体的表面积,则往往只在其中一部分面积 S_σ 上给定了外力,而在属于 S_u 部分的另一部分面积上,则给定的是位移。当然,$S = S_\sigma + S_u$。例如一根矩形截面的悬臂梁,固定端这一部分面积属于 S_u 部分,它们给定了位移,而未给定外力;其余5个面都属于 S_σ 部分,它们的外力已给定(包括外力等于零)。根据上面的推导方法,显然,在 S_σ 部分的各点都应满足表面力表示的边界条件(2.34)。但与此同时,在 S_u 部分上的各点还应满足用位移表示的边界条件,也即几何边界条件。现设 $\bar{u}$、$\bar{v}$、$\bar{w}$ 表示给定的 S_u 上的点在 x、y、z 轴方向的位移,则几何边界条件为

在 S_u 上

$$u = \bar{u} \qquad v = \bar{v} \qquad w = \bar{w} \tag{2.35}$$

应当注意,边界条件是求解弹性力学问题的重要条件。它表明,应力分量函数不仅在物体内部的各点应满足平衡的微分方程(2.30),在 S_σ 部分的边界点上还应满足边界条件(2.34),在 S_u 部分的边界上,其位移还要满足几何边界条件(2.35),否则不能认为是该问题的解。这一点也正是弹性力学问题求解的困难之一。

例2.1 图2.6是重力水坝截面,坐标轴是 Ox 和 Oy,OB 面上的面力为 $F_x = \gamma_y$,$F_y = 0$,求 OB 面的应力边界条件。

解 OB 面方向余弦为

$$n_x = \cos 180° = -1 \qquad n_y = \cos 270° = 0$$

由柯西公式,有

$$F_x = \sigma_x n_x + \tau_{xy} n_y = -1 \cdot \sigma_x + \tau_{xy} \cdot 0 = \gamma_y$$

$$F_y = \tau_{xy} n_x + \sigma_y n_y = -1 \cdot \tau_{xy} + \sigma_y \cdot 0 = 0$$

所以应力边界条件为 $\sigma_x = -\gamma_y$,$\tau_{xy} = 0$。

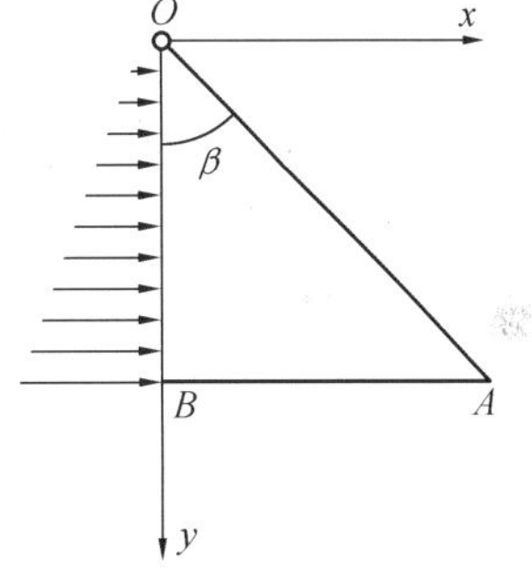

图2.6 重力水坝截面

2.4 应变分析

应变分析是从材料变形的角度研究弹性体,包括几何方程(geometry equations)、相容性条件等。

2.4.1 几何方程:应变位移关系

弹性体受到外力作用时,其形状和尺寸都会发生变化,即产生变形。在弹性力学中所考虑的几何学方面的问题,实质上就是研究弹性体内各点的应变分量与位移分量之间的关系。应变分量与位移分量之间存在的关系式一般称为几何方程,或叫做柯西几何方程。

ε_x、ε_y 和 ε_z 是任意一点在 x、y 和 z 方向上的线应变（正应变），γ_{xy}、γ_{yz} 和 γ_{xz} 分别代表在 xy、yz 和 xz 平面上的剪应变。类似于应力矩阵分量，上面6个应变分量可定义为应变矩阵分量。

考察研究物体内任一点 $P(x, y, z)$ 的变形，与研究物体的平衡状态一样，也是从物体内 P 点处取出一个正方微元体，其三个棱边长分别为 dx、dy、dz，如图2.7所示。当物体受力变形时，不仅微元体的棱边长度会随之改变，各棱边间的夹角也要发生变化。为研究方便，可将微元体分别投影到 Oxy、Oyz 和 Ozx 3个坐标面上，如图2.8所示。

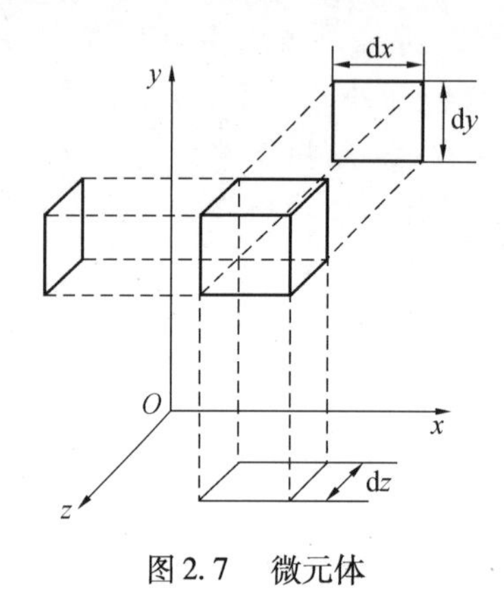

图2.7　微元体

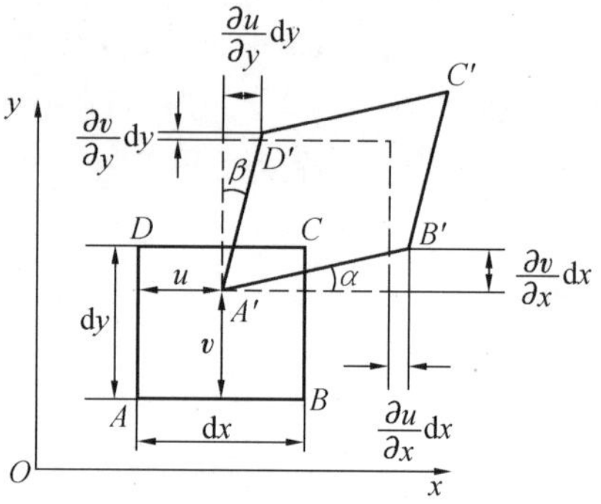

图2.8　位移与应变

在外力作用下，物体可能发生两种位移，一种是与位置改变有关的刚体位移，另一种是与形状改变有关的形变位移。在考虑物体的变形时，可以认为物体内各点的位移都是坐标的单值连续函数。在图2.8中，若假设点 A 沿坐标方向的位移分量为 u、v，则点 B 沿坐标方向的位移分量应分别为 $u + \frac{\partial u}{\partial x}\mathrm{d}x$ 和 $v + \frac{\partial v}{\partial x}\mathrm{d}x$，而点 D 的位移分量分别为 $u + \frac{\partial u}{\partial y}\mathrm{d}y$ 及 $v + \frac{\partial v}{\partial y}\mathrm{d}y$。据此，可以求得

$$\overline{A'B'}^2 = \left(\mathrm{d}x + \frac{\partial u}{\partial x}\mathrm{d}x\right)^2 + \left(\frac{\partial v}{\partial x}\mathrm{d}x\right)^2 \tag{2.36}$$

根据线应变（正应变）的定义，AB 线段的正应变为

$$\varepsilon_x = \frac{\overline{A'B'} - \overline{AB}}{\overline{AB}} \tag{2.37}$$

因 $\overline{AB} = \mathrm{d}x$，故由上式可得

$$\overline{A'B'} = (1 + \varepsilon_x)\,\overline{AB} = (1 + \varepsilon_x)\mathrm{d}x$$

代入式(2.36)，得

$$2\varepsilon_x + \varepsilon_x^2 = 2\frac{\partial u}{\partial x} + \left(\frac{\partial u}{\partial x}\right)^2 + \left(\frac{\partial v}{\partial x}\right)^2 \tag{2.38}$$

由于只是微小变形的情况，可略去上式中的高阶微量（即平方项），有

$$\varepsilon_x = \frac{\partial u}{\partial x} \tag{2.39}$$

当微元体趋于无限小时，即 AB 线段趋于无限小，AB 线段的正应变就是 P 点沿 x 方向的正应变。用同样的方法考察 AD 线段，则可得到 P 点沿 y 方向的正应变，即

$$\varepsilon_y = \frac{\partial v}{\partial y} \tag{2.40}$$

现在再来分析 AB 和 AD 两线段之间夹角（直角）的变化情况。在微小变形时，AB 线段的转角为

$$\alpha \approx \tan\alpha = \frac{\frac{\partial v}{\partial x}\mathrm{d}x}{\mathrm{d}x + \frac{\partial u}{\partial x}\mathrm{d}x} = \frac{\frac{\partial v}{\partial x}}{1 + \frac{\partial u}{\partial x}} \tag{2.41}$$

式中 $\frac{\partial u}{\partial x}$ 与 1 相比可以略去，故

$$\alpha = \frac{\partial v}{\partial x} \tag{2.42}$$

同理，AD 线段的转角为

$$\beta = \frac{\partial u}{\partial y} \tag{2.43}$$

由此可见，AB 和 AD 两线段之间夹角变形后的改变（减小）量为

$$\gamma_{xy} = \frac{\partial v}{\partial x} + \frac{\partial u}{\partial y} \tag{2.44}$$

把 AB 和 AD 两线段之间直角的改变量 γ_{xy} 称为 P 点的角应变（或称剪应变），它由两部分组成，一部分是由 y 方向的位移引起的，而另一部分则是由 x 方向位移引起的；并规定角度减小时为正，增大时为负。

至此，讨论了微元体在 Oxy 投影面上的变形情况。如果再进一步考察微元体在另外两个投影面上的变形情况，还可以得到 P 点沿其他方向的线应变和角应变。在三维空间中，变形体内部任意一点共有6个应变分量，即 ε_x、ε_y、ε_z、γ_{xy}、γ_{yz}、γ_{zx}，这6个应变分量完全确定了该点的应变状态。也就是说，若已知这 6 个应变分量，就可以求得过该点任意方向的正应变及任意两垂直方向间的角应变，也可以求得过该点的任意两线段之间的夹角的改变。可以证明，在形变状态下，物体内的任意一点也一定存在着 3 个相互垂直的主应变，对应的主应变方向所构成的 3 个直角，在变形之后仍保持为直角（即剪应变为零）。

几何方程完整表示为

$$\boldsymbol{\varepsilon} = \begin{bmatrix} \varepsilon_x \\ \varepsilon_y \\ \varepsilon_z \\ \gamma_{xy} \\ \gamma_{yz} \\ \gamma_{zx} \end{bmatrix} = \begin{bmatrix} \frac{\partial u}{\partial x} \\ \frac{\partial v}{\partial y} \\ \frac{\partial w}{\partial z} \\ \frac{\partial v}{\partial x} + \frac{\partial u}{\partial y} \\ \frac{\partial w}{\partial y} + \frac{\partial v}{\partial z} \\ \frac{\partial u}{\partial z} + \frac{\partial w}{\partial x} \end{bmatrix} = \begin{bmatrix} \frac{\partial u}{\partial x} & \frac{\partial v}{\partial y} & \frac{\partial w}{\partial z} & \frac{\partial v}{\partial x} + \frac{\partial u}{\partial y} & \frac{\partial w}{\partial y} + \frac{\partial v}{\partial z} & \frac{\partial u}{\partial z} + \frac{\partial w}{\partial x} \end{bmatrix}^{\mathrm{T}} \tag{2.45}$$

不难看出，当物体的位移分量完全确定时，应变分量就被完全确定。但反之，当应变分量完全确定时，位移分量却不完全被确定。这是因为，应变的产生是由于物体内点与点之间存在相对位移，而具有一定形变的物体还可能产生不同的刚体位移。

例 2.2 考虑位移区域 $s = [y^2\boldsymbol{i} + 3yz\boldsymbol{j} + (4 + 6x^2)\boldsymbol{k}] \times 10^{-2}$，求点 $P(1,0,2)$ 处的应变分量。

$u = y^2 \times 10^{-2}$	$v = 3yz \times 10^{-2}$	$w = (4 + 6x^2) \times 10^{-2}$
$\dfrac{\partial u}{\partial x} = 0$	$\dfrac{\partial v}{\partial x} = 0$	$\dfrac{\partial w}{\partial x} = 12x \times 10^{-2}$
$\dfrac{\partial u}{\partial y} = 2y \times 10^{-2}$	$\dfrac{\partial v}{\partial y} = 3z \times 10^{-2}$	$\dfrac{\partial w}{\partial y} = 0$
$\dfrac{\partial u}{\partial z} = 0$	$\dfrac{\partial v}{\partial z} = 3y \times 10^{-2}$	$\dfrac{\partial w}{\partial z} = 0$

解 点 $P(1,0,2)$ 处，线应变为

$$\varepsilon_x = \frac{\partial u}{\partial x} = 0 \qquad \varepsilon_y = \frac{\partial v}{\partial y} = 6 \times 10^{-2} \qquad \varepsilon_z = \frac{\partial w}{\partial z} = 0$$

点 $P(1,0,2)$ 处，剪应变为

$$\gamma_{xy} = \frac{\partial u}{\partial y} + \frac{\partial v}{\partial x} = 0 + 0 = 0$$

$$\gamma_{yz} = \frac{\partial v}{\partial z} + \frac{\partial w}{\partial y} = 0 + 0 = 0$$

$$\gamma_{xz} = \frac{\partial u}{\partial z} + \frac{\partial w}{\partial x} = 0 + 12 \times 10^{-2} = 12 \times 10^{-2}$$

2.4.2 相容性条件

变形协调方程也称变形连续方程，或叫相容方程。它是一组描述 6 个应变分量之间所存在的关系式。

在弹性力学中，我们认为物体的材料是一个连续体，它是由无数个点所构成，这些点充满了物体所占的空间。从物理意义上讲，物体在变形前是连续的，那么在变形后仍然是连续的。对于假定材料是连续分布且无裂隙的物体，其位移分量应是单值连续的，即 u、v、w 是单值连续函数。这就是说，当物体发生形变时，物体内的每一点都有确定的位移，且同一点不可能有两个不同的位移；无限接近的相邻点的位移之差是无限小的，故变形后仍为相邻点，物体内不会因变形而产生空隙。

对于前面所讨论的6个应变分量，都是通过3个单值连续函数对坐标求偏导数来确定的。因而，这 6 个应变分量并不是互不相关的，它们之间必然存在着一定的内在关系。

我们可以设想把一个薄板划分成许多微元体，如图 2.9(a) 所示。如果 6 个应变分量之间没有关联，则各微元体的变形便是相互独立的。从而，变形后的微元体之间有可能出现开裂和重叠现象，这显然是与实际情况不相符的，如图 2.9(b) 和图 2.9(c) 所示。要使物体变形后仍保持为连续，如图 2.9(d) 所示的情况，那么各微元体之间的变形必须相互协调，即各应变分量之间必须满足一定的协调条件。

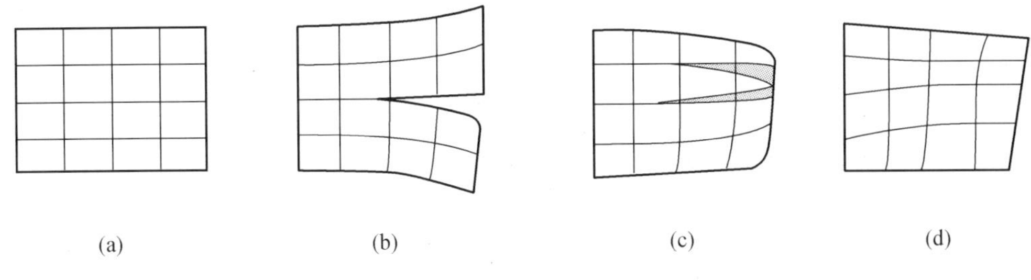

图 2.9　变形协调的讨论

6 个应变分量之间的关系可以分两组来讨论。有几何方程

$$\varepsilon_x = \frac{\partial u}{\partial x} \qquad \varepsilon_y = \frac{\partial v}{\partial y} \qquad \gamma_{xy} = \frac{\partial u}{\partial y} + \frac{\partial v}{\partial x} \tag{2.46}$$

若将式(2.46)的前两式分别对 y、x 求二阶偏导数,并注意到位移分量是坐标的单值连续函数,有

$$\left.\begin{aligned} \frac{\partial^2 \varepsilon_x}{\partial y^2} &= \frac{\partial^3 u}{\partial x \partial y^2} = \frac{\partial^2}{\partial x \partial y}\left(\frac{\partial u}{\partial y}\right) \\ \frac{\partial^2 \varepsilon_y}{\partial x^2} &= \frac{\partial^3 v}{\partial y \partial x^2} = \frac{\partial^2}{\partial x \partial y}\left(\frac{\partial v}{\partial x}\right) \end{aligned}\right\} \tag{2.47}$$

两式相加,得

$$\frac{\partial^2 \varepsilon_x}{\partial y^2} + \frac{\partial^2 \varepsilon_y}{\partial x^2} = \frac{\partial^2}{\partial x \partial y}\left(\frac{\partial u}{\partial y} + \frac{\partial v}{\partial x}\right) = \frac{\partial^2 \gamma_{xy}}{\partial x \partial y} \tag{2.48}$$

进行类似的推导可得到另外两个关系式。

对于几何方程的剪切应变与位移关系式,有

$$\gamma_{xy} = \frac{\partial u}{\partial y} + \frac{\partial v}{\partial x} \qquad \gamma_{yz} = \frac{\partial v}{\partial z} + \frac{\partial w}{\partial y} \qquad \gamma_{zx} = \frac{\partial w}{\partial x} + \frac{\partial u}{\partial z}$$

分别对 z、x、y 求偏导,得

$$\frac{\partial \gamma_{xy}}{\partial z} = \frac{\partial^2 u}{\partial z \partial y} + \frac{\partial^2 v}{\partial z \partial x} \qquad \frac{\partial \gamma_{yz}}{\partial x} = \frac{\partial^2 v}{\partial x \partial z} + \frac{\partial^2 w}{\partial x \partial y} \qquad \frac{\partial \gamma_{zx}}{\partial y} = \frac{\partial^2 w}{\partial x \partial y} + \frac{\partial^2 u}{\partial y \partial z} \tag{2.49}$$

将后两式相加,减去第一式,消去位移分量项,得

$$\frac{\partial \gamma_{yz}}{\partial x} + \frac{\partial \gamma_{zx}}{\partial y} - \frac{\partial \gamma_{xy}}{\partial z} = 2\frac{\partial^2 w}{\partial x \partial y} \tag{2.50}$$

再求上式对 z 的偏导,即

$$\frac{\partial}{\partial z}\left(\frac{\partial \gamma_{yz}}{\partial x} + \frac{\partial \gamma_{zx}}{\partial y} - \frac{\partial \gamma_{xy}}{\partial z}\right) = 2\frac{\partial^3 w}{\partial x \partial y \partial z} = 2\frac{\partial^2 \varepsilon_z}{\partial x \partial y} \tag{2.51}$$

同样可得到另外两个与上式相似的关系式。

综上两组公式将得到应变分量之间的如下 6 个微分关系式,即变形协调方程

$$
\left.\begin{aligned}
&\frac{\partial^2 \varepsilon_x}{\partial y^2}+\frac{\partial^2 \varepsilon_y}{\partial x^2}=\frac{\partial^2 \gamma_{xy}}{\partial x \partial y}\\
&\frac{\partial^2 \varepsilon_y}{\partial z^2}+\frac{\partial^2 \varepsilon_z}{\partial y^2}=\frac{\partial^2 \gamma_{yz}}{\partial y \partial z}\\
&\frac{\partial^2 \varepsilon_z}{\partial x^2}+\frac{\partial^2 \varepsilon_x}{\partial z^2}=\frac{\partial^2 \gamma_{zx}}{\partial z \partial x}\\
&\frac{\partial}{\partial z}\left(\frac{\partial \gamma_{yz}}{\partial x}+\frac{\partial \gamma_{zx}}{\partial y}-\frac{\partial \gamma_{xy}}{\partial z}\right)=2\frac{\partial^2 \varepsilon_z}{\partial x \partial y}\\
&\frac{\partial}{\partial x}\left(\frac{\partial \gamma_{zx}}{\partial y}+\frac{\partial \gamma_{xy}}{\partial z}-\frac{\partial \gamma_{yz}}{\partial x}\right)=2\frac{\partial^2 \varepsilon_x}{\partial y \partial z}\\
&\frac{\partial}{\partial y}\left(\frac{\partial \gamma_{xy}}{\partial z}+\frac{\partial \gamma_{yz}}{\partial x}-\frac{\partial \gamma_{zx}}{\partial y}\right)=2\frac{\partial^2 \varepsilon_y}{\partial z \partial x}
\end{aligned}\right\} \tag{2.52}
$$

上述方程从数学上保证了物体变形后仍保持为连续,各微元体之间的变形相互协调,即各应变分量之间满足一定的相容性协调条件。

2.5 物理方程

本节研究应力与应变关系的方程式,即物理方程(physical equation)。物理方程与材料特性有关,它描述材料抵抗变形的能力,也叫本构方程(constitutive law)。本构方程是物理现象的数学描述,是建立在实验观察以及普遍自然原理之上。对物理现象进行准确的数学描述一般都十分复杂甚至不可行,本构方程则是对一般真实行为模式的一种近似。另外,本构方程只描述材料的行为而不是物体的行为,所以,它描述的是同一点的应力状态与它相应的应变状态之间的关系。

2.5.1 广义虎克定律

1. 广义虎克定律的一般表达式和 Lame 系数

在进行材料的简单拉伸实验时,从应力应变关系曲线上可以发现,在材料达到屈服极限前,试件的轴向应力 σ 正比于轴向应变 ε,这个比例常数定义为弹性模量 E,表达式为

$$
\varepsilon=\sigma/E \tag{2.53}
$$

在材料拉伸实验中还可发现,当试件被拉伸时,它的径向尺寸(如直径)将减少。当应力不超过屈服极限时,其径向应变与轴向应变的比值也是常数,定义为泊松比 μ。

实验证明,弹性体剪切应力与剪应变也成正比关系,比例系数称之为剪切弹性模量,用 G 表示。

对于理想弹性体,可以设 6 个直角坐标应力分量与对应的应变分量呈线性关系,如下式

$$\boldsymbol{\sigma}=\begin{bmatrix}\sigma_x\\ \sigma_y\\ \sigma_z\\ \tau_{xy}\\ \tau_{yz}\\ \tau_{zx}\end{bmatrix}=\begin{bmatrix}a_{11}&a_{12}&a_{13}&a_{14}&a_{15}&a_{16}\\ a_{21}&a_{22}&a_{23}&a_{24}&a_{25}&a_{26}\\ a_{31}&a_{32}&a_{33}&a_{34}&a_{35}&a_{36}\\ a_{41}&a_{42}&a_{43}&a_{44}&a_{45}&a_{46}\\ a_{51}&a_{52}&a_{53}&a_{54}&a_{55}&a_{56}\\ a_{61}&a_{62}&a_{63}&a_{64}&a_{65}&a_{66}\end{bmatrix}\begin{bmatrix}\varepsilon_x\\ \varepsilon_y\\ \varepsilon_z\\ \gamma_{xy}\\ \gamma_{yz}\\ \gamma_{zx}\end{bmatrix}=\boldsymbol{D\varepsilon} \tag{2.54}$$

上式即为广义虎克定律的一般表达式。按照广义虎克定律,3 个主应力 σ_1、σ_2、σ_3 与 3 个主应变 ε_1、ε_2、ε_3 之间同样也是线性关系,以 σ_1 为例

$$\sigma_1 = a\varepsilon_1 + b\varepsilon_2 + c\varepsilon_3 \tag{2.55}$$

这里的 a、b、c 是常数。对于各向同性材料,σ_1 对主应变 ε_2 和 ε_3 的影响应该是相同的,因此 b 和 c 应该相等。因此,上式关于 σ_1 的表达式可写成

$$\sigma_1 = a\varepsilon_1 + b(\varepsilon_2 + \varepsilon_3) = (a-b)\varepsilon_1 + b(\varepsilon_1 + \varepsilon_2 + \varepsilon_3) \tag{2.56}$$

式中,$\varepsilon_1+\varepsilon_2+\varepsilon_3$ 即为体积应变 Δ。若符号 b 用 λ 表示,$(a-b)$ 用 $2v$ 表示 ,则关于 σ_1 的方程可表示为

$$\sigma_1 = \lambda\Delta + 2v\varepsilon_1 \tag{2.57(a)}$$

相似地,对于 σ_2、σ_3 可得到

$$\sigma_2 = \lambda\Delta + 2v\varepsilon_2 \tag{2.57(b)}$$

$$\sigma_3 = \lambda\Delta + 2v\varepsilon_3 \tag{2.57(c)}$$

式中,λ 和 v 是两个常数,称为 Lame 系数。

2. *广义虎克定律的工程表达式*

在工程上,广义虎克定律常采用的表达式为

$$\left.\begin{aligned}\varepsilon_x &= \frac{1}{E}[\sigma_x - \mu(\sigma_y+\sigma_z)]\\ \varepsilon_y &= \frac{1}{E}[\sigma_y - \mu(\sigma_z+\sigma_x)]\\ \varepsilon_z &= \frac{1}{E}[\sigma_z - \mu(\sigma_x+\sigma_y)]\end{aligned}\right\} \tag{2.58}$$

它等价于

$$\left.\begin{aligned}\sigma_x &= \frac{E}{(1+\mu)(1-2\mu)}[(1-\mu)\varepsilon_x + \mu(\varepsilon_y+\varepsilon_z)]\\ \sigma_y &= \frac{E}{(1+\mu)(1-2\mu)}[(1-\mu)\varepsilon_y + \mu(\varepsilon_z+\varepsilon_x)]\\ \sigma_z &= \frac{E}{(1+\mu)(1-2\mu)}[(1-\mu)\varepsilon_z + \mu(\varepsilon_x+\varepsilon_y)]\end{aligned}\right\} \tag{2.59}$$

对于剪应力和剪应变,线性的各向同性材料的剪应变与剪应力的关系是

$$\gamma_{xy} = \frac{\tau_{xy}}{G} \tag{2.60(a)}$$

式中 G—— 剪切模量。

与此类似,其他剪应变与其相应的剪应力的关系为

$$\gamma_{yz} = \frac{\tau_{yz}}{G} \tag{2.60(b)}$$

$$\gamma_{zx} = \frac{\tau_{zx}}{G} \tag{2.60(c)}$$

这样，一点的6个应力分量和6个应变分量之间的关系可以用矩阵形式来表示，即

$$\begin{bmatrix} \sigma_x \\ \sigma_y \\ \sigma_z \\ \tau_{xy} \\ \tau_{yz} \\ \tau_{zx} \end{bmatrix} = \boldsymbol{D} \begin{bmatrix} \varepsilon_x \\ \varepsilon_y \\ \varepsilon_z \\ \gamma_{xy} \\ \gamma_{yz} \\ \gamma_{zx} \end{bmatrix} \tag{2.61}$$

式中 $\boldsymbol{D}$——弹性矩阵，是一个常数矩阵，只与材料常数弹性模量 E 和泊松比 μ 有关。其表达式为

$$\boldsymbol{D} = \frac{E(1-\mu)}{(1+\mu)(1-2\mu)} \begin{bmatrix} 1 & \frac{\mu}{1-\mu} & \frac{\mu}{1-\mu} & 0 & 0 & 0 \\ \frac{\mu}{1-\mu} & 1 & \frac{\mu}{1-\mu} & 0 & 0 & 0 \\ \frac{\mu}{1-\mu} & \frac{\mu}{1-\mu} & 1 & 0 & 0 & 0 \\ 0 & 0 & 0 & \frac{1-2\mu}{2(1-\mu)} & 0 & 0 \\ 0 & 0 & 0 & 0 & \frac{1-2\mu}{2(1-\mu)} & 0 \\ 0 & 0 & 0 & 0 & 0 & \frac{1-2\mu}{2(1-\mu)} \end{bmatrix} \tag{2.62}$$

在式(2.61)的基础上，可以直接得到关系式

$$\begin{bmatrix} \sigma_x \\ \sigma_y \\ \sigma_z \\ \tau_{xy} \\ \tau_{yz} \\ \tau_{zx} \end{bmatrix} = \frac{E(1-\mu)}{(1+\mu)(1-2\mu)} \begin{bmatrix} 1 & \frac{\mu}{1-\mu} & \frac{\mu}{1-\mu} & 0 & 0 & 0 \\ \frac{\mu}{1-\mu} & 1 & \frac{\mu}{1-\mu} & 0 & 0 & 0 \\ \frac{\mu}{1-\mu} & \frac{\mu}{1-\mu} & 1 & 0 & 0 & 0 \\ 0 & 0 & 0 & \frac{1-2\mu}{2(1-\mu)} & 0 & 0 \\ 0 & 0 & 0 & 0 & \frac{1-2\mu}{2(1-\mu)} & 0 \\ 0 & 0 & 0 & 0 & 0 & \frac{1-2\mu}{2(1-\mu)} \end{bmatrix} \begin{bmatrix} \varepsilon_x \\ \varepsilon_y \\ \varepsilon_z \\ \gamma_{xy} \\ \gamma_{yz} \\ \gamma_{zx} \end{bmatrix} \tag{2.63}$$

用主应力分量表达的广义虎克定律为

$$\left.\begin{aligned}\varepsilon_1 &= \frac{1}{E}[\sigma_1 - \mu(\sigma_2 + \sigma_3)]\\ \varepsilon_2 &= \frac{1}{E}[\sigma_2 - \mu(\sigma_3 + \sigma_1)]\\ \varepsilon_3 &= \frac{1}{E}[\sigma_3 - \mu(\sigma_1 + \sigma_2)]\end{aligned}\right\} \tag{2.64}$$

3. Lame 系数与材料常数的关系

由式(2.57(a),(b),(c))可以得到

$$\Delta = \frac{\sigma_1 + \sigma_2 + \sigma_3}{(3\lambda + 2v)} \tag{2.65}$$

代入式(2.57(a))并整理得

$$\varepsilon_1 = \frac{\lambda + v}{v(3\lambda + 2v)}\left[\sigma_1 - \frac{\lambda}{2(\lambda + v)}(\sigma_2 + \sigma_3)\right] \tag{2.66}$$

对照式(2.64)的第一式可以得到

$$E = \frac{v(3\lambda + 2v)}{\lambda + v} \qquad \mu = \frac{\lambda}{2(\lambda + v)} \tag{2.67}$$

由式(2.67)解得

$$v = \frac{E}{2(1 + \mu)} \tag{2.68}$$

由此得出,Lame 系数 v 等于剪切弹性模量 G, 即

$$v = G \tag{2.69}$$

2.5.2 用位移表达的平衡微分方程

应力分析中推导出的平衡微分方程是描述弹性体内某一点6个直角应力分量与体积力分量之间的关系。上面给出的物理方程描述了应力和应变之间的关系,综合这两组基本方程,可以推导出用应变表示的平衡微分方程,更进一步,再考虑描述应变与位移关系的几何方程,可以推导出用位移表达的平衡微分方程,即位移平衡微分方程。

由 $\sum F_x = 0$ 推导出的平衡微分方程为

$$\frac{\partial\sigma_x}{\partial x} + \frac{\partial\tau_{xy}}{\partial y} + \frac{\partial\tau_{xz}}{\partial z} + X = 0 \tag{2.70}$$

对于各向同性的材料,有

$$\sigma_x = \lambda\Delta + 2v\varepsilon_x \qquad \tau_{xy} = G\gamma_{xy} \qquad \tau_{xz} = G\gamma_{xz} \tag{2.71}$$

将式(2.71)代入式(2.70),有

$$\lambda\frac{\partial\Delta}{\partial x} + v\left(2\frac{\partial\varepsilon_x}{\partial x} + \frac{\partial\gamma_{xy}}{\partial y} + \frac{\partial\gamma_{xz}}{\partial z}\right) = 0 \tag{2.72}$$

再用几何方程 $\varepsilon_x = \frac{\partial u}{\partial x}, \gamma_{xy} = \frac{\partial u}{\partial y} + \frac{\partial v}{\partial x}, \gamma_{xz} = \frac{\partial u}{\partial z} + \frac{\partial w}{\partial x}$ 进行进一步替换,得到

$$\lambda \frac{\partial \Delta}{\partial x} + v\left(2 \frac{\partial^2 u}{\partial x^2} + \frac{\partial^2 u}{\partial y^2} + \frac{\partial^2 v}{\partial x \partial y} + \frac{\partial^2 u}{\partial z^2} + \frac{\partial^2 w}{\partial x \partial z}\right) = 0 \tag{2.73}$$

整理得

$$\lambda \frac{\partial \Delta}{\partial x} + v\left(\frac{\partial^2 u}{\partial x^2} + \frac{\partial^2 u}{\partial y^2} + \frac{\partial^2 u}{\partial z^2}\right) + v \frac{\partial}{\partial x}\left(\frac{\partial u}{\partial x} + \frac{\partial v}{\partial y} + \frac{\partial w}{\partial z}\right) = 0 \tag{2.74}$$

考虑到体积应变的公式

$$\Delta = \varepsilon_x + \varepsilon_y + \varepsilon_z = \frac{\partial u}{\partial x} + \frac{\partial v}{\partial y} + \frac{\partial w}{\partial z} \tag{2.75}$$

得到

$$(\lambda + v) \frac{\partial}{\partial x}\left(\frac{\partial u}{\partial x} + \frac{\partial v}{\partial y} + \frac{\partial w}{\partial z}\right) + v\left(\frac{\partial^2 u}{\partial x^2} + \frac{\partial^2 u}{\partial y^2} + \frac{\partial^2 u}{\partial z^2}\right) = 0 \tag{2.76}$$

上式即是位移平衡微分方程中的第一式。

考虑由另外两式 $\sum F_y = 0$，$\sum F_z = 0$ 导出的平衡微分方程，经过类似的推导可得到另外两个用位移表示的平衡微分方程。定义拉普拉斯算子 $\nabla^2 = \frac{\partial^2}{\partial x^2} + \frac{\partial^2}{\partial y^2} + \frac{\partial^2}{\partial z^2}$，最后得到用位移表示的平衡微分方程，即

$$\left.\begin{aligned}
(\lambda + v) \frac{\partial \Delta}{\partial x} + v \nabla^2 u = 0 \\
(\lambda + v) \frac{\partial \Delta}{\partial y} + v \nabla^2 v = 0 \\
(\lambda + v) \frac{\partial \Delta}{\partial z} + v \nabla^2 w = 0
\end{aligned}\right\} \tag{2.77}$$

上述用位移表达的平衡微分方程涉及应力、应变以及应力和应变关系，反映了弹性体的力学特征、几何特征和物理特征，该方程在弹性力学问题求解中较为重要。

2.5.3 圣维南原理

在求解弹性力学问题时，不仅要使应力分量、应变分量、位移分量在求解域内（物体内）完全满足前述的基本方程，而且在边界上要满足给定的边界条件。但是，在工程实际中物体所受的外载荷往往比较复杂，一般很难完全满足边界条件。当所关心的并不是载荷作用区域内的局部应力分布时，可以利用圣维南原理加以简化。

针对等截面长杆的弯曲和扭转问题，在1855年圣维南发表了他著名的理论。圣维南原理一般可以这样来叙述：如果把物体的一小部分边界上的面力变换为分布不同但静力等效的面力（即主矢量相同，对同一点的主矩也相同），那么，近处的应力分布将有显著的改变，但远处所受的影响可以不计。

圣维南原理还可以表述为：如果物体一小部分边界上的面力是一个平衡力系（即主矢量及主矩都等于零），那么，这个面力就只会使得近处产生显著的应力，远处的应力则小到可以忽略不计。

应该特别注意的是，应用圣维南原理不能离开“静力等效”的条件。例如，对于图

2.10(a)所示的受力杆件,如果把一端或两端的拉力 P 变换为静力等效的力 $P/2$ 或均匀分布的拉力 P/A(A 为杆件的横截面积),那么只有图中虚线部分的应力分布有显著的改变,而其余部分所受的影响可以不计。这就是说,在图2.10所示的4种情况下,离开两端较远部位的应力分布并没有显著的差别。

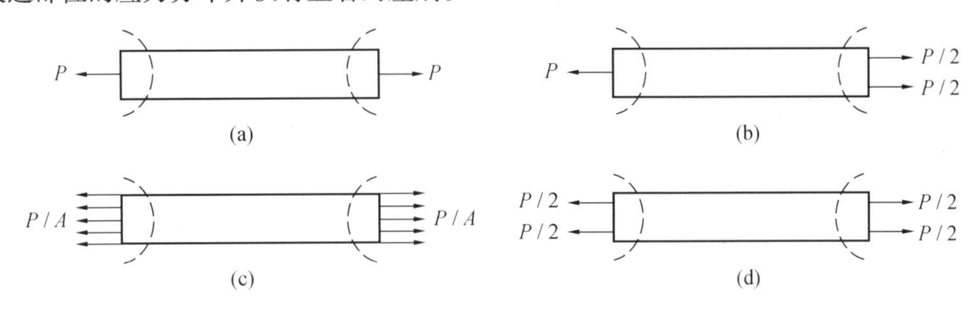

图2.10　圣维南原理示意图

圣维南原理的提出至今已有一百多年的历史,虽然目前还没有确切的数学表示和严格的理论证明,但无数的实际计算和实验测量都证实了它的正确性。

2.6　弹性力学中的几个典型问题

任何一个弹性体都是一个空间物体,其所受的外力也都是空间力系,所以严格地讲,任何一个实际的弹性力学问题都是空间问题。但是,如果所分析的弹性体具有某种特殊的形状、并且所承受的外力是某种特殊的外力,那么就可以把空间问题简化为近似的典型问题进行求解。这样的简化处理可以大大简化分析计算的工作量,且所获得的结果仍然能够满足工程上的精度要求。本节主要介绍平面问题、轴对称问题和板壳问题。

2.6.1　平面问题

平面问题是工程实际中最常遇到的问题,许多工程实际问题都可以简化为平面问题来进行求解。平面问题一般可以分为两类,一类是平面应力问题,另一类是平面应变问题。

1.平面应力问题

所谓平面应力问题是指,所研究的对象在 z 方向上的尺寸很小(即呈平板状),外载荷(包括体积力)都与 z 轴垂直、沿 z 方向没有变化,在 $z=\pm h/2$ 处的两个外表面(平面)上不受任何载荷,如图2.11所示。

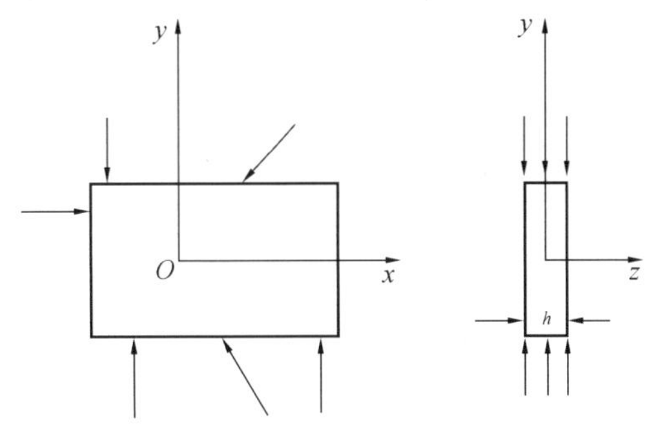

图2.11　平面应力问题

对于这种情况,在 $z=\pm h/2$ 处的两个外表面上的任何一点,都有 $\sigma_z=\tau_{zx}=\tau_{zy}=0$。另外,由于 z 方向上的尺寸很小,所以可以假定,在物体内任意一点的 σ_z、τ_{zx}、τ_{yz} 都等于零，而其余的3个应力分量σ_x、σ_y、τ_{xy}则都是x、y的函数。此时物体内各点的应力状态就叫做平面应力状态。

在平面应力状态下，由于$\sigma_z=\tau_{zx}=\tau_{zy}=0$，所以可以很容易得到平面应力问题的平衡方程

$$\left.\begin{aligned}\frac{\partial\sigma_x}{\partial x}+\frac{\partial\tau_{xy}}{\partial y}+X=0\\ \frac{\partial\sigma_y}{\partial y}+\frac{\partial\tau_{xy}}{\partial x}+Y=0\end{aligned}\right\}\tag{2.78}$$

平面应力问题的几何方程

$$\boldsymbol{\varepsilon}=\begin{bmatrix}\varepsilon_x\\ \varepsilon_y\\ \gamma_{xy}\end{bmatrix}=\begin{bmatrix}\dfrac{\partial u}{\partial x}\\ \dfrac{\partial v}{\partial y}\\ \dfrac{\partial v}{\partial x}+\dfrac{\partial u}{\partial y}\end{bmatrix}=\begin{bmatrix}\dfrac{\partial u}{\partial x} & \dfrac{\partial v}{\partial y} & \dfrac{\partial v}{\partial x}+\dfrac{\partial u}{\partial y}\end{bmatrix}^{\mathrm{T}}\tag{2.79}$$

平面应力问题中的物理方程

$$\left.\begin{aligned}\varepsilon_x&=\frac{1}{E}[\sigma_x-\mu\sigma_y]\\ \varepsilon_y&=\frac{1}{E}[\sigma_y-\mu\sigma_x]\\ \gamma_{xy}&=\frac{1}{G}\tau_{xy}\end{aligned}\right\}\tag{2.80}$$

2. 平面应变问题

与上述情况相反，如图2.12所示，当物体z方向上的尺寸很长，物体所受的载荷(包括体积力)又平行于其横截面(垂直于z轴)且不沿长度方向(z方向)变化，即物体的内在因素和外来作用都不沿长度方向变化，那么这类问题称为平面应变问题。对于平面应变问题，一般可假想其长度为无限长，以任一横截面为xy面、任一纵线为z轴，则所有应力分量、应变分量和位移分量都不沿z方向变化，而只是x、y的函数。在这种情况下，由于任一横截面都可以看作是对称面，所以物体内各点都只能在xy平面上移动，而不会发生z方向上的移动。根据对称条件可知，$\tau_{zx}=\tau_{zy}=0$，并且由剪应力互等关系可以断定，$\tau_{xz}=\tau_{yz}=0$。但是，由于z方向上的变形被阻止了，所以一般情况下σ_z并不等于零。

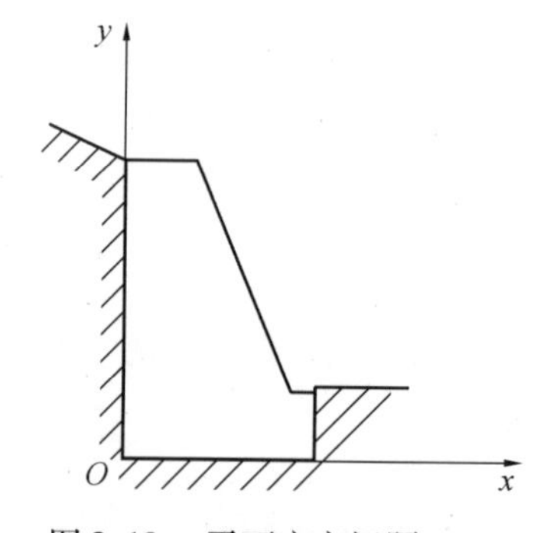

图2.12 平面应变问题

在平面应变状态下，由于σ_x、σ_y、σ_z及τ_{xy}都只是x、y的函数，而$\tau_{xz}=\tau_{yz}=0$，且因外力都垂直于z轴，故无z方向的分量。由应力平衡微分方程式可以看出，其中的第3个方程能够自动满足，剩余的两个式子与式(2.78)相同。

对于平面应变问题，因位移分量都不沿z方向变化，且$w=0$，故有$\varepsilon_z=\gamma_{zx}=\gamma_{zy}=0$，所

以其几何方程与平面应力问题的几何方程相同。但是，由于 $\varepsilon_z = 0$，即 $\sigma_z = \mu(\sigma_x + \sigma_y)$，因而平面应变问题的物理方程与平面应力问题的物理方程不同，即

$$\left.\begin{aligned} \varepsilon_x &= \frac{1+\mu}{E}[(1-\mu)\sigma_x - \mu\sigma_y] \\ \varepsilon_y &= \frac{1+\mu}{E}[(1-\mu)\sigma_y - \mu\sigma_x] \\ \gamma_{xy} &= \frac{1}{G}\tau_{xy} \end{aligned}\right\} \tag{2.81}$$

对有些实际问题，例如挡土墙和重力坝的问题等，虽然其结构并不是无限长，而且在靠近两端之处的横截面也往往是变化的，并不符合无限长柱形体的条件，但这些问题很接近于平面应变问题，对于离开两端较远之处按平面应变问题进行分析计算，得出的结果是可以满足工程要求的。

2.6.2 轴对称问题

在空间问题中，如果弹性体的几何形状、约束状态以及外载荷都对称于某一根轴（过该轴的任一平面都是对称面），那么弹性体的所有应力、应变和位移也就都对称于这根轴。这类问题通常称为空间轴对称问题。

对于轴对称问题，采用圆柱坐标 r、θ、z 比采用直角坐标 x、y、z 方便得多。这是因为，当以弹性体的对称轴为 z 轴时（图2.13），则所有的应力分量、应变分量和位移分量都将只是 r 和 z 的函数，而与 θ 无关（即不随 θ 变化）。

为推得轴对称问题的平衡微分方程，可取 z 轴垂直向上、间距为 $\mathrm{d}r$ 的两个圆柱面，且互成 $\mathrm{d}\theta$ 角的两个垂直面及两个相距 $\mathrm{d}z$ 的水平面，从弹性体中割取一个微小六面体 $PABC$，如图2.13(b) 所示。沿 r 方向的正应力，称为径向正应力，用 σ_r 表示；沿 θ 方向的正应力，称为环向正应力，用 σ_θ 表示；沿 z 方向的正应力，称为轴向正应力，用 σ_z 来表示。而作用在水平面上沿 r 方向的剪应力，则用 τ_{zr} 来代表，按剪应力互等定理，有 $\tau_{zr} = \tau_{rz}$。另外，由于对称性，$\tau_{r\theta} = \tau_{\theta r}$ 及 $\tau_{z\theta} = \tau_{\theta z}$ 都不存在。这样，总共只有4个应力分量，即 σ_r、σ_θ、σ_z、τ_{zr}，它们都只是 r 和 z 的函数。

如果六面体的内圆柱面上的正应力是 σ_r，则外侧圆柱面上的正应力便是 $\sigma_r + \frac{\partial \sigma_r}{\partial r}\mathrm{d}r$。由于对称，$\sigma_\theta$ 在环向没有增量。如果六面体下面的正应力是 σ_z，则上面的正应力应该是 $\sigma_z + \frac{\partial \sigma_z}{\partial z}\mathrm{d}z$。同样，六面体内面及外面的剪应力分别为 τ_{rz} 及 $\tau_{rz} + \frac{\partial \tau_{rz}}{\partial r}\mathrm{d}r$，下面及上面的剪应力则分别为 τ_{zr} 及 $\tau_{zr} + \frac{\partial \tau_{zr}}{\partial z}\mathrm{d}z$。此外，径向体力用 K 表示，而轴向体力（z 方向的体力）用 Z 代表。

若将六面体所受的各力都投影到六面体中心的径向轴上，并取 $\sin\frac{\mathrm{d}\theta}{2} \approx \frac{\mathrm{d}\theta}{2}$ 及 $\cos\frac{\mathrm{d}\theta}{2} \approx 1$，可得到平衡方程，即

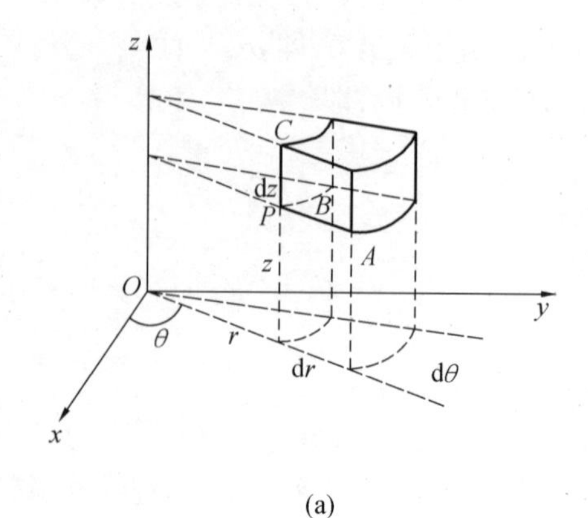

(a)

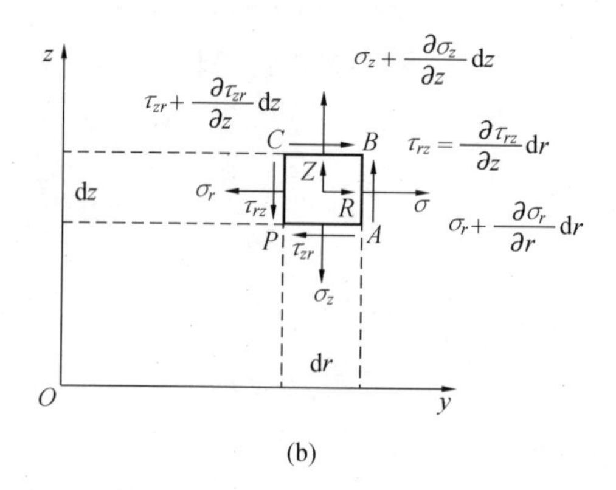

(b)

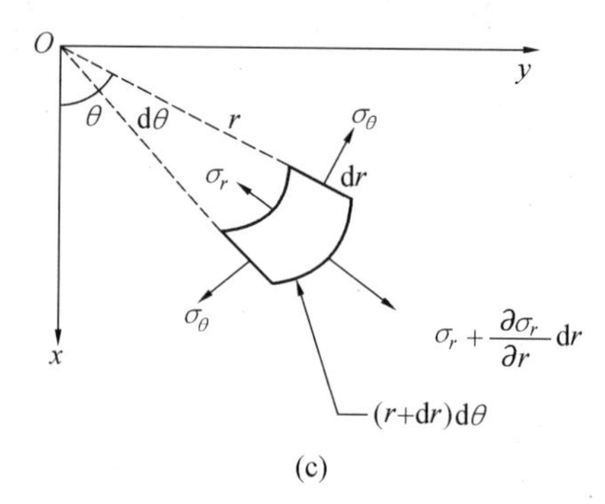

(c)

图 2.13　轴对称问题示意

$$\left(\sigma_r+\frac{\partial\sigma_r}{\partial r}\mathrm{d}r\right)(r+\mathrm{d}r)\mathrm{d}\theta\mathrm{d}z-\sigma_r r\mathrm{d}\theta\mathrm{d}z-2\sigma_\theta\mathrm{d}r\mathrm{d}z\frac{\mathrm{d}\theta}{2}+$$
$$\left(\tau_{zr}+\frac{\partial\tau_{zr}}{\partial z}\mathrm{d}z\right)r\mathrm{d}\theta\mathrm{d}r-\tau_{zr}r\mathrm{d}\theta\mathrm{d}r+Kr\mathrm{d}\theta\mathrm{d}r\mathrm{d}z=0 \tag{2.82}$$

简化后除以 $r\mathrm{d}\theta\mathrm{d}r\mathrm{d}z$,并略去微量,得

$$\frac{\partial\sigma_r}{\partial r}+\frac{\partial\tau_{zr}}{\partial z}+\frac{\sigma_r-\sigma_\theta}{r}+K=0 \tag{2.83}$$

将六面体所受的各力都投影到 z 轴上,则得平衡方程

$$\left(\tau_{rz}+\frac{\partial\tau_{rz}}{\partial r}\mathrm{d}r\right)(r+\mathrm{d}r)\mathrm{d}\theta\mathrm{d}z-\tau_{rz}r\mathrm{d}\theta\mathrm{d}z+\left(\sigma_z+\frac{\partial\sigma_z}{\partial z}\mathrm{d}z\right)r\mathrm{d}\theta\mathrm{d}r-\sigma_z r\mathrm{d}\theta\mathrm{d}r+Zr\mathrm{d}\theta\mathrm{d}r\mathrm{d}z=0 \tag{2.84}$$

简化后除以 $r\mathrm{d}\theta\mathrm{d}r\mathrm{d}z$,并略去微量,得

$$\frac{\partial\sigma_z}{\partial z}+\frac{\partial\tau_{rz}}{\partial r}+\frac{\tau_{rz}}{r}+Z=0 \tag{2.85}$$

于是得到空间轴对称问题的平衡微分方程为

$$\left.\begin{aligned}&\frac{\partial\sigma_r}{\partial r}+\frac{\partial\tau_{zr}}{\partial z}+\frac{\sigma_r-\sigma_\theta}{r}+K=0\\&\frac{\partial\sigma_r}{\partial z}+\frac{\partial\tau_{rz}}{\partial r}+\frac{\tau_{rz}}{r}+Z=0\end{aligned}\right\} \tag{2.86}$$

用 ε_r 表示沿 r 方向的正应变,即径向正应变;用 ε_θ 表示沿 θ 方向的正应变,即环向正应变;而沿 z 方向的轴向正应变仍用 ε_z 来表示。另外,r 方向与 z 方向之间的剪应变用 γ_{zr} 表示,由于对称,剪应变 $\gamma_{r\theta}$ 及 $\gamma_{\theta z}$ 均为零;沿 r 方向的位移分量,称为径向位移,用 u 表示;沿 z 方向的轴向位移分量,仍用 w 表示,并且由于对称,环向位移 $v=0$。

根据几何方程的定义方法,可以得到因径向位移所引起的应变分量是

$$\varepsilon_r=\frac{\partial u}{\partial r}\qquad \varepsilon_\theta=\frac{u}{r}\qquad \gamma_{zr}=\frac{\partial u}{\partial z} \tag{2.87}$$

而轴向位移 w 引起的应变分量为

$$\varepsilon_z=\frac{\partial w}{\partial z}\qquad \gamma_{zr}=\frac{\partial w}{\partial r} \tag{2.88}$$

由此得到空间轴对称问题的几何方程

$$\begin{bmatrix}\varepsilon_r\\ \varepsilon_\theta\\ \varepsilon_z\\ \gamma_{zr}\end{bmatrix}=\begin{bmatrix}\dfrac{\partial u}{\partial r}\\ \dfrac{u}{r}\\ \dfrac{\partial w}{\partial z}\\ \dfrac{\partial u}{\partial z}+\dfrac{\partial w}{\partial r}\end{bmatrix} \tag{2.89}$$

由于极坐标也是一种正交坐标,所以轴对称问题的物理方程可以直接根据虎克定律得到,即

$$\left.\begin{aligned}\varepsilon_r&=\frac{1}{E}[\sigma_r-\mu(\sigma_\theta+\sigma_z)]\\ \varepsilon_\theta&=\frac{1}{E}[\sigma_\theta-\mu(\sigma_z+\sigma_r)]\\ \varepsilon_z&=\frac{1}{E}[\sigma_z-\mu(\sigma_r+\sigma_\theta)]\\ \gamma_{zr}&=\frac{1}{G}\tau_{zr}=\frac{2(1+\mu)}{E}\tau_{zr}\end{aligned}\right\} \tag{2.90}$$

2.6.3 板壳问题

1. 平板问题

在弹性力学里,把两个平行面和垂直于这两个平行面的柱面或棱柱面所围成的物体称为平板,简称为板,如图 2.14 所示。两个板面之间的距离 t 称为板的厚度,而平分厚度 t 的平面称为板的中间平面,简称中面。如果板的厚度 t 远小于中面的最小尺寸 b(如小于 $b/8\sim b/5$),该板就称为薄板,否则就为厚

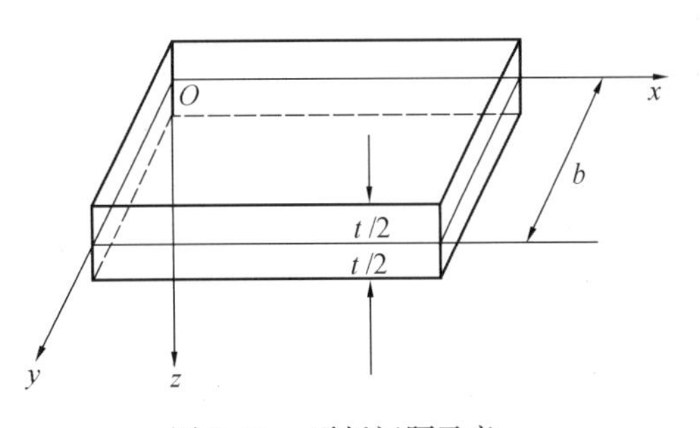

图 2.14 平板问题示意

板。对于薄板,通过一些计算假定已建立了一套完整的理论,可用于计算工程上的问题。但对于厚板,还没有便于解决工程问题的可行计算方案。

当薄板受有一般载荷时,总可将载荷分解为两个分量,一个是作用在薄板的中面之内的所谓纵向载荷,另一个是垂直于中面的所谓横向载荷。对于纵向载荷,可以认为它们沿厚度方向均匀分布,因而它们所引起的应力、应变和位移,都可以按平面应力问题进行计算。而横向载荷将使薄板产生弯曲,所引起的应力、应变和位移,可以按薄板弯曲问题进行计算。

在薄板弯曲时,中面所弯成的曲面,称为薄板的弹性曲面,而中面内各点在垂直于中面方向的位移称为挠度。线弹性薄板理论只讨论所谓的小挠度弯曲的情况。薄板虽然很薄,但仍然具有相当的弯曲刚度,因而它的挠度远小于它的厚度。如果薄板的弯曲刚度很小,以至于其挠度与厚度属于同阶大小,则必须建立所谓的大挠度弯曲理论(大变形理论)。

薄板的小挠度弯曲理论是以3个计算假定为基础的,这些假定已被大量的实验所证实。取薄板的中面为 xy,这些假定可陈述如下:

①平截面假定。垂直中面方向的正应变(即应变分量 ε_z)极其微小,可以忽略不计。取 $\varepsilon_z = 0$,则由几何方程第三式可知 $\frac{\partial w}{\partial z} = 0$,所以有

$$w = w(x,y) \tag{2.91}$$

这说明,在中面的任一根法线上,薄板全厚度内的所有各点都具有相同的位移 w,且等于挠度。

②厚度方向挤压变形忽略不计。应力分量 τ_{zx}、τ_{zy} 和 σ_z 远小于其余3个应力分量,因而是次要的,由它们所引起的应变可以忽略不计,则

$$\gamma_{zx} = 0 \qquad \gamma_{zy} = 0 \tag{2.92}$$

根据几何方程可得

$$\frac{\partial u}{\partial z} + \frac{\partial w}{\partial x} = 0 \qquad \frac{\partial w}{\partial y} + \frac{\partial v}{\partial z} = 0 \tag{2.93}$$

故有

$$\frac{\partial u}{\partial z} = -\frac{\partial w}{\partial x} \qquad \frac{\partial v}{\partial z} = -\frac{\partial w}{\partial y} \tag{2.94}$$

由于 $\varepsilon_z = 0, \gamma_{zx} = 0, \gamma_{zy} = 0$,所以中面的法线在薄板弯曲时保持不伸缩,并成为弹性曲面的法线。此外,由于不计 σ_z 所引起的应变,故其物理方程为

$$\left.\begin{aligned}
\varepsilon_x &= \frac{1}{E}(\sigma_x - \mu\sigma_y)\\
\varepsilon_y &= \frac{1}{E}(\sigma_y - \mu\sigma_x)\\
\gamma_{xy} &= \frac{2(1+\mu)}{E}\tau_{xy}
\end{aligned}\right\} \tag{2.95}$$

由此可得,薄板弯曲问题的物理方程与薄板平面应力问题的物理方程是一样的。

③平板只发生弯曲没有伸缩变形。薄板中面内的各点都没有平行于中面的位移,即

$$u\Big|_{z=0}=0 \qquad v\Big|_{z=0}=0 \tag{2.96}$$

因 $\varepsilon_x=\frac{\partial u}{\partial x},\varepsilon_y=\frac{\partial v}{\partial y},\gamma_{xy}=\frac{\partial v}{\partial x}+\frac{\partial u}{\partial y}$,故有

$$\varepsilon_x\Big|_{z=0}=0 \qquad \varepsilon_y\Big|_{z=0}=0 \qquad \gamma_{xy}\Big|_{z=0}=0 \tag{2.97}$$

因此,中面的任意一部分虽然弯曲成为弹性曲面的一部分,但在 xy 面上的投影形状却保持不变。

2. 壳体问题

对于两个曲面所限定的物体,如果曲面之间的距离比物体的其他尺寸要小,就称之为壳体,这两个曲面就称为壳面。距两壳面等远的点所形成的曲面,称为中间曲面,简称为中面。中面的法线被两壳面截断的长度,称为壳体的厚度。对于非闭合曲面(开敞壳体),一般都假定其边缘(壳边)总是由垂直于中面的直线所构成的直纹曲面。

在壳体理论中,有以下几个计算假定:

① 垂直于中面方向的正应变极其微小,可以不计。

② 中面的法线总保持为直线,且中面法线及其垂直线段之间的直角也保持不变,即这两方向的剪应变为零。

③ 与中面平行的截面上的正应力(即挤压应力),远小于中面垂直面上的正应力,因而它对变形的影响可以不计。

④ 体力及面力均可化为作用在中面的载荷。

如果壳体的厚度 t 远小于壳体中面的最小曲率半径 R,则比值 t/R 将是很小的一个数值,这种壳体就称为薄壳。反之,即为厚壳。对于薄壳,可以在壳体的基本方程和边界条件中略去某些很小的量(一般是随着比值 t/R 的减小而减小的量),从而使得这些基本方程在边界条件下可以求得一些近似的、工程上足够精确的解答。对于厚壳,与厚板类似,尚无完善可行的计算方法,一般只能作为空间问题来处理。

2.7 弹性力学问题的一般求解方法

根据前面的讨论可知,弹性力学问题中共有15个待求的基本未知量,即6个应力分量、6个应变分量、3个位移分量,而基本方程也正好有15个,即平衡微分方程3个、几何方程或变形协调方程6个(几何方程和变形协调方程实质上是等效的,两者只能应用其中之一)、物理方程6个。于是,15个方程中有15个未知函数,加上边界条件用于确定积分常数,原则上讲,这些方程足以求解各种弹性力学问题。可以证明,当这些方程的解答存在时,只要不考虑刚体位移,则所求得的解将是唯一的。但是,在实际求解时,其数学上的计算难度仍然是很大的。事实上,只是对一些简单的问题才可进行解析求解,而对大量的工程实际问题,一般都要借助于数值方法来获得数值解或半数值解。

求解弹性力学问题主要有两种不同的途径。一种是按位移求解,另一种是按应力求解。按位移求解就是先以位移分量为基本未知函数,求得位移分量之后再用几何方程求出应变分量,继而用物理方程求得应力分量。从原则上讲,按位移求解可以适用于任何边

界问题，不管是位移边界问题还是应力边界问题，或者是混合边界问题，所以对某些重要问题，虽然不能按位移求解方式得到具体的、详尽的解答，但却可以得出一些普遍的重要结论，这是按应力求解时所不能办到的。事实上，在很多情况下，按位移求解也比较方便，只要所确定的位移函数是单值连续的，那么用几何方程所求得的应变分量就必定满足相容方程。但是，关键的问题是由位移分量和应变分量所确定的应力分量还必须要满足平衡微分方程，所以，按位移求解弹性力学问题时，往往要比按应力求解更难于处理。这是按位移求解的缺点所在，也就是按位移求解尚不能得到很多有用解答的原因。然而，值得指出的是，在有限单元法中，按位移求解则是一种比较简单而普遍适用的求解方式，本书中所介绍的有限单元法都是以这种位移解法为出发点。

求解弹性力学问题的另一种方式是按应力求解，即先以 6 个应力分量为基本未知量，求得满足平衡微分方程的应力分量之后，再通过物理方程和几何方程求出应变分量和位移分量。需要特别注意的是，应使所求得的应变分量满足相容方程，否则将会因变形不协调而导致错误。此外，应力分量在边界上还应当满足应力边界条件。由于位移边界条件一般是无法改用应力分量来表示的，所以，对于位移边界问题和混合边界问题，一般都不可能按应力求解得到精确的解答。因此，用弹性力学求解某一具体问题，就是设法寻求弹性力学基本方程的解，并使之满足该问题的所有边界条件。然而，要在各种具体条件下寻求问题的精确解答，实际上是很困难的。研究发现，对一些重要的实际问题，只要对其应力或应变的分布做若干的简化，则求解将变得比较简单。为此，通常可以根据求解对象的几何形状和受载情况，将具体问题简化为平面问题（可进一步分为平面应力问题和平面应变问题）、轴对称问题、板壳问题等。

本节以平面问题为例，介绍弹性力学基本求解方法。

2.7.1 应用位移平衡微分方程求解平面问题

下面给出位移为基本未知量时，求解平面问题所需要的微分方程和边界条件。以平面应力问题为例，其物理方程为

$$\left.\begin{aligned}\sigma_x &= \frac{E}{1-\mu^2}(\varepsilon_x + \mu\varepsilon_y)\\ \sigma_y &= \frac{E}{1-\mu^2}(\varepsilon_y + \mu\varepsilon_x)\\ \tau_{xy} &= \frac{E}{2(1+\mu)}\gamma_{xy}\end{aligned}\right\} \tag{2.98}$$

将平面问题几何方程代入上式，得

$$\left.\begin{aligned}\sigma_x &= \frac{E}{1-\mu^2}\left(\frac{\partial u}{\partial x} + \mu\frac{\partial v}{\partial y}\right)\\ \sigma_y &= \frac{E}{1-\mu^2}\left(\frac{\partial v}{\partial y} + \mu\frac{\partial u}{\partial x}\right)\\ \tau_{xy} &= \frac{E}{2(1+\mu)}\left(\frac{\partial v}{\partial x} + \frac{\partial u}{\partial y}\right)\end{aligned}\right\} \tag{2.99}$$

将上面的方程代入应力平衡微分方程，得

$$\left.\begin{aligned}\frac{E}{1-\mu^2}\left(\frac{\partial^2 u}{\partial x^2}+\frac{1-\mu}{2}\frac{\partial^2 u}{\partial y^2}+\frac{1+\mu}{2}\frac{\partial^2 v}{\partial x\partial y}\right)+X=0\\ \frac{E}{1-\mu^2}\left(\frac{\partial^2 v}{\partial y^2}+\frac{1-\mu}{2}\frac{\partial^2 v}{\partial x^2}+\frac{1+\mu}{2}\frac{\partial^2 u}{\partial x\partial y}\right)+Y=0\end{aligned}\right\}\tag{2.100}$$

上式即为位移法求解平面应力问题的基本微分方程式。

在用位移为基本变量求解时，会碰到两类边界条件，即位移边界条件和应力边界条件。位移边界条件是

$$\left.\begin{aligned}u_s=\bar{u}\\ v_s=\bar{v}\end{aligned}\right\}\tag{2.101}$$

对于应力表达的边界条件需要进行变换，即

$$\left.\begin{aligned}n_x(\sigma_x)_s+n_y(\tau_{xy})_s+\bar{X}=0\\ n_y(\sigma_y)_s+n_x(\tau_{xy})_s+\bar{Y}=0\end{aligned}\right\}\tag{2.102}$$

整理得

$$\left.\begin{aligned}\frac{E}{1-\mu^2}\left[n_x\left(\frac{\partial u}{\partial x}+\mu\frac{\partial v}{\partial y}\right)+n_y\frac{1-\mu}{2}\left(\frac{\partial u}{\partial y}+\frac{\partial v}{\partial x}\right)\right]_s+\bar{X}=0\\ \frac{E}{1-\mu^2}\left[n_y\left(\frac{\partial v}{\partial y}+\mu\frac{\partial u}{\partial x}\right)+n_x\frac{1-\mu}{2}\left(\frac{\partial v}{\partial x}+\frac{\partial u}{\partial y}\right)\right]_s+\bar{Y}=0\end{aligned}\right\}\tag{2.103}$$

这就是用位移分量来表达的应力边界条件。

综上所述，按位移求解平面应力问题时，应使位移分量满足以位移表达的平衡微分方程式(2.100)，并在边界上满足位移边界条件式(2.101)或以位移分量表达的应力边界条件式(2.103)。求出了位移分量以后，再由几何方程求出应变，用物理方程求出应力。

对于平面应变问题，只需在上面的各个方程中将 E 换成$\dfrac{E}{1-\mu^2}$，将μ 换成$\dfrac{\mu}{1-\mu}$。

按位移法求解平面问题需要处理两个偏微分方程，较为复杂，甚至不能得到确切解。但这种方法可以对所求问题进行宏观描述，可以得到一些有价值的结论。

2.7.2 利用相容性条件按应力求解平面问题

已知弹性力学平面问题的几何方程为

$$\varepsilon_x=\frac{\partial u}{\partial x}\qquad\varepsilon_y=\frac{\partial v}{\partial y}\qquad\gamma_{xy}=\frac{\partial v}{\partial x}+\frac{\partial u}{\partial y}\tag{2.104}$$

上述几何方程的前两项分别对 y 和 x 求二阶偏导并相加，得

$$\frac{\partial^2\varepsilon_x}{\partial y^2}+\frac{\partial^2\varepsilon_y}{\partial x^2}=\frac{\partial^3 u}{\partial x\partial y^2}+\frac{\partial^3 v}{\partial y\partial x^2}=\frac{\partial^2}{\partial x\partial y}\left(\frac{\partial u}{\partial y}+\frac{\partial v}{\partial x}\right)\tag{2.105}$$

上式最后一项$\left(\dfrac{\partial u}{\partial y}+\dfrac{\partial v}{\partial x}\right)=\gamma_{xy}$，因此可以得到如下方程，即相容方程中的第一式

$$\frac{\partial^2\varepsilon_x}{\partial y^2}+\frac{\partial^2\varepsilon_y}{\partial x^2}=\frac{\partial^2\gamma_{xy}}{\partial x\partial y}\tag{2.106}$$

为了保证弹性体内任一点都有确定的位移,且同一点不可能有两个不同的位移,应变分量 ε_x、ε_y、γ_{xy} 应满足相容性方程,否则变形后微元体之间有可能出现开裂与重叠。

将平面应力问题的物理方程(2.80) 代入上式,得

$$\frac{\partial^2}{\partial y^2}(\sigma_x - \mu\sigma_y) + \frac{\partial^2}{\partial x^2}(\sigma_y - \mu\sigma_x) = 2(1+\mu)\frac{\partial^2 \tau_{xy}}{\partial x \partial y} \tag{2.107}$$

根据平面问题的平衡微分方程,即

$$\left.\begin{aligned} \frac{\partial \sigma_x}{\partial x} + \frac{\partial \tau_{xy}}{\partial y} + X = 0 \\ \frac{\partial \sigma_y}{\partial y} + \frac{\partial \tau_{xy}}{\partial x} + Y = 0 \end{aligned}\right\}$$

上面两式分别对 x 和 y 求偏导数,然后相加并整理,得

$$2\frac{\partial^2 \tau_{xy}}{\partial x \partial y} = -\left(\frac{\partial X}{\partial x} + \frac{\partial Y}{\partial y}\right) - \left(\frac{\partial^2 \sigma_x}{\partial x^2} + \frac{\partial^2 \sigma_y}{\partial y^2}\right) \tag{2.108}$$

将上式代入式(2.107) 并整理,得

$$\left(\frac{\partial^2}{\partial x^2} + \frac{\partial^2}{\partial y^2}\right)(\sigma_x + \sigma_y) = -(1+\mu)\left(\frac{\partial X}{\partial x} + \frac{\partial Y}{\partial y}\right) \tag{2.109}$$

上式即为通过相容性条件按应力求解平面问题的方程式。

对于平面应变问题,只要将上式中 μ 换成 $\dfrac{\mu}{1-\mu}$ 即可。

2.7.3 Airy 应力函数

在一个弹性体内,应力分量应该满足相容方程、平衡微分方程和应力边界条件。对于平面问题,应力平衡微分方程为

$$\left.\begin{aligned} \frac{\partial \sigma_x}{\partial x} + \frac{\partial \tau_{xy}}{\partial y} + X = 0 \\ \frac{\partial \sigma_y}{\partial y} + \frac{\partial \tau_{xy}}{\partial x} + Y = 0 \end{aligned}\right\} \tag{2.110}$$

它的解包含两部分:特解和通解。构造齐次微分方程,有

$$\frac{\partial \sigma_x}{\partial x} + \frac{\partial \tau_{xy}}{\partial y} = 0 \qquad \frac{\partial \sigma_y}{\partial y} + \frac{\partial \tau_{xy}}{\partial x} = 0 \tag{2.111}$$

得到上述两方程的通解为

$$\sigma_x = \frac{\partial^2 \varphi}{\partial y^2} \qquad \sigma_y = \frac{\partial^2 \varphi}{\partial x^2} \qquad \tau_{xy} = -\frac{\partial^2 \varphi}{\partial x \partial y} \tag{2.112}$$

选择如下形式的特解

$$\sigma_x = -Xx \qquad \sigma_y = -Yy \qquad \tau_{xy} = 0 \tag{2.113}$$

则整个平衡微分方程的全解为

$$\sigma_x = \frac{\partial^2 \varphi}{\partial y^2} - Xx \qquad \sigma_y = \frac{\partial^2 \varphi}{\partial x^2} - Yy \qquad \tau_{xy} = -\frac{\partial^2 \varphi}{\partial x \partial y} \tag{2.114}$$

其中,$\varphi(x,y)$ 是平面问题的应力函数。这个辅助函数首先由 G. B. Airy 提出,在求解弹性

力学平面问题时很重要,且有效。

应力分量也应满足相容方程。对于平面问题,假如体积力可以忽略,考虑相容性条件的平衡方程式(2.109)可以简化为

$$\left(\frac{\partial^2}{\partial x^2}+\frac{\partial^2}{\partial y^2}\right)(\sigma_x+\sigma_y)=0 \tag{2.115}$$

把包含应力函数的应力全解式(2.114)代入上式,得

$$\left(\frac{\partial^2}{\partial x^2}+\frac{\partial^2}{\partial y^2}\right)\left(\frac{\partial^2\varphi}{\partial y^2}-Xx+\frac{\partial^2\varphi}{\partial x^2}-Yy\right)=0 \tag{2.116}$$

忽略体积力,上式进一步简化为

$$\frac{\partial^4\varphi}{\partial x^4}+2\frac{\partial^4\varphi}{\partial x^2\partial y^2}+\frac{\partial^4\varphi}{\partial y^4}=0 \tag{2.117}$$

式(2.117)即为用应力函数 $\varphi(x,y)$ 表达的相容性方程。

考虑到 $X=0,Y=0$ 按应力函数进行求解,得到式

$$\sigma_x=\frac{\partial^2\varphi}{\partial y^2}\qquad \sigma_y=\frac{\partial^2\varphi}{\partial x^2}\qquad \tau_{xy}=-\frac{\partial^2\varphi}{\partial x\partial y} \tag{2.118}$$

用上述方法计算出应力后,再进一步计算出应变,最后通过应变计算出位移。

应力函数的创建需要一定的经验,不同的问题应使用不同的应力函数。为简便起见,可以采用多项式形式创建应力函数以对简单的弹性力学问题求解。下面给出几个构建应力函数求解弹性力学平面问题的例子。

设弹性体体积力为0,即 $X=0,Y=0$。

(1)$\varphi=a+bx+cy$

这是一个最简单的线性应力函数,不管系数取何值,对于应力函数的相容方程总是满足的。从式(2.118)可得应力分量,即

$$\sigma_x=0\qquad \sigma_y=0\qquad \tau_{xy}=0$$

因此,线性应力函数状态是没有应力、体积力和表面力的情况。这对于任何弹性问题都是没有意义的。

(2)$\varphi=ax^2+bxy+cy^2$

此二次多项式在任何情况下都满足相容方程。分别讨论如下。

设 $\varphi=ax^2$,由式(2.118)可得应力分量,即

$$\sigma_x=0\qquad \sigma_y=2a\qquad \tau_{xy}=0$$

这种应力状态对应长方形平板沿 y 轴受拉力或压力的情况,如图2.15(a)所示。

设 $\varphi=bxy$,可以得到

$$\sigma_x=0\qquad \sigma_y=0\qquad \tau_{xy}=-b$$

这种应力状态对应长方形平板沿四周作用剪切力,如图2.15(b)所示。

设 $\varphi=cy^2$ 时,其与 $\varphi=ax^2$ 时的状态相似,作用力变成指向 x 轴方向,如图2.15(c)所示。

(3)$\varphi=ay^3$

可以证明,上式在任何情况下都满足应力函数相容方程。可以求得

$$\sigma_x = 6ay \qquad \sigma_y = 0 \qquad \tau_{xy} = 0$$

这种应力状态下对应梁弯曲情况,如图 2.15(d) 所示。

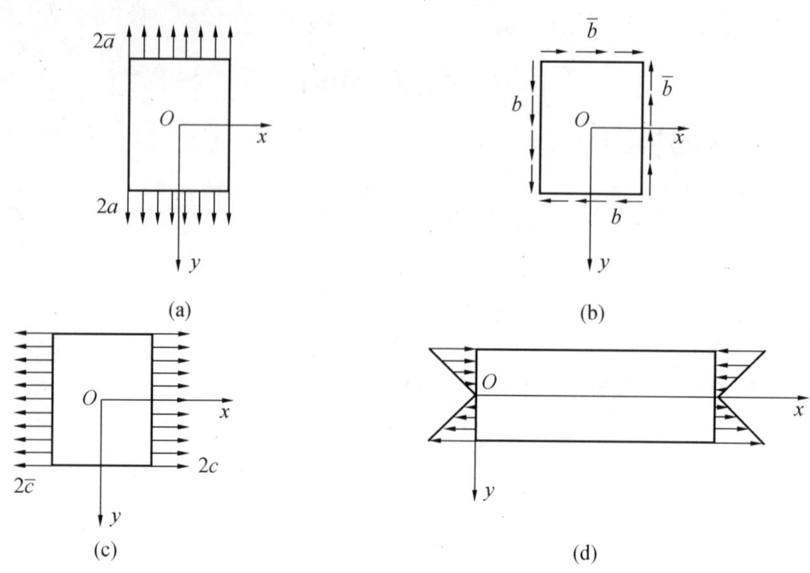

图 2.15 应力函数为三阶多项式的讨论

(4) $\varphi = Ax^3 + Bx^2y + Cxy^2 + Dy^3$

当 A、B、C 和 D 是常数时

$$\left.\begin{aligned} \sigma_x &= \frac{\partial^2\varphi}{\partial y^2} = 2Cx + 6Dy \\ \sigma_y &= \frac{\partial^2\varphi}{\partial x^2} = 6Ax + 2By \\ \tau_{xy} &= \frac{-\partial^2\varphi}{\partial x\partial y} = -2(2Bx + 2Cy) \end{aligned}\right\} \tag{2.119}$$

由式(2.119)可知,所有的应力是随 x 和 y 线性变化的。如果 $A = B = C = 0$,那么这种应力状态相应于梁的纯弯曲的应力状态。因此,函数 $\varphi = Dy^3$ 能够用于弯曲。此外,由于 $\nabla^4\varphi = 0$,上述应力函数都满足相容方程。

2.8 能量法与虚位移原理

对于弹性变形体,可以采用能量法的有关概念和分析方法。在本节中,主要讨论弹性力学问题能量法的基本原理和基本表述方式,特别是位移法中的虚位移原理。

2.8.1 应变能的定义

考虑轴向拉伸情况,设在拉伸试件中有一很小的单元,它承受单轴拉伸应力 σ_x。如果材料是线性的,力与 σ_x 有关,即作用力为 $F_x = \sigma_x\Delta y\Delta z$。力产生的位移和应变有关,位移和应变的关系为 $\delta_x = \varepsilon_x\Delta x$。因此外力所做的功为

$$W=\frac{1}{2}F_x\delta_x=\frac{1}{2}\sigma_x\varepsilon_x(\Delta x\Delta y\Delta z)$$

单位体积的功为

$$w=\frac{1}{2}\sigma_x\varepsilon_x \tag{2.120}$$

如果材料是理想弹性体,作用过程没有能量损失,外力所做的功将以一种能量的形式积累在弹性体内,一般把这种能量称为弹性变形势能,或叫做应变能。

由能量守恒原理,外力所做的功应与弹性体的应变能相等。因此,单位体积的应变能可表示为

$$u=w=\frac{1}{2}\sigma_x\varepsilon_x \tag{2.121}$$

考虑单独剪应力作用的情况,假设弹性体内一微小单元仅受剪应力 τ_{xy} 作用,如图2.16所示。

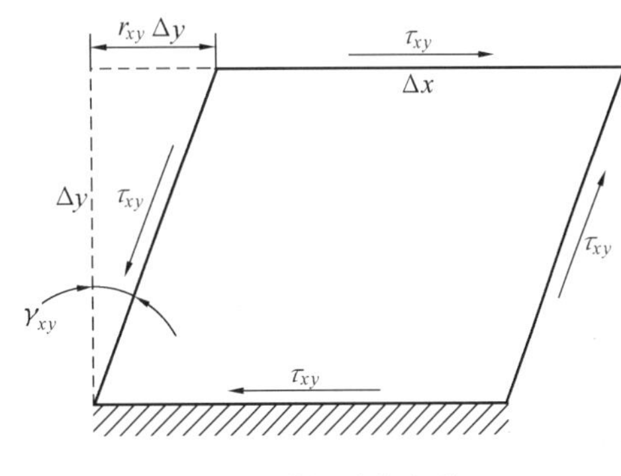

图2.16 剪切时的变形

图2.17中的剪力为 $F=\tau_{xy}\Delta x\Delta z$,位移等于 $\delta=\gamma_{xy}\Delta y$,所做的功为

$$W=\frac{1}{2}F\delta=\frac{1}{2}\tau_{xy}\gamma_{xy}\Delta x\Delta y\Delta z \tag{2.122}$$

单位体积的应变能为

$$u=w=\frac{1}{2}\tau_{xy}\gamma_{xy} \tag{2.123}$$

分析更一般的情况,这时弹性体既受正应力又受剪应力作用。设一点的应力状态为 σ_x、σ_y、σ_z 和 τ_{xy}、τ_{yz}、τ_{zx},写成矩阵形式,有

$$\boldsymbol{\sigma}=[\sigma_x\quad\sigma_y\quad\sigma_z\quad\tau_{xy}\quad\tau_{yz}\quad\tau_{zx}]^{\mathrm{T}} \tag{2.124}$$

相应的应变状态为 ε_x、ε_y、ε_z 和 γ_{xy}、γ_{yz}、γ_{zx},写成矩阵形式,有

$$\boldsymbol{\varepsilon}=[\varepsilon_x\quad\varepsilon_y\quad\varepsilon_z\quad\gamma_{xy}\quad\gamma_{yz}\quad\gamma_{zx}]^{\mathrm{T}} \tag{2.125}$$

则弹性体的单位应变能可表示为

$$u=\frac{1}{2}\boldsymbol{\sigma}^{\mathrm{T}}\boldsymbol{\varepsilon}=\frac{1}{2}(\sigma_x\varepsilon_x+\sigma_y\varepsilon_y+\sigma_z\varepsilon_z+\tau_{xy}\gamma_{xy}+\tau_{yz}\gamma_{yz}+\tau_{zx}\gamma_{zx}) \tag{2.126}$$

根据物理方程可将上式中的应变换成应力,得

$$u=\frac{1}{2E}[\sigma_x^2+\sigma_y^2+\sigma_z^2-2\mu(\sigma_x\sigma_y+\sigma_y\sigma_z+\sigma_x\sigma_z)+2(1+\mu)(\tau_{xy}^2+\tau_{yz}^2+\tau_{zx}^2)] \tag{2.127}$$

2.8.2 虚位移原理

如果一个质点处于平衡状态,则作用于质点上的力在该质点的任意虚位移上所做的虚功总和等于零。从本质上讲,虚位移原理是以能量(功)形式表示的平衡条件。

对于弹性体,可以看作是一个特殊的质点系,如果弹性体在若干个面力和体力作用下处于平衡,那么弹性体内的每个质点也都是处于平衡状态的。假定弹性体有一虚位移,由

于作用在每个质点上的力系在相应的虚位移上的虚功总和为零,所以作用于弹性体所有质点上的一切力(包括体力和面力)在虚位移上的虚功总和也等于零。

须注意两点,一是弹性体与一般自由质点系不同,弹性体中的质点受到一定的约束,也就是说,弹性体内部的各个质点应始终保持连续,而表面质点则往往受到一定的几何边界约束,所以在给定虚位移时,必须使其满足材料的连续性条件和几何边界条件。另一点是弹性体与刚体之间的差异。虽然刚体也可以看作是一个质点系,但其内部各质点无相对位移,所以总体上讲内力不做功。弹性体则完全不一样,它可以产生变形、各质点之间可以有相对位移,内力将做虚功,因此对弹性体运用虚位移原理时,要计入内力在虚位移上所做的虚功。

假定弹性体在一组外力 U_i、V_i、W_i、U_j、V_j、W_j、… 的作用下处于平衡状态,由外力所引起的应力为 σ_x、σ_y、σ_z、τ_{xy}、τ_{yz}、τ_{zx},并且,按前述条件对弹性体取了任意的虚位移 δu_i、δv_i、δw_i、δu_j、δv_j、δw_j、…,由虚位移所引起的虚应变为 $\delta\varepsilon_x$、$\delta\varepsilon_y$、$\delta\varepsilon_z$、$\delta\gamma_{xy}$、$\delta\gamma_{yz}$、$\delta\gamma_{zx}$,这些虚应变分量满足相容方程。那么,外力在虚位移上所做的虚功为

$$U_i\delta u_i + V_i\delta v_i + W_i\delta w_i + U_j\delta u_j + V_j\delta v_j + W_j\delta w_j + \cdots =$$
$$[\delta u_i \quad \delta v_i \quad \delta w_i \quad \delta u_j \quad \delta v_j \quad \delta w_j \quad \cdots][U_i \quad V_i \quad W_i \quad U_j \quad V_j \quad W_j \quad \cdots]^{\mathrm{T}} = \boldsymbol{u}^{*\mathrm{T}}\boldsymbol{F} \tag{2.128}$$

受到外力作用而处于平衡状态的弹性体,在其变形过程中,外力将做功。对于完全弹性体,当外力移去时,弹性体将会完全恢复到原来的状态。在恢复过程中,弹性体可以把加载过程中外力所做的功全部还原出来,即可以对外做功。这就说明,在产生变形时外力所做的功以一种能的形式积累在弹性体内,即上文所述的弹性变形势能(或称应变能)。

对弹性体取虚位移之后,外力在虚位移上所做的虚功将在弹性体内部积累有虚应变能。根据能量守恒定律,可以推出弹性体内单位体积中的虚应变能为

$$\sigma_x\delta\varepsilon_x + \sigma_y\delta\varepsilon_y + \sigma_z\delta\varepsilon_z + \tau_{xy}\delta\gamma_{xy} + \tau_{yz}\delta\gamma_{yz} + \tau_{zx}\delta\gamma_{zx} = \boldsymbol{\varepsilon}^{*\mathrm{T}}\boldsymbol{\sigma} \tag{2.129}$$

而整个弹性体的虚应变能为

$$\boldsymbol{\delta\Omega} = \iiint_V \boldsymbol{\delta\varepsilon}^{*\mathrm{T}}\boldsymbol{\sigma}\mathrm{d}x\mathrm{d}y\mathrm{d}z \tag{2.130}$$

因此,弹性体的虚位移原理可以叙述为:若弹性体在已知的面力和体力的作用下处于平衡状态,那么使弹性体产生虚位移时,所有作用在弹性体上的外力在虚位移上所做的功就等于弹性体所具有的虚应变能,即

$$\boldsymbol{u}^{*\mathrm{T}}\boldsymbol{F} = \iiint_V \boldsymbol{\delta\varepsilon}^{*\mathrm{T}}\boldsymbol{\sigma}\mathrm{d}x\mathrm{d}y\mathrm{d}z \tag{2.131}$$

习　　题

2.1　解释如下概念:应力、应变、几何方程、物理方程、虚位移原理。

2.2　说明弹性力学中的几个基本假设。

2.3　简述线应变与剪应变的几何含义。

2.4　推导平面应力平衡微分方程。

2.5 如题图 2.1 所示，被三个表面隔离出来平面应力状态中的一点，求 $\boldsymbol{\sigma}$ 和 $\boldsymbol{\tau}$ 的值。

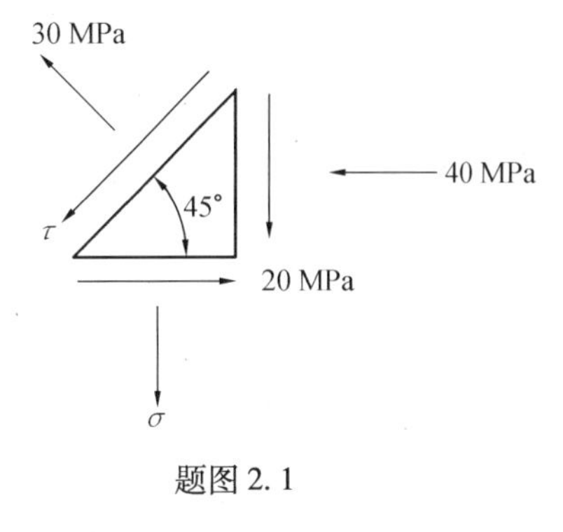

题图 2.1

2.6 相对于 xyz 坐标系，一点的应力如下

$$\boldsymbol{\sigma}=\begin{bmatrix}6 & 4 & 0\\4 & -3 & 0\\0 & 0 & 3\end{bmatrix}\text{ MPa}$$

某表面的外法线方向余弦值为 $n_x=n_y=6/11$，$n_z=7/11$，求该表面的法向和切向应力。

2.7 一点的应力如下

$$\boldsymbol{\sigma}=\begin{bmatrix}20 & 10 & 10\\10 & 20 & 10\\10 & 10 & 20\end{bmatrix}\text{ MPa}$$

求主应力和每一个主应力方向的方向余弦；求该点的最大剪应力。

2.8 已知一点 P 的位移场为

$$\boldsymbol{u}=[y^2\boldsymbol{i}+3yz\boldsymbol{j}+(4+bx^2)\boldsymbol{k}]\times 10^2$$

求该点 $P(1,0,2)$ 的应变分量。

2.9 一具有平面应力场的物体，材料参数为 E、v。有如下位移场

$$u(x,y)=ax^3-bxy^2 \qquad v(x,y)=cx^2y-dy^3$$

其中，a、b、c、d 是常量。求 σ_x、σ_y 和 τ_{xy}；讨论位移场的相容性。

2.10 一具有平面应力场的物体，材料性质是 $E=210$ GPa，$v=0.3$。并且有如下位移场

$$u(x,y)=30x^2-10x^3y+20y^3$$
$$v(x,y)=10x^2+20xy^3+5y^2$$

当 $x=0.050$ m、$y=0.020$ m 时，求物体的应力和应变；位移场是否相容？

2.11 对于一个没有任何体积力的薄圆盘，处于平面应力状态，其中

$$\sigma_x=ay^3+bx^2y-cx \qquad \sigma_y=dy^3-e \qquad \tau_{xy}=fxy^2+gx^2y-h$$

a、b、c、d、e、f、g、h 是常量。为了使应力场满足平衡方程和相容方程，这些常量的约束条件是什么？

2.12 如题图 2.2 所示，悬臂梁在三角形分布载荷作用下的应力公式为

$$\sigma_x=q\frac{x^3y}{4c^3}+\frac{q}{4c^3}\left(-2xy^3+\frac{6}{5}c^2xy\right)$$

$$\sigma_y=-q\frac{x}{2}+qx\left(\frac{y^3}{4c^3}-\frac{3y}{4c}\right)$$

$$\tau_{xy}=\frac{3qx^2}{8c^3}(c^2-y^2)-\frac{q}{8c^3}(c^4-y^4)+\frac{q}{4c^3}\frac{3}{5}c^2(c^2-y^2)$$

检验平衡微分方程是否满足；检验静力边界条件是否满足。

2.13 根据弹性力学平面问题的几何方程，证明应变分量应满足下列方程

$$\frac{\partial^2\varepsilon_x}{\partial y^2}+\frac{\partial^2\varepsilon_y}{\partial x^2}=\frac{\partial^2\gamma_{xy}}{\partial x\partial y}$$

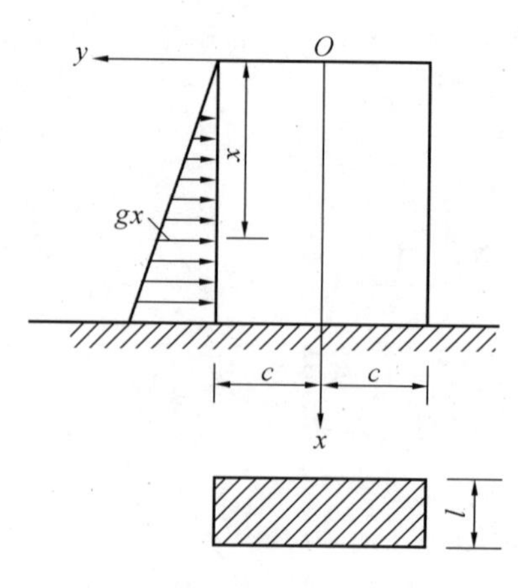

题图 2.2

并解释该方程的意义。

2.14 假设 Airy 应力函数为 $\varphi = a_1x^4 + a_2x^3y + a_3x^2y^2 + a_4xy^3 + a_5y^4$，其中 a_i 为常数，求 σ_x、σ_y 和 τ_{xy}；并求这些常量间的约束关系。

2.15 一点处的应力状态由应力矩阵给出，即

$$\boldsymbol{\sigma} = \begin{bmatrix} 30 & -15 & 20 \\ -15 & -25 & 10 \\ 20 & 10 & 40 \end{bmatrix} \text{MPa}$$

若 $E = 70\ \text{GPa}$，$v = 0.33$，求单位体积的应变能。

第3章

平 面 问 题

3.1 平面梁单元

本节以平面悬臂梁为例，分析平面梁单元(plane beam element)的构造原理，并以此说明用有限单元法分析平面梁问题的基本思想。

3.1.1 平面梁单元的有限单元法

1. 平面梁单元刚度矩阵的推导

平面梁单元有两个结点，如图3.1所示。

设平面梁单元的位移场 $v(x)$ 含有四个未知常量，即

$$v(x)=\alpha_1+\alpha_2 x+\alpha_3 x^2+\alpha_4 x^3 \tag{3.1}$$

因此，梁的斜率是

$$\theta=\frac{\mathrm{d}v}{\mathrm{d}x}=\alpha_2+2\alpha_3 x+3\alpha_4 x^2 \tag{3.2}$$

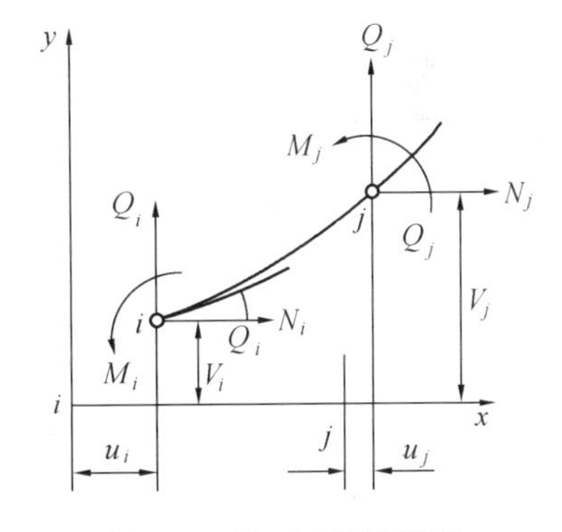

图3.1 平面梁单元模型

用结点位移来表达该位移场。代入结点位移

$$v(0)=v_i \quad \frac{\mathrm{d}v}{\mathrm{d}x}(0)=\theta_i \quad v(L)=v_j \quad \frac{\mathrm{d}v}{\mathrm{d}x}(L)=\theta_j$$

其中 L——梁单元的长度。

得到

$$\left.\begin{aligned}
v_i&=\alpha_1\\
\theta_i&=\alpha_2\\
v_j&=\alpha_1+\alpha_2 L+\alpha_3 L^2+\alpha_4 L^3\\
\theta_j&=\alpha_2+2\alpha_3 L+3\alpha_4 L^2
\end{aligned}\right\} \tag{3.3}$$

前两个方程直接解出 α_1 和 α_2，代入后两个方程，解出 α_3 和 α_4，具体如下

$$\left.\begin{aligned}
&\alpha_1=v_i \qquad \alpha_2=\theta_i\\
&\alpha_3=\frac{3}{L^2}(v_j-v_i)-\frac{1}{L}(2\theta_i+\theta_j)\\
&\alpha_4=\frac{2}{L^3}(v_i-v_j)+\frac{1}{L^2}(\theta_i+\theta_j)
\end{aligned}\right\} \tag{3.4}$$

将式(3.4)代入式(3.1)，用结点的位移形式重新整理，得

$$v(x)=\left[1-3\left(\frac{x}{L}\right)^2+2\left(\frac{x}{L}\right)^3\right]v_i+\left(x-2\frac{x^2}{L}+\frac{x^3}{L^2}\right)\theta_i+$$
$$\left[3\left(\frac{x}{L}\right)^2-2\left(\frac{x}{L}\right)^3\right]v_j+\left(-\frac{x^2}{L}+\frac{x^3}{L^2}\right)\theta_j \tag{3.5}$$

式(3.5)可以表示成

$$v(x)=(N_v)_iv_i+(N_\theta)_i\theta_i+(N_v)_jv_j+(N_\theta)_j\theta_j=\boldsymbol{N}\boldsymbol{\delta}^e \tag{3.6}$$

其中　$\boldsymbol{N}$——平面梁单元的形函数；

　　$\boldsymbol{\delta}^e$——结点位移向量,$\boldsymbol{\delta}^e=[v_i\quad \theta_i\quad v_j\quad \theta_j]^{\mathrm T}$。

上式可以写成如下形式

$$v(x)=[(N_v)_i\quad (N_\theta)_i\quad (N_v)_j\quad (N_\theta)_j]\begin{bmatrix}v_i\\ \theta_i\\ v_j\\ \theta_j\end{bmatrix} \tag{3.7}$$

其中

$$\left.\begin{aligned}(N_v)_i&=1-3\left(\frac{x}{L}\right)^2+2\left(\frac{x}{L}\right)^3\\(N_\theta)_i&=x-2\frac{x^2}{L}+\frac{x^3}{L^2}\\(N_v)_j&=3\left(\frac{x}{L}\right)^2-2\left(\frac{x}{L}\right)^3\\(N_\theta)_j&=-\frac{x^2}{L}+\frac{x^3}{L^2}\end{aligned}\right\} \tag{3.8}$$

下面根据瑞利法,以结点位移的形式来表达梁单元的应变能,即弯曲梁的应变能为

$$U=\frac{1}{2}\int_L EI\left(\frac{\mathrm d^2v}{\mathrm dx^2}\right)^2\mathrm dx \tag{3.9}$$

二阶导数可由方程(3.7)决定,表示为

$$\frac{\mathrm d^2v}{\mathrm dx^2}=\left[\frac{\mathrm d^2(N_v)_i}{\mathrm dx^2}\quad \frac{\mathrm d^2(N_\theta)_i}{\mathrm dx^2}\quad \frac{\mathrm d^2(N_v)_j}{\mathrm dx^2}\quad \frac{\mathrm d^2(N_\theta)_j}{\mathrm dx^2}\right]\begin{bmatrix}v_i\\ \theta_i\\ v_j\\ \theta_j\end{bmatrix}=$$
$$[B_1\quad B_2\quad B_3\quad B_4]\begin{bmatrix}v_i\\ \theta_i\\ v_j\\ \theta_j\end{bmatrix}=\boldsymbol{B}\boldsymbol{\delta}^e \tag{3.10}$$

其中

$$\boldsymbol{B}=[B_1\quad B_2\quad B_3\quad B_4]$$

$$\left.\begin{aligned}
B_1 &= \frac{d^2(N_v)_i}{dx^2} = -\frac{6}{L^2} + 12\frac{x}{L^3} \\
B_2 &= \frac{d^2(N_\theta)_i}{dx^2} = -\frac{4}{L} + 6\frac{x}{L^2} \\
B_3 &= \frac{d^2(N_v)_j}{dx^2} = \frac{6}{L^2} - 12\frac{x}{L^3} \\
B_4 &= \frac{d^2(N_\theta)_j}{dx^2} = -\frac{2}{L} + 6\frac{x}{L^2}
\end{aligned}\right\} \tag{3.11}$$

代入式(3.9),同时假设 EI 对于该单元而言是常量,则有

$$U = \frac{1}{2}EI\int_L (\boldsymbol{\delta}^e)^{\mathrm{T}}\boldsymbol{B}^{\mathrm{T}}\boldsymbol{B}\boldsymbol{\delta}^e \mathrm{d}x \tag{3.12}$$

结点位移向量 $\boldsymbol{\delta}^e$ 不是 x 的函数,上式可以写成

$$U = \frac{1}{2}(\boldsymbol{\delta}^e)^{\mathrm{T}}\left[EI\int_L \boldsymbol{B}^{\mathrm{T}}\boldsymbol{B}\mathrm{d}x\right]\boldsymbol{\delta}^e \tag{3.13}$$

应变能的一般形式可以表达成

$$U = \frac{1}{2}(\boldsymbol{\delta}^e)^{\mathrm{T}}\boldsymbol{k}\boldsymbol{\delta}^e \tag{3.14}$$

其中 $\boldsymbol{k}$—— 平面梁单元的单元刚度矩阵。

$$\boldsymbol{k} = EI\int_L \boldsymbol{B}^{\mathrm{T}}\boldsymbol{B}\mathrm{d}x \tag{3.15}$$

考虑到 $\boldsymbol{B}$ 是 x 的函数，上式所有项积分后得

$$\boldsymbol{k} = \frac{EI}{L^3}\begin{bmatrix} 12 & 6L & -12 & 6L \\ 6L & 4L^2 & -6L & 2L^2 \\ -12 & -6L & 12 & -6L \\ 6L & 2L^2 & -6L & 4L^2 \end{bmatrix} \tag{3.16}$$

2. 平面梁单元整体刚度矩阵的组集与坐标变换

前面给出的平面单元刚度矩阵是局部坐标系下的表达式,其坐标方向是由单元方向确定的。在这种局部坐标系下,各种不同方向的梁单元都具有统一形式的单元刚度矩阵。在组集整体刚度矩阵时,不能把局部坐标系下的单元刚度矩阵进行直接简单地迭加,必须建立一个统一的整体坐标系,将所有单元上的结点力、结点位移和单元刚度矩阵都进行坐标变换,变成整体坐标系下的表达式之后,再叠加组集成整体刚度矩阵。

设 $\boldsymbol{R}'^e$、$\boldsymbol{\delta}'^e$、$\boldsymbol{k}'$ 分别表示局部坐标系 $Ox'y'z'$ 下的单元结节力(包括等效结点力)、结点位移和单元刚度矩阵,$\boldsymbol{R}^e$、$\boldsymbol{\delta}^e$、$\boldsymbol{k}$ 分别表示整体坐标系 $Oxyz$ 下的单元结点力、结点位移和单元刚度矩阵,$\boldsymbol{T}$ 是两种坐标系之间的转换矩阵。两种坐标系下的结点载荷、结点位移和单元刚度矩阵的变换关系为

$$\boldsymbol{R}^e = \boldsymbol{T}\boldsymbol{R}'^e \qquad \boldsymbol{\delta}^e = \boldsymbol{T}\boldsymbol{\delta}'^e \qquad \boldsymbol{k} = \boldsymbol{T}\boldsymbol{k}'\boldsymbol{T}^{-1} \tag{3.17}$$

其中坐标转换矩阵为

$$T = \begin{bmatrix} \cos\theta & \sin\theta & 0 & 0 \\ -\sin\theta & \cos\theta & 0 & 0 \\ 0 & 0 & \cos\theta & \sin\theta \\ 0 & 0 & -\sin\theta & \cos\theta \end{bmatrix} \tag{3.18}$$

式中　θ——x' 轴相对于 x 轴的夹角。

可以证明,转换矩阵 $\boldsymbol{T}$ 的逆矩阵等于它的转置矩阵,所以

$$\boldsymbol{k} = \boldsymbol{T}\boldsymbol{k}'\boldsymbol{T}^{\mathrm{T}} \tag{3.19}$$

3.1.2　平面梁单元应用举例

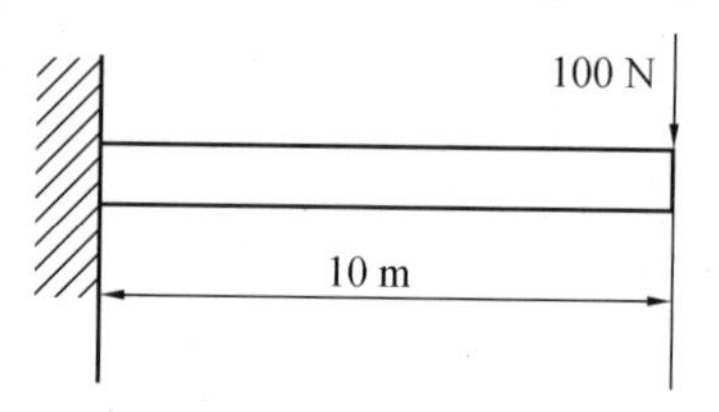

图 3.2　平面梁单元实例图

【例 3.1】　有一方形截面的悬臂梁,截面每边长为 5 cm,长度为 10 m,在左端约束固定,右端施以一个沿 y 轴负方向的集中力 $P = 100$ N,求其挠度与转角。

解　将整个梁分成两个单元,求出每个单元的刚度矩阵,然后将两个单元组集成总体刚度矩阵,引入边界条件后,再求解出各结点挠度和转角。

作为对照,利用 ANSYS 进行同样的分析计算,也把该悬臂梁划分成两个平面梁单元,得到的结点位移分别为:

左端点沿 y 方向位移(挠曲):0

左端点绕 z 轴的转角:0

右端点沿 y 方向位移(挠曲):-0.213 68

右端点绕 z 轴的转角:-0.320 51e-1

中间结点沿 y 方向位移(挠曲):-0.667 74e-1

中间结点绕 z 轴的转角:-0.240 38e-1

利用前面提到的材料力学公式求得右端点处的挠度值为

$$y = \frac{PL^3}{3EI} = \frac{-100 \times 1\,000}{3 \times 3 \times 10^{11} \times 5.2 \times 10^{-7}} = -0.213\,675\,213\,675\,21$$

上面应用 ANSYS 计算得到的结果与解析结果(略)基本一致。

3.2　平面三角形常应变单元

如前所述,平面弹性问题可以被分成两类:平面应力问题和平面应变问题。在平面应力问题中,连续体的二维坐标尺寸远大于第三维尺寸(如板),平面的法向应力可以忽略。在平面应变问题中,连续体的二维坐标尺寸远小于第三维尺寸,加载平面的法向应变可以假设为零。因此分析该连续体的应力和位移时,可以通过分析其法向应变为零的一个横断面来完成。

平面问题可以用最简单的平面三角形常应变单元加以分析。本节讨论平面三角形单元的构造方法,同时给出了用有限单元法求解的详细过程。

3.2.1 平面三角形单元刚度矩阵的推导

平面三角形单元刚度矩阵的推导可按以下6个步骤进行。

1. 选择合适的单元,建立坐标系统,进行结构离散

在应用有限单元法分析问题时,第一步就是要选择合适的单元,确定合理的坐标系统,对弹性体进行离散化,把一个连续的弹性体变换为一个离散化的有限元计算模型。

采用三角形单元,把弹性体划分为有限个互不重叠的三角形。这些三角形在其顶点(即结点)处互相连接,组成一个单元集合体,以替代原来的弹性体。同时,将所有作用在单元上的载荷(包括集中载荷、表面载荷和体积载荷),都按虚功等效的原则移置到结点上,成为等效结点载荷。由此得到平面问题的有限元计算模型,如图3.3所示。

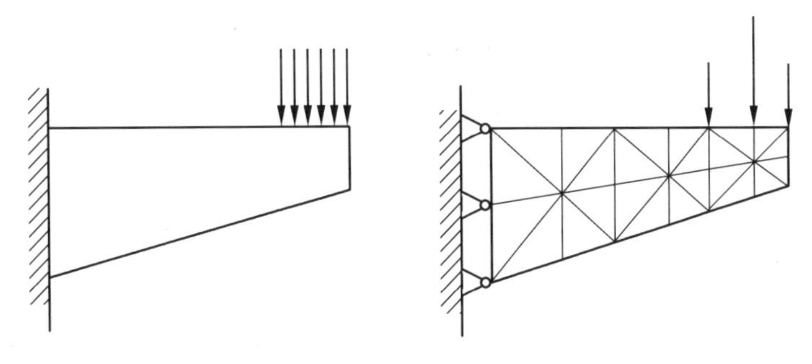

图3.3 弹性体和离散化后的有限元计算模型

对于其中任意一个单元,建立如图3.4所示的坐标系,结点编号1、2、3按逆时针顺序编排,三个结点的位置坐标分别是(x_1,y_1)、(x_2,y_2)和(x_3,y_3)。

对于平面问题来说,每个结点有x和y两个方向的自由度,因此三角形单元共有6个自由度,即为u_1、v_1、u_2、v_2、u_3、v_3,如图3.4(a)所示。相应的单元结点力分量也有6个,分别为F_{x1}、F_{y1}、F_{x2}、F_{y2}、F_{x3}、F_{y3},如图3.4(b)所示。

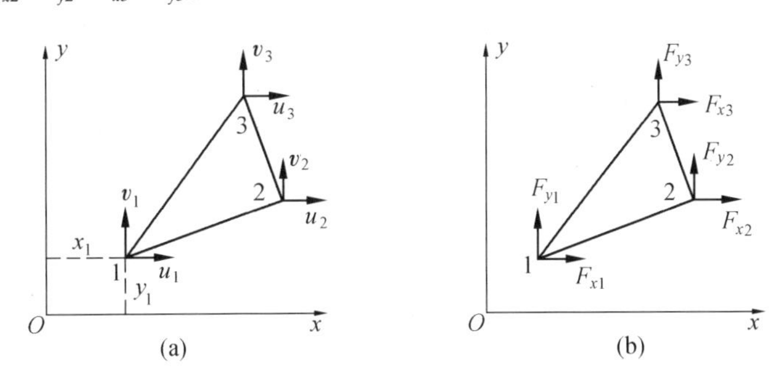

图3.4 直角坐标系下平面三角形单元的结点位移和结点力

三角形单元的6个结点位移分量用列阵表示,有

$$\boldsymbol{\delta}^e=\begin{bmatrix}\boldsymbol{\delta}_1\\ \boldsymbol{\delta}_2\\ \boldsymbol{\delta}_3\end{bmatrix}=[u_1\quad v_1\quad u_2\quad v_2\quad u_3\quad v_3]^{\mathrm{T}} \tag{3.20}$$

其中的子列阵即为每个结点的位移列阵,即

$$\boldsymbol{\delta}_i = [u_i \quad v_i]^{\mathrm{T}} \qquad (i = 1,\ 2,\ 3) \tag{3.21}$$

式中　u_i、v_i—— 结点 i 在 x 和 y 方向的位移分量。

三角形单元的结点力列阵表示为

$$\boldsymbol{R}^e = [\boldsymbol{R}_1{}^{\mathrm{T}} \quad \boldsymbol{R}_2{}^{\mathrm{T}} \quad \boldsymbol{R}_3{}^{\mathrm{T}}]^{\mathrm{T}} = [F_{x1} \quad F_{y1} \quad F_{x2} \quad F_{y2} \quad F_{x3} \quad F_{y3}]^{\mathrm{T}} \tag{3.22}$$

单元结点载荷列阵和结点位移列阵之间的关系可用下式表示,有

$$\boldsymbol{R}^e = \boldsymbol{k}\boldsymbol{\delta}^e \tag{3.23}$$

其中　$\boldsymbol{k}$—— 单元刚度矩阵。

对于平面三角形单元,结点位移列阵和结点力列阵都是 6 阶的,单元刚度矩阵 $\boldsymbol{k}$ 是一阶的矩阵。

2. 选择合适的位移函数

在有限单元法中,用离散化模型来代替原来的连续体,每一个单元体仍是一个弹性体,所以在其内部依然是符合弹性力学基本假设,弹性力学的基本方程在每个单元内部同样适用。如果弹性体内的位移分量函数已知,则应变分量和应力分量也就确定了。

但是,如果只知道弹性体中某几个点的位移分量的值,仍然不能直接求得单元内各点的应变分量和应力分量。因此,在进行有限元分析时,必须首先假定一个位移模式,也就是单元内部各点位移的变化规律。由于在弹性体内,各点的位移变化情况非常复杂,很难在整个弹性体内选取一个恰当的位移函数来表示位移的复杂变化,但是如果将整个区域分割成许多小单元,那么在每个单元的局部范围内就可以采用比较简单的函数来近似地表示单元的真实位移,将各单元的位移模式连接起来,便可近似地表示整个区域的真实位移函数。这种化繁为简、联合局部逼近整体的思想,正是有限单元法的基本出发点。

考虑建立以单元结点位移表示的单元内各点位移的表达式。选择一个简单的单元位移模式,单元内各点的位移可按此位移模式由单元结点位移通过插值而获得。线性函数是一种最简单的单元位移模式,故设

$$\left.\begin{aligned} u &= \alpha_1 + \alpha_2 x + \alpha_3 y \\ v &= \alpha_4 + \alpha_5 x + \alpha_6 y \end{aligned}\right\} \tag{3.24}$$

由于在 x 和 y 方向的位移都是线性的,从而保证了沿接触面方向相邻单元间任意结点位移的连续性。

方程(3.24)写成矩阵的形式,有

$$\boldsymbol{d}(x,y) = \begin{bmatrix} u \\ v \end{bmatrix} = \begin{bmatrix} 1 & x & y & 0 & 0 & 0 \\ 0 & 0 & 0 & 1 & x & y \end{bmatrix} [\alpha_1 \quad \alpha_2 \quad \alpha_3 \quad \alpha_4 \quad \alpha_5 \quad \alpha_6]^{\mathrm{T}} \tag{3.25}$$

或简写为

$$\boldsymbol{d}(x,y) = [f(x,y)]\boldsymbol{\alpha} \tag{3.26}$$

这是单元位移模式的一般表达式。该式说明单元内各点的位移取决于各点的坐标,但需先求出 $\boldsymbol{\alpha}$。

3. 用结点位移表示单元内部各点位移

三角形单元的三个结点也必定满足位移模式的要求。因此,将单元三个结点的坐标和三个结点位移都代入位移模式方程,组成一个方程组,进而可以求解 $\boldsymbol{\alpha}$。已知单元三个结点的坐标分别为 (x_1,y_1)、(x_2,y_2)、(x_3,y_3),三个结点的位移分别为 $\boldsymbol{\delta}^e = [\boldsymbol{\delta}_1^{\mathrm{T}} \quad \boldsymbol{\delta}_2^{\mathrm{T}} \quad \boldsymbol{\delta}_3^{\mathrm{T}}]^{\mathrm{T}} =$

$[u_1 \quad v_1 \quad u_2 \quad v_2 \quad u_3 \quad v_3]^{\mathrm{T}}$,代入式(3.25),对于结点1,有

$$\boldsymbol{\delta}_1 = \boldsymbol{d}(x_1, y_1) = [f(x_1, y_1)]\boldsymbol{\alpha} \tag{3.27}$$

也就是

$$\boldsymbol{\delta}_1 = \begin{bmatrix} 1 & x_1 & y_1 & 0 & 0 & 0 \\ 0 & 0 & 0 & 1 & x_1 & y_1 \end{bmatrix} \boldsymbol{\alpha} = \boldsymbol{A}_1 \boldsymbol{\alpha} \tag{3.28}$$

类似的,结点2、3也按上述方法代入,三个结点的位移表达式可以组成方程组,有

$$\boldsymbol{\delta}^e = [\boldsymbol{\delta}_1^{\mathrm{T}} \quad \boldsymbol{\delta}_2^{\mathrm{T}} \quad \boldsymbol{\delta}_3^{\mathrm{T}}]^{\mathrm{T}} = \boldsymbol{A}\boldsymbol{\alpha} = [\boldsymbol{A}_1^{\mathrm{T}} \quad \boldsymbol{A}_2^{\mathrm{T}} \quad \boldsymbol{A}_3^{\mathrm{T}}]^{\mathrm{T}} \boldsymbol{\alpha} \tag{3.29}$$

利用上式就可求出未知的多项式系数 $\boldsymbol{\alpha}$,即

$$\boldsymbol{\alpha} = \boldsymbol{A}^{-1} \boldsymbol{\delta}^e \tag{3.30}$$

可以求得

$$\begin{aligned}
&\alpha_1 = \frac{1}{2\Delta}\begin{vmatrix} u_1 & x_1 & y_1 \\ u_2 & x_2 & y_2 \\ u_3 & x_3 & y_3 \end{vmatrix} \qquad \alpha_2 = \frac{1}{2\Delta}\begin{vmatrix} 1 & u_1 & y_1 \\ 1 & u_2 & y_2 \\ 1 & u_3 & y_3 \end{vmatrix} \qquad \alpha_3 = \frac{1}{2\Delta}\begin{vmatrix} 1 & x_1 & u_1 \\ 1 & x_2 & u_2 \\ 1 & x_3 & u_3 \end{vmatrix} \\
&\alpha_4 = \frac{1}{2\Delta}\begin{vmatrix} v_1 & x_1 & y_1 \\ v_2 & x_2 & y_2 \\ v_3 & x_3 & y_3 \end{vmatrix} \qquad \alpha_5 = \frac{1}{2\Delta}\begin{vmatrix} 1 & v_1 & y_1 \\ 1 & v_2 & y_2 \\ 1 & v_3 & y_3 \end{vmatrix} \qquad \alpha_6 = \frac{1}{2\Delta}\begin{vmatrix} 1 & x_1 & v_1 \\ 1 & x_2 & v_2 \\ 1 & x_3 & v_3 \end{vmatrix}
\end{aligned} \tag{3.31}$$

将式(3.30)代回到式(3.26),得到单元内任意一点(x,y)的位移为

$$\boldsymbol{d}(x,y) = \begin{bmatrix} u \\ v \end{bmatrix} = [f(x,y)]\boldsymbol{A}^{-1}\boldsymbol{\delta}^e = \boldsymbol{N}\boldsymbol{\delta}^e \tag{3.32}$$

式中 $\boldsymbol{N}$—— 形函数矩阵。

$$\boldsymbol{N} = [f(x,y)]\boldsymbol{A}^{-1}$$

平面三角形单元的形函数矩阵具体表达式为

$$\boldsymbol{N} = [N_1\boldsymbol{I} \quad N_2\boldsymbol{I} \quad N_3\boldsymbol{I}] \qquad N_i = \frac{1}{2\Delta}(a_i + b_i x + c_i y) \qquad (i = 1,2,3) \tag{3.33}$$

其中 $\boldsymbol{I}$——2阶单位矩阵,$\boldsymbol{I} = \begin{bmatrix} 1 & 0 \\ 0 & 1 \end{bmatrix}$;

Δ—— 三角形单元的面积。

$$2\Delta = \begin{vmatrix} 1 & x_1 & y_1 \\ 1 & x_2 & y_2 \\ 1 & x_3 & y_3 \end{vmatrix} \tag{3.34}$$

式中的其他各个系数为

$$\left.\begin{aligned}
a_1 &= \begin{vmatrix} x_2 & y_2 \\ x_3 & y_3 \end{vmatrix} \\
b_1 &= -\begin{vmatrix} 1 & y_2 \\ 1 & y_3 \end{vmatrix} = y_2 - y_3 \quad (1,2,3\ \text{轮换}) \\
c_1 &= \begin{vmatrix} 1 & x_2 \\ 1 & x_3 \end{vmatrix} = -(x_2 - x_3)
\end{aligned}\right\} \tag{3.35}$$

这里的 N_1、N_2、N_3 都是坐标的函数，它们反映了单元的位移状态。

式(3.32)经过整理可以写成如下展开形式

$$u=\frac{1}{2\Delta}[(a_1+b_1x+c_1y)u_1+(a_2+b_2x+c_2y)u_2+(a_3+b_3x+c_3y)u_3] \tag{3.36(a)}$$

$$v=\frac{1}{2\Delta}[(a_1+b_1x+c_1y)v_1+(a_2+b_2x+c_2y)v_2+(a_3+b_3x+c_3y)v_3] \tag{3.36(b)}$$

4. 用结点位移表达单元内任一点的应变

三角形单元用于解决弹性力学平面问题，单元内任一点的应变列阵满足几何方程

$$\boldsymbol{\varepsilon}=\begin{bmatrix}\varepsilon_x\\ \varepsilon_y\\ \gamma_{xy}\end{bmatrix}=\begin{bmatrix}\dfrac{\partial u}{\partial x}\\ \dfrac{\partial v}{\partial y}\\ \dfrac{\partial u}{\partial y}+\dfrac{\partial v}{\partial x}\end{bmatrix} \tag{3.37}$$

式中 ε_x、ε_y——线应变；

γ_{xy}——剪应变。

上式中的 u、v 分别用位移模式方程式(3.32)或式(3.36)代入即可求解应变分量。由于 $\boldsymbol{N}$ 是 x、y 的函数，对其进行偏微分处理后，可得

$$\boldsymbol{\varepsilon}=\begin{bmatrix}\dfrac{\partial N_1}{\partial x} & 0 & \dfrac{\partial N_2}{\partial x} & 0 & \dfrac{\partial N_3}{\partial x} & 0\\ 0 & \dfrac{\partial N_1}{\partial y} & 0 & \dfrac{\partial N_2}{\partial y} & 0 & \dfrac{\partial N_3}{\partial y}\\ \dfrac{\partial N_1}{\partial y} & \dfrac{\partial N_1}{\partial x} & \dfrac{\partial N_2}{\partial y} & \dfrac{\partial N_2}{\partial x} & \dfrac{\partial N_3}{\partial y} & \dfrac{\partial N_3}{\partial x}\end{bmatrix}\boldsymbol{\delta}^e=\frac{1}{2\Delta}\begin{bmatrix}b_1 & 0 & b_2 & 0 & b_3 & 0\\ 0 & c_1 & 0 & c_2 & 0 & c_3\\ c_1 & b_1 & c_2 & b_2 & c_3 & b_3\end{bmatrix}\boldsymbol{\delta}^e \tag{3.38}$$

上式可简记为

$$\boldsymbol{\varepsilon}=\boldsymbol{B\delta}^e \tag{3.39}$$

其中 $\boldsymbol{B}$——单元应变矩阵，其表达式为

$$\boldsymbol{B}=\frac{1}{2\Delta}\begin{bmatrix}b_1 & 0 & b_2 & 0 & b_3 & 0\\ 0 & c_1 & 0 & c_2 & 0 & c_3\\ c_1 & b_1 & c_2 & b_2 & c_3 & b_3\end{bmatrix} \tag{3.40}$$

应变矩阵 $\boldsymbol{B}$ 写成分块形式

$$\boldsymbol{B}=[\boldsymbol{B}_1\quad \boldsymbol{B}_2\quad \boldsymbol{B}_3] \tag{3.41}$$

其中子矩阵

$$\boldsymbol{B}_1=\frac{1}{2\Delta}\begin{bmatrix}b_1 & 0\\ 0 & c_1\\ c_1 & b_1\end{bmatrix}\quad (1、2、3\text{ 轮换}) \tag{3.42}$$

由于Δ和b_1、b_2、b_3、c_1、c_2、c_3等都是常量，所以平面三角形单元的应变矩阵$\boldsymbol{B}$中的诸元素都是常量，因而平面三角形单元中各点的应变分量也都是常量，通常称这种单元为常应变单元。

5. 用应变和结点位移表达单元内任一点的应力

对于平面问题，一点的应力状态$\boldsymbol{\sigma}$可以用σ_x、σ_y、τ_{xy} 3个应力分量来表示。对于平面应力问题，应力应变关系为

$$\boldsymbol{\sigma} = \boldsymbol{D\varepsilon} \tag{3.43}$$

式中 $\boldsymbol{D}$—— 弹性矩阵，其表达式为

$$\boldsymbol{D} = \frac{E}{1-\mu^2}\begin{bmatrix} 1 & \mu & 0 \\ \mu & 1 & 0 \\ 0 & 0 & \frac{1-\mu}{2} \end{bmatrix} \tag{3.44}$$

其中 E—— 杨氏模量；

μ—— 泊松比。

把步骤4中求得的应变表达式(3.39)代入式(3.43)，便可导出以结点位移表示的应力，即

$$\boldsymbol{\sigma} = \boldsymbol{DB\delta}^e \tag{3.45}$$

令

$$\boldsymbol{S} = \boldsymbol{DB} \tag{3.46}$$

其中 $\boldsymbol{S}$—— 应力矩阵。

应力矩阵$\boldsymbol{S}$写成分块形式，有

$$\boldsymbol{S} = \boldsymbol{D}[\boldsymbol{B}_1 \quad \boldsymbol{B}_2 \quad \boldsymbol{B}_3] = [\boldsymbol{S}_1 \quad \boldsymbol{S}_2 \quad \boldsymbol{S}_3] \tag{3.47}$$

其中的子矩阵为

$$\boldsymbol{S}_i = \boldsymbol{DB}_i = \frac{E}{2(1-\mu^2)\Delta}\begin{bmatrix} b_i & \mu c_i \\ \mu b_i & c_i \\ \frac{1-\mu}{2}c_i & \frac{1-\mu}{2}b_i \end{bmatrix} \quad (i=1,2,3) \tag{3.48}$$

$\boldsymbol{S}$中的诸元素都是常量，所以每个单元中的应力分量也应是常量。

另外，只要将式(3.44)中的E换成$E/1-\mu^2$，μ换成$\mu/1-\mu$，即得到平面应变问题的弹性矩阵$\boldsymbol{D}$，进而可以得到平面应变问题的应力矩阵。

对于常应变单元，由于所选取的位移模式是线性的，因而其相邻单元将具有不同的应力和应变，即在单元的公共边界上应力和应变的值将会有突变，但位移却是连续的。

6. 单元刚度矩阵的形成

为了推导单元的结点力和结点位移之间的关系，可应用虚位移原理对图3.4中的单元进行分析。该单元是在等效结点力的作用下处于平衡的。设单元结点力列阵为$\boldsymbol{R}^e$，在单元中有虚位移，相应的三个结点虚位移为$\boldsymbol{\delta}^{*e}$，且单元内任一点的虚位移为$\boldsymbol{d}^*$。虚位移也具有与真实位移相同的位移模式，即

$$\boldsymbol{d}^* = \boldsymbol{N\delta}^{*e} \tag{3.49}$$

因此,由式(3.49),单元内的虚应变 $\boldsymbol{\varepsilon}^*$ 为

$$\boldsymbol{\varepsilon}^* = \boldsymbol{B}\boldsymbol{\delta}^{*e} \tag{3.50}$$

于是,作用在单元体上的外力在虚位移上所做的功为

$$U = (\boldsymbol{\delta}^{*e})^{\mathrm{T}}\boldsymbol{R}^e \tag{3.51}$$

单元的应变能为

$$W = \iint(\boldsymbol{\varepsilon}^*)^{\mathrm{T}}\boldsymbol{\sigma}t\mathrm{d}x\mathrm{d}y \tag{3.52}$$

这里假定单元厚度 t 为常量。

上式代入单元应变表达式,由于虚位移是任意的,将$(\boldsymbol{\delta}^{*e})^{\mathrm{T}}$ 提到积分号的前面,有

$$W = (\boldsymbol{\delta}^{*e})^{\mathrm{T}}\iint\boldsymbol{B}^{\mathrm{T}}\boldsymbol{D}\boldsymbol{B}\boldsymbol{\delta}^e t\mathrm{d}x\mathrm{d}y \tag{3.53}$$

根据虚位移原理,满足

$$U = W \tag{3.54}$$

即

$$(\boldsymbol{\delta}^{*e})^{\mathrm{T}}\boldsymbol{R}^e = (\boldsymbol{\delta}^{*e})^{\mathrm{T}}\iint\boldsymbol{B}^{\mathrm{T}}\boldsymbol{D}\boldsymbol{B}\boldsymbol{\delta}^e t\mathrm{d}x\mathrm{d}y$$

去掉等号两边的$(\boldsymbol{\delta}^{*e})^{\mathrm{T}}$,得

$$\boldsymbol{R}^e = \iint\boldsymbol{B}^{\mathrm{T}}\boldsymbol{D}\boldsymbol{B}t\mathrm{d}x\mathrm{d}y\boldsymbol{\delta}^e$$

记

$$\boldsymbol{k} = \iint\boldsymbol{B}^{\mathrm{T}}\boldsymbol{D}\boldsymbol{B}t\mathrm{d}x\mathrm{d}y \tag{3.55}$$

则有

$$\boldsymbol{R}^e = \boldsymbol{k}\boldsymbol{\delta}^e \tag{3.56}$$

上式就是表征单元的结点力和结点位移之间关系的刚度方程,$\boldsymbol{k}$ 就是单元刚度矩阵。

如果单元的材料是均质的,矩阵 $\boldsymbol{D}$ 中的元素就是常量,并且对于平面三角形单元,$\boldsymbol{B}$ 矩阵中的元素也是常量。当单元的厚度也是常量时,$\iint\mathrm{d}x\mathrm{d}y = \Delta$,单元刚度矩阵可以简化为

$$\boldsymbol{k} = \boldsymbol{B}^{\mathrm{T}}\boldsymbol{D}\boldsymbol{B}t\Delta \tag{3.57}$$

平面应力问题中的三角形单元刚度矩阵的具体形式为

$$\boldsymbol{k} = \begin{bmatrix} \boldsymbol{k}_{11} & \boldsymbol{k}_{12} & \boldsymbol{k}_{13} \\ \boldsymbol{k}_{21} & \boldsymbol{k}_{22} & \boldsymbol{k}_{23} \\ \boldsymbol{k}_{31} & \boldsymbol{k}_{32} & \boldsymbol{k}_{33} \end{bmatrix} \tag{3.58}$$

其中

$$\boldsymbol{k}_{rs} = \boldsymbol{B}_r^{\mathrm{T}}\boldsymbol{D}\boldsymbol{B}_s t\Delta = \frac{Et}{4(1-\mu^2)\Delta}\begin{bmatrix} b_r b_s + \dfrac{1-\mu}{2}c_r c_s & \mu b_r c_s + \dfrac{1-\mu}{2}c_r b_s \\ \mu c_r b_s + \dfrac{1-\mu}{2}b_r c_s & c_r c_s + \dfrac{1-\mu}{2}b_r b_s \end{bmatrix}$$

$$(r = 1,2,3;s = 1,2,3) \tag{3.59}$$

对于平面应变问题,只需将上式中的 E、μ 分别换成 $E/1-\mu^2$ 和 $\mu/1-\mu$。

单元刚度矩阵的物理意义是,其任一列的元素分别等于该单元的某个结点沿坐标方

向发生单位位移时,在各结点上所引起的结点力。单元的刚度取决于单元的大小、方向和弹性常数,而与单元的位置无关,即不随单元或坐标轴的平行移动而改变。单元刚度矩阵一般具有如下三个特性。

① 单元刚度矩阵是对称矩阵。这是根据弹性结构的反力互等定理得出的结论,也就是由第 j 个单位位移分量引起的第 i 个结点力分量等于由第 i 个单位位移分量引起的第 j 个结点力分量。

② 单元刚度矩阵是奇异矩阵。也就是单元刚度矩阵不存在逆矩阵。对于某一个单元,如果给定了结点位移列阵,则可求出结点力的唯一解,但是如果给定结点力列阵,并不能得出结点位移的唯一解。

③ 单元刚度矩阵可以写成分块形式。对于平面三角形单元,按照每个结点两个自由度的构成方式,可以将单元刚度矩阵列写成 3×3 个子块、每个子块为 2×2 阶的分块矩阵的形式,其中子块 $\boldsymbol{k}_{ij}$ 是结点 i 的结点力列阵与结点 j 的位移列阵之间的刚度子矩阵。

3.2.2 利用平面三角形单元进行整体分析

讨论了单元的力学特性之后,下一步就要进行结构的整体分析。假设弹性体划分为 N 个单元和 n 个结点,对每个单元按前述方法进行分析计算,可得到 N 个形如式(3.56)的方程。将这些方程组集起来可得到表征整个弹性体的平衡关系式。

1. 直接组集法形成有限元计算模型

用平面三角形单元分析一个弹性体。设整个弹性体的结点数为 n,每个结点有 x 和 y 两个方向的自由度。

首先,引入整个弹性体的结点位移列阵 $\boldsymbol{\delta}_{2n\times1}$,它由所有结点位移按结点整体编号顺序从小到大排列而成,即

$$\boldsymbol{\delta}_{2n\times1} = [\boldsymbol{\delta}_1^{\mathrm{T}} \quad \boldsymbol{\delta}_2^{\mathrm{T}} \quad \cdots \quad \boldsymbol{\delta}_n^{\mathrm{T}}]^{\mathrm{T}} \tag{3.60}$$

其中结点 i 的位移分量为

$$\boldsymbol{\delta}_i = [u_i \quad v_i]^{\mathrm{T}} \quad (i = 1, 2, \cdots, n) \tag{3.61}$$

而后,确定结构整体载荷列阵。设某单元3个结点(1、2、3结点)对应的整体编号分别为 i、j、m(i、j、m 的次序从小到大排列)。每个单元3个结点的等效结点力(关于等效结点力的详细分析可参见后节)分别记为 $\boldsymbol{R}_i^e$、$\boldsymbol{R}_j^e$、$\boldsymbol{R}_m^e$,其中 $\boldsymbol{R}_i^e = [F_{xi}^e \quad F_{yi}^e]^{\mathrm{T}}$,以此类推。三者组成该单元的结点载荷列阵 $\boldsymbol{R}_{6\times1}^e$。将结构所有单元的结点力列阵 $\boldsymbol{R}_{6\times1}^e$ 加以扩充,使之成为 $2n \times 1$ 阶列阵,即

$$\boldsymbol{R}_{2n\times1}^e = [\cdots \quad \underset{1}{} \quad \underset{i}{(R_i^e)^{\mathrm{T}}} \quad \cdots \quad \underset{j}{(R_j^e)^{\mathrm{T}}} \quad \cdots \quad \underset{m}{(R_m^e)^{\mathrm{T}}} \quad \underset{n}{\cdots}]^{\mathrm{T}} \tag{3.62}$$

各单元的结点力列阵经过扩充之后就可以进行相加。把全部单元的结点力列阵叠加在一起,便可得到整个弹性体的载荷列阵 $\boldsymbol{R}_{2n\times1}$。结构整体载荷列阵记为

$$\boldsymbol{R}_{2n\times1} = \sum_{e=1}^{n} \boldsymbol{R}_{2n\times1}^e = [\boldsymbol{R}_1^{\mathrm{T}} \quad \boldsymbol{R}_2^{\mathrm{T}} \quad \cdots \quad \boldsymbol{R}_n^{\mathrm{T}}]^{\mathrm{T}} \tag{3.63}$$

其中结点 i 上的等效结点载荷是

$$\boldsymbol{R}_i = [F_{xi} \quad F_{yi}]^{\mathrm{T}} \qquad (i = 1,2,\cdots,n) \tag{3.64}$$

由于结构整体载荷列阵由移置到结点上的等效结点载荷按结点号码对应叠加而成，相邻单元公共边内力引起的等效结点力在叠加过程中必然会全部相互抵消，所以结构整体载荷列阵只会剩下外载荷所引起的等效结点力，因此在结构整体载荷列阵中大量元素一般都为0值。

进而，采用直接集成法形成结构整体刚度矩阵。把平面三角形单元的6阶单元刚度矩阵 $\boldsymbol{k}$ 进行扩充，使之成为一个 $2n$ 阶的方阵 $\boldsymbol{k}_{ext}$，其中单元三个结点(1、2、3结点)对应的整体编号分别为 i、j、m，(i、j、m 的次序从小到大排列)，单元刚度矩阵 $\boldsymbol{k}$ 中的 2×2 阶子矩阵 $\boldsymbol{k}_{ij}$ 将处于上式中的第 i 双行、第 j 双列中。扩充后的单元刚度矩阵 $\boldsymbol{k}_{ext}$ 为

$$\boldsymbol{k}_{ext} = \begin{array}{c} \begin{matrix} 1 & & i & & j & & m & & n \end{matrix} \\ \begin{bmatrix} \cdots & \cdots & \cdots & \cdots & \cdots & \cdots & \cdots & \cdots & \cdots \\ \vdots & & \vdots & & \vdots & & \vdots & & \vdots \\ \cdots & \cdots & \boldsymbol{k}_{ii} & \cdots & \boldsymbol{k}_{ij} & \cdots & \boldsymbol{k}_{im} & \cdots & \cdots \\ \vdots & & \vdots & & \vdots & & \vdots & & \vdots \\ \cdots & & \boldsymbol{k}_{ji} & \cdots & \boldsymbol{k}_{jj} & \cdots & \boldsymbol{k}_{jm} & \cdots & \cdots \\ \vdots & & \vdots & & \vdots & & \vdots & & \vdots \\ \cdots & \cdots & \boldsymbol{k}_{mi} & \cdots & \boldsymbol{k}_{mj} & \cdots & \boldsymbol{k}_{mm} & \cdots & \cdots \\ \vdots & & \vdots & & \vdots & & \vdots & & \vdots \\ \cdots & \cdots & \cdots & \cdots & \cdots & \cdots & \cdots & \cdots & \cdots \end{bmatrix}_{2n\times2n} \end{array} \begin{matrix} 1 \\ \\ i \\ \\ j \\ \\ m \\ \\ n \end{matrix} \tag{3.65}$$

单元刚度矩阵经过扩充以后，除了对应的 i、j、m 双行和双列上的九个子矩阵之外，其余元素均为零。

把上式对 n 个单元进行求和叠加，得到结构整体刚度矩阵(或简称为总刚) $\boldsymbol{K}$，有

$$\boldsymbol{K} = \sum_{e=1}^{n} \boldsymbol{k}_{ext} \tag{3.66}$$

结构整体刚度矩阵 $\boldsymbol{K}$ 也可以写成分块矩阵的形式，即

$$\boldsymbol{K} = \begin{bmatrix} \boldsymbol{K}_{11} & \cdots & \boldsymbol{K}_{1i} & \cdots & \boldsymbol{K}_{1j} & \cdots & \boldsymbol{K}_{1m} & \cdots & \boldsymbol{K}_{1n} \\ \vdots & & \vdots & & \vdots & & \vdots & & \vdots \\ \boldsymbol{K}_{i1} & \cdots & \boldsymbol{K}_{ii} & \cdots & \boldsymbol{K}_{ij} & \cdots & \boldsymbol{K}_{im} & \cdots & \boldsymbol{K}_{in} \\ \vdots & & \vdots & & \vdots & & \vdots & & \vdots \\ \boldsymbol{K}_{j1} & \cdots & \boldsymbol{K}_{ji} & \cdots & \boldsymbol{K}_{jj} & \cdots & \boldsymbol{K}_{jm} & \cdots & \boldsymbol{K}_{jn} \\ \vdots & & \vdots & & \vdots & & \vdots & & \vdots \\ \boldsymbol{K}_{m1} & \cdots & \boldsymbol{K}_{mi} & \cdots & \boldsymbol{K}_{mj} & \cdots & \boldsymbol{K}_{mm} & \cdots & \boldsymbol{K}_{mn} \\ \vdots & & \vdots & & \vdots & & \vdots & & \vdots \\ \boldsymbol{K}_{n1} & \cdots & \boldsymbol{K}_{ni} & \cdots & \boldsymbol{K}_{nj} & \cdots & \boldsymbol{K}_{nm} & \cdots & \boldsymbol{K}_{nn} \end{bmatrix} \tag{3.67}$$

其中子矩阵 $(\boldsymbol{K}_{rs})_{2\times2}(r = 1,2,\cdots,n;s = 1,2,\cdots,n)$，是每一个单元刚度矩阵扩充成 $2n\times2n$ 阶之后，在同一位置上的子矩阵之和。只有当 $\boldsymbol{K}_{rs}$ 的下标 $r = s$ 或者 r 与 s 属于同一个单元的结点号码时，$\boldsymbol{K}_{rs}$ 才可能不等于零，否则均为零。

最后,结构整体的有限元方程可以根据虚功原理建立起来,用整体刚度矩阵、结点位移列阵和结点载荷列阵表达的结构有限元方程为

$$\boldsymbol{K\delta} = \boldsymbol{R} \tag{3.68}$$

这是一个关于结点位移的 $2n$ 阶线性方程组。

2. 形成整体刚度矩阵的转换矩阵法

如上所述,对于离散化的弹性体有限元计算模型,首先求得或列写出的是各个单元的刚度矩阵、单元位移列阵和单元载荷列阵。在进行整体分析时,需要把结构的各项矩阵(包括列阵)表达成各个单元对应矩阵之和,同时要求单元各项矩阵的阶数和结构各项矩阵的阶数(即结构的结点自由度数)相同。为此,引入单元结点自由度对应扩充为结构结点自由度的转换矩阵 $\boldsymbol{G}$。设结构的结点总数为 n,某平面三角形单元对应的整体结点序号为 i、j、m,该单元结点自由度的转换矩阵为

$$\begin{array}{c} 1,2,\cdots,(2i-1),2i,\cdots,(2j-1),2j,\cdots,(2m-1),2m,\cdots,(2n-1),2n \\ \boldsymbol{G}^e_{6\times 2n} = \left[\begin{array}{ccc|cc|c|cc|c|cc|c|cc} 0 & 0 & \cdots & 1 & 0 & \cdots & 0 & 0 & \cdots & 0 & 0 & \cdots & 0 & 0 \\ 0 & 0 & \cdots & 0 & 1 & \cdots & 0 & 0 & \cdots & 0 & 0 & \cdots & 0 & 0 \\ 0 & 0 & \cdots & 0 & 0 & \cdots & 0 & 0 & \cdots & 1 & 0 & \cdots & 0 & 0 \\ 0 & 0 & \cdots & 0 & 0 & \cdots & 0 & 0 & \cdots & 0 & 1 & \cdots & 0 & 0 \\ 0 & 0 & \cdots & 0 & 0 & \cdots & 1 & 0 & \cdots & 0 & 0 & \cdots & 0 & 0 \\ 0 & 0 & \cdots & 0 & 0 & \cdots & 0 & 1 & \cdots & 0 & 0 & \cdots & 0 & 0 \end{array}\right] \end{array} \tag{3.69}$$

也就是,在 $\boldsymbol{G}$ 矩阵中,单元三个结点对应的整体编号位置(i、j、m)所在的子块设为2阶单位矩阵,其他均为0。利用转换矩阵 $\boldsymbol{G}^e$ 可以直接求和得到结构整体刚度矩阵为

$$\boldsymbol{K} = \sum_{e=1}^{n} (\boldsymbol{G}^e)^{\mathrm{T}} \boldsymbol{k} \boldsymbol{G}^e \tag{3.70}$$

结构结点载荷列阵为

$$\boldsymbol{R} = \sum_{e=1}^{n} (\boldsymbol{G}^e)^{\mathrm{T}} \boldsymbol{R}^e \tag{3.71}$$

3. 整体刚度矩阵的性质

弹性体有限元的整体刚度矩阵具有如下性质:

① 整体刚度矩阵 $\boldsymbol{K}$ 中每一列元素的物理意义为:欲使弹性体的某一结点在坐标轴方向发生单位位移,而其他结点都保持为零的变形状态,在各结点上所需要施加的结点力。

令结点1在坐标 x 方向的位移 $u_1 = 1$,而其余的结点位移 $v_1 = u_2 = v_2 = u_3 = v_3 = \cdots = u_n = v_n = 0$,可得到结点载荷列阵等于 $\boldsymbol{K}$ 的第一列元素组成的列阵,即

$$\begin{gathered}[R_{1x} \quad R_{1y} \quad R_{2x} \quad R_{2y} \quad \cdots \quad R_{nx} \quad R_{ny}]^{\mathrm{T}} = \\ [\boldsymbol{K}_{11} \quad \boldsymbol{K}_{21} \quad \boldsymbol{K}_{31} \quad \boldsymbol{K}_{41} \quad \cdots \quad \boldsymbol{K}_{2n-1\ 1} \quad \boldsymbol{K}_{2n\ 1}]^{\mathrm{T}}\end{gathered}$$

② 整体刚度矩阵 $\boldsymbol{K}$ 中主对角元素总是正的。

例如,整体刚度矩阵 $\boldsymbol{K}$ 中的元素 $\boldsymbol{K}_{33}$ 是表示结点2在 x 方向产生单位位移,而其他位移均为零时,在结点2的 x 方向上必须施加力的方向很显然应该与位移方向一致,故应为正号。

③ 整体刚度矩阵 $\boldsymbol{K}$ 是一个对称矩阵,即 $\boldsymbol{K}_{rs} = \boldsymbol{K}_{rs}^{\mathrm{T}}$。

④ 整体刚度矩阵 $\boldsymbol{K}$ 是一个稀疏矩阵。如果遵守一定的结点编号规则，就可使矩阵的非零元素都集中在主对角线附近呈带状。

如前所述，整体刚度矩阵 $\boldsymbol{K}$ 中第 r 双行的子矩阵 $\boldsymbol{K}_{rs}$ 有很多位置上的元素都等于零，只有当第二个下标 s 等于 r 或者 s 与 r 同属于一个单元的结点号码时才不为零，这就说明，在第 r 双行中非零子矩阵的块数，应该等于结点 r 周围直接相邻的结点数目加一。可见，$\boldsymbol{K}$ 的元素一般都不是填满的，而是呈稀疏状（带状）。

若第 r 双行的第一个非零元素子矩阵是 $\boldsymbol{K}_{rl}$，则从 $\boldsymbol{K}_{rl}$ 到 $\boldsymbol{K}_{rr}$ 共有 $(r-l+1)$ 个子矩阵，于是 $\boldsymbol{K}$ 的第 $2r$ 行从第一个非零元素到对角元共有 $2(r-l+1)$ 个元素。显然，带状刚度矩阵的带宽取决于单元网格中相邻结点号码的最大差值 D。半个斜带形区域中各行所具有的非零元素的最大个数叫做整体刚度矩阵的半带宽（包括主对角元素），用 B 表示，即 $B=2(D+1)$。

⑤ 整体刚度矩阵 $\boldsymbol{K}$ 是一个奇异矩阵，在排除刚体位移之后，它是一个正定矩阵。

弹性体在外载荷 $\boldsymbol{R}$ 的作用下处于平衡，$\boldsymbol{R}$ 的分量应该满足静力平衡方程。这反映在整体刚度矩阵 $\boldsymbol{K}$ 中存在三个线性相关的行或列，所以 $\boldsymbol{K}$ 是个奇异矩阵，不存在逆矩阵。

3.3 平面三角形单元应用举例

本节首先给出用平面三角形常应变单元进行弹性力学平面应力问题分析的完整步骤，然后介绍边界条件的引入方法，对有限元计算模型的求解问题进行说明，最后给出了一个完整的计算示例。

3.3.1 求解弹性力学平面问题的实施步骤

以三角形常应变单元为例，应用有限元法求解弹性力学平面问题的步骤如下：

① 将计算对象进行离散化，即把结构划分为许多三角形单元，并对结点进行编号。确定全部结点的坐标值。

② 对单元进行编号，并列出各单元三个结点的结点号。

③ 计算外载荷的等效结点力，列写结构结点载荷列阵。

④ 计算各单元的常数 b_1、c_1、b_2、c_2、b_3、c_3 及行列式 2Δ，计算单元刚度矩阵。

⑤ 组集结构整体刚度矩阵。

⑥ 引入边界条件，处理约束，消除刚体位移。

⑦ 求解线性方程组，得到结点位移。

⑧ 整理计算结果，计算应力矩阵，求得单元应力，并根据需要计算主应力和主方向。

为了提高有限元分析计算的效率，达到一定的精度，还应该注意以下几个方面的问题。

首先，在划分单元之前，有必要先研究一下计算对象的对称或反对称的情况，以便确定是取整个结构还是部分结构作为计算模型。例如，如果结构对于 x、y 轴是几何对称的，而所受的载荷关于 y 轴对称，对于 x 轴反对称，可见结构的应力和变形也将具有同样的对称特性，所以只需取结构的 1/4 部分进行计算即可。对于其他部分结构对此分离体的影响可以做相应的处理，即对处于 y 轴对称面内各结点的 x 方向位移都设置为零，而对于在 x 轴反对称面上的各结点的 x 方向位移也都设置为零。这些处理等价于在相应结点位置处施加约束，如图 3.5 所示。

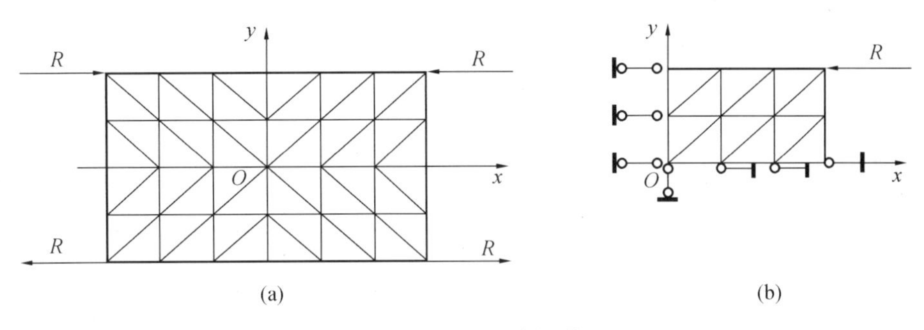

图 3.5　结构的对称性利用

此外，结点的布置是与单元的划分互相联系的。通常集中载荷的作用点、分布载荷强度的突变点、分布载荷与自由边界的分界点、支承点等都应该取为结点。并且，当结构是由不同的材料组成时，厚度不同或材料不同的部分，也应该划分为不同的单元。

另外，结点的多少及其分布的疏密程度（即单元的大小），一般要根据所要求的计算精度等方面来综合考虑。从计算结果的精度上讲，当然是单元越小越好，但计算所需要的时间也会大大增加。另外，在微机上进行有限元分析时，还要考虑计算机的容量。因此，在保证计算精度的前提下，应力求采用较少的单元。为了减少单元，在划分单元时，对于应力变化梯度较大的部位单元可小一些，而在应力变化比较平缓的区域可以划分得粗一些。单元各边的长度不要相差太大，以免出现过大的计算误差。在进行结点编号时，应该使同一单元的相邻结点的号码差尽可能小，以便最大限度地缩小刚度矩阵的带宽，节省存储、提高计算效率。

3.3.2　边界条件的引入以及整体刚度矩阵的修正

只有在消除了整体刚度矩阵奇异性之后，才能联立方程组并求解出结点位移。一般情况下，所要求解的问题，其边界往往具有一定的位移约束条件，本身已排除了刚体运动的可能性。整体刚度矩阵的奇异性需要通过引入边界约束条件、排除结构的刚体位移来消除。这里介绍两种引入已知结点位移的方法，这两种方法都可以保持原矩阵的稀疏、带状和对称等特性。

方法一：保持方程组为 $2n\times 2n$ 阶不变，仅对 $\boldsymbol{K}$ 和 $\boldsymbol{R}$ 进行修正。例如，若指定结点 i 在方向 y 的位移为 v_i，则令 $\boldsymbol{K}$ 中的元素 $K_{2i\ 2i}$ 为 1，而第 $2i$ 行和第 $2i$ 列的其余元素都为零。$\boldsymbol{R}$ 中的第 $2i$ 个元素则用位移 v_i 的已知值代入，$\boldsymbol{R}$ 中的其他各行元素均减去已知结点位移的指定值和原来 $\boldsymbol{K}$ 中该行的相应列元素的乘积。

下面举一个只有四个方程的简单例子。

$$\begin{bmatrix} K_{11} & K_{12} & K_{13} & K_{14} \\ K_{21} & K_{22} & K_{23} & K_{24} \\ K_{31} & K_{32} & K_{33} & K_{34} \\ K_{41} & K_{42} & K_{43} & K_{44} \end{bmatrix} \begin{bmatrix} u_1 \\ v_1 \\ u_2 \\ v_2 \end{bmatrix} = \begin{bmatrix} R_1 \\ R_2 \\ R_3 \\ R_4 \end{bmatrix} \tag{a}$$

假定该系统中结点位移 u_1 和 u_2 分别被指定为

$$u_1 = \beta_1 \qquad u_2 = \beta_3 \tag{b}$$

当引入这些结点的已知位移之后,方程(a) 就变成

$$\begin{bmatrix} 1 & 0 & 0 & 0 \\ 0 & K_{22} & 0 & K_{24} \\ 0 & 0 & 1 & 0 \\ 0 & K_{42} & 0 & K_{44} \end{bmatrix} \begin{bmatrix} u_1 \\ v_1 \\ u_2 \\ v_2 \end{bmatrix} = \begin{bmatrix} \beta_1 \\ R_2 - K_{21}\beta_1 - K_{23}\beta_3 \\ \beta_3 \\ R_4 - K_{41}\beta_1 - K_{43}\beta_3 \end{bmatrix} \tag{c}$$

利用这组维数不变的方程来求解所有的结点位移,显然,其解仍为原方程(a) 的解。

如果在整体刚度矩阵、整体位移列阵和整体结点力列阵中对应去掉边界条件中位移为0的行和列,将会获得新的减少了阶数的矩阵,达到消除整体刚度矩阵奇异性的目的。

方法二:将整体刚度矩阵 $\boldsymbol{K}$ 中与指定的结点位移有关的主对角元素乘上一个大数,如 10^{15},将 $\boldsymbol{R}$ 中的对应元素换成指定的结点位移值与该大数的乘积。实际上,这种方法就是使 $\boldsymbol{K}$ 中相应行的修正项远大于非修正项。

把此方法用于上面的例子,则方程(a) 就变成

$$\begin{bmatrix} K_{11}\times 10^{15} & K_{12} & K_{13} & K_{14} \\ K_{21} & K_{22} & K_{23} & K_{24} \\ K_{31} & K_{32} & K_{33}\times 10^{15} & K_{34} \\ K_{41} & K_{42} & K_{43} & K_{44} \end{bmatrix} \begin{bmatrix} u_1 \\ v_1 \\ u_2 \\ v_2 \end{bmatrix} = \begin{bmatrix} \beta_1 K_{11}\times 10^{15} \\ R_2 \\ \beta_3 K_{33}\times 10^{15} \\ R_4 \end{bmatrix} \tag{d}$$

该方程组的第一个方程为

$$K_{11}\times 10^{15}u_1 + K_{12}v_1 + K_{13}u_2 + K_{14}v_2 = \beta_1 K_{11}\times 10^{15} \tag{e}$$

因

$$K_{11}\times 10^{15} \gg K_{1j} \qquad (j = 2,\ 3,\ 4) \tag{f}$$

故有

$$\mu_1 = \beta_1 \tag{g}$$

以此类推。

3.3.3 计算结果的整理

静态有限元分析的计算结果主要包括位移和应力两方面。所有结点的位移可以按其几何位置对应列写出各个自由度分量结果。而对于应力计算结果则需要进行如下整理。

如前所述,平面三角形单元是常应变单元,也就是常应力单元。计算得到的单元应力通常视为单元形心处的应力。为了能根据计算结果推算出结构任一点处的应力值,一般采用绕结点平均法或两单元平均法进行处理。

所谓的绕结点平均法,就是将环绕某一结点的各单元常应力加以平均,用以表示该结点的应力。为了使求得的应力能较好地表示结点处的实际应力,环绕该结点的各个单元的面积不应相差太大。一般而言,绕结点平均法计算出来的结点应力,在内结点处较好,而在边界结点处则可能很差。因此,边界结点处的应力不宜直接由单元应力平均来获得,而应该由内结点的应力进行推算。

另一种推算结点应力值的方法是两单元平均法,即把两个相邻单元中的常应力加以平均,用来表示公共边界中点处的应力。这种情况下,两相邻单元的面积也不应相差太大。

3.3.4 计算实例

【例3.2】 图3.6是一个薄板,在右上角处受集中载荷作用,底边受到约束。可以视为弹性力学平面应力问题加以分析。材料参数为 $E = 3.0\times10^5$ MPa, $\mu = 0.3$,厚度 $t = 1$。求该平板的应力分布。

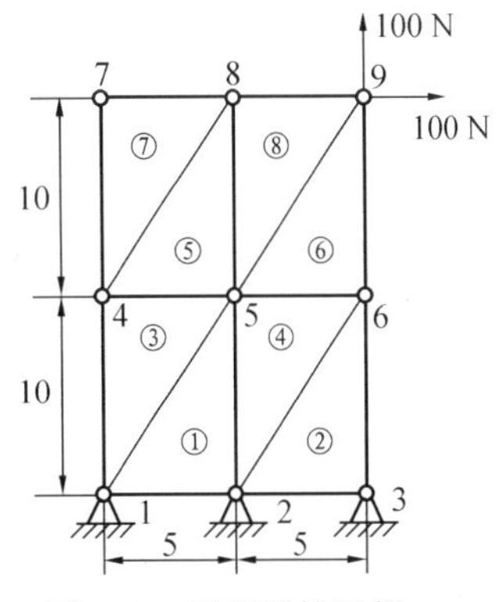

图3.6 平板计算示例

解 作为示例,该平板分成8个平面三角形单元、9个结点。根据本章有关内容,有限元求解的具体过程如下:

(1) 建立平面直角坐标系 Oxy,原点为图示结点1处,水平为 x 轴,垂直为 y 轴。列写结点坐标码见表3.1,列写单元编码见表3.2。

表3.1 列写结点坐标码

结点号	1	2	3	4	5	6	7	8	9
x 坐标值	0	5	10	0	5	10	0	5	10
y 坐标值	0	0	0	10	10	10	20	20	20

表3.2 列写单元编码

单元号	1	2	3	4	5	6	7	8
结点1	1	2	1	2	4	5	4	5
结点2	2	3	5	6	5	6	8	9
结点3	5	6	4	5	8	9	7	8

(2) 计算各单元的单元刚度矩阵并进行扩展。首先计算出所需的系数 b_1、b_2、b_3、c_1、c_2、c_3。根据上节公式(3.40),单元1的三个结点对应的整体编码为$(i,j,m) = (1,2,5)$,可得

$$2\Delta = \begin{vmatrix} 1 & x_1 & y_1 \\ 1 & x_2 & y_2 \\ 1 & x_3 & y_3 \end{vmatrix} = \begin{vmatrix} 1 & 0 & 0 \\ 1 & 5 & 0 \\ 1 & 5 & 10 \end{vmatrix} = 50$$

$$b_1 = -\begin{vmatrix} 1 & y_2 \\ 1 & y_3 \end{vmatrix} = y_2 - y_3 = 0 - 10 = -10$$

$$c_1 = -\begin{vmatrix} 1 & x_2 \\ 1 & x_3 \end{vmatrix} = -(x_2 - x_3) = -(5 - 5) = 0$$

类似地可得

$$b_2 = 10 \qquad b_3 = 0 \qquad c_2 = -5 \qquad c_3 = 5$$

应变矩阵为

$$\boldsymbol{B} = \frac{1}{2\Delta}\begin{bmatrix} b_1 & 0 & b_2 & 0 & b_3 & 0 \\ 0 & c_1 & 0 & c_2 & 0 & c_3 \\ c_1 & b_1 & c_2 & b_2 & c_3 & b_3 \end{bmatrix} = \frac{1}{50}\begin{bmatrix} -10 & 0 & 10 & 0 & 0 & 0 \\ 0 & 0 & 0 & -5 & 0 & 5 \\ 0 & -10 & -5 & 10 & 5 & 0 \end{bmatrix} =$$

$$\begin{bmatrix} -0.2 & 0 & 0.2 & 0 & 0 & 0 \\ 0 & 0 & 0 & -0.1 & 0 & 0.1 \\ 0 & -0.2 & -0.1 & 0.2 & 0.1 & 0 \end{bmatrix}$$

弹性力学平面应力问题的弹性矩阵为

$$\boldsymbol{D} = \frac{E}{1-\mu^2}\begin{bmatrix} 1 & \mu & 0 \\ \mu & 1 & 0 \\ 0 & 0 & \frac{1-\mu}{2} \end{bmatrix} = \frac{3.0 \times 10^{11}}{1 - 0.3^2}\begin{bmatrix} 1 & 0.3 & 0 \\ 0.3 & 1 & 0 \\ 0 & 0 & \frac{1-0.3}{2} \end{bmatrix}$$

得到单元 1 的单元刚度矩阵为

$$\boldsymbol{k}^{(1)} = \boldsymbol{B}^{\mathrm{T}}\boldsymbol{D}\boldsymbol{B}t\Delta =$$

$$\begin{bmatrix} 3.2967 & 0 & -3.2967 & 0.4945 & 0 & -0.4945 \\ 0 & 1.1538 & 0.5769 & -1.1538 & -0.5769 & 0 \\ -3.2967 & 0.5769 & 3.5852 & -1.0714 & -0.2885 & 0.4945 \\ 0.4945 & -1.1538 & -1.0714 & 1.9780 & 0.5769 & -0.8242 \\ 0 & -0.5769 & -0.2885 & 0.5769 & 0.2885 & 0 \\ -0.4945 & 0 & 0.4945 & -0.8242 & 0 & 0.8242 \end{bmatrix} \times 10^{11}$$

将单元 1 的单元刚度矩阵进行扩展,得到一个 18 × 18 阶的方阵 $\boldsymbol{k}_{ext}^{(1)}$。$\boldsymbol{k}_{ext}^{(1)}$ 只在上述(1, 2, 5)三个结点对应的元素上有值,其他元素上均为 0。

全部 8 个单元均按上述同样的过程进行计算。

(3) 对上述 8 个单元的扩展刚度矩阵进行叠加,得到该结构的整体刚度矩阵为

$$\boldsymbol{K} = \sum_{e=1}^{8}\boldsymbol{k}_{ext} = \begin{bmatrix} 0.3585 & 0 & -0.3297 & \cdots & 0 & 0 \\ 0 & 0.1978 & 0.0577 & \cdots & 0 & 0 \\ \vdots & \vdots & \vdots & & \vdots & \vdots \\ 0 & 0 & 0 & \cdots & 0.3585 & 0 \\ 0 & 0 & 0 & \cdots & 0 & 0.1978 \end{bmatrix} \times 10^{12}$$

(4) 在考虑位移约束条件的情况下列写结构结点位移列阵。在本示例中,结点 1、2、3 处均为全约束,即这三个结点的 x、y 方向对应的位移分量为 0,即

$$\boldsymbol{\delta}_{18\times1} = [\boldsymbol{\delta}_1^{\mathrm{T}} \quad \boldsymbol{\delta}_2^{\mathrm{T}} \quad \cdots \quad \boldsymbol{\delta}_9^{\mathrm{T}}]^{\mathrm{T}} = [u_1 \quad v_1 \quad u_2 \quad v_2 \quad u_3 \quad v_3 \quad u_4 \quad v_4 \quad \cdots \quad u_9 \quad v_9]^{\mathrm{T}} = [0 \quad 0 \quad 0 \quad 0 \quad 0 \quad 0 \quad u_4 \quad v_4 \quad \cdots \quad u_9 \quad v_9]^{\mathrm{T}}$$

(5) 考虑结构的外载荷,构造结构载荷列阵。在本例中,只在结点9处作用水平和垂直载荷,因此可以得到

$$\boldsymbol{R}_{18\times1} = [\boldsymbol{R}_1^{\mathrm{T}} \quad \boldsymbol{R}_2^{\mathrm{T}} \quad \cdots \quad \boldsymbol{R}_9^{\mathrm{T}}]^{\mathrm{T}} = [F_{x1} \quad F_{y1} \quad \cdots \quad F_{x9} \quad F_{y9}]^{\mathrm{T}} = [0 \quad 0 \quad \cdots \quad 100 \quad 100]^{\mathrm{T}}$$

(6) 根据本节内容引入边界条件,即根据约束情况修正结构有限元方程,特别是消除整体刚度矩阵的奇异性,得到考虑约束条件的、可解的有限元方程。

(7) 利用线性方程组的数值解法,对上述结构的有限元方程进行求解,得到所有各结点的位移向量。最后根据需要求解单元应力。得到的结点位移值和单元应力值可参见如下程序计算出的结果。

应用 ANSYS 计算该示例得到的结果如下:

结点位移

NODE	UX	UY
1	0.0000	0.0000
2	0.0000	0.0000
3	0.0000	0.0000
4	0.17213E-08	0.10850E-08
5	0.16114E-08	0.33073E-09
6	0.15327E-08	-0.42000E-09
7	0.39041E-08	0.14182E-08
8	0.38951E-08	0.56099E-09
9	0.40730E-08	0.11427E-10

单元应变

ELEM	EPELX	EPELY	EPELXY	EPELYZ	EPELXZ
1	0.0000	0.33073E-10	0.16114E-09	0.0000	0.0000
2	0.0000	-0.42000E-10	0.15327E-09	0.0000	0.0000
3	-0.21967E-10	0.10850E-09	0.21262E-10	0.0000	0.0000
4	-0.15753E-10	0.33073E-10	0.10997E-10	0.0000	0.0000
5	-0.21967E-10	0.23026E-10	0.77501E-10	0.0000	0.0000
6	-0.15753E-10	0.43143E-10	0.10388E-09	0.0000	0.0000
7	-0.18011E-11	0.33321E-10	0.46829E-10	0.0000	0.0000
8	0.35579E-10	0.23026E-10	0.11845E-09	0.0000	0.0000

单元应力

ELEM	SX	SY	SZ	SXY	SYZ	SXZ
1	3.2709	10.903	0.0000	18.593	0.0000	0.0000

2	-4.1539	-13.846	0.0000	17.684	0.0000	0.0000
3	3.4894	33.598	0.0000	2.4533	0.0000	0.0000
4	-1.9224	9.3450	0.0000	1.2689	0.0000	0.0000
5	-4.9644	5.4185	0.0000	8.9424	0.0000	0.0000
6	-0.92647	12.665	0.0000	11.987	0.0000	0.0000
7	2.7017	10.807	0.0000	5.4034	0.0000	0.0000
8	14.007	11.110	0.0000	13.668	0.0000	0.0000

可见,ANSYS 的计算结果与解析计算(略)得到的结果一致。

3.4 单元形函数的构造

在有限单元法的基本理论中,形函数是一个十分重要的概念,它不仅可以用做单元的内插函数,把单元内任一点的位移用结点位移表示,而且可作为加权余量法中的加权函数,可以处理外载荷,将分布力等效为结点上的集中力和力矩,此外,它可用于后续的等参数单元的坐标变换等。

根据形函数的思想,首先将单元的位移场函数表示为多项式的形式,然后利用结点参数值将多项式中的待定参数表示成场函数的结点值和单元几何参数的函数,从而将场函数表示成结点值插值形式的表达式。在本节中,重点讨论几种典型单元的形函数插值函数的构造方式,它们具有一定的规律。然后以平面三角形单元为例,讨论了形函数的性质,在此基础上分析了有限元的收敛准则。

3.4.1 形函数构造的一般原理

单元的类型和形状决定于结构总体求解域的几何特点、问题类型和求解精度。根据单元形状,可分为一维、二维、三维单元。单元插值形函数主要取决于单元的形状、结点类型和单元的结点数目。结点的类型可以是只包含场函数的结点值,也可能还包含场函数导数的结点值。是否需要场函数导数的结点值作为结点变量一般取决于单元边界上的连续性要求,如果边界上只要求函数值保持连续,称为 C0 型单元,若要求函数值及其一阶导数值都保持连续,则是 C1 型单元。

在有限元中,单元插值形函数均采用不同阶次的幂函数多项式形式。对于 C0 型单元,单元内的未知场函数的线性变化仅用角(端)结点的参数来表示。结点参数只包含场函数的结点值。而对于 C1 型单元,结点参数中包含场函数及其一阶导数的结点值。与此相对应,形函数可分为 Lagrange 型(不需要函数在结点上的斜率或曲率)和 Hermite 型(需要形函数在结点上的斜率或曲率)两大类,而形函数的幂次则是指所采用的多项式的幂次,可能具有一次、二次、三次或更高次等。

另外,有限元形函数 $\boldsymbol{N}$ 是坐标 x、y、z 的函数,而结点位移不是 x、y、z 的函数,因此静力学中的位移对坐标微分时,只对形函数 $\boldsymbol{N}$ 作用,而在动力学中位移对时间 t 微分时,只对结点位移向量作用。

1. 一维形函数

(1) 一维一次两结点单元(图3.7)

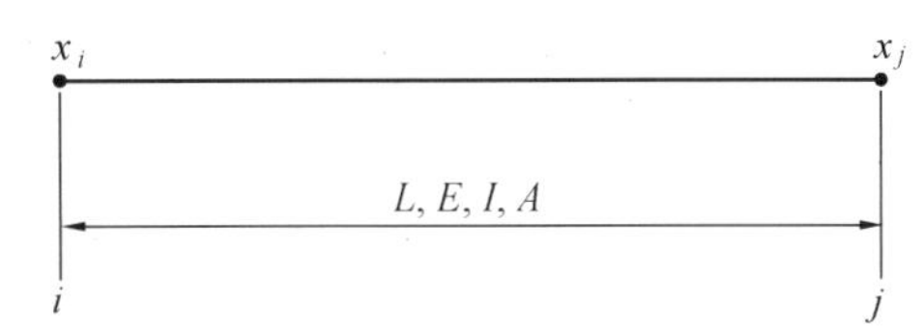

图3.7 一维一次两结点单元模型

设位移函数 $u(x)$ 沿 x 轴呈线性变化,即

$$u(x) = a_1 + a_2x \tag{3.72}$$

写成向量形式为

$$u(x) = \begin{bmatrix} 1 & x \end{bmatrix} \begin{bmatrix} a_1 \\ a_2 \end{bmatrix} \tag{3.73}$$

设两个结点的坐标为 x_i、x_j;两结点的位移分别为 u_i、u_j,可以代入上式并解出 a_1、a_2,得

$$\begin{bmatrix} a_1 \\ a_2 \end{bmatrix} = \begin{bmatrix} 1 & x_i \\ 1 & x_j \end{bmatrix}^{-1} \begin{bmatrix} u_i \\ u_j \end{bmatrix} \tag{3.74}$$

位移函数 $u(x)$ 记做形函数与结点参数乘积的形式,即

$$u(x) = \begin{bmatrix} 1 & x \end{bmatrix} \begin{bmatrix} 1 & x_i \\ 1 & x_j \end{bmatrix}^{-1} \begin{bmatrix} u_i \\ u_j \end{bmatrix} \tag{3.75}$$

得到形函数为

$$\boldsymbol{N} = \begin{bmatrix} 1 & x \end{bmatrix} \begin{bmatrix} 1 & x_i \\ 1 & x_j \end{bmatrix}^{-1} = \frac{1}{\begin{vmatrix} 1 & x_i \\ 1 & x_j \end{vmatrix}} \begin{bmatrix} x_j - x & x - x_i \end{bmatrix} = \begin{bmatrix} N_i & N_j \end{bmatrix} = \begin{bmatrix} \dfrac{x_j - x}{x_j - x_i} & \dfrac{x - x_i}{x_j - x_i} \end{bmatrix} \tag{3.76}$$

在自然坐标系内进行定义,则可得到形函数的标准化形式

$$\boldsymbol{N} = \begin{bmatrix} N_i & N_j \end{bmatrix} = \begin{bmatrix} \dfrac{1 - \xi}{2} & \dfrac{1 + \xi}{2} \end{bmatrix} \tag{3.77}$$

其中,自然坐标的变换公式为 $L = 2, L_1 = 1 + \xi, L_2 = 1 - \xi$,如图3.8所示。

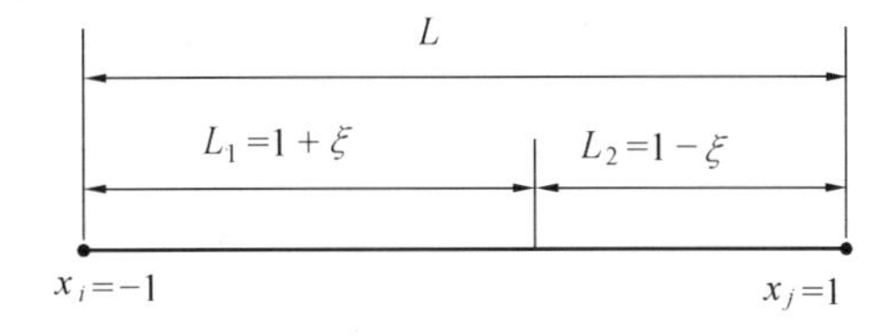

图3.8 一维一次两结点单元的局部坐标表达

(2) 一维二次三结点单元(高次单元,图3.9)

设位移函数为

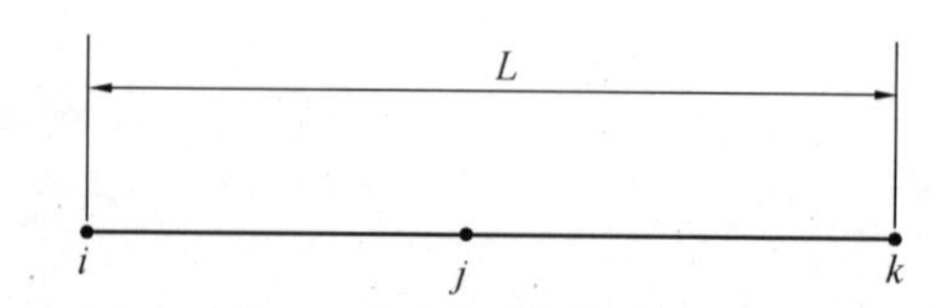

图 3.9　一维二次三结点单元模型

$$u = a_1 + a_2 x + a_3 x^2 = [1 \quad x \quad x^2]\begin{bmatrix} a_1 \\ a_2 \\ a_3 \end{bmatrix} \tag{3.78}$$

用结点位移 u_i、u_j、u_k 代入并求解$[a_1、a_2、a_3]^{\mathrm{T}}$,有

$$\begin{bmatrix} u_i \\ u_j \\ u_k \end{bmatrix} = \begin{bmatrix} 1 & x_i & x_i^2 \\ 1 & x_j & x_j^2 \\ 1 & x_k & x_k^2 \end{bmatrix}\begin{bmatrix} a_1 \\ a_2 \\ a_3 \end{bmatrix} \tag{3.79}$$

得到

$$u = [1 \quad x \quad x^2]\begin{bmatrix} 1 & x_i & x_i^2 \\ 1 & x_j & x_j^2 \\ 1 & x_k & x_k^2 \end{bmatrix}^{-1}\begin{bmatrix} u_i \\ u_j \\ u_k \end{bmatrix} =$$

$$\left[\frac{(x - x_j)(x - x_k)}{(x_i - x_j)(x_i - x_k)} \quad \frac{(x - x_i)(x - x_k)}{(x_j - x_i)(x_j - x_k)} \quad \frac{(x - x_i)(x - x_j)}{(x_k - x_i)(x_k - x_j)}\right]\begin{bmatrix} u_i \\ u_j \\ u_k \end{bmatrix} \tag{3.80}$$

上式等号右端第一项矩阵即为形函数。

(3) 一维三次二结点单元(**Hermite** 型)(平面梁单元,图 3.10)

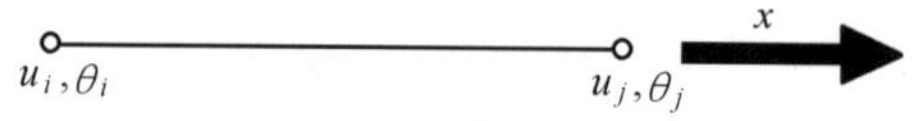

u_i,θ_i　　u_j,θ_j　　x

图 3.10　一维三次二结点单元

这类单元的位移函数为

$$u = [1 \quad x \quad x^2 \quad x^3]\begin{bmatrix} a_1 \\ a_2 \\ a_3 \\ a_4 \end{bmatrix} \tag{3.81}$$

对应的转角方程为

$$\theta = \frac{\mathrm{d}u}{\mathrm{d}x} = [0 \quad 1 \quad 2x \quad 3x^2]\begin{bmatrix} a_1 \\ a_2 \\ a_3 \\ a_4 \end{bmatrix} \tag{3.82}$$

用结点参数 $\boldsymbol{\phi} = [u_i \quad u_j \quad \theta_i \quad \theta_j]^{\mathrm{T}}$ 代入求解$[a_1 \quad a_2 \quad a_3 \quad a_4]^{\mathrm{T}}$,即

$$\begin{bmatrix} u_i \\ u_j \\ \theta_i \\ \theta_j \end{bmatrix} = \begin{bmatrix} 1 & x_i & x_i^2 & x_i^3 \\ 1 & x_j & x_j^2 & x_j^3 \\ 0 & 1 & 2x_i & 3x_i^2 \\ 0 & 1 & 2x_j & 3x_j^2 \end{bmatrix} \begin{bmatrix} a_1 \\ a_2 \\ a_3 \\ a_4 \end{bmatrix} \Rightarrow \begin{bmatrix} a_1 \\ a_2 \\ a_3 \\ a_4 \end{bmatrix} = \begin{bmatrix} 1 & x_i & x_i^2 & x_i^3 \\ 1 & x_j & x_j^2 & x_j^3 \\ 0 & 1 & 2x_i & 3x_i^2 \\ 0 & 1 & 2x_j & 3x_j^2 \end{bmatrix}^{-1} \begin{bmatrix} u_i \\ u_j \\ \theta_i \\ \theta_j \end{bmatrix} \tag{3.83}$$

得到

$$u = [1 \quad x \quad x^2 \quad x^3] \begin{bmatrix} 1 & x_i & x_i^2 & x_i^3 \\ 1 & x_j & x_j^2 & x_j^3 \\ 0 & 1 & 2x_i & 3x_i^2 \\ 0 & 1 & 2x_j & 3x_j^2 \end{bmatrix}^{-1} \begin{bmatrix} u_i \\ u_j \\ \theta_i \\ \theta_j \end{bmatrix} = \boldsymbol{N\Phi} = [N_{ui} \quad N_{uj} \quad N_{\theta i} \quad N_{\theta j}]\boldsymbol{\Phi} \tag{3.84}$$

其中形函数矩阵中各元素为

$$\left.\begin{aligned} N_{ui} &= \frac{-(x-x_j)^2(2x-3x_i+x_j)}{(x_i-x_j)^3} \\ N_{uj} &= \frac{(x-x_i)^2(2x-3x_j+x_i)}{(x_i-x_j)^3} \\ N_{\theta i} &= \frac{(x-x_i)(x-x_j)^2}{(x_i-x_j)^2} \\ N_{\theta j} &= \frac{(x-x_i)^2(x-x_j)}{(x_i-x_j)^2} \end{aligned}\right\} \tag{3.85}$$

(4) 一维三次四结点单元(**Lagrange** 型,图 3.11)

$i \quad j \quad k \quad l$

图 3.11　一维三次四结点单元模型

位移函数为三次方程,即

$$u = [1 \quad x \quad x^2 \quad x^3] \begin{bmatrix} a_1 \\ a_2 \\ a_3 \\ a_4 \end{bmatrix} \tag{3.86}$$

需要四个结点参数才能唯一地确定其中的常系数。这四个结点可以分别取两个端点和两个三分点。类似地,可以得到如下形函数方程

$$u = [1 \quad x \quad x^2 \quad x^3] \begin{bmatrix} 1 & x_i & x_i^2 & x_i^3 \\ 1 & x_j & x_j^2 & x_j^3 \\ 1 & x_k & x_k^2 & x_k^3 \\ 1 & x_l & x_l^2 & x_l^3 \end{bmatrix}^{-1} \begin{bmatrix} u_i \\ u_j \\ u_k \\ u_l \end{bmatrix} = \boldsymbol{N\Phi} = [N_i \quad N_j \quad N_k \quad N_l]\boldsymbol{\Phi} \tag{3.87}$$

其中形函数中的各元素为

$$\left.\begin{aligned}N_i&=\frac{(x-x_j)(x-x_k)(x-x_l)}{(x_i-x_j)(x_i-x_k)(x_i-x_l)}\\N_j&=\frac{(x-x_i)(x-x_k)(x-x_l)}{(x_j-x_i)(x_j-x_k)(x_j-x_l)}\\N_k&=\frac{(x-x_i)(x-x_j)(x-x_l)}{(x_k-x_i)(x_k-x_j)(x_k-x_l)}\\N_l&=\frac{(x-x_i)(x-x_j)(x-x_k)}{(x_l-x_i)(x_l-x_j)(x_l-x_k)}\end{aligned}\right\}\tag{3.88}$$

2. 二维形函数

(1) 二维一次三结点单元(平面三角形单元)

在总体坐标系统下,任一点的某一方向的位移是

$$u(x)=a_1+a_2x+a_3y\tag{3.89}$$

设三个结点的坐标是(x_i,y_i)、(x_j,y_j)、(x_k,y_k),u_i、y_j、u_k 为三个结点在某方向上的位移,具有关系

$$u=[1\quad x\quad y]\begin{bmatrix}a_1\\a_2\\a_3\end{bmatrix}\Rightarrow\begin{bmatrix}a_1\\a_2\\a_3\end{bmatrix}=\begin{bmatrix}1&x_i&y_i\\1&x_j&y_j\\1&x_k&y_k\end{bmatrix}^{-1}\begin{bmatrix}u_i\\u_j\\u_k\end{bmatrix}\tag{3.90}$$

得到形函数矩阵,即

$$\boldsymbol{N}=[1\quad x\quad y]\begin{bmatrix}1&x_i&y_i\\1&x_j&y_j\\1&x_k&y_k\end{bmatrix}^{-1}\tag{3.91}$$

(2) 二维一次四结点单元(平面四边形单元或矩形单元,图 3.12)

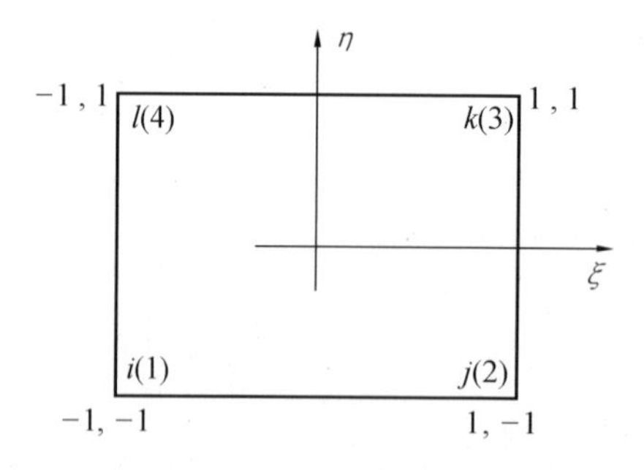

图 3.12 二维一次四结点单元

用形函数表达的位移方程如下

$$u=[1\quad x\quad y\quad xy]\begin{bmatrix}a_1\\a_2\\a_3\\a_4\end{bmatrix}=[1\quad x\quad y\quad xy]\begin{bmatrix}1&x_i&y_i&x_iy_i\\1&x_j&y_j&x_jy_j\\1&x_k&y_k&x_ky_k\\1&x_l&y_l&x_ly_l\end{bmatrix}^{-1}\begin{bmatrix}u_i\\u_j\\u_k\\u_l\end{bmatrix}=$$

$$[N_i\quad N_j\quad N_k\quad N_l]\boldsymbol{\Phi}\tag{3.92}$$

其中形函数矩阵的元素为

$$N_i = \frac{(x - x_2)(y + y_2)}{(x_1 - x_2)(y_1 + y_2)} \quad (i = 1,2,3,4) \tag{3.93}$$

对于平面四边形单元和矩形单元,可用局部坐标系很好地加以解释。局部坐标的范围定义为 -1 ~ +1,四个结点的值固定。局部坐标系下的形函数为

$$\left.\begin{aligned} N_1 &= \frac{(1-\xi)(1-\eta)}{4} \\ N_2 &= \frac{(1+\xi)(1-\eta)}{4} \\ N_3 &= \frac{(1-\xi)(1+\eta)}{4} \\ N_4 &= \frac{(1+\xi)(1+\eta)}{4} \end{aligned}\right\} \tag{3.94}$$

3. 三维形函数

(1) 三维一次四结点单元(三维四面体单元)

在总体坐标系统下,任一点的某一方向的位移是

$$u(x) = a_1 + a_2 x + a_3 y + a_4 z \tag{3.95}$$

按相似的方法可以得到

$$u = [1 \quad x \quad y \quad z]\begin{bmatrix} a_1 \\ a_2 \\ a_3 \\ a_4 \end{bmatrix} = \boldsymbol{N}\begin{bmatrix} u_i \\ u_j \\ u_k \\ u_l \end{bmatrix} = [1 \quad x \quad y \quad z]\begin{bmatrix} 1 & x_i & y_i & z_i \\ 1 & x_j & y_j & z_j \\ 1 & x_k & y_k & z_k \\ 1 & x_l & y_l & z_l \end{bmatrix}^{-1}\begin{bmatrix} u_i \\ u_j \\ u_k \\ u_l \end{bmatrix} \tag{3.96}$$

形函数矩阵为

$$\boldsymbol{N} = [1 \quad x \quad y \quad z]\begin{bmatrix} 1 & x_i & y_i & z_i \\ 1 & x_j & y_j & z_j \\ 1 & x_k & y_k & z_k \\ 1 & x_l & y_l & z_l \end{bmatrix}^{-1} \tag{3.97}$$

(2) 三维一次八结点单元

在三维一次单元形函数中,函数值沿三坐标轴(x、y、z 轴) 呈线性变化。假设位移函数沿各坐标轴的线性变化 $u = u(x,y,z)$ 写成

$$u = a_1 + a_2 x + a_3 y + a_4 z + a_5 xy + a_6 xz + a_7 yz + a_8 xyz \tag{3.98}$$

假设在 i 结点的位移值为 u_i,并将数值代入上式,其他各结点(j、k、l、m、n、p、q) 亦类推,共有 8 个式子,其中第 1 式如下

$$u_i = a_1 + a_2 x_i + a_3 y_i + a_4 z_i + a_5 x_i y_i + a_6 x_i z_i + a_7 y_i z_i + a_8 x_i y_i z_i \tag{3.99}$$

可以求得系数解

$$\begin{bmatrix} a_1 \\ a_2 \\ a_3 \\ a_4 \\ a_5 \\ a_6 \\ a_7 \\ a_8 \end{bmatrix} = \begin{bmatrix} 1 & x_i & y_i & z_i & x_iy_i & x_iz_i & y_iz_i & x_iy_iz_i \\ 1 & x_j & y_j & z_j & x_jy_j & x_jz_j & y_jz_j & x_jy_jz_j \\ 1 & x_k & y_k & z_k & x_ky_k & x_kz_k & y_kz_k & x_ky_kz_k \\ 1 & x_l & y_l & z_l & x_ly_l & x_lz_l & y_lz_l & x_ly_lz_l \\ 1 & x_m & y_m & z_m & x_my_m & x_mz_m & y_mz_m & x_my_mz_m \\ 1 & x_n & y_n & z_n & x_ny_n & x_nz_n & y_nz_n & x_ny_nz_n \\ 1 & x_p & y_p & z_p & x_py_p & x_pz_p & y_pz_p & x_py_pz_p \\ 1 & x_q & y_q & z_q & x_qy_q & x_qz_q & y_qz_q & x_qy_qz_q \end{bmatrix}^{-1} \begin{bmatrix} u_i \\ u_j \\ u_k \\ u_l \\ u_m \\ u_n \\ u_p \\ u_q \end{bmatrix} \tag{3.100}$$

则有

$$u = [1 \quad x \quad y \quad z \quad xy \quad xz \quad yz \quad xyz] \cdot \begin{bmatrix} 1 & x_i & y_i & z_i & x_iy_i & x_iz_i & y_iz_i & x_iy_iz_i \\ 1 & x_j & y_j & z_j & x_jy_j & x_jz_j & y_jz_j & x_jy_jz_j \\ 1 & x_k & y_k & z_k & x_ky_k & x_kz_k & y_kz_k & x_ky_kz_k \\ 1 & x_l & y_l & z_l & x_ly_l & x_lz_l & y_lz_l & x_ly_lz_l \\ 1 & x_m & y_m & z_m & x_my_m & x_mz_m & y_mz_m & x_my_mz_m \\ 1 & x_n & y_n & z_n & x_ny_n & x_nz_n & y_nz_n & x_ny_nz_n \\ 1 & x_p & y_p & z_p & x_py_p & x_pz_p & y_pz_p & x_py_pz_p \\ 1 & x_q & y_q & z_q & x_qy_q & x_qz_q & y_qz_q & x_qy_qz_q \end{bmatrix}^{-1} \begin{bmatrix} u_i \\ u_j \\ u_k \\ u_l \\ u_m \\ u_n \\ u_p \\ u_q \end{bmatrix} \tag{3.101}$$

最后得到形函数的表达式为

$$\boldsymbol{N} = [1 \quad x \quad y \quad z \quad xy \quad xz \quad yz \quad xyz] \begin{bmatrix} 1 & x_i & y_i & z_i & x_iy_i & x_iz_i & y_iz_i & x_iy_iz_i \\ 1 & x_j & y_j & z_j & x_jy_j & x_jz_j & y_jz_j & x_jy_jz_j \\ 1 & x_k & y_k & z_k & x_ky_k & x_kz_k & y_kz_k & x_ky_kz_k \\ 1 & x_l & y_l & z_l & x_ly_l & x_lz_l & y_lz_l & x_ly_lz_l \\ 1 & x_m & y_m & z_m & x_my_m & x_mz_m & y_mz_m & x_my_mz_m \\ 1 & x_n & y_n & z_n & x_ny_n & x_nz_n & y_nz_n & x_ny_nz_n \\ 1 & x_p & y_p & z_p & x_py_p & x_pz_p & y_pz_p & x_py_pz_p \\ 1 & x_q & y_q & z_q & x_qy_q & x_qz_q & y_qz_q & x_qy_qz_q \end{bmatrix}^{-1} \tag{3.102}$$

4. 帕斯卡三角形

上述各种位移函数的构造有一定的规律，可以根据所谓的帕斯卡三角形加以确定，同时，这样制定的位移模式，还能够满足有限元的收敛性要求。以下是几种典型情况。

一维两结点单元的情况：

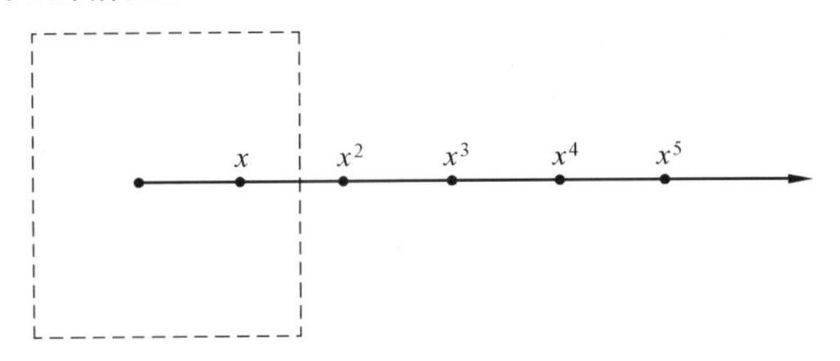

图 3.13　一维两结点单元的变量组成

一维三结点单元的情况：

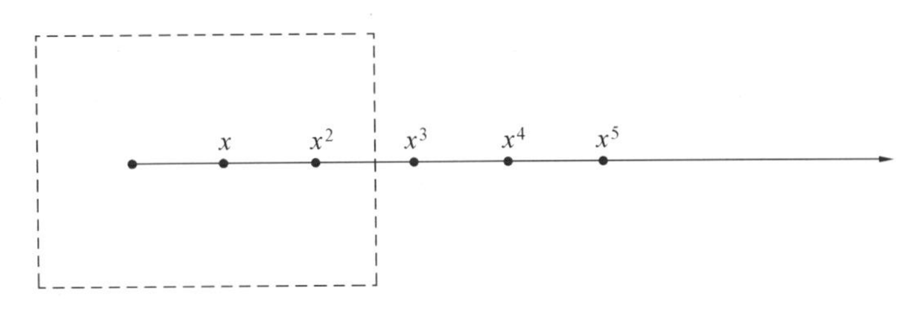

图 3.14　一维三结点单元的变量组成

二维高阶单元的情况：

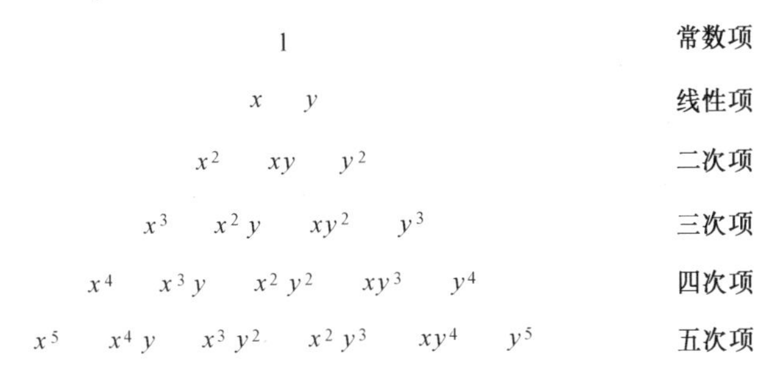

图 3.15　二维高阶单元的变量组成

三维四结点单元的情况：

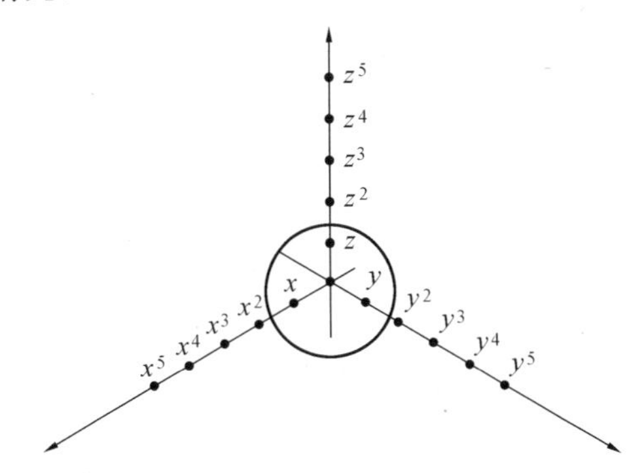

图 3.16　三维四结点单元的变量组成

3.4.2 形函数的性质

下面以平面三角形单元为例讨论形函数的一些性质。平面三角形单元的形函数为

$$N_i = \frac{1}{2\Delta}(a_i + b_i x + c_i y) \qquad (i = 1,2,3) \tag{a}$$

其中,$2\Delta = \begin{vmatrix} 1 & x_1 & y_1 \\ 1 & x_2 & y_2 \\ 1 & x_3 & y_3 \end{vmatrix}$,$\Delta$ 为三角形单元的面积,a_i、b_i、c_i 为与结点坐标有关的系数,它们分别等于 2Δ 公式中的行列式的有关代数余子式,即 a_1、b_1、c_1,a_2、b_2、c_2 和 a_3、b_3、c_3 分别是行列式 2Δ 中的第一行、第二行和第三行各元素的代数余子式。

对于任意一个行列式,其任一行(或列)的元素与其相应的代数余子式的乘积之和等于行列式的值,而任一行(或列)的元素与其他行(或列)对应元素的代数余子式乘积之和为零。因此有:

① 形函数在各单元结点上的值,具有"本点是1、它点为零"的性质,即在单元结点1上,满足

$$N_1(x_1,y_1) = \frac{1}{2\Delta}(a_1 + b_1 x_1 + c_1 y_1) = 1 \tag{b}$$

在结点2、3上,有

$$N_1(x_2,y_2) = \frac{1}{2\Delta}(a_1 + b_1 x_2 + c_1 y_2) = 0 \tag{c}$$

$$N_1(x_3,y_3) = \frac{1}{2\Delta}(a_1 + b_1 x_3 + c_1 y_3) = 0 \tag{d}$$

类似地有

$$\begin{aligned} &N_2(x_1,y_1) = 0 \qquad N_2(x_2,y_2) = 1 \qquad N_2(x_3,y_3) = 0 \\ &N_3(x_1,y_1) = 0 \qquad N_3(x_2,y_2) = 0 \qquad N_3(x_3,y_3) = 1 \end{aligned} \tag{e}$$

② 在单元的任一结点上,三个形函数之和等于1,即

$$\begin{aligned} &N_1(x,y) + N_2(x,y) + N_3(x,y) = \\ &\frac{1}{2\Delta}(a_1 + b_1 x + c_1 y + a_2 + b_2 x + c_2 y + a_3 + b_3 x + c_3 y) = \\ &\frac{1}{2\Delta}[(a_1 + a_2 + a_3) + (b_1 + b_2 + b_3)x + (c_1 + c_2 + c_3)y] = 1 \end{aligned} \tag{f}$$

简记为

$$N_1 + N_2 + N_3 = 1 \tag{g}$$

这说明,三个形函数中只有两个是独立的。

③ 三角形单元任意一条边上的形函数,仅与该边的两端结点坐标有关、而与其他结点坐标无关。例如,在12边上有

$$N_1(x,y) = 1 - \frac{x - x_1}{x_2 - x_1} \qquad N_2(x,y) = \frac{x - x_1}{x_2 - x_1} \qquad N_3(x,y) = 0 \tag{h}$$

这一点利用单元坐标几何关系很容易证明。

根据形函数的这一性质可以证明，相邻单元的位移分别进行线性插值之后，在其公共边上将是连续的。例如，单元123和124具有公共边12。由上式可知，在12边上两个单元的第三个形函数都等于0，即

$$N_3(x,y)=N_4(x,y)=0 \tag{i}$$

不论按哪个单元来计算，公共边12上的位移均可表示为

$$\left.\begin{aligned}u&=N_1u_1+N_2u_2+0\times u_3(\text{或对 124 单元：}0\times u_4)\\v&=N_1v_1+N_2v_2+0\times v_3(\text{或对 124 单元：}0\times v_4)\end{aligned}\right\} \tag{j}$$

可见，在公共边上的位移 u、v 将完全由公共边上的两个结点1、2的位移所确定，因而相邻单元的位移是保持连续的。

3.4.3 用面积坐标表达的形函数

为了能够更好地理解形函数的概念，这里引入面积坐标。在如图3.17所示的三角形单元 ijm 中，任意一点 $P(x,y)$ 的位置可以用以下三个比值来确定，即

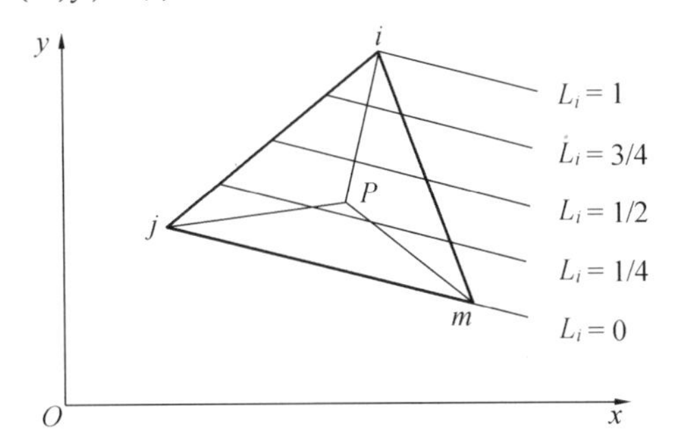

图3.17 平面三角形单元的面积坐标

$$L_i=\frac{\Delta_i}{\Delta} \qquad L_j=\frac{\Delta_j}{\Delta} \qquad L_m=\frac{\Delta_m}{\Delta} \tag{3.103}$$

式中 Δ—— 三角形单元 ijm 的面积；

Δ_i、Δ_j、Δ_m—— 三角形 Pjm、Pmi、Pij 的面积。

L_i、L_j、L_m 叫做 P 点的面积坐标。显然，这三个面积坐标不是完全独立的，这是由于

$$\Delta_i+\Delta_j+\Delta_m=\Delta \tag{3.104}$$

所以有

$$L_i+L_j+L_m=1 \tag{3.105}$$

对于三角形 Pjm，其面积为

$$\Delta_i=\frac{1}{2}\begin{vmatrix}1 & x & y\\1 & x_j & y_j\\1 & x_m & y_m\end{vmatrix}=\frac{1}{2}(a_i+b_ix+c_iy) \tag{3.106}$$

故有

$$L_i=\frac{\Delta_i}{\Delta}=\frac{1}{2\Delta}(a_i+b_ix+c_iy) \tag{3.107}$$

类似地有

$$L_j = \frac{\Delta_j}{\Delta} = \frac{1}{2\Delta}(a_j + b_j x + c_j y) \tag{3.108}$$

$$L_m = \frac{\Delta_m}{\Delta} = \frac{1}{2\Delta}(a_m + b_m x + c_m y) \tag{3.109}$$

可见,前面讲述的平面三角形单元的形函数 N_i、N_j、N_m 等于面积坐标 L_i、L_j、L_m。

容易看出,单元三个结点的面积坐标分别为

结点 i: $L_i = 1$ $L_j = 0$ $L_m = 0$

结点 j: $L_i = 0$ $L_j = 1$ $L_m = 0$

结点 m: $L_i = 0$ $L_j = 0$ $L_m = 1$

根据面积坐标的定义,平行于 jm 边的某一直线上的所有各点都有相同的坐标 L_i,并且等于该直线至 jm 边的距离与结点 i 至 jm 边的距离之比,图3.17中给出了 L_i 的一些等值线。平行于其他边的直线也有类似的情况。

不难验证,面积坐标与直角坐标之间还存在其他变换关系,即

$$\left.\begin{aligned} x &= x_i L_i + x_j L_j + x_m L_m \\ y &= y_i L_i + y_j L_j + y_m L_m \\ L_i &+ L_j + L_m = 1 \end{aligned}\right\} \tag{3.110}$$

当面积坐标的函数对直角坐标求导时,有公式

$$\left.\begin{aligned} \frac{\partial}{\partial x} &= \frac{\partial L_i}{\partial x}\frac{\partial}{\partial L_i} + \frac{\partial L_j}{\partial x}\frac{\partial}{\partial L_j} + \frac{\partial L_m}{\partial x}\frac{\partial}{\partial L_m} = \frac{b_i}{2\Delta}\frac{\partial}{\partial L_i} + \frac{b_j}{2\Delta}\frac{\partial}{\partial L_j} + \frac{b_m}{2\Delta}\frac{\partial}{\partial L_m} \\ \frac{\partial}{\partial y} &= \frac{\partial L_i}{\partial y}\frac{\partial}{\partial L_i} + \frac{\partial L_j}{\partial y}\frac{\partial}{\partial L_j} + \frac{\partial L_m}{\partial y}\frac{\partial}{\partial L_m} = \frac{c_i}{2\Delta}\frac{\partial}{\partial L_i} + \frac{c_j}{2\Delta}\frac{\partial}{\partial L_j} + \frac{c_m}{2\Delta}\frac{\partial}{\partial L_m} \end{aligned}\right\} \tag{3.111}$$

求面积坐标的幂函数在三角形单元上的积分时,有

$$\iint_{\Delta} L_i^{\alpha} L_j^{\beta} L_m^{\gamma} \mathrm{d}x\mathrm{d}y = \frac{\alpha!\ \beta!\ \gamma!}{(\alpha + \beta + \gamma + 2)!} 2\Delta \tag{3.112}$$

式中,α、β、γ 为整常数。求面积坐标的幂函数在三角形某一边上的积分值时,有

$$\int_l L_i^{\alpha} L_j^{\beta} \mathrm{d}s = \frac{\alpha!\ \beta!}{(\alpha + \beta + 1)!} l \tag{3.113}$$

式中 l—— 该边的长度。

3.4.4 有限元的收敛准则

对于一种数值计算方法,一般总希望随着网格的逐步细分所得到的解答能够收敛于问题的精确解。根据前面的分析,在有限元中,一旦确定了单元的形状,位移模式的选择将是非常关键的。由于载荷的移置、应力矩阵和刚度矩阵的建立都依赖于单元的位移模式,所以,如果所选择的位移模式与真实的位移分布有很大的差别,会很难获得良好的数值解。

可以证明,对于一个给定的位移模式,其刚度系数的数值比精确值要大。所以,在给定的载荷之下,有限元计算模型的变形将比实际结构的变形小,因此细分单元网格,位移

近似解将由下方收敛于精确解,即得到真实解的下界。

为了保证解答的收敛性,位移模式要满足以下三个条件,即

① 位移模式必须包含单元的刚体位移。也就是,当结点位移由某个刚体位移引起时,弹性体内将不会产生应变。所以,位移模式不但要具有描述单元本身形变的能力,而且还要具有描述由于其他单元形变而通过结点位移引起单元刚体位移的能力。例如,平面三角形单元位移模式的常数项 α_1、α_4 就是用于提供刚体位移的。

② 位移模式必须能包含单元的常应变。每个单元的应变一般包含两个部分:一部分是与该单元中各点的坐标位置有关的应变,另一部分是与位置坐标无关的应变(即所谓的常应变)。从物理意义上看,当单元尺寸无限缩小时,每个单元中的应变应趋于常量。因此,在位移模式中必须包含有这些常应变,否则就不可能使数值解收敛于正确解。很显然,在平面三角形单元的位移模式中,与 α_2、α_3、α_5、α_6 有关的线性项就是对应单元中的常应变。

③ 位移模式在单元内要连续且在相邻单元之间的位移必须协调。当选择多项式来构成位移模式时,单元内的连续性要求总是得到满足的,单元间的位移协调性,就是要求单元之间既不会出现开裂也不会出现重叠的现象。通常,当单元交界面上的位移取决于该交界面上结点的位移时,就可以保证位移的协调性。

在有限单元法中,把能够满足条件 ① 和 ② 的单元,称为完备单元;满足条件 ③ 的单元,叫做协调单元或保续单元。前面讨论过的三角形单元能同时满足上述三个条件,因此都属于完备的协调单元。在某些梁、板及壳体分析中,要使单元满足条件 ③ 会比较困难,实践中有时也出现一些只满足条件 ① 和 ② 的单元,其收敛性往往也能够令人满意。放松条件 ③ 的单元,即完备而不协调的单元,已获得了很多成功的应用。不协调单元的缺点主要是不能事先确定其刚度与真实刚度之间的大小关系。但不协调单元一般不像协调单元那样刚硬(即比较柔软),因此有可能会比协调单元收敛得快。

在选择多项式作为单元的位移模式时,其阶次的确定要考虑解答的收敛性,即单元的完备性和协调性要求。实践证明,虽然这两项确实是所要考虑的重要因素,但并不是唯一的因素。选择多项式位移模式阶次时,需要考虑的另一个因素是,所选的模式应该与局部坐标系的方位无关,这一性质称为几何各向同性。对于线性多项式,各向同性的要求通常就等价于位移模式必须包含常应变状态。对于高次位移模式,就是不应该有一个偏惠的坐标方向,也就是位移形式不应该随局部坐标的更换而改变。经验证明,实现几何各向同性的一种有效方法是,可以根据巴斯卡三角形来选择二维多项式的各项。在二维多项式中,如果包含有对称轴一边的某一项,就必须同时包含有另一边的对称项。

选择多项式位移模式时,还应考虑多项式中的项数必须等于或稍大于单元边界上的外结点的自由度数。通常取项数与单元的外结点的自由度数相等,取过多的项数是不恰当的。

3.5 等效结点载荷列阵

在结构有限元整体分析时,结构的载荷列阵 $\boldsymbol{R}$ 是由结构的全部单元的等效结点力集合而成,而其中单元的等效结点力 $\boldsymbol{R}^e$ 则是由作用在单元上的集中力、表面力和体积力分

别移置到结点上，再逐点加以合成求得。本节以平面三角形单元为例，讨论集中力、表面力和体积力的等效移置方法以及如何形成结构等效载荷列阵，并与静力等效进行了对比。

3.5.1 单元载荷的移置

根据虚位移原理，等效结点力所做的功与作用在单元上的集中力、表面力和体积力在任何虚位移上所做的功相等，由此可以确定等效结点力的大小。对于平面三角形单元，有

$$(\boldsymbol{\delta}^{*e})^{\mathrm{T}}\boldsymbol{R}^{e} = (\boldsymbol{d}^{*})^{\mathrm{T}}\boldsymbol{G} + \int(\boldsymbol{d}^{*})^{\mathrm{T}}\boldsymbol{q}t\mathrm{d}s + \iint(\boldsymbol{d}^{*})^{\mathrm{T}}\boldsymbol{p}t\mathrm{d}x\mathrm{d}y \tag{3.114}$$

式中 $\boldsymbol{\delta}^{*e}$—— 单元结点虚位移列阵；

$\boldsymbol{d}^{*}$—— 单元内任一点的虚位移列阵；

t—— 单元的厚度，假定为常量。

等号左边表示单元的等效结点力 $\boldsymbol{R}^{e}$ 所做的虚功；等号右边第一项是集中力 $\boldsymbol{G}$ 所做的虚功，等号右边第二项是面力 $\boldsymbol{q}$ 所做的虚功，积分沿着单元的边界进行；等号右边第三项表示体积力 $\boldsymbol{p}$ 所做的虚功，积分遍及整个单元。

用形函数矩阵表示的单元位移模式方程为

$$\boldsymbol{d}^{*} = \boldsymbol{N}\boldsymbol{\delta}^{*e} \tag{3.115}$$

代入式(3.114)，注意到结点虚位移列阵 $\boldsymbol{\delta}^{*e}$ 可以提到积分号的外面，于是有

$$(\boldsymbol{\delta}^{*e})^{\mathrm{T}}\boldsymbol{R}^{e} = (\boldsymbol{\delta}^{*e})^{\mathrm{T}}(\boldsymbol{N}^{\mathrm{T}}\boldsymbol{G} + \int\boldsymbol{N}^{\mathrm{T}}\boldsymbol{q}t\mathrm{d}s + \iint\boldsymbol{N}^{\mathrm{T}}\boldsymbol{p}t\mathrm{d}x\mathrm{d}y) \tag{3.116}$$

注意到$(\boldsymbol{\delta}^{*e})^{\mathrm{T}}$ 的任意性，上式化简为

$$\boldsymbol{R}^{e} = \boldsymbol{F}^{e} + \boldsymbol{Q}^{e} + \boldsymbol{P}^{e} \tag{3.117}$$

其中

$$\boldsymbol{F}^{e} = \boldsymbol{N}^{\mathrm{T}}\boldsymbol{G} \tag{3.118}$$

$$\boldsymbol{Q}^{e} = \int\boldsymbol{N}^{\mathrm{T}}\boldsymbol{q}t\mathrm{d}s \tag{3.119}$$

$$\boldsymbol{P}^{e} = \iint\boldsymbol{N}^{\mathrm{T}}\boldsymbol{p}t\mathrm{d}x\mathrm{d}y \tag{3.120}$$

式(3.116) 右端括号中的第一项与结点虚位移相乘等于集中力所做的虚功，它是单元上的集中力移置到结点上所得到的等效结点力，它是一个 6×1 阶的列阵，记为 $\boldsymbol{F}^{e}$。同理，式(3.116) 右端括号中的第二项是单元上的表面力移置到结点上所得到的等效结点力，记为 $\boldsymbol{Q}^{e}$；第三项是单元上的体积力移置到结点上所得到的等效结点力，记为 $\boldsymbol{P}^{e}$。

3.5.2 结构整体载荷列阵的形成

结构载荷列阵由所有单元的等效结点载荷列阵叠加得到。注意到叠加过程中相互联结的单元之间存在大小相等方向相反的作用力和反作用力，它们之间相互抵消，因此，结构载荷列阵中只有与外载荷有关的结点有值。下面逐项进行讨论。

1. 集中力的等效载荷列阵

逐点合成各单元的等效结点力，并按结点号码的顺序进行排列，组成结构的集中力等

效载荷列阵，即

$$\boldsymbol{F}=\sum_{e=1}^{n}\boldsymbol{F}^{e}=[\boldsymbol{F}_{1}^{\mathrm{T}}\quad\boldsymbol{F}_{2}^{\mathrm{T}}\quad\cdots\quad\boldsymbol{F}_{n}^{\mathrm{T}}]^{\mathrm{T}}\tag{3.121}$$

上式中，单元 e 的集中力的等效结点力为（记单元结点局部编号为 i、j、m）

$$\boldsymbol{F}^{e}=[(\boldsymbol{F}_{i}^{e})^{\mathrm{T}}\quad(\boldsymbol{F}_{j}^{e})^{\mathrm{T}}\quad(\boldsymbol{F}_{m}^{e})^{\mathrm{T}}]^{\mathrm{T}}\tag{3.122}$$

式中

$$\boldsymbol{F}_{i}^{e}=N_{ic}\boldsymbol{G}\qquad(i,j,m)\tag{3.123}$$

式中 N_{ic}、N_{jc}、N_{mc}——形函数在集中力作用点处的值。

2. 表面力的等效载荷列阵

把作用在单元边界上的表面力移置到结点上，得到各单元的表面力的等效结点力。按照结点号码的顺序进行排列，逐个结点叠加合成后，组成结构表面力的等效载荷列阵，即

$$\boldsymbol{Q}=\sum_{e=1}^{n}\boldsymbol{Q}^{e}=[\boldsymbol{Q}_{1}^{\mathrm{T}}\quad\boldsymbol{Q}_{2}^{\mathrm{T}}\quad\cdots\quad\boldsymbol{Q}_{n}^{\mathrm{T}}]^{\mathrm{T}}\tag{3.124}$$

式中

$$\boldsymbol{Q}^{e}=\begin{bmatrix}\boldsymbol{Q}_{i}^{e}\\\boldsymbol{Q}_{j}^{e}\\\boldsymbol{Q}_{m}^{e}\end{bmatrix}=\begin{bmatrix}\int N_{i}\boldsymbol{q}t\mathrm{d}s\\\int N_{j}\boldsymbol{q}t\mathrm{d}s\\\int N_{m}\boldsymbol{q}t\mathrm{d}s\end{bmatrix}\tag{3.125}$$

由于作用在单元边界上的内力在合成过程中已相互抵消，上式中的结点力只由作用在结构边界上的表面力所引起。

3. 体积力的等效载荷列阵

与表面力类似，体积力的等效载荷列阵是由单元体积力的等效结点力按结点号码顺序排列，在各结点处合成得到

$$\boldsymbol{P}=\sum_{e=1}^{n}\boldsymbol{P}^{e}=[\boldsymbol{P}_{1}^{\mathrm{T}}\quad\boldsymbol{P}_{2}^{\mathrm{T}}\quad\cdots\quad\boldsymbol{P}_{n}^{\mathrm{T}}]^{\mathrm{T}}\tag{3.126}$$

式中，单元 e 体积力的等效结点力为

$$\boldsymbol{P}^{e}=\begin{bmatrix}\boldsymbol{P}_{i}^{e}\\\boldsymbol{P}_{j}^{e}\\\boldsymbol{P}_{m}^{e}\end{bmatrix}=\begin{bmatrix}\iint N_{i}\boldsymbol{p}t\mathrm{d}x\mathrm{d}y\\\iint N_{j}\boldsymbol{p}t\mathrm{d}x\mathrm{d}y\\\iint N_{m}\boldsymbol{p}t\mathrm{d}x\mathrm{d}y\end{bmatrix}\tag{3.127}$$

3.5.3 载荷移置与静力等效关系

上述基于形函数的载荷等效所得到的结果与按照静力学的平行力分解原理得到的结果完全一致。

例如，图3.18所示的单元 e，在 ij 边上作用有表面力。假设 ij 边的长度为 l，其上任一

点 P 距结点 i 的距离为 s。根据面积坐标的概念，有

$$N_i = L_i = \frac{l-s}{l} = 1 - \frac{s}{l} \qquad N_j = L_j = \frac{s}{l} \qquad N_m = L_m = 0 \tag{a}$$

代入式(3.119)，求得单元表面力的等效结点力

$$\boldsymbol{Q}^e = \begin{bmatrix} \boldsymbol{Q}_i^e \\ \boldsymbol{Q}_j^e \\ \boldsymbol{Q}_m^e \end{bmatrix} = \begin{bmatrix} \int N_i \boldsymbol{q} t \mathrm{d}s \\ \int N_j \boldsymbol{q} t \mathrm{d}s \\ \int N_m \boldsymbol{q} t \mathrm{d}s \end{bmatrix} = \begin{bmatrix} \int_0^l \left(1 - \frac{s}{l}\right) \boldsymbol{q} t \mathrm{d}s \\ \int_0^l \frac{s}{l} \boldsymbol{q} t \mathrm{d}s \\ 0 \end{bmatrix} \tag{b}$$

可见，求得的结果与按照静力等效原理将表面力 $\boldsymbol{q}$ 向结点 i 及 j 分解所得到的分力完全相同。

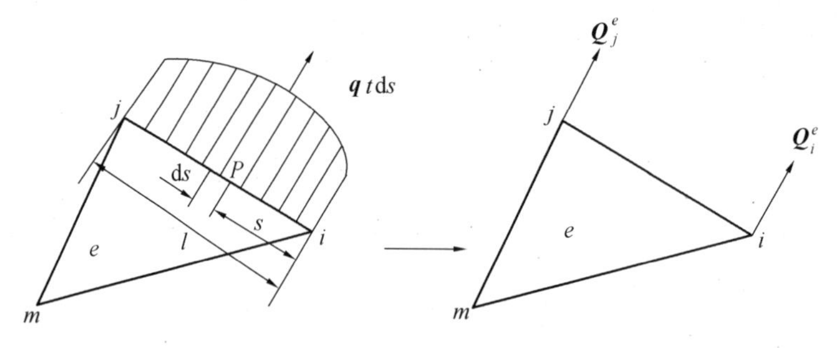

图 3.18 表面力等效示意

再如，从图 3.19 所示的单元 e 在 A 点处取体积微元 $t\mathrm{d}x\mathrm{d}y$，作用在其上的体积力为 $\boldsymbol{p}t\mathrm{d}x\mathrm{d}y$，为便于分析，认为力的作用方向与单元平面垂直。根据平行力分解原理，对 jm 边取力矩，求得结点 i 处的分力为

$$d\boldsymbol{P}_i = \frac{\overline{AA_1}}{\overline{ii_1}} \boldsymbol{p} t \mathrm{d}x\mathrm{d}y = L_i \boldsymbol{p} t \mathrm{d}x\mathrm{d}y = N_i \boldsymbol{p} t \mathrm{d}x\mathrm{d}y \tag{c}$$

整个单元 e 的体积力在结点 i 处的分力为

$$\boldsymbol{P}_i^e = \iint N_i \boldsymbol{p} t \mathrm{d}x\mathrm{d}y \tag{d}$$

类似地，分别对 im 及 ij 边取力矩，可得到结点 j 和结点 m 处的分力为

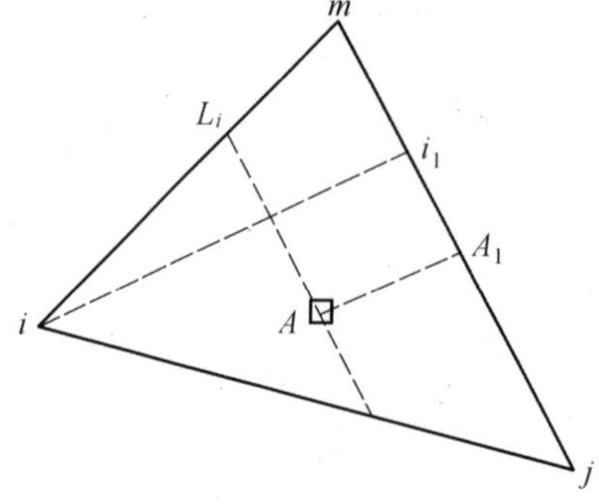

图 3.19 体积力等效示意

$$\boldsymbol{P}_j^e = \iint N_j \boldsymbol{p} t \mathrm{d}x\mathrm{d}y \tag{e}$$

$$\boldsymbol{P}_m^e = \iint N_m \boldsymbol{p} t \mathrm{d}x\mathrm{d}y \tag{f}$$

因此,对于平面三角形单元,按照静力学中平行力的分解原理所得到的结点力与按照虚功原理求得的结点力完全一致,在实际计算等效结点力时,可以直接应用静力学中有关平行力分解的结果。例如,对均质等厚度的三角形单元所受的重力,只要把1/3 的重量直接加到每个结点上,对于作用在长度为 l 的 ij 边上强度为 $\boldsymbol{q}$ 的均布表面力,可以直接把 $(\boldsymbol{q}tl)/2$ 移置到结点 i 和 j 上。

3.6 矩形单元和平面等参元

矩形单元也是一种常用的单元,它采用了比平面三角形单元更高阶次的位移模式,因而可以更好地反映结构中的位移状态和应力状态。等参数单元则是一类用于曲线或曲面结构、具有特殊特性的单元。在本节中,除了对上述单元进行分析之外,还对结构有限元方程的求解方法及有关数值积分方法进行了简单介绍。

3.6.1 矩形单元的基本概念

如图 3.20 所示的矩形单元,其边长分别为 $2a$ 和 $2b$,两边分别平行于 x、y 轴。若取该矩形的四个角点为结点,每个结点位移有两个分量,所以矩形单元共有 8 个自由度。采用平面三角形单元的分析方法,同样可以完成对这种单元的力学特性分析。这里引入一个局部坐标系 ξ、η,可以推出比较简洁的结果。

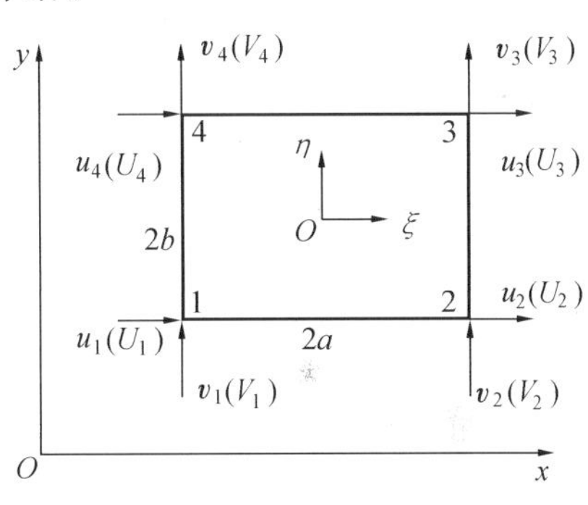

图 3.20 矩形单元

1. 坐标变换与形函数

在图 3.20 中,矩形单元的形心为局部坐标系的原点,ξ 和 η 轴分别与整体坐标轴 x 和 y 平行,两坐标系存在有坐标变换关系,即

$$\left.\begin{aligned} x &= x_0 + a\xi \\ y &= y_0 + b\eta \end{aligned}\right\} \tag{3.128}$$

式中

$$\left.\begin{aligned} x_0 &= (x_1 + x_2)/2 = (x_3 + x_4)/2 \\ y_0 &= (y_2 + y_3)/2 = (y_1 + y_4)/2 \\ a &= (x_2 - x_1)/2 = (x_3 - x_4)/2 \\ b &= (y_3 - y_2)/2 = (y_4 - y_1)/2 \end{aligned}\right\} \tag{3.129}$$

其中,(x_i, y_i) 是矩形单元结点 i 的整体坐标,$i = 1,2,3,4$。

在局部坐标系中,结点 i 的坐标是(ξ_i, η_i),其值分别为 ± 1。取局部坐标系中的位移

模式为

$$\left.\begin{aligned} u &= \alpha_1 + \alpha_2\xi + \alpha_3\eta + \alpha_4\xi\eta \\ v &= \alpha_5 + \alpha_6\xi + \alpha_7\eta + \alpha_8\xi\eta \end{aligned}\right\} \tag{3.130}$$

将4个结点的局部坐标值代入上式,可以列出4个结点处的位移分量,得到一组关于8个未知参数 $\alpha_1,\alpha_2,\cdots,\alpha_8$ 的方程组,由此可求得这8个未知参数,再把这些参数代回式(3.130)中,得到用形函数矩阵和结点位移表示的位移模式方程

$$u = \sum_{i=1}^{4} N_i u_i \qquad v = \sum_{i=1}^{4} N_i v_i \tag{3.131}$$

其中

$$N_i = (1+\xi_0)(1+\eta_0)/4 \tag{3.132}$$

式中,$\xi_0 = \xi_i\xi$;$\eta_0 = \eta_i\eta$;$i = 1,2,3,4$。

2. 单元刚度矩阵

由几何方程求得单元的应变,有

$$\boldsymbol{\varepsilon} = \begin{bmatrix} \varepsilon_x \\ \varepsilon_y \\ \gamma_{xy} \end{bmatrix} = \begin{bmatrix} \dfrac{\partial u}{\partial x} \\ \dfrac{\partial v}{\partial y} \\ \dfrac{\partial u}{\partial y} + \dfrac{\partial v}{\partial x} \end{bmatrix} = \begin{bmatrix} \dfrac{1}{a}\dfrac{\partial u}{\partial \xi} \\ \dfrac{1}{b}\dfrac{\partial v}{\partial \eta} \\ \dfrac{1}{b}\dfrac{\partial u}{\partial \eta} + \dfrac{1}{a}\dfrac{\partial v}{\partial \xi} \end{bmatrix} = \frac{1}{ab}\begin{bmatrix} b\dfrac{\partial u}{\partial \xi} \\ a\dfrac{\partial v}{\partial \eta} \\ a\dfrac{\partial u}{\partial \eta} + b\dfrac{\partial v}{\partial \xi} \end{bmatrix} \tag{3.133}$$

将式(3.131)代入式(3.133),得

$$\boldsymbol{\varepsilon} = [\boldsymbol{B}_1 \quad \boldsymbol{B}_2 \quad \boldsymbol{B}_3 \quad \boldsymbol{B}_4]\boldsymbol{\delta}^e \tag{3.134}$$

式中

$$\boldsymbol{B}_i = \frac{1}{ab}\begin{bmatrix} b\dfrac{\partial N_i}{\partial \xi} & 0 \\ 0 & a\dfrac{\partial N_i}{\partial \eta} \\ a\dfrac{\partial N_i}{\partial \eta} & b\dfrac{\partial N_i}{\partial \xi} \end{bmatrix} = \frac{1}{4ab}\begin{bmatrix} b\xi_i(1+\eta_0) & 0 \\ 0 & a\eta_i(1+\xi_0) \\ a\eta_i(1+\xi_0) & b\xi_i(1+\eta_0) \end{bmatrix} \quad (i = 1,2,3,4) \tag{3.135}$$

可以得出用结点位移表示的单元应力,即

$$\boldsymbol{\sigma} = \boldsymbol{D}\boldsymbol{\varepsilon} = [\boldsymbol{S}_1 \quad \boldsymbol{S}_2 \quad \boldsymbol{S}_3 \quad \boldsymbol{S}_4]\boldsymbol{\delta}^e \tag{3.136}$$

式中

$$\boldsymbol{S}_i = \boldsymbol{D}\boldsymbol{B}_i \quad (i = 1,2,3,4) \tag{3.137}$$

对于平面应力问题

$$\boldsymbol{S}_i = \frac{E}{4ab(1-\mu^2)}\begin{bmatrix} b\xi_i(1+\eta_0) & \mu a\eta_i(1+\xi_0) \\ \mu b\xi_i(1+\eta_0) & a\eta_i(1+\xi_0) \\ \dfrac{1-\mu}{2}a\eta_i(1+\xi_0) & \dfrac{1-\mu}{2}b\xi_i(1+\eta_0) \end{bmatrix} \tag{3.138}$$

将单元刚度矩阵写成分块形式,有

$$\boldsymbol{k}=\begin{bmatrix}\boldsymbol{k}_{11} & \boldsymbol{k}_{12} & \boldsymbol{k}_{13} & \boldsymbol{k}_{14}\\ \boldsymbol{k}_{21} & \boldsymbol{k}_{22} & \boldsymbol{k}_{23} & \boldsymbol{k}_{24}\\ \boldsymbol{k}_{31} & \boldsymbol{k}_{32} & \boldsymbol{k}_{33} & \boldsymbol{k}_{34}\\ \boldsymbol{k}_{41} & \boldsymbol{k}_{42} & \boldsymbol{k}_{43} & \boldsymbol{k}_{44}\end{bmatrix} \tag{3.139}$$

其中的子矩阵按下式进行计算

$$\boldsymbol{k}_{ij}=\iint \boldsymbol{B}_i^{\mathrm{T}}\boldsymbol{D}\boldsymbol{B}_j t\mathrm{d}x\mathrm{d}y \tag{3.140}$$

设单元厚度 t 是常量，则

$$\boldsymbol{k}_{ij}=tab\int_{-1}^{+1}\int_{-1}^{+1}\boldsymbol{B}_i^{\mathrm{T}}\boldsymbol{S}_j\mathrm{d}\xi\mathrm{d}\eta=\frac{Et}{4(1-\mu^2)}\cdot$$

$$\begin{bmatrix}\frac{b}{a}\xi_i\xi_j\left(1+\frac{1}{3}\eta_i\eta_j\right)+\frac{1-\mu}{2}\frac{a}{b}\eta_i\eta_j(1+\frac{1}{3}\xi_i\xi_j) & \mu\xi_i\eta_j+\frac{1-\mu}{2}\eta_i\xi_j\\ \mu\eta_i\xi_j+\frac{1-\mu}{2}\xi_i\eta_j & \frac{a}{b}\eta_i\eta_j(1+\frac{1}{3}\xi_i\xi_j)+\frac{1-\mu}{2}\frac{b}{a}\xi_i\xi_j\left(1+\frac{1}{3}\eta_i\eta_j\right)\end{bmatrix}$$

$$(i,j=1,2,3,4) \tag{3.141}$$

对于平面应变问题，将上式中的 E、μ 分别换成 $E/1-\mu^2$ 和 $\mu/1-\mu$。

3. 载荷列阵和结构有限元方程

四边形单元的结点位移与单元结点载荷列阵 $\boldsymbol{R}^e$ 之间的关系为

$$\boldsymbol{k}\boldsymbol{\delta}^e=\boldsymbol{R}^e \tag{3.142}$$

由于矩形单元有四个结点，所以单元载荷列阵 $\boldsymbol{R}^e$ 有 8 个元素，即

$$\boldsymbol{R}^e=[F_{x1}\quad F_{y1}\quad F_{x2}\quad F_{y2}\quad F_{x3}\quad F_{y3}\quad F_{x4}\quad F_{y4}]^{\mathrm{T}} \tag{3.143}$$

例如，对于单元自重为 W，移置到每个结点的载荷都等于四分之一的自重，其载荷列阵为

$$\boldsymbol{R}^e=-W\left[0\quad \frac{1}{4}\quad 0\quad \frac{1}{4}\quad 0\quad \frac{1}{4}\quad 0\quad \frac{1}{4}\right]^{\mathrm{T}} \tag{3.144}$$

如果单元在一个边界上受有三角形分布的表面力，且在该边界上的一个结点处为零，而另一个结点处为最大，可将总表面力的三分之一移置到前一个结点上，而将其三分之二移置到后一个结点上。

与平面三角形单元相同，将各单元的 $\boldsymbol{k}$、$\boldsymbol{\delta}^e$ 和 $\boldsymbol{R}^e$ 都扩充到整体结构自由度的维数，再进行叠加，可得到整体结构的平衡方程。即 $\boldsymbol{K}\boldsymbol{\delta}=\boldsymbol{R}$。

4. 矩形单元的特性

矩形单元的位移模式比平面三角形单元的线性位移模式增添了 $\xi\eta$ 项（相当于 xy 项），这种位移模式称为双线性模式。在这种模式下，单元内的应变分量不是常量，这一点可以从应变矩阵 $\boldsymbol{B}$ 的表达式中看出。

矩形单元位移模式中的 α_1、α_2、α_3、α_5、α_6、α_7 与平面三角形单元相同，反映了刚体位移和常应变。在单元的边界上（$\xi=\pm1$ 或 $\eta=\pm1$），位移是按线性变化的，显然，在两个相邻单元的公共边界上，其位移是连续的。

由矩形单元的应力矩阵表达式可以看出，矩形单元中的应力分量也都不是常量。其中，正应力分量 σ_x 的主要项（即不与 μ 相乘的项）沿 y 方向线性变化，而正应力分量 σ_y 的

主要项则是沿 x 方向线性变化、剪应力分量 τ_{xy} 沿 x 及 y 两个方向都是线性变化。因此，采用相同数目的结点，矩形单元的精度要比平面三角形单元的精度高。

但是，矩形单元存在一些明显的缺点：其一是矩形单元不能适应斜交的边界和曲线边界，其二是不便于对不同部位采用不同大小的单元。

3.6.2 平面等参数单元

利用边界都是直线的单元分析结构复杂的曲边或曲面外形，只能通过减小单元尺寸、增加单元数量进行逐渐逼近。如果这些单元的位移模式是线性的，问题的求解精度也受到限制。为了克服以上缺点，人们发展了等参数单元（等参元）的思想，一方面，这类单元能很好地适应曲线边界或曲面边界，相对准确地逼近结构形状；另一方面，这类单元可以具有较高阶的位移模式，能够更好地反映结构的复杂应力分布，即使单元网格划分比较稀疏，也可以得到较好的计算精度。

等参元的基本思想是：首先导出关于局部坐标系的规整形状的单元（母单元）的高阶位移模式，然后利用形函数多项式进行坐标变换，得到关于整体坐标系的复杂形状的单元（子单元），其中子单元的位移函数插值结点数与其位置坐标变换的结点数相等，位移函数插值公式与位置坐标变换式都采用相同的形函数与结点参数，这样的单元称为等参元。

1. 母单元及其形函数

首先，根据形函数的定义，在局部坐标中，建立起几何形状简单且规整的单元，称之为母单元。

（1）一维问题

母单元采用局部坐标 ξ，$-1 \leqslant \xi \leqslant +1$（图 3.21）。

① 线性单元（2 结点）的形函数为

$$N_1 = \frac{1-\xi}{2} \qquad N_2 = \frac{1+\xi}{2} \tag{3.145}$$

② 二次单元（3 结点）的形函数为

$$N_1 = -\frac{(1-\xi)\xi}{2} \qquad N_2 = \frac{(1+\xi)\xi}{2} \qquad N_3 = 1-\xi^2 \tag{3.146}$$

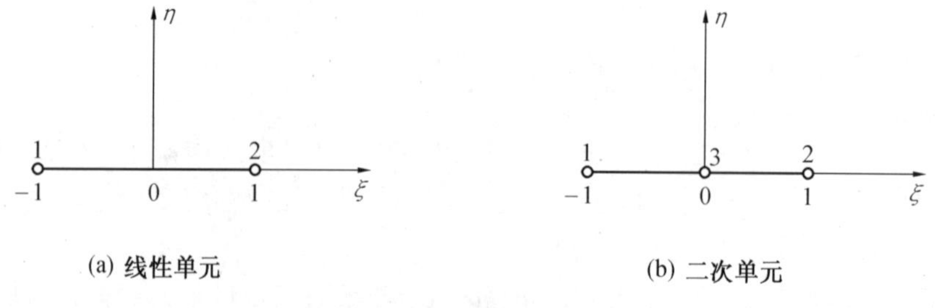

(a) 线性单元　　(b) 二次单元

图 3.21　一维母单元

（2）二维问题

二维母单元是 (ξ,η) 平面中的 2×2 正方形，$-1 \leqslant \xi \leqslant +1$，$-1 \leqslant \eta \leqslant +1$，如图3.22所示，坐标原点在单位形心上。单元边界是四条直线：$\xi=\pm1$，$\eta=\pm1$。为保证用形函数定

义的未知量在相邻单元之间的连续性,单元结点数目应与形函数阶次相适应。因此,对于线性和二次形函数,单元每边的结点数分别为 2 个和 3 个。

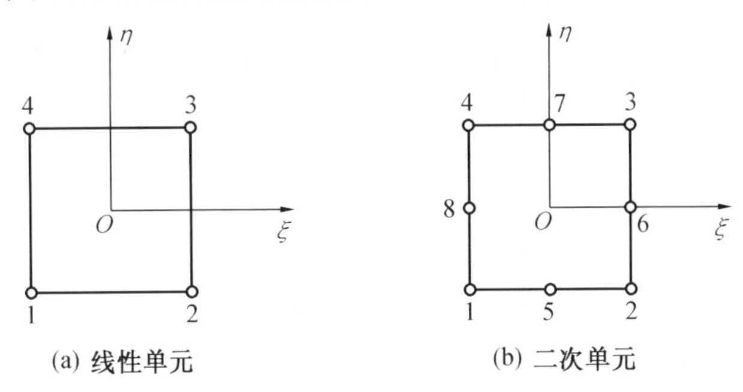

图 3.22　二维母单元

① 线性单元(4 结点) 的形函数为

$$N_i = \frac{(1+\xi_0)(1+\eta_0)}{4} \qquad (i=1,2,3,4) \tag{3.147}$$

其中,$\xi_0 = \xi_i \xi$;$\eta_0 = \eta_i \eta$。

② 二次单元(8 结点) 的形函数为

角点:

$$N_i = \frac{1}{4}(1+\xi_0)(1+\eta_0)(\xi_0+\eta_0-1) \qquad (i=1,2,3,4) \tag{3.148(a)}$$

边中点:

$$N_i = \frac{1}{2}(1-\xi^2)(1+\eta_0) \qquad (i=5,7) \tag{3.148(b)}$$

$$N_i = \frac{1}{2}(1-\eta^2)(1+\xi_0) \qquad (i=6,8) \tag{3.148(c)}$$

2. 等参坐标变换

等参元需要用坐标变换把形状规整的母单元转换成具有曲线(面) 边界的、形状复杂的单元。转换后的单元称为子单元。子单元在几何上可以适应实际结构的各种复杂外形。即可以采用各种形状复杂的子单元在整体坐标系中对实际结构进行划分。

子单元通过坐标变换映射成一个局部坐标系下的规整的母单元。坐标变换是指在局部坐标(ξ,η,ζ)和整体坐标(x,y,z)之间建立一一对应关系。在这里,坐标变换关系利用形函数建立起来。在整体坐标系中,子单元内任一点的坐标用形函数表示如下

$$\left.\begin{aligned} x &= \sum N_i(\xi,\eta)x_i = N_1(\xi,\eta)x_1 + N_2(\xi,\eta)x_2 + \cdots \\ y &= \sum N_i(\xi,\eta)y_i = N_1(\xi,\eta)y_1 + N_2(\xi,\eta)y_2 + \cdots \end{aligned}\right\} \tag{3.149}$$

其中,$N_i(\xi,\eta)$ 是用局部坐标表示的形函数;(x_i, y_i) 是结点 i 的整体坐标,上式即为平面坐标变换公式。

图 3.23 表示了二维单元的平面坐标变换。母单元是正方形,子单元变换成曲边四边形,且相邻子单元在公共边上的整体坐标是连续的。以二次单元为例,两个相邻单元在公共边界上都是二次曲线(抛物线),而在3 个公共结点上具有相同的坐标。因此,整个公共

边界都有相同的坐标,即相邻单元是连续的。

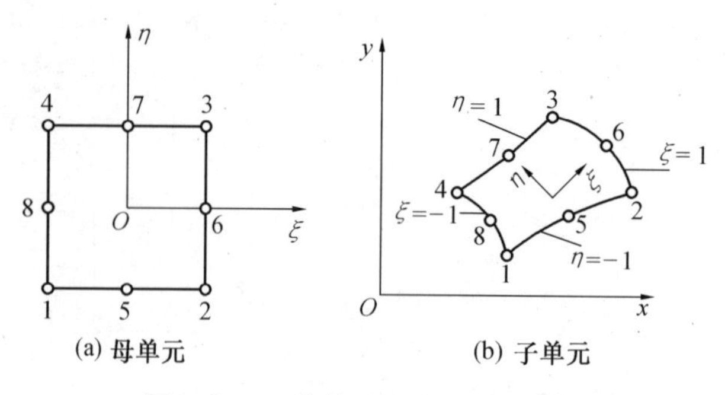

(a) 母单元　　(b) 子单元

图 3.23　二维单元的平面坐标变换

3. 两种坐标系的关系——雅可比矩阵

讨论局部坐标系和整体坐标系下的偏导数的关系。根据复合函数的求导法则,有

$$\left.\begin{aligned}\frac{\partial}{\partial\xi}&=\frac{\partial x}{\partial\xi}\frac{\partial}{\partial x}+\frac{\partial y}{\partial\xi}\frac{\partial}{\partial y}\\\frac{\partial}{\partial\eta}&=\frac{\partial x}{\partial\eta}\frac{\partial}{\partial x}+\frac{\partial y}{\partial\eta}\frac{\partial}{\partial y}\end{aligned}\right\}\tag{3.150}$$

上式写成矩阵形式,有

$$\begin{bmatrix}\dfrac{\partial}{\partial\xi}\\\dfrac{\partial}{\partial\eta}\end{bmatrix}=\boldsymbol{J}\begin{bmatrix}\dfrac{\partial}{\partial x}\\\dfrac{\partial}{\partial y}\end{bmatrix}\tag{3.151}$$

式中　$\boldsymbol{J}$——雅可比(Jacobi)矩阵。

$$\boldsymbol{J}=\begin{bmatrix}\dfrac{\partial x}{\partial\xi}&\dfrac{\partial y}{\partial\xi}\\\dfrac{\partial x}{\partial\eta}&\dfrac{\partial y}{\partial\eta}\end{bmatrix}\tag{3.152}$$

式(3.151)表示由$\dfrac{\partial}{\partial x}$和$\dfrac{\partial}{\partial y}$推导$\dfrac{\partial}{\partial\xi}$、$\dfrac{\partial}{\partial\eta}$的变换式,其逆变换式为

$$\begin{bmatrix}\dfrac{\partial}{\partial x}\\\dfrac{\partial}{\partial y}\end{bmatrix}=\boldsymbol{J}^{-1}\begin{bmatrix}\dfrac{\partial}{\partial\xi}\\\dfrac{\partial}{\partial\eta}\end{bmatrix}\tag{3.153}$$

其中,$\boldsymbol{J}^{-1}$是雅可比矩阵$\boldsymbol{J}$的逆矩阵。

$$\boldsymbol{J}^{-1}=\frac{1}{|\boldsymbol{J}|}\begin{bmatrix}\dfrac{\partial y}{\partial\eta}&-\dfrac{\partial y}{\partial\xi}\\-\dfrac{\partial x}{\partial\eta}&\dfrac{\partial x}{\partial\xi}\end{bmatrix}\tag{3.154}$$

4. 八结点曲边四边形平面等参元的有限元分析

八结点曲边四边形等参元的母单元是二维二次单元。8 个结点分别为正方形的 4 个角点和 4 个边中点,母单元采用局部坐标系(ξ,η)。单元的位移模式为

$$
\left.\begin{aligned}
u &= \sum_{i=1}^{8} N_i(\xi,\eta) u_i \\
v &= \sum_{i=1}^{8} N_i(\xi,\eta) v_i
\end{aligned}\right\} \tag{3.155}
$$

式中　u_i、v_i——结点 i 的位移。

形函数的具体形式见式(3.148)。

采用坐标变换使母单元的 8 个结点(ξ_i,η_i)与等参元的 8 个结点整体坐标值(x_i,y_i)一一对应。整体坐标(x,y)和局部坐标(ξ,η)的变换式为

$$
\left.\begin{aligned}
x &= \sum_{i=1}^{8} N_i(\xi,\eta) x_i \\
y &= \sum_{i=1}^{8} N_i(\xi,\eta) y_i
\end{aligned}\right\} \tag{3.156}
$$

其中,$N_i(\xi,\eta)$是母单元的形函数,见式(3.148)。这样就确定了平面八结点曲边四边形等参元的几何形状和位移模式。

将八结点曲边四边形等参元的位移模式代入平面问题的几何方程,得到单元应变分量的计算式

$$
\boldsymbol{\varepsilon} = \begin{bmatrix} \dfrac{\partial u}{\partial x} \\ \dfrac{\partial v}{\partial y} \\ \dfrac{\partial u}{\partial y} + \dfrac{\partial v}{\partial x} \end{bmatrix} = \boldsymbol{B}\boldsymbol{\delta}^e = [\boldsymbol{B}_1 \quad \boldsymbol{B}_2 \quad \cdots \quad \boldsymbol{B}_8]\boldsymbol{\delta}^e \tag{3.157}
$$

式中　$\boldsymbol{\delta}^e$——单元结点位移列阵,$\boldsymbol{\delta}^e = [\boldsymbol{\delta}_1 \quad \boldsymbol{\delta}_2 \quad \cdots \quad \boldsymbol{\delta}_8]^{\mathrm{T}}$。

其中

$$
\boldsymbol{\delta}_i = \begin{bmatrix} u_i \\ v_i \end{bmatrix} \qquad (i = 1,2,\cdots,8) \tag{3.158}
$$

单元应变矩阵

$$
\boldsymbol{B} = [\boldsymbol{B}_1 \quad \boldsymbol{B}_2 \quad \cdots \quad \boldsymbol{B}_8] \tag{3.159}
$$

其中

$$
\boldsymbol{B}_i = \begin{bmatrix} \dfrac{\partial N_i}{\partial x} & 0 \\ 0 & \dfrac{\partial N_i}{\partial y} \\ \dfrac{\partial N_i}{\partial y} & \dfrac{\partial N_i}{\partial x} \end{bmatrix} \qquad (i = 1,2,\cdots,8) \tag{3.160}
$$

为了求得应变矩阵 $\boldsymbol{B}$,需要进行如下推导。由于形函数 $N_i(\xi,\eta)$ 是局部坐标的函数,需要进行偏导数的变换

$$
\begin{bmatrix} \dfrac{\partial N_i}{\partial x} \\ \dfrac{\partial N_i}{\partial y} \end{bmatrix} = \boldsymbol{J}^{-1} \begin{bmatrix} \dfrac{\partial N_i}{\partial \xi} \\ \dfrac{\partial N_i}{\partial \eta} \end{bmatrix} \tag{3.161}
$$

式中雅可比矩阵的逆矩阵 $\boldsymbol{J}^{-1}$ 由式(3.154)给出,其元素根据坐标变换式确定,即

$$\left.\begin{aligned}\frac{\partial x}{\partial \xi}=\sum_{i=1}^{8}\frac{\partial N_i}{\partial \xi}x_i \qquad \frac{\partial x}{\partial \eta}=\sum_{i=1}^{8}\frac{\partial N_i}{\partial \eta}x_i\\ \frac{\partial y}{\partial \xi}=\sum_{i=1}^{8}\frac{\partial N_i}{\partial \xi}y_i \qquad \frac{\partial y}{\partial \eta}=\sum_{i=1}^{8}\frac{\partial N_i}{\partial \eta}y_i\end{aligned}\right\} \tag{3.162}$$

由形函数公式(3.148)可直接求得偏导数$\frac{\partial N_i}{\partial \xi}$和$\frac{\partial N_i}{\partial \eta}$,再利用上式和雅可比矩阵的逆矩阵公式把$\frac{\partial N_i}{\partial x}$和$\frac{\partial N_i}{\partial y}$转化成可解的局部坐标的函数,从而求得应变矩阵 $\boldsymbol{B}$ 和单元应变 $\boldsymbol{\varepsilon}$。

将单元任一点的应变列阵代入平面问题的物理方程,得到单元应力列阵,即

$$\boldsymbol{\sigma}=\begin{bmatrix}\sigma_x\\ \sigma_y\\ \sigma_z\end{bmatrix}=\boldsymbol{D\varepsilon}=\boldsymbol{DB\delta}^e \tag{3.163}$$

利用虚功原理推导出单元刚度矩阵,有

$$\boldsymbol{k}=\iint \boldsymbol{B}^{\mathrm{T}}\boldsymbol{DB}t\mathrm{d}x\mathrm{d}y=\int_{-1}^{+1}\int_{-1}^{+1}\boldsymbol{B}^{\mathrm{T}}\boldsymbol{DB}t\,|\,\boldsymbol{J}\,|\,\mathrm{d}\xi\mathrm{d}\eta \tag{3.164}$$

式中 t—— 单元厚度。

上式可以写成 8×8 的分块矩阵,每个子矩阵是 2×2 阶矩阵,即

$$\boldsymbol{k}=\begin{bmatrix}\boldsymbol{k}_{11} & \boldsymbol{k}_{12} & \cdots & \boldsymbol{k}_{18}\\ \boldsymbol{k}_{21} & \boldsymbol{k}_{22} & \cdots & \boldsymbol{k}_{28}\\ \vdots & \vdots & & \vdots\\ \boldsymbol{k}_{81} & \boldsymbol{k}_{82} & \cdots & \boldsymbol{k}_{88}\end{bmatrix} \tag{3.165}$$

其中子矩阵为

$$\boldsymbol{k}_{ij}=\iint \boldsymbol{B}_i^{\mathrm{T}}\boldsymbol{DB}_j t\mathrm{d}x\mathrm{d}y=\int_{-1}^{+1}\int_{-1}^{+1}\boldsymbol{B}_i^{\mathrm{T}}\boldsymbol{DB}_j t\,|\,\boldsymbol{J}\,|\,\mathrm{d}\xi\mathrm{d}\eta$$
$$(i=1,2,3,\cdots,8;\ j=1,2,3,\cdots,8) \tag{3.166}$$

上式是对 ξ 和 η 的双重积分,尽管积分区域十分简单,但其被积函数比较复杂,需要采用数值积分法求解,通常采用高斯积分法。

整体结构的结点载荷列阵是通过将作用在单元上的集中力、表面力和体积力分别等效移置到结点后,经过组集得到的,即

$$\boldsymbol{R}=\sum_{e=1}^{n}\boldsymbol{R}^e=\sum_{e=1}^{n}(\boldsymbol{F}^e+\boldsymbol{Q}^e+\boldsymbol{P}^e)=\boldsymbol{F}+\boldsymbol{Q}+\boldsymbol{P} \tag{3.167}$$

其中,对于集中载荷,设单元任意点 c 作用有集中载荷 $\boldsymbol{G}=[\boldsymbol{G}_x\quad \boldsymbol{G}_y]^{\mathrm{T}}$,移置到单元有关结点上的等效结点载荷,为

$$\boldsymbol{F}_i^e=[\boldsymbol{F}_{ix}^e\quad \boldsymbol{F}_{iy}^e]^{\mathrm{T}}=(\boldsymbol{N}_i)_c\boldsymbol{G} \qquad (i=1,2,\cdots,8) \tag{3.168}$$

式中,$(\boldsymbol{N}_i)_c$ 是形函数 N_i 在集中力作用点 c 处的取值,可以先根据作用点 c 的整体坐标 (x_c,y_c) 求得其局部坐标 (ξ_c,η_c) 后,再将局部坐标 (ξ_c,η_c) 分别代入形函数公式得到。

对于体积力，设单元上作用的体力为$\boldsymbol{p}=[p_x \quad p_y]^{\mathrm{T}}$，移置到单元各有关结点上的等效载荷为

$$\boldsymbol{P}_i^e=[P_{ix}^e \quad P_{iy}^e]^{\mathrm{T}}=\iint N_i \boldsymbol{p} t \mathrm{d}x\mathrm{d}y=\int_{-1}^{+1}\int_{-1}^{+1} N_i \begin{bmatrix} p_x \\ p_y \end{bmatrix} t \mid \boldsymbol{J} \mid \mathrm{d}\xi \mathrm{d}\eta \quad (i=1,2,\cdots,8) \tag{3.169}$$

对于表面力，设单元某边界上作用的表面力为$\boldsymbol{q}=[q_x \quad q_y]^{\mathrm{T}}$，则这条边上3个结点的等效载荷为

$$\boldsymbol{Q}_i^e=[Q_{ix}^e \quad Q_{iy}^e]^{\mathrm{T}}=\int_{\Gamma} N_i \begin{bmatrix} q_x \\ q_y \end{bmatrix} t \mathrm{d}s \tag{3.170}$$

式中 Γ—— 单元作用有面力的边界域；

$\mathrm{d}s$—— 边界域内的微段弧长。

在上述分析的基础上，利用结构中所有等参元的单元刚度矩阵集成结构整体刚度矩阵、列写结构有限元方程、引入约束条件、进而进行结构整体分析，这一步骤与平面三角形单元有限元分析过程完全一致。

3.6.3 有限元系统方程的解法及高斯积分法

对于一个有限元系统，在求解过程中需要用到线性方程组的数值解法，在等参元的单元刚度积分过程中，由于不能求出显式解析解，还需要数值积分方法加以完成，这里介绍高斯积分法。

1. 有限元系统方程组的解法简介

在静力平衡问题的有限元分析中，对于一个给定的问题，确定离散化的单元形式并完成网格划分，进行单元刚度矩阵计算和系统整体刚度矩阵的集成，形成的有限元系统方程为

$$\boldsymbol{K\delta}=\boldsymbol{R} \tag{3.171}$$

这是一组以结点位移为基本未知量的线性代数方程。有限元分析的效率及计算结果的精度很大程度上取决于线性代数方程组的解法。因而线性方程组采用何种有效的方法求解，是保证求解的效率和精度的重要问题。

线性代数方程组的解法可以分为两大类，直接解法和迭代解法。直接解法的特点是：选定某种形式的直接解法后，对于一个给定的线性代数方程组，事先可以按规定的算法步骤计算出它需要的算术运算操作数，直接给出最后的结果。迭代法的特点是：首先假设一个初始解，然后按一定的算法公式进行迭代，在每次迭代过程中对解的误差进行检查，通过增加迭代次数不断降低解的误差，直到满足解的精度要求，并输出最后的解答。

常用的直接解法主要有高斯消去法，包括三角分解法、高斯－约当(Gauss－Jordan)消去法。常用的迭代解法包括超松弛迭代法和共轭梯度法。

2. 高斯积分法简介

计算复杂的定积分，通常采用数值积分法。这里介绍有限元分析中常用的一种数值积分方法——高斯积分法。

对于一维定积分问题

$$I = \int_{-1}^{+1} f(\xi)\,\mathrm{d}\xi \tag{3.172}$$

所谓数值积分就是把定积分问题近似地化为加权求和问题，在积分区间选定某些点（称为积分点），求出积分点处的函数值，然后再乘上与这些积分点相对应的求积系数（又称加权系数），再求和，所得的结果认为是被积函数的近似积分值。这种求积方法表达为

$$I = \int_{-1}^{+1} f(\xi)\,\mathrm{d}\xi \approx \sum_{i=1}^{n} H_i f(\xi_i) \tag{3.173}$$

式中 n—— 积分点的个数；

ξ_i—— 积分点 i 的坐标；

H_i—— 加权系数。

高斯积分法采用以上这种格式，其中积分点坐标 ξ_i 及其对应的加权系数 H_i 见表 3.3。

逐次利用一维高斯求积公式可以构造出二维和三维高斯求积公式，即

$$\int_{-1}^{+1}\int_{-1}^{+1} f(\xi,\eta)\,\mathrm{d}\xi\mathrm{d}\eta \approx \sum_{i=1}^{n}\sum_{j=1}^{m} H_iH_j f(\xi_i,\eta_j) \tag{3.174}$$

$$\int_{-1}^{+1}\int_{-1}^{+1}\int_{-1}^{+1} f(\xi,\eta,\zeta)\,\mathrm{d}\xi\mathrm{d}\eta\mathrm{d}\zeta \approx \sum_{i=1}^{n}\sum_{j=1}^{m}\sum_{k=1}^{l} H_iH_jH_k f(\xi_i,\eta_j,\zeta_k) \tag{3.175}$$

高斯积分的阶数通常根据等参元的维数和结点数来选取。例如，平面 4 结点等参元可取 2 阶，平面 8 结点等参元可取 3 阶，空间 8 结点等参元可取 2 阶，而空间 20 结点等参元可取 3 阶。

表 3.3　高斯积分法中的积分点坐标和加权系数

积分点数 n	积分点坐标 ξ_i	加权系数 H_i
2	±0.577 350 3	1.000 000 0
3	0.000 000 0	0.888 888 9
	±0.774 596 7	0.555 555 6
4	±0.861 136 3	0.347 854 8
	±0.339 981 0	0.652 145 2
5	0.000 000 0	0.568 888 9
	±0.906 179 8	0.236 926 9
	±0.538 469 3	0.478 628 7

习　　题

3.1　解释基本概念：位移插值函数、位移模式、单元刚度矩阵及其刚度系数、单元刚度矩阵的对称性和奇异性、结构刚度矩阵的集成、单元载荷向量、有限元解的收敛准则、位移解的下限性质。

3.2　简答下列问题：

如何通过最小位移原理建立有限元求解方程？有限元分析的基本步骤是什么？

计算单元刚度矩阵和单元结点载荷列阵的标准步骤是什么？

单元刚度矩阵每一个元素的力学意义是什么?

结构刚度矩阵扩展集成的过程是什么?

结构刚度矩阵有什么性质和特点?

什么是有限元解的收敛性? 什么是解的收敛准则?

什么是形函数? 它有什么性质? 如何建立有限元的形函数?

等参元的定义是什么?

等参元形函数应满足什么条件? 写出平面八结点四边形等参元的形函数。

等参坐标变换的雅可比矩阵和行列式是什么? 它代表几何意义是什么?

3.3　推导四结点四边形等参数单元的插值函数。

3.4　如题图3.1所示,设杆件12受轴向力作用,截面积为A,长度为l,弹性模量为E,写出杆端力F_1、F_1与杆端位移u_1、u_2之间的关系式,并求出杆件的单元刚度矩阵$\boldsymbol{k}^{(e)}$。

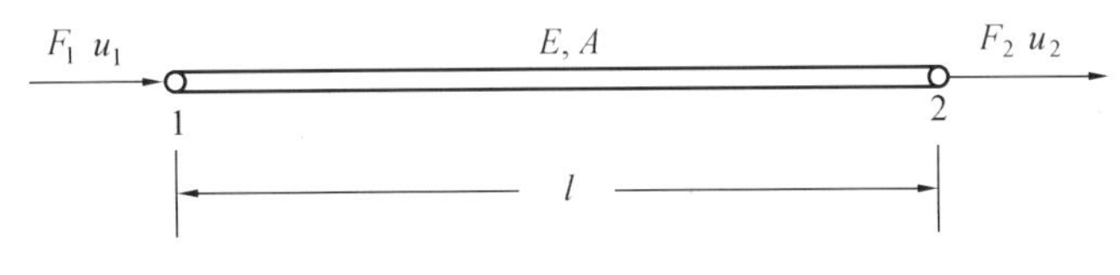

题图3.1

3.5　如题图3.2所示,设杆件由两个等截面杆件①与②所组成,写出三个结点1、2、3的结点轴向力F_1、F_2、F_3与结点轴向位移u_1、u_2、u_3之间的整体刚度矩阵$\boldsymbol{K}$。

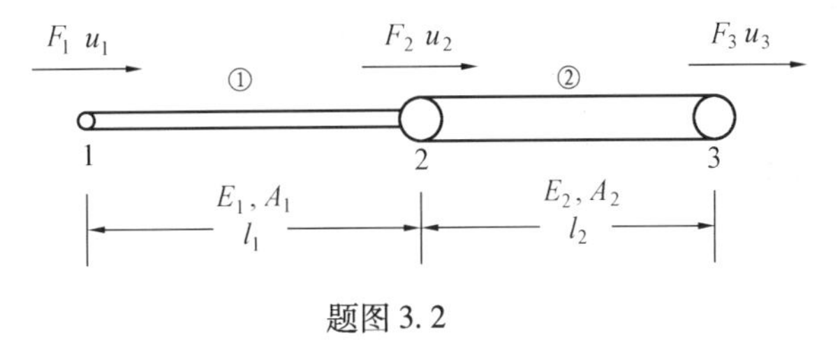

题图3.2

3.6　如题图3.3所示,杆件中,设结点3为固定端,结点1作用轴向载荷$F_1 = P$,求各结点的轴向位移和各杆的轴力。

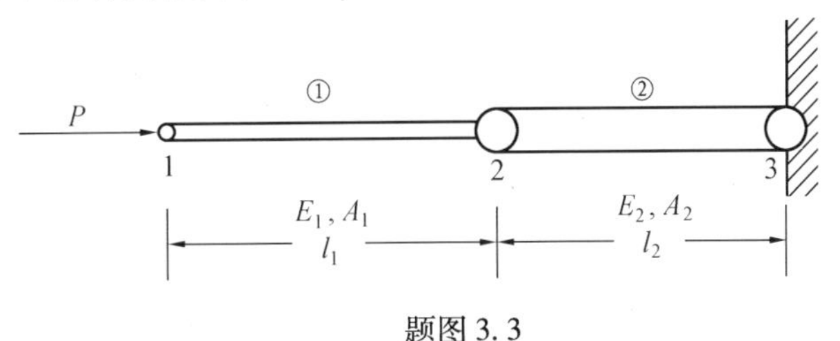

题图3.3

3.7　推导基于形状函数和结点的一维线性插值格式,将结果表示成矩阵形式。

3.8　横截面面积为常数的弹性杆两端固定,杆长为$3L$,弹性杆各处受相同的体积力作用,试采用3个长为L的线性单元,用形函数(不用插值多项式)给出近似能量法(Rayleigh - Ritz)解的表达式。

3.9　推导题图3.4中定向梁在(ξ,η)局部坐标系中的变换矩阵和相应的刚度矩阵,并将它们变换到(x,y) 整体坐标系之中。

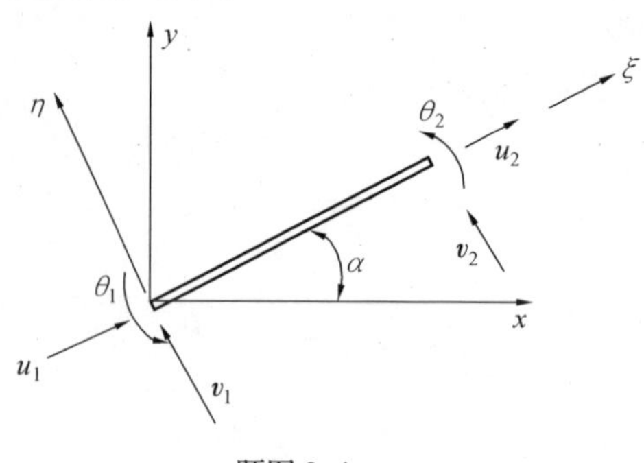

题图 3.4

3.10　按照有限元位移法的计算步骤,求题图 3.5 所示连续梁的结点转角和杆端弯矩。

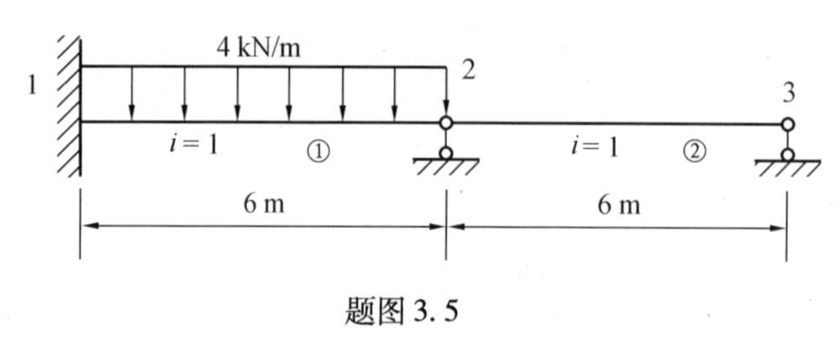

题图 3.5

3.11　如题图 3.6 所示的平面三角形单元,厚度 $t = 1$ cm,弹性模量 $E = 2.0 \times 10^5$ MPa,泊松比 $v = 0.3$。试求插值函数矩阵 $\boldsymbol{N}$,应变矩阵 $\boldsymbol{B}$,应力矩阵 $\boldsymbol{S}$,单元刚度矩阵 $\boldsymbol{k}^e$,并验证 $\boldsymbol{k}^e$ 的奇异性。

3.12　求题图 3.7 所示三角形单元的插值函数矩阵和应变矩阵。设 $u_1 = 2.0$ mm, $v_1 = 1.2$ mm, $u_2 = 2.4$ mm, $v_2 = 1.2$ mm, $u_3 = 2.1$ mm, $v_3 = 1.4$ mm,求单元内的应变和应力,并求出主应力及其方向。若单元在 jm 边作用有线性分布的面载荷(x 方向),求结点载荷向量。

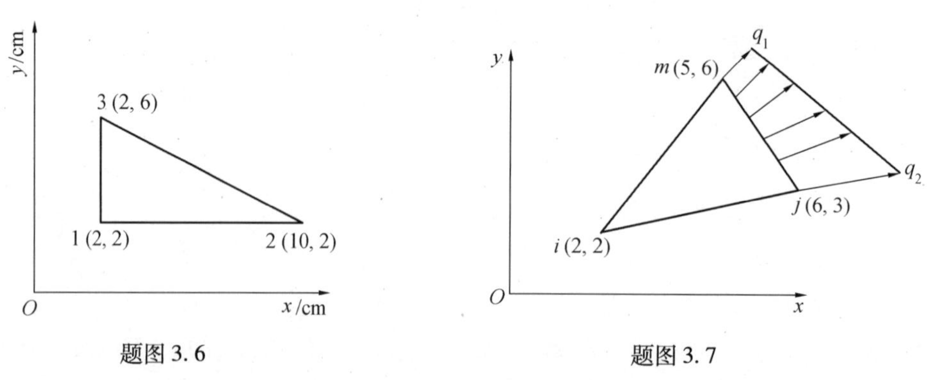

题图 3.6　　　　题图 3.7

3.13　二维单元在 x、y 坐标平面内平移到不同位置,单元刚度矩阵相同吗? 在平面旋转 180° 时怎样? 单元旋转后怎样? 单元做上述变化时,应力矩阵 $\boldsymbol{S}$ 如何变化?

3.14　如题图 3.8 所示的一个悬臂深梁,载荷 P 均匀分布在自由端截面上,采用图示简单网格,求各结点的位移。设$\mu=\frac{1}{3}$,梁的厚度为t。

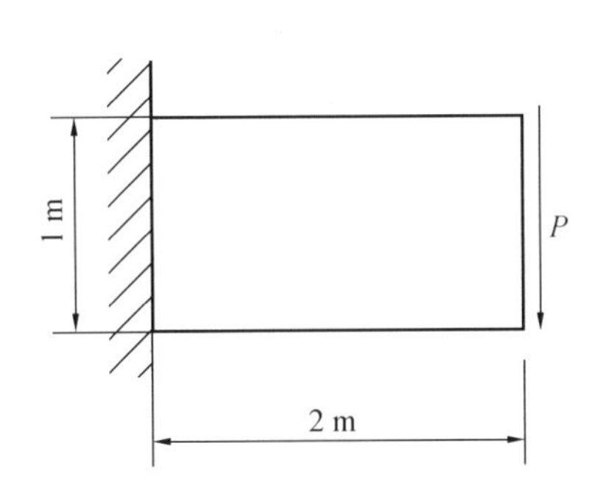

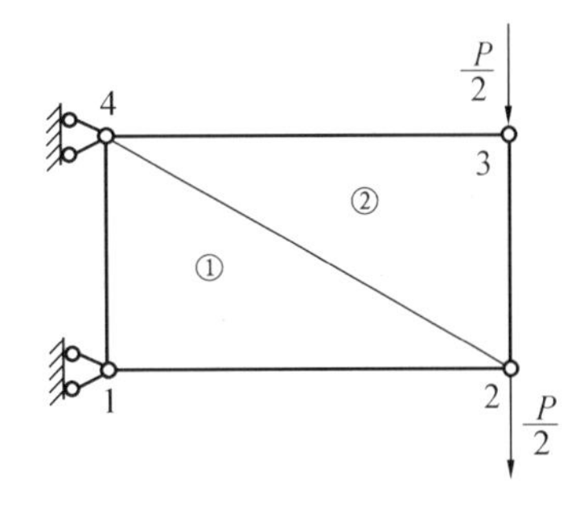

题图 3.8

3.15　如题图3.9所示有限元网格,$a=4$ cm,单元厚度$t=1$ mm,弹性模量$E=2.0\times10^5$ MPa,泊松比$v=0.3$。回答下述问题:

(1) 结点如何编号才能使结构刚度矩阵带宽最小?

(2) 如何设置位移边界条件才能约束结构的刚体移动?

(3) 形成单元刚度矩阵,并集成结构刚度矩阵。

(4) 如果施加一定载荷,拟定求解步骤。

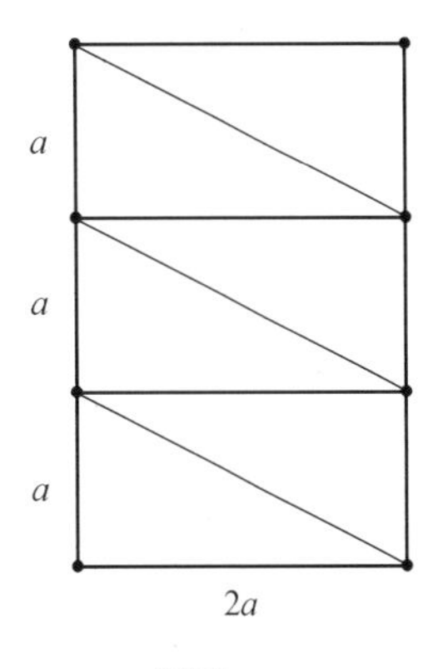

题图 3.9

3.16　一长方形薄板如题图3.10所示。其两端受均匀拉伸P。板长12 cm,宽4 cm,厚1 cm。材料$E=2.0\times10^5$ MPa,$v=0.3$。均匀拉应力$p=5$ MPa。试用有限元法求解板内应力,并和精确解比较(提示:可利用结构对称性,并用2个三角形单元对结构进行离散)。

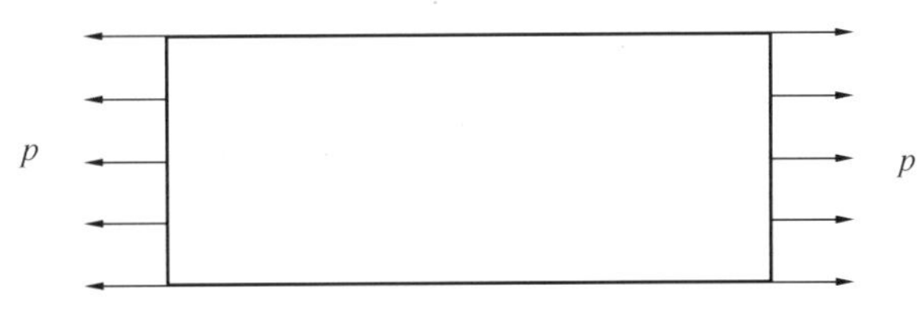

题图 3.10

3.17　验证三角形单元的位移插值函数满足$N_i(x_j,y_j)=\delta_{ij}$及$N_i+N_j+N_m=1$。

3.18　推导题图3.11所示的9结点矩形单元的形函数。

3.19　题图3.12所示为一个桁架单元,端点力为$[U_1\quad U_2]$,端点位移为$[u_1\quad u_2]$,设内部任一点的轴向位移u是坐标x的线性函数:

$$u=a_1+a_2x$$

推导其形函数矩阵$\boldsymbol{N}$和单元刚度矩阵$\boldsymbol{k}^e$。

3.20　证明边界为直线的三角形和平行四边形的二维单元的雅可比矩阵是常数矩阵。

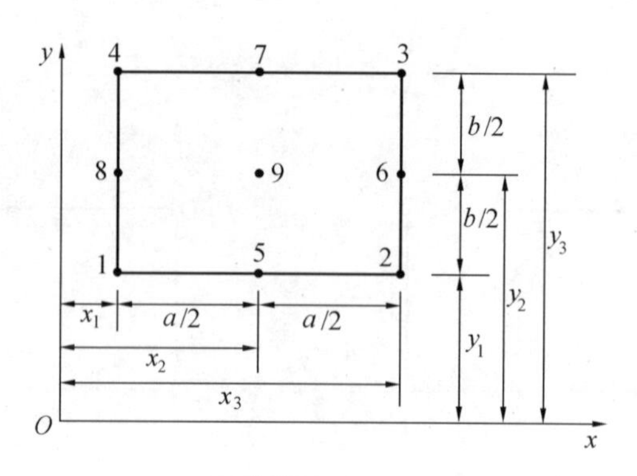

题图 3. 11

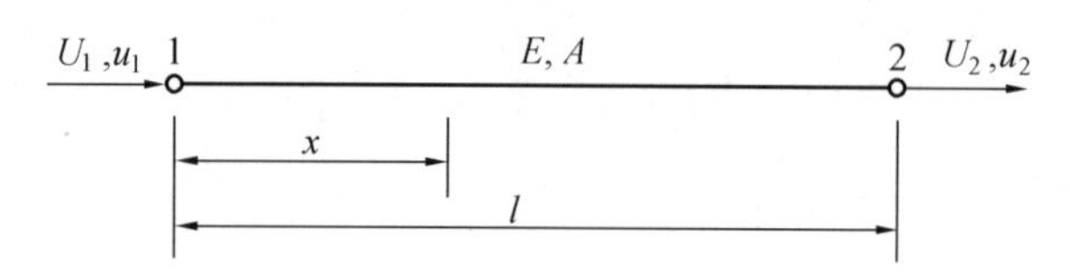

题图 3. 12

3. 21　证明棱边为直线的四面体和平行六面体的三维单元的雅可比矩阵是常数矩阵。

3. 22　写出一维 3 阶高斯积分点的位置及权系数。

3. 23　如题图 3. 13 所示的平面四边形单元模型,利用四边形插值函数证明坐标点(x =7. 0, y = 6. 0) 对应于局部坐标中的点(1,1)。对 ε = 0. 5 和 η = − 0. 5,确定其在整体坐标系中的坐标。

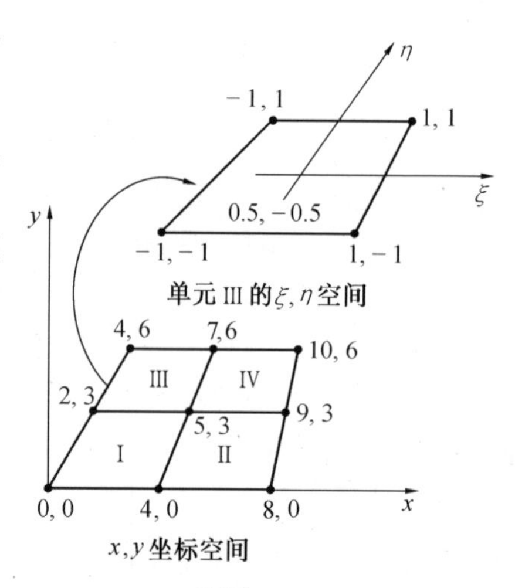

题图 3. 13

第4章 轴对称与空间问题

4.1 轴对称问题

工程实际中,对于一些几何形状、荷载以及约束条件都对称于某一轴线的轴对称体,其体内所有的位移、应变和应力也都对称于此轴线,这类问题称为轴对称问题。例如,柴油机的活塞、汽轮机的转子、受内压或外压的容器等。

本节以弹性力学空间问题中的轴对称问题为对象,介绍其有限单元法的原理和基本方程。采用圆柱坐标,对称轴为 z 轴,任一对称面为 rz 面。采用的单元是三角形截面的整圆环,如图 4.1 所示。在轴对称问题中只有径向位移 u 和轴向位移 w,它们仅与坐标 r、z 有关,而与 θ 无关,因此我们只需考察坐标平面上的截面部分。所以轴对称问题的有限单元法与平面问题基本上是类似的,但是在数学上要繁琐一些。

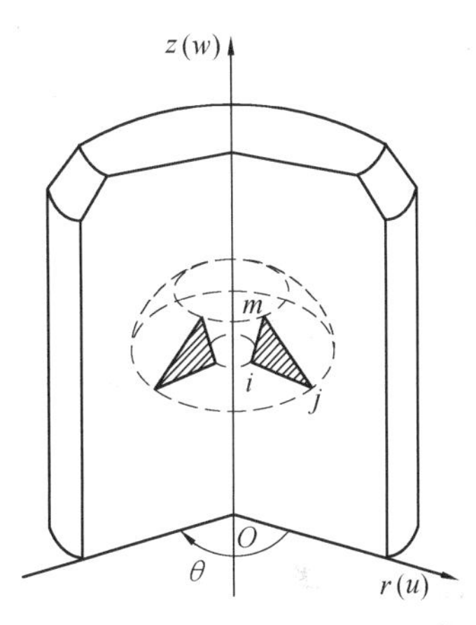

图 4.1 轴对称物体

4.1.1 三角形截面环单元

在分析轴对称问题时,采用的单元通常是轴对称的三角形截面的整圆环,它是由 rz 面的三角 ijm 环绕对称轴 z 一周得到的,如图 4.1 所示。相邻的单元在其棱边互相连接,单元的棱边都是圆,称之为结圆。这些单元与坐标面相交的截面为三角形,称之为三角形截面环单元,每个结圆与 rz 平面的交点就是结点,例如图 4.2 中的 i、j、m 等。这样,各单元将在 rz 平面上形成三角形网格,如同平面问题中各三角形单元在 xy 平面上形成的网格一样。采用位移法,单元的结点位移列阵表示为

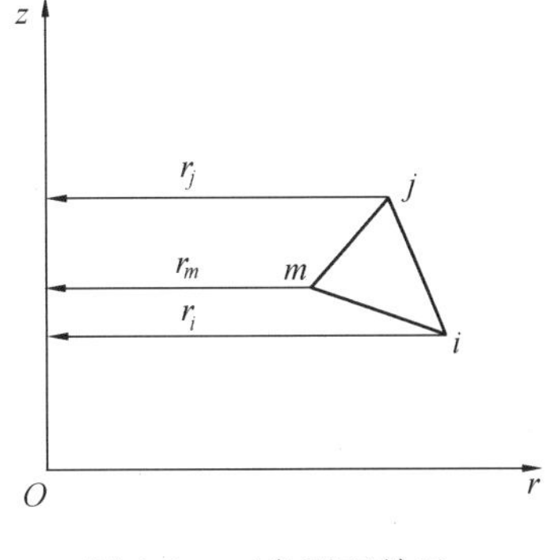

图 4.2 三角形环单元

$$\boldsymbol{\delta}^e = [\boldsymbol{\delta}_i^{\mathrm{T}} \quad \boldsymbol{\delta}_j^{\mathrm{T}} \quad \boldsymbol{\delta}_m^{\mathrm{T}}]^{\mathrm{T}} = [u_i \quad w_i \quad u_j \quad w_j \quad u_m \quad w_m]^{\mathrm{T}} \tag{4.1}$$

仿照平面问题,取线性位移模式

$$\left.\begin{aligned} u &= \alpha_1 + \alpha_2 r + \alpha_3 z \\ w &= \alpha_4 + \alpha_5 r + \alpha_6 z \end{aligned}\right\} \tag{4.1(a)}$$

可得到与平面问题相似的以形状函数表示的位移模式,即

$$\left.\begin{aligned}u &= N_i u_i + N_j u_j + N_m u_m \\ w &= N_i w_i + N_j w_j + N_m w_m\end{aligned}\right\} \tag{4.1(b)}$$

式中

$$N_i = (a_i + b_i r + c_i z)/2\Delta \qquad (i,j,m) \tag{4.1(c)}$$

式(4.1(c))为轴对称问题三角形单元的形函数,其中 a_i、b_i、c_i 为

$$\left.\begin{aligned}a_i &= \begin{vmatrix} r_j & z_j \\ r_m & z_m \end{vmatrix} = r_j z_m - r_m z_j \\ b_i &= -\begin{vmatrix} 1 & z_j \\ 1 & z_m \end{vmatrix} = z_j - z_m \qquad (i,j,m) \\ c_i &= \begin{vmatrix} 1 & r_j \\ 1 & r_m \end{vmatrix} = -(r_j - r_m)\end{aligned}\right\} \tag{4.2}$$

Δ 为三角形截面的面积,有

$$\Delta = \frac{1}{2}\begin{vmatrix} 1 & r_i & z_i \\ 1 & r_j & z_j \\ 1 & r_m & z_m \end{vmatrix} \tag{4.3}$$

式(4.1(b))写成矩阵形式为

$$\boldsymbol{d} = \begin{bmatrix} u \\ w \end{bmatrix} = \boldsymbol{N\delta}^e = [N_i\boldsymbol{I} \quad N_j\boldsymbol{I} \quad N_m\boldsymbol{I}]\boldsymbol{\delta}^e \tag{4.4}$$

将式(4.1(b))代入几何方程(2.89),单元体内的应变有

$$\boldsymbol{\varepsilon} = \begin{bmatrix} \varepsilon_r \\ \varepsilon_\theta \\ \varepsilon_z \\ \gamma_{rz} \end{bmatrix} = \begin{bmatrix} \dfrac{\partial u}{\partial r} \\ \dfrac{u}{r} \\ \dfrac{\partial w}{\partial z} \\ \dfrac{\partial w}{\partial r} + \dfrac{\partial u}{\partial z} \end{bmatrix} = \frac{1}{2\Delta}\begin{bmatrix} b_i & 0 & b_j & 0 & b_m & 0 \\ f_i & 0 & f_j & 0 & f_m & 0 \\ 0 & c_i & 0 & c_j & 0 & c_m \\ c_i & b_i & c_j & b_j & c_m & b_m \end{bmatrix}\begin{bmatrix} u_i \\ w_i \\ u_j \\ w_j \\ u_m \\ w_m \end{bmatrix} \tag{4.5}$$

式中

$$f_i = \frac{a_i}{r} + b_i + \frac{c_i z}{r} \qquad (i,j,m) \tag{4.5(a)}$$

式(4.5)可简写成

$$\boldsymbol{\varepsilon} = \boldsymbol{B\delta}^e = [\boldsymbol{B}_i \quad \boldsymbol{B}_j \quad \boldsymbol{B}_m]\boldsymbol{\delta}^e \tag{4.5(b)}$$

式中,子矩阵为

$$\boldsymbol{B}_i = \frac{1}{2\Delta}\begin{bmatrix} b_i & 0 \\ f_i & 0 \\ 0 & c_i \\ c_i & b_i \end{bmatrix} \qquad (i,j,m) \tag{4.5(c)}$$

由式(4.5(b))及式(4.5(c))可见,这里的几何矩阵$\boldsymbol{B}$不再全是常数。因此,轴对称问题三角形单元内的应变也不全为常量。应变分量ε_r、ε_z、γ_{rz}都是常量;但是环向正应变ε_θ不是常量,它与f_i、f_j、f_m中的r和z有关。

单元的应力分量可表示为

$$\boldsymbol{\sigma}=\begin{bmatrix}\sigma_r\\ \sigma_\theta\\ \sigma_z\\ \tau_{rz}\end{bmatrix}=\boldsymbol{D\varepsilon}=\boldsymbol{DB\delta}^e=\boldsymbol{S\delta}^e=[\boldsymbol{S}_i\quad \boldsymbol{S}_j\quad \boldsymbol{S}_m]\boldsymbol{\delta}^e \tag{4.6}$$

其中

$$\boldsymbol{S}_i=\frac{2A_3}{\Delta}\begin{bmatrix}b_i+A_1f_i & A_1c_i\\ A_1b_i+f_i & A_1c_i\\ A_1(b_i+f_i) & c_i\\ A_2c_i & A_2b_i\end{bmatrix}\qquad (i,j,m) \tag{4.7}$$

而

$$A_1=\frac{\mu}{1-\mu}\qquad A_2=\frac{1-2\mu}{2(1-\mu)}\qquad A_3=\frac{(1-\mu)E}{4(1+\mu)(1-2\mu)} \tag{4.7(a)}$$

由式(4.7)可见,由于f_i与r和z有关,单元中只有应力分量τ_{rz}为常量,其余三个正应力在单元中都不是常量。在实用上,为了简化计算和消除对称轴上由于$r=0$所引起的麻烦,常把各个单元中的r及z近似地当作常量,并且分别等于各单元形心的坐标,即

$$\left.\begin{aligned}r\approx\bar{r}=\frac{1}{3}(r_i+r_j+r_m)\\ z\approx\bar{z}=\frac{1}{3}(z_i+z_j+z_m)\end{aligned}\right\} \tag{4.7(b)}$$

因此式(4.5(a))可写为

$$f_i\approx\bar{f}_i=\frac{a_i}{\bar{r}}+b_i+\frac{c_i\bar{z}}{\bar{r}}\qquad (i,j,m) \tag{4.7(c)}$$

经过这样简化后,就可把各个单元近似地当做常应变单元。将式(4.7(b))、式(4.7(c))代入式(4.5(c))和式(4.7)求得的是单元形心处应变和应力的近似值。

4.1.2 单元刚度矩阵

与平面问题相同,我们用虚位移原理来推导单元刚度矩阵,其内力(应力)与外力(结点力)之间的平衡关系是由虚功方程体现的。在轴对称问题中,单元的虚功方程为

$$(\boldsymbol{\delta}^{*e})^{\mathrm{T}}\boldsymbol{R}^e=\iiint\boldsymbol{\varepsilon}^{*\mathrm{T}}\boldsymbol{\sigma}r\mathrm{d}r\mathrm{d}\theta\mathrm{d}z \tag{4.8}$$

上式等号左边为单元等效结点力$\boldsymbol{R}^e$所做的虚功,与平面问题不同之处在于这里所述的结点力是指整个结圆上的力;等式右边是指整个三角形环单元中应力的虚功。

假设单元的虚位移为

$$\boldsymbol{d}^*=\boldsymbol{N\delta}^{*e} \tag{4.8(a)}$$

则单元的虚应变为

$$\boldsymbol{\varepsilon}^{*} = \boldsymbol{B}\boldsymbol{\delta}^{*e} \tag{4.8(b)}$$

将上式代入式(4.8),由于矩阵 $\boldsymbol{B}$ 与 $\boldsymbol{D}$ 的元素都与 θ 无关,并有 $\int_0^{2\pi}\mathrm{d}\theta = 2\pi$,则得

$$(\boldsymbol{\delta}^{*e})^{\mathrm{T}}\boldsymbol{R}^{e} = (\boldsymbol{\delta}^{*e})^{\mathrm{T}} \cdot 2\pi\iint \boldsymbol{B}^{\mathrm{T}}\boldsymbol{D}\boldsymbol{B}r\mathrm{d}r\mathrm{d}z\ \boldsymbol{\delta}^{e}$$

因为虚位移是任意的,故

$$\boldsymbol{R}^{e} = 2\pi\iint \boldsymbol{B}^{\mathrm{T}}\boldsymbol{D}\boldsymbol{B}r\mathrm{d}r\mathrm{d}z\ \boldsymbol{\delta}^{e} \tag{4.8(c)}$$

于是,结点位移 $\boldsymbol{\delta}^{e}$ 与结点力 $\boldsymbol{R}^{e}$ 之间的关系矩阵,即单元刚度矩阵为

$$\boldsymbol{k} = 2\pi\iint \boldsymbol{B}^{\mathrm{T}}\boldsymbol{D}\boldsymbol{B}r\mathrm{d}r\mathrm{d}z \tag{4.9}$$

可以把单元刚度矩阵写成分块形式,即

$$\boldsymbol{k} = \begin{bmatrix} \boldsymbol{k}_{ii} & \boldsymbol{k}_{ij} & \boldsymbol{k}_{im} \\ \boldsymbol{k}_{ji} & \boldsymbol{k}_{jj} & \boldsymbol{k}_{jm} \\ \boldsymbol{k}_{mi} & \boldsymbol{k}_{mj} & \boldsymbol{k}_{mm} \end{bmatrix} \tag{4.10}$$

其中的子矩阵为

$$\boldsymbol{k}_{st} = 2\pi\iint \boldsymbol{B}_s^{\mathrm{T}}\boldsymbol{D}\boldsymbol{B}_t r\mathrm{d}r\mathrm{d}z \qquad (s = i,j,m;\ t = i,j,m) \tag{4.11}$$

由于在轴对称矩阵 $\boldsymbol{B}$ 中出现坐标 r、z,所以式(4.11) 的积分运算比平面问题要复杂得多。现在仍取单元形心的坐标 $\bar{r}$、$\bar{z}$,替代矩阵 $\boldsymbol{B}$ 中的坐标 r、z 作为一次近似,得到一个近似的单元刚度矩阵。此时,式(4.11) 可成为

$$\boldsymbol{k}_{st} = 2\pi\boldsymbol{B}_s^{\mathrm{T}}\boldsymbol{D}\boldsymbol{B}_t\bar{r}\Delta \tag{4.11(a)}$$

写成显式的形式为

$$\boldsymbol{k}_{st} = \frac{2\pi\bar{r}A_s}{\Delta}\begin{bmatrix} b_s(b_i + A_1\bar{f}_t) + \bar{f}_s(\bar{f}_t + A_1b_t) + A_2c_sc_t & A_1c_s(b_s + \bar{f}_s) + A_2b_sc_t \\ A_1c_s(b_t + \bar{f}_t) + A_2b_sc_t & c_sc_t + A_2b_sc_t \end{bmatrix}$$

$$(s = i,j,m;t = i,j,m) \tag{4.11(b)}$$

只要网格划分不是很稀,这样的近似计算引起的误差不大,而计算工作却大大简化。为了得到轴对称环状单元的刚度矩阵,除了上述近似计算方法外,还有精确积分方法和数值积分方法,这里不再详述。

4.1.3 载荷移置

等效结点力是由作用在环形单元上的集中力、表面力和体积力分别移置到结点上而得到的。按照与平面问题同样的方法,根据静力等效原则,由虚功原理得

$$(\boldsymbol{\delta}^{*e})^{\mathrm{T}}\boldsymbol{R}^{e} = (\boldsymbol{d}^{*e})^{\mathrm{T}}2\pi r_0\boldsymbol{g} + \iint(\boldsymbol{d}^{*e})^{\mathrm{T}}\boldsymbol{q}r\mathrm{d}\theta\mathrm{d}s + \iiint(\boldsymbol{d}^{*e})^{\mathrm{T}}\boldsymbol{p}r\mathrm{d}\theta\mathrm{d}r\mathrm{d}z \tag{4.12}$$

式中 r_0—— 集中载荷 $\boldsymbol{g}$ 作用点的径向坐标。

将式(4.8(a)) 代入式(4.12) 并考虑 $\int_0^{2\pi}\mathrm{d}\theta = 2\pi$,式(4.12) 可以化为

$$\boldsymbol{R}^e = 2\pi r_0 \boldsymbol{N}^{\mathrm{T}} \boldsymbol{g} + 2\pi \int \boldsymbol{N}^{\mathrm{T}} \boldsymbol{q} r \mathrm{d}s + 2\pi \iint \boldsymbol{N}^{\mathrm{T}} \boldsymbol{p} r \mathrm{d}r \mathrm{d}z \tag{4.12(a)}$$

式中,右边第一项是环形单元上的集中力 $\boldsymbol{g}$ 移置到结点的等效结点力;第二项是环形单元边界上表面力 $\boldsymbol{q}$ 的等效结点力;第三项是环形单元体积力 $\boldsymbol{p}$ 的等效结点力。

集中力的等效结点力为

$$\boldsymbol{F}^e = 2\pi r_0 \boldsymbol{N}^{\mathrm{T}} \boldsymbol{g} \tag{4.12(b)}$$

表面力的等效结点力为

$$\boldsymbol{Q}^e = 2\pi \int \boldsymbol{N}^{\mathrm{T}} \boldsymbol{q} r \mathrm{d}s \tag{4.12(c)}$$

体积力的等效结点力为

$$\boldsymbol{P}^e = 2\pi \iint \boldsymbol{N}^{\mathrm{T}} \boldsymbol{p} r \mathrm{d}r \mathrm{d}z \tag{4.12(d)}$$

则式(4.12(a))可以写成

$$\boldsymbol{R}^e = \boldsymbol{F}^e + \boldsymbol{Q}^e + \boldsymbol{P}^e \tag{4.12(e)}$$

等效载荷列阵可写成

$$\boldsymbol{R} = \sum_{e=1}^{n_e} (\boldsymbol{F}^e + \boldsymbol{Q}^e + \boldsymbol{P}^e) = \boldsymbol{F} + \boldsymbol{Q} + \boldsymbol{P} \tag{4.12(f)}$$

由式(4.12(c))和式(4.12(d))可见,在轴对称情况中积分号后的被积函数比平面问题的多一个变量 r,所以虽然也是采用线性位移模式,但是不能像平面问题那样利用刚体的静力等效原则求得结点等效力。当体积力或表面力可表示为坐标 r 和 z 的多项式时,由式(3.112)或式(3.113)精确积分得到等效结点力。

下面介绍几种常见载荷的等效结点力的移置。

1. 体积力

设单元内单位体积上作用的体积力(自重、离心力等)为

$$\boldsymbol{p} = \begin{bmatrix} p_r \\ p_z \end{bmatrix}$$

(1) 自重

分布体积力是重力,且对称轴 z 垂直于地面,此时 $p_r = 0, p_z = -\rho$;其中 ρ 为材料密度。于是单元的自重移置到结点 i、j、m 上的等效结点力为

$$\boldsymbol{P}_i^e = \begin{bmatrix} P_{ir} \\ P_{iz} \end{bmatrix}^e = 2\pi \iint N_i \begin{bmatrix} 0 \\ -\rho \end{bmatrix} r \mathrm{d}r \mathrm{d}z \qquad (i,j,m) \tag{4.13}$$

和平面问题一样,可以利用面积坐标并建立关系式,有

$$N_i = L_i \qquad (i,j,m)$$
$$r = r_i L_i + r_j L_j + r_m L_m$$

这样就得到

$$\iint N_i r \mathrm{d}r \mathrm{d}z = \iint L_i (r_i L_i + r_j L_j + r_m L_m) \mathrm{d}r \mathrm{d}z$$

利用积分公式(3.112)得到

$$\iint N_i r \mathrm{d}r \mathrm{d}z = \left(\frac{r_i}{6} + \frac{r_j}{12} + \frac{r_m}{12}\right) \Delta = \frac{\Delta}{12}(3\bar{r} + r_i) \qquad (i,j,m)$$

代入式(4.13)即得

$$\boldsymbol{P}_i^e=\begin{bmatrix}P_{ir}\\P_{iz}\end{bmatrix}^e=-\frac{\pi\rho\Delta}{6}\begin{bmatrix}0\\3\bar{r}+r_i\end{bmatrix}\qquad(i,j,m)\tag{4.14}$$

如果单元离开对称轴较远,可近似地用三角形形心坐标 r_c 代替 r_i、r_j、r_m,于是有

$$\boldsymbol{P}_i^e=\begin{bmatrix}P_{ir}\\P_{iz}\end{bmatrix}^e=-\frac{2\pi\rho\Delta r_c}{3}\begin{bmatrix}0\\1\end{bmatrix}$$

这相当于把自重的三分之一移置到每个结点上。

(2) 离心力

此时 $p_r=\rho\omega^2 r$,$p_z=0$,其中 ω 为角速度。于是单元的离心力移置到 i、j、m 上的等效结点力

$$\boldsymbol{P}_i^e=\begin{bmatrix}P_{ir}\\P_{iz}\end{bmatrix}^e=2\pi\iint N_i\begin{bmatrix}\rho\omega^2 r\\0\end{bmatrix}r\mathrm{d}r\mathrm{d}z\qquad(i,j,m)\tag{4.15}$$

其中积分

$$\iint N_i r^2\mathrm{d}r\mathrm{d}z=\iint L_i(r_iL_i+r_jL_j+r_mL_m)^2\mathrm{d}r\mathrm{d}z$$

利用积分公式(3.112)得到

$$\iint N_i r^2\mathrm{d}r\mathrm{d}z=\frac{\Delta}{30}(r_i^2+r_j^2+r_m^2+6\bar{r}r_i+r_jr_m)\qquad(i,j,m)$$

代入式(4.15)即得

$$\boldsymbol{P}_i^e=\begin{bmatrix}P_{ir}\\P_{iz}\end{bmatrix}^e=\begin{bmatrix}\dfrac{\pi\rho\omega^2\Delta}{15}(9\bar{r}+2r_i^2+r_jr_m)\\0\end{bmatrix}\qquad(i,j,m)\tag{4.16}$$

由式(4.16)可见,由于离心力与坐标 r 有关,等效结点力 $\boldsymbol{P}_i^e$ 中包含坐标 r 的平方项,这时如果仍然用形心坐标 r_c 代替结点坐标 r_i、r_j、r_m,将增大计算误差。

2. 表面力

设平面上单元 ijm 的 ij 边上作用着线性分布的径向表面力,如图4.3所示。在结点 i 的集度为 q_i,在结点 j 的集度为 q_j,ij 边的长度为 l。在此情况下有 $q_r=q_iL_i+q_jL_j$,$q_z=0$,于是结点 i 的等效结点力为

$$\boldsymbol{Q}_i^e=\begin{bmatrix}Q_r\\Q_z\end{bmatrix}^e=2\pi\int N_i\begin{bmatrix}q_iL_i+q_jL_j\\0\end{bmatrix}r\mathrm{d}s\tag{4.17}$$

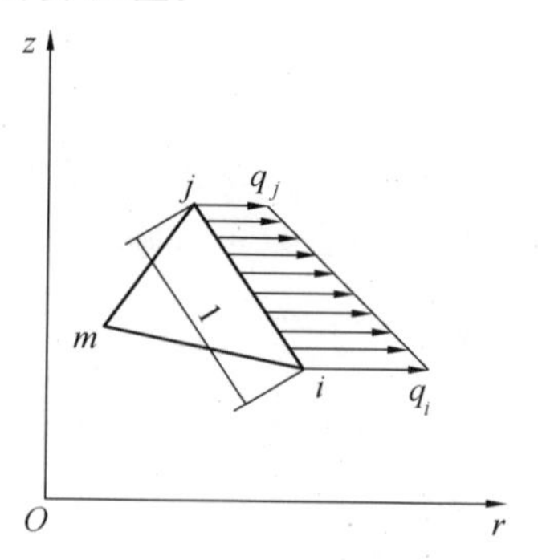

图4.3 作用有表面力的单元

在 ij 边上面积坐标 $L_m=0$,可得到

$$\int N_iL_ir\mathrm{d}s=\int L_i^2(r_iL_i+r_jL_j)\mathrm{d}s=\frac{l}{12}(3r_i+r_j)$$

$$\int N_iL_jr\mathrm{d}s=\int L_iL_j(r_iL_i+r_jL_j)\mathrm{d}s=\frac{l}{12}(r_i+r_j)$$

代入式(4.17)得到

$$\boldsymbol{Q}_i^e = 2\pi\begin{bmatrix}\frac{l}{12}q_i(3r_i + r_j) + \frac{l}{12}q_j(r_i + r_j)\\ 0\end{bmatrix} = \frac{\pi l}{6}\begin{bmatrix}q_i(3r_i + r_j) + q_j(r_i + r_j)\\ 0\end{bmatrix} \tag{4.17(a)}$$

经过类似的推导可得到移置到结点 j 和 m 上的等效结点力为

$$\boldsymbol{Q}_j^e = \frac{\pi l}{6}[q_i(r_i + r_j) + q_j(r_i + 3r_j) \quad 0]^{\mathrm{T}} \tag{4.17(b)}$$

$$\boldsymbol{Q}_m^e = \boldsymbol{0} \tag{4.17(c)}$$

现在来指出两种特殊情况：

① 如果 $q_j = 0$，则由式(4.17(a))和式(4.17(b))得

$$\left.\begin{aligned}\boldsymbol{Q}_i^e &= \frac{\pi q_i l}{6}[3r_i + r_j \quad 0]^{\mathrm{T}}\\ \boldsymbol{Q}_j^e &= \frac{\pi q_i l}{6}[r_i + r_j \quad 0]^{\mathrm{T}}\\ \boldsymbol{Q}_m^e &= 0\end{aligned}\right\} \tag{4.18}$$

只有当单元离开对称轴较远时，才可认为 r_i 与 r_j 大致相等，此时可由式(4.18)得出简单的结果，即将表面力的2/3移置到结点 i，1/3移置到结点 j。

② 如果 $q_i = q_j = q$，即径向均布表面力的情况，则由式(4.17(a))和式(4.17(b))得

$$\left.\begin{aligned}\boldsymbol{Q}_i^e &= \frac{\pi q l}{3}[2r_i + r_j \quad 0]^{\mathrm{T}}\\ \boldsymbol{Q}_j^e &= \frac{\pi q l}{3}[r_i + 2r_j \quad 0]^{\mathrm{T}}\end{aligned}\right\} \tag{4.19}$$

显然，只有当单元离开对称轴较远时，才可认为 r_i 与 r_j 大致相等，则由上式得出简单的结果，即将表面力的$\frac{1}{2}$移置到结点 i，$\frac{1}{2}$移置到结点 j。

应该注意，与平面问题不同的是这里所说的结点力实际上是整个结圆上的力。

4.1.4 整体分析

计算出单元的刚度矩阵后，通过与平面问题的情况完全相类似的处理，可推导得到整体刚度矩阵。如果弹性体被划分为 n_e 个单元和 n 个结点，就可得到 n_e 个形如4.1.3部分中式(4.12(f))的方程组。把各单元的 $\boldsymbol{\delta}^e$、$\boldsymbol{R}^e$、$\boldsymbol{k}$ 等都加以扩大到整个结构的自由度的维数，然后叠加得到

$$\sum_{e=1}^{n_e}\boldsymbol{R}^e = \left(\sum_{e=1}^{n_e}2\pi\iint\boldsymbol{B}^{\mathrm{T}}\boldsymbol{D}\boldsymbol{B}r\mathrm{d}r\mathrm{d}z\right)\boldsymbol{\delta} \tag{4.20}$$

载荷列阵记为

$$\boldsymbol{R} = \sum_{e=1}^{n_e}\boldsymbol{R}^e \tag{4.20(a)}$$

整体刚度矩阵记为

$$\boldsymbol{K}=\sum_{e=1}^{n_e}\boldsymbol{k}=\sum_{e=1}^{n_e}2\pi\iint\boldsymbol{B}^{\mathrm{T}}\boldsymbol{D}\boldsymbol{B}r\mathrm{d}r\mathrm{d}z \tag{4.21}$$

于是式(4.20) 便可写成与平面问题相同的标准形式,即

$$\boldsymbol{K\delta}=\boldsymbol{R} \tag{4.22}$$

这就是求解结点位移的平衡方程组。

整体刚度矩阵 $\boldsymbol{K}$ 也可以写成分块形式

$$\boldsymbol{K}=\begin{bmatrix}\boldsymbol{K}_{11} & \cdots & \boldsymbol{K}_{1i} & \cdots & \boldsymbol{K}_{1j} & \cdots & \boldsymbol{K}_{1m} & \cdots & \boldsymbol{K}_{1n}\\ \vdots & & \vdots & & \vdots & & \vdots & & \vdots\\ \boldsymbol{K}_{i1} & \cdots & \boldsymbol{K}_{ii} & \cdots & \boldsymbol{K}_{ij} & \cdots & \boldsymbol{K}_{im} & \cdots & \boldsymbol{K}_{in}\\ \vdots & & \vdots & & \vdots & & \vdots & & \vdots\\ \boldsymbol{K}_{j1} & \cdots & \boldsymbol{K}_{ji} & \cdots & \boldsymbol{K}_{jj} & \cdots & \boldsymbol{K}_{jm} & \cdots & \boldsymbol{K}_{jn}\\ \vdots & & \vdots & & \vdots & & \vdots & & \vdots\\ \boldsymbol{K}_{m1} & \cdots & \boldsymbol{K}_{mi} & \cdots & \boldsymbol{K}_{mj} & \cdots & \boldsymbol{K}_{mm} & \cdots & \boldsymbol{K}_{mn}\\ \vdots & & \vdots & & \vdots & & \vdots & & \vdots\\ \boldsymbol{K}_{n1} & \cdots & \boldsymbol{K}_{ni} & \cdots & \boldsymbol{K}_{nj} & \cdots & \boldsymbol{K}_{nm} & \cdots & \boldsymbol{K}_{nn}\end{bmatrix} \tag{4.22(a)}$$

其中子矩阵为

$$\boldsymbol{K}_{st}=\sum_{e=1}^{n_e}\boldsymbol{k}_{st}\qquad(s=1,2,\cdots,n;t=1,2,\cdots,n) \tag{4.22(b)}$$

和平面问题一样,整体刚度矩阵是对称的带状稀疏阵,在消除刚体位移后,它是正定的。

4.2 空间问题

在工程实际中,由于结构的几何形状和受力特点,很难将它们当作平面问题或轴对称问题处理,一般说来这些问题属于弹性力学空间问题的范畴。本节将着重介绍四面体单元的有限元列式的推导,说明弹性力学的一般空间问题的有限元解法。

4.2.1 常应变四面体单元

对于一般的空间问题,通常采用的最简单的单元是四结点的四面体单元。也就是把连续的弹性体离散成有限个四面体的组合体,每一个四面体称为一个单元,四面体的顶点称为结点。单元之间只是通过结点相互作用进行力的传递。这样,原来的弹性体则为四面体单元的组合体所替代。完成划分以后,对所有的结点和单元从 1 开始按序编上号码。

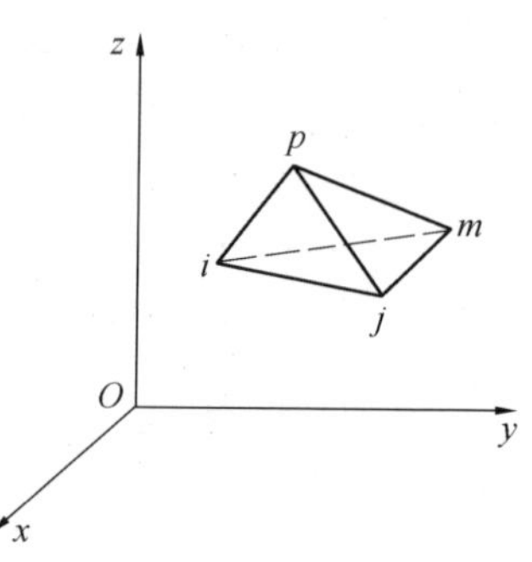

图 4.4 典型的四面体单元

从离散体中取出任一单元 $ijmp$(图 4.4),单元结点的编号分别为 i、j、m、p,坐标分别为 (x_i,y_i,z_i)、(x_j,y_j,z_j)、

(x_m, y_m, z_m) 和 (x_p, y_p, z_p)，考察四面体单元的力学特性。

在空间问题中，每个结点的位移具有三个分量 u、v、w，可以写成列阵形式

$$\boldsymbol{\delta}_i = \begin{bmatrix} u_i \\ v_i \\ w_i \end{bmatrix} \qquad (i, j, m, p) \tag{4.23}$$

整个单元的结点位移，用列阵表示为

$$\boldsymbol{\delta}^e = [\boldsymbol{\delta}_i^{\mathrm{T}} \quad \boldsymbol{\delta}_j^{\mathrm{T}} \quad \boldsymbol{\delta}_m^{\mathrm{T}} \quad \boldsymbol{\delta}_p^{\mathrm{T}}]^{\mathrm{T}} \tag{4.24}$$

用位移法计算时，整个弹性体各点的位移是 x、y、z 的函数，它们是未知待求的。对于空间四面体单元，每个结点有3个位移分量，计有12个自由度。如果单元足够小，单元内各点的位移可取为线性位移模式，即

$$u = \alpha_1 + \alpha_2 x + \alpha_3 y + \alpha_4 z \tag{4.25}$$

$$v = \alpha_5 + \alpha_6 x + \alpha_7 y + \alpha_8 z \tag{4.26}$$

$$w = \alpha_9 + \alpha_{10} x + \alpha_{11} y + \alpha_{12} z \tag{4.27}$$

上式的第一式在 i、j、m、p 四个结点处分别有

$$\left.\begin{aligned} u_i &= \alpha_1 + \alpha_2 x_i + \alpha_3 y_i + \alpha_4 z_i \\ u_j &= \alpha_1 + \alpha_2 x_j + \alpha_3 y_j + \alpha_4 z_j \\ u_m &= \alpha_1 + \alpha_2 x_m + \alpha_3 y_m + \alpha_4 z_m \\ u_p &= \alpha_1 + \alpha_2 x_p + \alpha_3 y_p + \alpha_4 z_p \end{aligned}\right\} \tag{4.28}$$

解上述联立方程组，求得 α_1、α_2、α_3 和 α_4 以后，再代入式(4.25)，整理得到

$$u = N_i u_i + N_j u_j + N_m u_m + N_p u_p \tag{4.29}$$

其中

$$\left.\begin{aligned} N_i &= (a_i + b_i x + c_i y + d_i z)/6V \\ N_j &= -(a_j + b_j x + c_j y + d_j z)/6V \\ N_m &= (a_m + b_m x + c_m y + d_m z)/6V \\ N_p &= (a_p + b_p x + c_p y + d_p z)/6V \end{aligned}\right\} \tag{4.30}$$

称为形函数，它们的系数是

$$\left.\begin{aligned} a_i = \begin{vmatrix} x_j & y_j & z_j \\ x_m & y_m & z_m \\ x_p & y_p & z_p \end{vmatrix} \qquad b_i = -\begin{vmatrix} 1 & y_j & z_j \\ 1 & y_m & z_m \\ 1 & y_p & z_p \end{vmatrix} \\ c_i = \begin{vmatrix} 1 & x_j & z_j \\ 1 & x_m & z_m \\ 1 & x_p & z_p \end{vmatrix} \qquad d_i = -\begin{vmatrix} 1 & x_j & y_j \\ 1 & x_m & y_m \\ 1 & x_p & y_p \end{vmatrix} \end{aligned} \quad (i, j, m, p)\right\} \tag{4.31}$$

$$6V = \begin{vmatrix} 1 & x_i & y_i & z_i \\ 1 & x_j & y_j & z_j \\ 1 & x_m & y_m & z_m \\ 1 & x_p & y_p & z_p \end{vmatrix} \tag{4.32}$$

当V非负时,它是四面体$ijmp$的体积。为了使V不为负值,也就是上式中的行列式不为负值,单元的四个顶点的标号i、j、m、p必须按照一定的顺序:在右手坐标系中,要使得右手螺旋在按照i—j—m的转向转动时是向P的方向前进,如图4.4所示。

同理,可以得到

$$v = N_i v_i + N_j v_j + N_m v_m + N_p v_p \tag{4.33}$$

$$w = N_i w_i + N_j w_j + N_m w_m + N_p w_p \tag{4.34}$$

式(4.29)、式(4.33)和式(4.34)可以合并写成矩阵形式,即

$$\boldsymbol{d} = [u \quad v \quad w]^{\mathrm{T}} = \boldsymbol{N\delta}^e = [N_i\boldsymbol{I} \quad N_j\boldsymbol{I} \quad N_m\boldsymbol{I} \quad N_p\boldsymbol{I}]\boldsymbol{\delta}^e \tag{4.35}$$

式中 $\boldsymbol{I}$—— 三阶单位阵。

由于单元位移函数具有线性性质,因此保证了位移在单元内和在两个单元的交界面上是连续的。

已知单元体内各点的位移后,就可确定单元体内任一点的应变,将式(4.35)代入几何方程(2.45),得到单元体内的应变,即

$$\boldsymbol{\varepsilon} = \boldsymbol{B\delta}^e = [\boldsymbol{B}_i \quad -\boldsymbol{B}_j \quad \boldsymbol{B}_m \quad -\boldsymbol{B}_p]\boldsymbol{\delta}^e \tag{4.36}$$

其中

$$\boldsymbol{B}_i = \frac{1}{6V}\begin{bmatrix} b_i & 0 & 0 \\ 0 & c_i & 0 \\ 0 & 0 & d_i \\ c_i & b_i & 0 \\ 0 & d_i & c_i \\ d_i & 0 & b_i \end{bmatrix} \qquad (i,j,m,p) \tag{4.37}$$

上式表明$\boldsymbol{B}$中的元素都是常量,因此单元中的应变也必是常量。因此采用线性位移模式的四面体单元称为常应变四面体单元。

按照物理方程式(2.61)得到应力列阵,即

$$\boldsymbol{\sigma} = \boldsymbol{DB\delta}^e = \boldsymbol{S\delta}^e = [\boldsymbol{S}_i \quad -\boldsymbol{S}_j \quad \boldsymbol{S}_m \quad -\boldsymbol{S}_p]\boldsymbol{\delta}^e \tag{4.38}$$

式中,$\boldsymbol{D}$如式(2.62)所示。把它代入上式,并利用式(4.37)得

$$\boldsymbol{S}_i = \boldsymbol{DB}_i = \frac{6A_3}{V}\begin{bmatrix} b_i & A_1c_i & A_1d_i \\ A_1b_i & c_i & A_1d_i \\ A_1b_i & A_1c_i & d_i \\ A_2c_i & A_2b_i & 0 \\ 0 & A_2d_i & A_2c_i \\ A_2d_i & 0 & A_2b_i \end{bmatrix} \qquad (i,j,m,p) \tag{4.39}$$

其中

$$A_1 = \frac{\mu}{1-\mu} \qquad A_2 = \frac{1-2\mu}{2(1-\mu)} \qquad A_3 = \frac{(1-\mu)E}{36(1+\mu)(1-2\mu)} \tag{4.40}$$

式中 $\boldsymbol{S}$—— 应力矩阵。

显然,在每个单元中的应力也是常量。

4.2.2 单元刚度矩阵

基于以上的分析，对于单元 e，利用虚位移原理的表达式(2.131)，并仿照平面问题中类似的处理方法，可以得到

$$\iiint \boldsymbol{N}^{\mathrm{T}}\boldsymbol{p}\mathrm{d}x\mathrm{d}y\mathrm{d}z + \iint \boldsymbol{N}^{\mathrm{T}}\boldsymbol{q}\mathrm{d}A + \boldsymbol{F}^{e} = \boldsymbol{k}\boldsymbol{\delta}^{e} \tag{4.41}$$

式中　$\boldsymbol{k}$—— 单元刚度矩阵，并有

$$\boldsymbol{k} = \iiint \boldsymbol{B}^{\mathrm{T}}\boldsymbol{D}\boldsymbol{B}\mathrm{d}x\mathrm{d}y\mathrm{d}z = \boldsymbol{B}^{\mathrm{T}}\boldsymbol{D}\boldsymbol{B}V \tag{4.42}$$

以上两式中的体积分是对整个单元 e 进行的，而面积分实际上只需对作用有载荷的边界进行。

利用式(4.37)，单元刚度矩阵 $\boldsymbol{k}$ 可以写成分块形式

$$\boldsymbol{k} = \begin{bmatrix} \boldsymbol{k}_{ii} & -\boldsymbol{k}_{ij} & \boldsymbol{k}_{im} & -\boldsymbol{k}_{ip} \\ -\boldsymbol{k}_{ji} & \boldsymbol{k}_{jj} & -\boldsymbol{k}_{jm} & \boldsymbol{k}_{jp} \\ \boldsymbol{k}_{mi} & -\boldsymbol{k}_{mj} & \boldsymbol{k}_{mm} & -\boldsymbol{k}_{mp} \\ -\boldsymbol{k}_{pi} & \boldsymbol{k}_{pj} & -\boldsymbol{k}_{pm} & \boldsymbol{k}_{pp} \end{bmatrix} \tag{4.43}$$

其中子矩阵

$$\boldsymbol{k}_{rs} = \boldsymbol{B}_r^{\mathrm{T}}\boldsymbol{D}\boldsymbol{B}_s V \tag{4.43a}$$

利用式(4.37)，经过计算整理后，得出上式的显式为

$$\boldsymbol{k}_{st} = \frac{A_s}{V}\begin{bmatrix} b_r b_s + A_s(c_r c_s + d_r d_s) & A_1 b_r c_s + A_2 c_r b_s & A_1 b_r d_s + A_2 d_r b_s \\ A_1 c_r b_s + A_2 b_r c_s & c_r c_s + A_2(b_r b_s + d_r d_s) & A_1 c_r d_s + A_2 d_r c_s \\ A_1 d_r b_s + A_2 b_r d_s & A_1 d_r c_s + A_2 c_r d_s & d_r d_s + A_2(b_r b_s + c_r c_s) \end{bmatrix}$$

$$(r = i,j,m,p; s = i,j,m,p) \tag{4.44}$$

可以看出，单元刚度矩阵是由单元结点的坐标和单元材料的弹性常数所决定，它是一个常数矩阵。

4.2.3 载荷移置

当单元上受到非结点荷载作用时，应将它们用等效结点载荷代替。与平面问题不同的只是这里的结点力 R_i 具有三个分量，即

$$\boldsymbol{R}_i = [R_{ix} \quad R_{iy} \quad R_{iz}]^{\mathrm{T}} \qquad (i = 1,2,\cdots,n) \tag{4.45}$$

单元 e 上集中力的等效载荷列阵是

$$\boldsymbol{F}^e = [(\boldsymbol{F}_i^e)^{\mathrm{T}} \quad (\boldsymbol{F}_j^e)^{\mathrm{T}} \quad (\boldsymbol{F}_m^e)^{\mathrm{T}} \quad (\boldsymbol{F}_p^e)^{\mathrm{T}}]^{\mathrm{T}} \tag{4.46}$$

其中任意结点 i 上的结点力

$$\boldsymbol{F}_i^e = [F_{ix}^e \quad F_{iy}^e \quad F_{iz}^e]^{\mathrm{T}} = (N_i)_c \boldsymbol{G} \tag{4.46(a)}$$

式中　$\boldsymbol{G}$—— 作用于单元 e 上的集中力，$\boldsymbol{G} = [G_x \quad G_y \quad G_z]^{\mathrm{T}}$；

　　$(N_i)_c$—— 形函数 N_i 在载荷作用点处的值。

单元 e 上表面力的等效载荷列阵为

$$\boldsymbol{Q}^e = [(\boldsymbol{Q}_i^e)^{\mathrm{T}} \quad (\boldsymbol{Q}_j^e)^{\mathrm{T}} \quad (\boldsymbol{Q}_m^e)^{\mathrm{T}} \quad (\boldsymbol{Q}_p^e)^{\mathrm{T}}]^{\mathrm{T}} \tag{4.47}$$

其中任意结点 i 上的结点力

$$\boldsymbol{Q}_i^e = \iint N_i \boldsymbol{q} \mathrm{d}A \tag{4.47(a)}$$

式中 $\boldsymbol{q}$—— 作用在弹性体边界单元单位表面积上的表面力，有 $\boldsymbol{q} = [q_x \quad q_y \quad q_z]^{\mathrm{T}}$

体积力的等效载荷列阵

$$\boldsymbol{P}^e = [(\boldsymbol{P}_i^e)^{\mathrm{T}} \quad (\boldsymbol{P}_j^e)^{\mathrm{T}} \quad (\boldsymbol{P}_m^e)^{\mathrm{T}} \quad (\boldsymbol{P}_p^e)^{\mathrm{T}}]^{\mathrm{T}} \tag{4.48}$$

其中任意结点 i 上的结点力

$$\boldsymbol{P}_i^e = \iiint N_i \boldsymbol{p} \mathrm{d}V \tag{4.48(a)}$$

式中 $\boldsymbol{p}$—— 单元 e 单位体积的体积力，$\boldsymbol{p} = [p_x \quad p_y \quad p_z]^{\mathrm{T}}$。

利用上面各式按虚功等效原则把单元上的载荷向四个结点移置。这里给出两种常见载荷的移置结果。

① 均质单元的自重分配到四个结点的等效结点力，其数值都等于 $\gamma V/4$，其中 γ 是重度，V 是该单元的体积。

② 设单元 e 的某一边界面 ijm，例如，受有线性分布载荷，它在 i、j、m 三个结点处的强度分别为 q_i、q_j 及 q_m，则分配到结点 i 的等效结点力的数值为

$$Q_i = \frac{1}{6}\left(q_i + \frac{1}{2}q_j + \frac{1}{2}q_m\right)\Delta_{ijm} \qquad (i,j,m) \tag{4.49}$$

式中 Δ_{ijm}—— 三角形 ijm 的面积，方向均与原分布载荷的方向平行。

4.2.4 整体分析

如果弹性体被划分为 n_e 个单元和 n 个结点，再经过类似于平面问题整体刚度矩阵的集合过程，就可得到

$$\boldsymbol{R} = \boldsymbol{K\delta} \tag{4.50}$$

式中 $\boldsymbol{k}$—— 整体刚度矩阵。$\boldsymbol{K} = \sum_{e=1}^{n_e} \boldsymbol{k}$ 具有如下形式

$$\boldsymbol{K} = \begin{bmatrix} \boldsymbol{K}_{11} & \cdots & \boldsymbol{K}_{1i} & \cdots & \boldsymbol{K}_{1j} & \cdots & \boldsymbol{K}_{1m} & \cdots & \boldsymbol{K}_{1p} & \cdots & \boldsymbol{K}_{1n} \\ \vdots & & \vdots & & \vdots & & \vdots & & \vdots & & \vdots \\ \boldsymbol{K}_{i1} & \cdots & \boldsymbol{K}_{ii} & \cdots & \boldsymbol{K}_{ij} & \cdots & \boldsymbol{K}_{im} & \cdots & \boldsymbol{K}_{ip} & \cdots & \boldsymbol{K}_{in} \\ \vdots & & \vdots & & \vdots & & \vdots & & \vdots & & \vdots \\ \boldsymbol{K}_{j1} & \cdots & \boldsymbol{K}_{ji} & \cdots & \boldsymbol{K}_{jj} & \cdots & \boldsymbol{K}_{jm} & \cdots & \boldsymbol{K}_{jp} & \cdots & \boldsymbol{K}_{jn} \\ \vdots & & \vdots & & \vdots & & \vdots & & \vdots & & \vdots \\ \boldsymbol{K}_{m1} & \cdots & \boldsymbol{K}_{mi} & \cdots & \boldsymbol{K}_{mj} & \cdots & \boldsymbol{K}_{mm} & \cdots & \boldsymbol{K}_{mp} & \cdots & \boldsymbol{K}_{mn} \\ \vdots & & \vdots & & \vdots & & \vdots & & \vdots & & \vdots \\ \boldsymbol{K}_{p1} & \cdots & \boldsymbol{K}_{pi} & \cdots & \boldsymbol{K}_{pj} & \cdots & \boldsymbol{K}_{pm} & \cdots & \boldsymbol{K}_{pp} & \cdots & \boldsymbol{K}_{pn} \\ \vdots & & \vdots & & \vdots & & \vdots & & \vdots & & \vdots \\ \boldsymbol{K}_{n1} & \cdots & \boldsymbol{K}_{ni} & \cdots & \boldsymbol{K}_{nj} & \cdots & \boldsymbol{K}_{nm} & \cdots & \boldsymbol{K}_{np} & \cdots & \boldsymbol{K}_{nn} \end{bmatrix} \tag{4.51}$$

显然有

$$\boldsymbol{K}_{rs}=\sum_{e=1}^{n_e}\boldsymbol{k}_{rs}\quad(r=1,2,\cdots,n;s=1,2,\cdots,n)\tag{4.52}$$

和平面问题一样，整体刚度矩阵是对称阵、带状阵、稀疏阵，在消除刚体位移后，它是正定的。

等效载荷列阵也可以写成

$$\boldsymbol{R}=\sum_{e=1}^{n_e}(\boldsymbol{F}^e+\boldsymbol{Q}^e+\boldsymbol{P}^e)=\boldsymbol{F}+\boldsymbol{Q}+\boldsymbol{P}\tag{4.53}$$

它也是由结点力按结点号码顺序排列组成

$$\boldsymbol{R}=[\boldsymbol{R}_1^{\mathrm{T}}\quad\boldsymbol{R}_2^{\mathrm{T}}\quad\cdots\quad\boldsymbol{R}_n^{\mathrm{T}}]^{\mathrm{T}}\tag{4.53(a)}$$

4.3 空间等参元与空间轴对称等参元

通过前面的论述，我们已经基本熟练了等参元的构成和等参变换条件，以及它的收敛性，并且具体推导了平面等参元格式的显示表达式。应用这些公式可以方便地编写有限元程序。本节我们将应用与平面等参元完全相似的方法推广至空间单元和空间轴对称单元，以便于计算更为复杂的空间问题。

4.3.1 空间等参元

典型的空间等参元为空间 8 ~ 20 结点六面体等参元，其母单元和子单元如图 4.5 所示。母单元为边长为 2 的立方六面体，在单元形心建立右手局部坐标系 $O\xi\eta\zeta$，母单元与子单元的坐标变换式和位移模式可统一写成如下形式

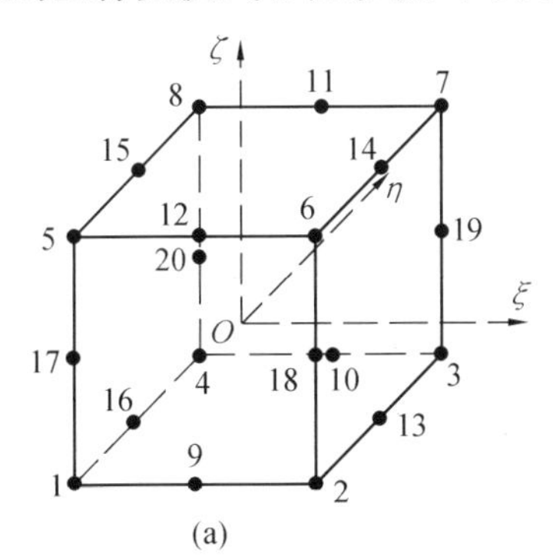

(a)

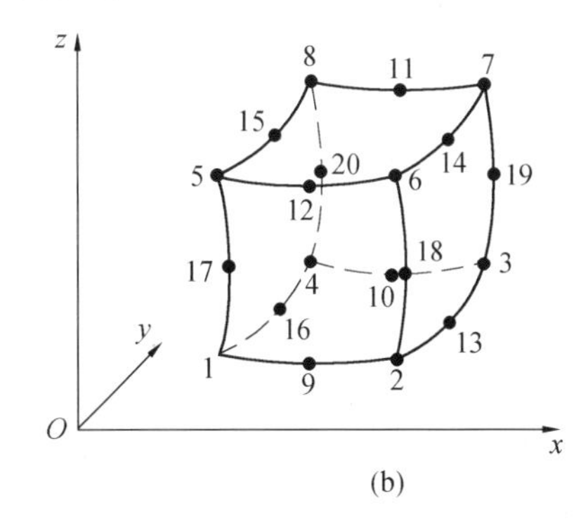

(b)

图 4.5 20 结点等参元

$$x=\sum_{i=1}^{n}N_ix_i\qquad y=\sum_{i=1}^{n}N_iy_i\qquad z=\sum_{i=1}^{n}N_iz_i\tag{4.54}$$

$$u=\sum_{i=1}^{n}N_iu_i\qquad v=\sum_{i=1}^{n}N_iv_i\qquad w=\sum_{i=1}^{n}N_iw_i\tag{4.55}$$

式中 n—— 单元结点数。

当 $n=8$ 时，n 为 8 结点等参元，它的形函数为

$$N_i=(1+\xi_0)(1+\eta_0)(1+\zeta_0)/8 \qquad (i=1,2,\cdots,8) \tag{4.56}$$

其中 $\xi_0=\xi_i\xi$、$\eta_0=\eta_i\eta$ 和 $\zeta_0=\zeta_i\zeta$，而 ξ_i、η_i 和 ζ_i 为结点 i 的局部坐标，对于角结点它们分别为 ± 1。

形函数式(4.56)的右端每一项正好是距结点的距离为2的三个平面方程的函数，它们的乘积在其他7个角点等于零，将结点 i 的坐标(ξ_i,η_i,ζ_i)代入则正好等于1，因此系数1/8是按形函数要求而确定的。

当 $n=20$ 时，指的是20结点等参单元，对于单元的20个结点，仿照上述方法，可以分别写出20个结点的形函数

$$\left.\begin{aligned}
N_i&=(1+\xi_0)(1+\eta_0)(1+\zeta_0)/8 && (i=1,2,\cdots,8)\\
N_i&=(1-\xi^2)(1+\eta_0)(1+\zeta_0)/4 && (i=9,10,11,12)\\
N_i&=(1-\eta^2)(1+\xi_0)(1+\zeta_0)/4 && (i=13,14,15,16)\\
N_i&=(1-\zeta^2)(1+\eta_0)(1+\zeta_0)/4 && (i=17,18,19,20)
\end{aligned}\right\} \tag{4.57}$$

其中，$\xi_0=\xi_i\xi$、$\eta_0=\eta_i\eta$ 和 $\zeta_0=\zeta_i\zeta$ 在各结点处 ξ_i、η_i 和 ζ_i 分别取为0、1和 -1。

式(4.57)也可以合并写成一个统一的表达式

$$\begin{aligned}
N_i=&(1+\xi_0)(1+\eta_0)(1+\zeta_0)(\xi_0+\eta_0+\zeta_0-2)\xi_i^2\eta_i^2\zeta_i^2/8+\\
&(1-\xi^2)(1+\eta_0)(1+\zeta_0)(1-\xi_i^2)\eta_i^2\zeta_i^2/4+\\
&(1-\eta^2)(1+\zeta_0)(1+\xi_0)(1-\eta_i^2)\zeta_i^2\xi_i^2/4+\\
&(1-\zeta^2)(1+\xi_0)(1+\eta_0)(1-\zeta_i^2)\xi_i^2\eta_i^2/4
\end{aligned} \tag{4.58}$$

与4～8结点平面等参元相似，只要约定某个边中结点形函数等于零，则这个结点就不存在，故式(4.58)可表示为8～20结点等参元形函数。

按几何关系式和式(4.55)，单元应变公式为

$$\begin{aligned}
\boldsymbol{\varepsilon}=&\left[\frac{\partial u}{\partial x}\quad\frac{\partial v}{\partial y}\quad\frac{\partial w}{\partial z}\quad\frac{\partial u}{\partial y}+\frac{\partial v}{\partial x}\quad\frac{\partial v}{\partial z}+\frac{\partial w}{\partial y}\quad\frac{\partial w}{\partial x}+\frac{\partial u}{\partial z}\right]^{\mathrm T}=\\
&\boldsymbol{B\delta}^e=[\boldsymbol{B}_1\quad\boldsymbol{B}_2\quad\cdots\quad\boldsymbol{B}_n][\boldsymbol{\delta}_1^{\mathrm T}\quad\boldsymbol{\delta}_2^{\mathrm T}\quad\cdots\quad\boldsymbol{\delta}_n^{\mathrm T}]^{\mathrm T}
\end{aligned} \tag{4.59}$$

其中

$$\boldsymbol{B}_i=\begin{bmatrix}N_{i,x}&0&0\\0&N_{i,y}&0\\0&0&N_{i,z}\\N_{i,y}&N_{i,x}&0\\0&N_{i,z}&N_{i,y}\\N_{i,z}&0&N_{i,x}\end{bmatrix}\qquad \boldsymbol{\delta}_i=\begin{bmatrix}u_i\\v_i\\w_i\end{bmatrix}\quad (i=1,2,\cdots,n) \tag{4.60}$$

式中，$N_{i,x}$、$N_{i,y}$、$N_{i,z}$ 分别表示 N_i 对 x、y、z 的偏导数。根据复合函数计算规则，它们与 $N_{i,\xi}$、$N_{i,\eta}$、$N_{i,\zeta}$ 关系为

$$[N_{i,x}\quad N_{i,y}\quad N_{i,z}]^{\mathrm T}=\boldsymbol{J}^{-1}[N_{i,\xi}\quad N_{i,\eta}\quad N_{i,\zeta}]^{-1} \tag{4.61}$$

应力为

$$\begin{aligned}
\boldsymbol{\sigma}=&[\sigma_x\quad\sigma_y\quad\sigma_z\quad\tau_{xy}\quad\tau_{yz}\quad\tau_{zx}]^{\mathrm T}=\boldsymbol{DB\delta}^e=\\
&\boldsymbol{S\delta}^e=[\boldsymbol{S}_1\quad\boldsymbol{S}_2\quad\cdots\quad\boldsymbol{S}_n]\boldsymbol{\delta}^e
\end{aligned} \tag{4.62}$$

其中

$$\boldsymbol{S}_i = A_3 \begin{bmatrix} N_{i,x} & A_1 N_{i,y} & A_1 N_{i,z} \\ A_1 N_{i,x} & N_{i,y} & A_1 N_{i,z} \\ A_1 N_{i,x} & A_1 N_{i,y} & N_{i,z} \\ A_2 N_{i,y} & A_2 N_{i,x} & 0 \\ 0 & A_2 N_{i,z} & A_2 N_{i,x} \\ A_2 N_{i,z} & 0 & A_2 N_{i,x} \end{bmatrix} \quad (i = 1,2,\cdots,n) \tag{4.63}$$

上式中 A_1、A_2、A_3 分别为

$$A_1 = \frac{\mu}{1-\mu} \qquad A_2 = \frac{1-2\mu}{2(1-\mu)} \qquad A_3 = \frac{(1-\mu)E}{(1+\mu)(1-2\mu)}$$

单元刚度矩阵可以分成 $n \times n$ 子矩阵，且每个子矩阵可以表示为

$$\boldsymbol{k}_{rs} = \int_V \boldsymbol{B}_r^{\mathrm{T}} \boldsymbol{D} \boldsymbol{B}_s \mathrm{d}x\mathrm{d}y\mathrm{d}z = \int_{-1}^{+1}\int_{-1}^{+1}\int_{-1}^{+1} \boldsymbol{B}_r^{\mathrm{T}} \boldsymbol{D} \boldsymbol{B}_s \,|\, \boldsymbol{J} \,|\, \mathrm{d}\xi \mathrm{d}\boldsymbol{\eta} \mathrm{d}\zeta$$

式中

$$\boldsymbol{B}_r^{\mathrm{T}} \boldsymbol{D} \boldsymbol{B}_s = \begin{bmatrix} N_{r,x}N_{s,x} + A_2(N_{r,y}N_{s,y} + N_{r,z}N_{s,z}) & A_1 N_{r,x}N_{s,y} + A_2 N_{r,y}N_{s,x} & A_1 N_{r,x}N_{s,z} + A_2 N_{r,z}N_{s,x} \\ A_1 N_{r,y}N_{s,z} + A_2 N_{r,x}N_{s,y} & N_{r,y}N_{s,y} + A_2(N_{r,z} + N_{s,z} + N_{r,x}N_{s,x}) & A_1 N_{r,y}N_{s,z} + A_2 N_{r,z}N_{s,y} \\ A_1 N_{r,z}N_{s,x} + A_2 N_{r,x}N_{s,z} & A_1 N_{r,z}N_{s,y} + A_2 N_{r,y}N_{s,z} & N_{r,z}N_{s,z} + A_2(N_{r,x}N_{s,x} + N_{r,y}N_{s,y}) \end{bmatrix}$$

$$(r,s = 1,2,\cdots,n) \tag{4.64}$$

等效结点力可以按不同的外载荷分别表示为：

(1) 集中力

设单元某点受到集中力 $\boldsymbol{G} = [G_x \quad G_y \quad G_z]^{\mathrm{T}}$，将其移置到单元各结点上的等效结点力为

$$\boldsymbol{F}_{Gi}^e = \begin{bmatrix} F_{Gix} \\ F_{Giy} \\ F_{Giz} \end{bmatrix}^e = (N_i)_c \begin{bmatrix} G_x \\ G_y \\ G_z \end{bmatrix} \quad (i = 1,2,\cdots,20) \tag{4.65}$$

(2) 体积力

设单位体积力是 $\boldsymbol{p}_V = [p_{Vx} \quad p_{Vy} \quad p_{Vz}]^{\mathrm{T}}$，将其移置到单元各结点上的等效结点力为

$$\boldsymbol{P}_{Vi}^e = [P_{Vxi}^e \quad P_{Vyi}^e \quad P_{Vzi}^e]^{\mathrm{T}} = \int_{-1}^{+1}\int_{-1}^{+1}\int_{-1}^{+1} N_i [p_{Vx} \quad p_{Vy} \quad p_{Vz}]^{\mathrm{T}} \,|\, \boldsymbol{J} \,|\, \mathrm{d}\xi \mathrm{d}\boldsymbol{\eta} \mathrm{d}\zeta \tag{4.66}$$

(3) 表面力

设单元的某边界面上作用的表面力为 $\boldsymbol{q}_s = [q_{sx} \quad q_{sy} \quad q_{sz}]^{\mathrm{T}}$，则此面上各结点的等效结点力（如在 $\xi = 1$ 的面上）经整理后可表示为

$$\boldsymbol{Q}_{si}^e = \int_S N_i [q_{sx} \quad q_{sy} \quad q_{sz}]^{\mathrm{T}} \mathrm{d}s = \int_{-1}^{+1}\int_{-1}^{+1} N_i \boldsymbol{q}_s \,|\, \boldsymbol{S} \times \boldsymbol{T} \,|_{\xi=1} \mathrm{d}\boldsymbol{\eta} \mathrm{d}\zeta \tag{4.67}$$

上式是由式(4.61)中利用 $\boldsymbol{J}$ 的元素写出 $\boldsymbol{J}^{-1}$ 显式的置换公式，即引入矢径及其偏导数记号，其中

$$\boldsymbol{r} = [x \quad y \quad z]^{\mathrm{T}} \qquad \boldsymbol{S} = \boldsymbol{r}_{,\xi} = [x_{,\xi} \quad y_{,\xi} \quad z_{,\xi}]^{\mathrm{T}}$$

$$\boldsymbol{T} = \boldsymbol{r}_{,\eta} = [x_{,\eta} \quad y_{,\eta} \quad z_{,\eta}]^{\mathrm{T}} \qquad \boldsymbol{V} = \boldsymbol{r}_{,\zeta} = [x_{,\zeta} \quad y_{,\zeta} \quad z_{,\zeta}]^{\mathrm{T}}$$

则

$$J = [S \quad T \quad V]^T$$

$$|J| = S \times T \cdot V = T \times V \cdot S = V \times S \cdot T$$

由此可得雅可比矩阵逆阵的显式表达式

$$J^{-1} = [T \times V \quad V \times S \quad S \times T] / |J|$$

如果集中力全部移置到结点上,在剖分单元时,必须把集中力作用点作为单元角结点。

4.3.2 空间轴对称等参元

在空间轴对称问题中,采用与前面相同形式的坐标变换和位移模式,即

$$r = \sum_{i=1}^{n} N_i r_i \qquad z = \sum_{i=1}^{n} N_i z_i \qquad u = \sum_{i=1}^{n} N_i u_i \qquad w = \sum_{i=1}^{n} N_i w_i \tag{4.68}$$

式中 n—— 单元的结点数。

形函数 N_i 计算公式与平面等参数单元相似,只需将平面等参数单元形函数计算公式中的 x、y 改变为 r、z。

应变公式可表示为

$$\boldsymbol{\varepsilon} = \begin{bmatrix} \frac{\partial u}{\partial r} & \frac{u}{r} & \frac{\partial w}{\partial z} & \frac{\partial u}{\partial z} + \frac{\partial w}{\partial r} \end{bmatrix}^T = \boldsymbol{B}\boldsymbol{\delta}^e = [\boldsymbol{B}_1 \quad \boldsymbol{B}_2 \quad \cdots \quad \boldsymbol{B}_n][\boldsymbol{\delta}_1^{eT} \quad \boldsymbol{\delta}_2^{eT} \quad \cdots \quad \boldsymbol{\delta}_n^{eT}]^T \tag{4.69}$$

其中

$$\boldsymbol{B}_i = \begin{bmatrix} N_{i,r} & 0 \\ N_i/r & 0 \\ 0 & N_{i,z} \\ N_{i,z} & N_{i,r} \end{bmatrix} \qquad \boldsymbol{\delta}_i^e = \begin{bmatrix} u_i \\ w_i \end{bmatrix} \qquad (i = 1,2,\cdots,n)$$

由于

$$\begin{bmatrix} N_{i,r} \\ N_{i,z} \end{bmatrix} = \boldsymbol{J}^{-1} \begin{bmatrix} N_{i,\xi} \\ N_{i,\eta} \end{bmatrix}$$

$$\boldsymbol{J}^{-1} = \frac{1}{|\boldsymbol{J}|} \begin{bmatrix} z_{,\eta} & -z_{,\xi} \\ -r_{,\eta} & r_{,\xi} \end{bmatrix} \tag{4.70}$$

$$|\boldsymbol{J}| = r_{,\xi} z_{,\eta} - r_{,\eta} z_{,\xi}$$

将上述表达式代入式(4.69),即可求得应变矩阵 $\boldsymbol{B}$。

应力计算公式为

$$\boldsymbol{\sigma} = [\sigma_r \quad \sigma_\theta \quad \sigma_z \quad \tau_{rz}]^T = \boldsymbol{D}\boldsymbol{B}\boldsymbol{\delta}^e = [\boldsymbol{S}_1 \quad \boldsymbol{S}_2 \quad \cdots \quad \boldsymbol{S}_n]\boldsymbol{\delta}^e \tag{4.71}$$

其中

$$\boldsymbol{S}_i = A_3 \begin{bmatrix} N_{i,r} + A_1 N_i / r & A_1 N_{i,z} \\ A_1 N_{i,r} + N_i / r & A_1 N_{i,z} \\ A_1 (N_{i,r} + N_i / r) & N_{i,z} \\ A_2 N_{i,z} & A_2 N_{i,r} \end{bmatrix} \quad (i = 1,2,\cdots,n) \tag{4.72}$$

A_1、A_2 和 A_3 为式(4.63)所示，当 $r=0$ 时，即在对称轴上有 $\varepsilon_\theta = \varepsilon_r$，因此可以用 $N_{i,r}$ 替代 N_i/r，以消除式(4.72)的奇异项。

单元刚度矩阵，同样可以分成 $n \times n$ 个子矩阵，且任一子矩阵均可表示为

$$\boldsymbol{k}_{ij} = 2\pi \int_{-1}^{+1} \int_{-1}^{+1} \boldsymbol{B}_i^{\mathrm{T}} \boldsymbol{D} \boldsymbol{B}_j r \mid \boldsymbol{J} \mid \mathrm{d}\xi \mathrm{d}\eta$$

其中

$$\boldsymbol{B}_i^{\mathrm{T}} \boldsymbol{D} \boldsymbol{B}_j = A_3 \begin{bmatrix} N_{i,r}\left(N_{j,} + \dfrac{A_1 N_j}{r}\right) + \dfrac{N_i\left(A_1 N_{j,r} + \dfrac{N_j}{r}\right)}{r} + A_2 N_{i,z} N_{j,z} & A_1 N_{i,r} N_{j,z} + \dfrac{A_1 N_i N_{j,z}}{r} + A_2 N_{i,z} N_{j,r} \\ A_1 N_{i,z}\left(N_{j,r} + \dfrac{N_j}{r}\right) + A_2 N_{i,r} N_{j,z} & N_{i,z} N_{j,z} + A_2 N_{i,r} N_{j,r} \end{bmatrix}$$

$$(i, j = 1,2,\cdots,n) \tag{4.73}$$

等效结点力计算：

(1) 体积力

设单位体积力是 $\boldsymbol{p}_V = [p_{Vr} \quad p_{Vz}]^{\mathrm{T}}$，则作用在单元各结点上的等效结点力为

$$\boldsymbol{F}_{Vi}^e = [F_{Vri} \quad F_{Vzi}]^{\mathrm{T}} = 2\pi \int_{-1}^{+1} \int_{-1}^{+1} r N_i [p_{Vr} \quad p_{Vz}]^{\mathrm{T}} \mid \boldsymbol{J} \mid \mathrm{d}\xi \mathrm{d}\eta \tag{4.74}$$

(2) 表面力

设单元的某边界面 $\boldsymbol{\Gamma}$ 上作用有表面力 $\boldsymbol{q}_s = [\sigma \quad \tau]^{\mathrm{T}}$，其中 σ 和 τ 分别表示单元表面力作用边的外法线方向和切线方向投影，则作用在此边上各结点的等效结点力为

$$\boldsymbol{F}_{si}^e = [F_{sri} \quad F_{szi}]^{\mathrm{T}} = 2\pi \int_{\Gamma} r N_i [\tau \mathrm{d}r + \sigma \mathrm{d}z \quad \tau \mathrm{d}z - \sigma \mathrm{d}r]^{\mathrm{T}} \xlongequal{\text{若 } \eta = 1 \text{ 边}}$$

$$- 2\pi \int_{-1}^{+1} r N_i [\tau r_{,\xi} + \sigma z_{,\xi} \quad \tau z_{,\varepsilon} - \sigma r_{,\xi}]^{\mathrm{T}} \mathrm{d}\xi \tag{4.75}$$

4.4 应用实例

4.4.1 受内压空心圆筒的轴对称有限元分析

【例 4.1】 图 4.6 所示为一无限长的受内压的轴对称圆筒，该圆筒置于内径为 120 mm 的刚性圆孔中，试求圆筒内径处的位移。结构的材料参数为：$E = 200$ GPa，$\mu = 0.3$。

解 对该问题进行有限元分析的过程如下。

(1) 结构的离散化与编号

由于该圆筒为无限长，取出中间一段（20 mm 高），采用两个三角形轴对称单元，如图 4.6(b) 所示。对该系统进行离散，单元编号及结点编号如图 4.7 所示，有关结点和单元

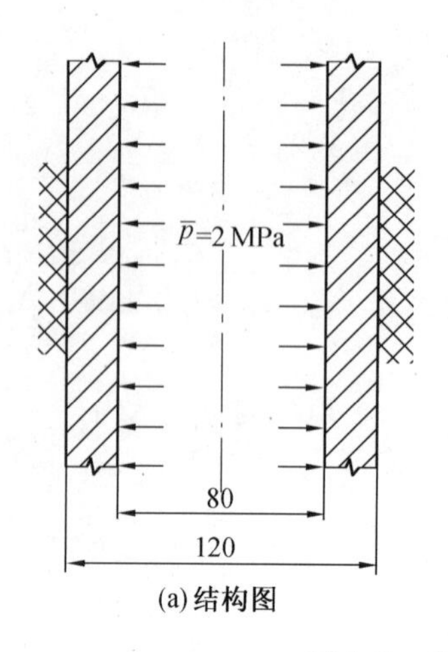

(a)结构图

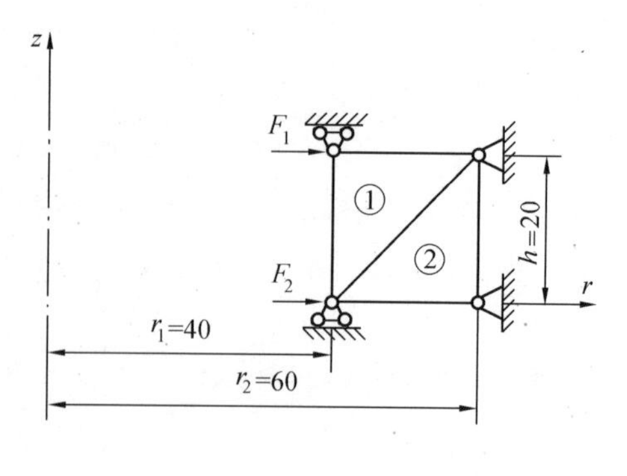

(b)有限元模型

图 4.6 受内压的空心圆筒及有限元模型

的信息见表 4.1。

表 4.1 单元编号及结点编号

单元编号	结点编号		
①	1	2	3
②	2	3	4

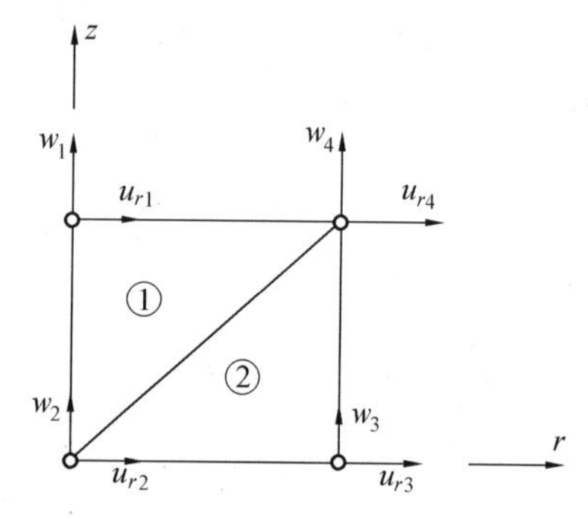

图 4.7 结点位移编号及单元编号

结构的结点位移列阵为

$$\boldsymbol{\delta} = [u_{r1} \quad w_1 \quad u_{r2} \quad w_2 \quad u_{r3} \quad w_3 \quad u_{r4} \quad w_4]^{\mathrm{T}} \tag{4.76}$$

结构的结点外载列阵

$$\boldsymbol{F} = [F_{r1} \quad 0 \quad F_{r2} \quad 0 \quad 0 \quad 0 \quad 0 \quad 0]^{\mathrm{T}} \tag{4.77}$$

F_{r1} 和 F_{r2} 为由内压作用而等效在结点 1 和结点 2 上的载荷，其大小为

$$F_{r1} = F_{r2} = \frac{2\pi r_1 h\bar{p}}{2} = \frac{2\pi \times 40 \times 20 \times 2}{2} = 5\ 026(\mathrm{N}) \tag{4.78}$$

约束的支反力列阵

$$\boldsymbol{R} = [0 \quad R_{z1} \quad 0 \quad R_{z2} \quad R_{r3} \quad R_{z3} \quad R_{r4} \quad R_{z4}]^{\mathrm{T}} \tag{4.79}$$

其中，R_{z1} 和 R_{z2} 为结点 1 和结点 2 在 z 方向的约束支反力，(R_{r3}, R_{z3}) 和 (R_{r4}, R_{z4}) 为结点 3 和结点 4 在 r 方向和 z 方向的约束支反力。

总的结点载荷列阵

$$\boldsymbol{P} = \boldsymbol{F} + \boldsymbol{R} = [F_{r1} \quad R_{z1} \quad F_{r2} \quad R_{z2} \quad R_{r3} \quad R_{z3} \quad R_{r4} \quad R_{z4}]^{\mathrm{T}} \tag{4.80}$$

(2) 各个单元的描述

单元的弹性矩阵为

$$\boldsymbol{D} = 10^5 \times \begin{bmatrix} 2.69 & 1.15 & 1.15 & 0 \\ 1.15 & 2.69 & 1.15 & 0 \\ 1.15 & 1.15 & 2.69 & 0 \\ 0 & 0 & 0 & 0.77 \end{bmatrix} \tag{4.81}$$

计算各个单元的刚度矩阵 $\boldsymbol{K}^e = \int_{A^e} \boldsymbol{B}^{\mathrm{T}}\boldsymbol{D}\boldsymbol{B}2\pi r\mathrm{d}r\mathrm{d}z$,即

$$\boldsymbol{K}^{(1)} = 10^7 \times \begin{array}{c} \begin{array}{cccccc} u_{r1} & w_1 & u_{r2} & w_2 & u_{r4} & w_4 \\ \downarrow & \downarrow & \downarrow & \downarrow & \downarrow & \downarrow \end{array} \\ \begin{bmatrix} 4.03 & -2.58 & -2.34 & 1.45 & -1.93 & 1.13 \\ & 8.46 & 1.37 & -7.89 & 1.93 & -0.565 \\ & & 2.30 & -0.24 & 0.16 & -1.13 \\ & \text{对称} & & 7.89 & -1.93 & 0 \\ & & & & 2.26 & 0 \\ & & & & & 0.565 \end{bmatrix} \end{array} \begin{array}{l} \leftarrow \mu_{r1} \\ \leftarrow \omega_1 \\ \leftarrow \mu_{r2} \\ \leftarrow \omega_2 \\ \leftarrow \mu_{r4} \\ \leftarrow \omega_4 \end{array} \tag{4.82}$$

$$\boldsymbol{K}^{(2)} = 10^7 \times \begin{array}{c} \begin{array}{cccccc} u_{r2} & w_2 & u_{r3} & w_3 & u_{r4} & w_4 \\ \downarrow & \downarrow & \downarrow & \downarrow & \downarrow & \downarrow \end{array} \\ \begin{bmatrix} 2.05 & 0 & -2.22 & 1.69 & -0.085 & -1.69 \\ & 0.64 & 1.29 & -0.645 & -1.29 & 0 \\ & & 5.11 & -3.46 & -2.42 & 2.17 \\ & \text{对称} & & 9.66 & 1.05 & -9.02 \\ & & & & 2.61 & 0.24 \\ & & & & & 9.02 \end{bmatrix} \end{array} \begin{array}{l} \leftarrow \mu_{r2} \\ \leftarrow \omega_2 \\ \leftarrow \mu_{r3} \\ \leftarrow \omega_3 \\ \leftarrow \mu_{r4} \\ \leftarrow \omega_4 \end{array} \tag{4.83}$$

(3) 建立整体刚度方程

组装整体刚度矩阵并形成整体刚度方程,有

$$\underset{(8\times 8)}{\boldsymbol{K}} \cdot \underset{(8\times 1)}{\boldsymbol{\delta}} = \underset{(8\times 1)}{\boldsymbol{P}} \tag{4.84}$$

其中

$$\boldsymbol{K} = \boldsymbol{K}^{(1)} + \boldsymbol{K}^{(2)} \tag{4.85}$$

(4) 边界条件的处理及刚度方程求解

边界条件为 $w_1 = 0, w_2 = 0, w_3 = 0, \mu_{r4} = 0, w_4 = 0$,将其代入方程(4.84) 中,有

$$10^7 \times \begin{bmatrix} 4.03 & -2.34 \\ -2.34 & 4.35 \end{bmatrix} \begin{bmatrix} \mu_{r1} \\ \mu_{r2} \end{bmatrix} = \begin{bmatrix} 5\ 026 \\ 5\ 026 \end{bmatrix} \tag{4.86}$$

对该方程进行求解,有

$$\left.\begin{array}{l} u_{r1} = 2.78 \times 10^{-4}(\mathrm{mm}) \\ u_{r2} = 2.64 \times 10^{-4}(\mathrm{mm}) \end{array}\right\} \tag{4.87}$$

习　　题

4.1　轴对称三角形环单元是否为常应变单元,为什么?

4.2　轴对称问题中，刚体自由度有哪几个？如何限制结构刚体位移？

4.3　有一个很长的厚壁筒，外径与内径分别为 $2a$ 及 a，筒受内部气体压力，集度为 p(N/mm^2)。筒的弹性模量 E 已知，且泊松比为 $\mu = 0.3$。试编程序计算筒壁应力及位移分布并与解析结果比较。

4.4　如题图4.1所示，轴对称问题的两个单元 a 和 b，设材料的弹性模量为 E，泊松比为 $\mu = 0.15$。试手算这两个单元的刚度矩阵。

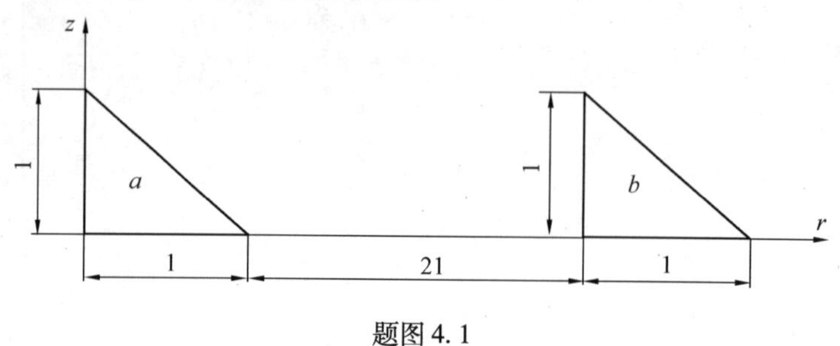

题图 4.1

第5章 薄板弯曲问题

在用有限元计算结构的支撑件和箱体时，一般都包括有板单元。这些构件大都承受着空间力系，使板单元除产生平面变形外，还产生连弯带扭的复杂变形，平板变成了曲板，这就是一般的薄板弯曲问题。薄板弯曲问题有它自己的经典理论，这些理论是用有限元法解决薄板问题的基础知识之一，本章首先予以研究。

5.1 弹性力学薄板弯曲问题的基本方程式

5.1.1 基本假设

薄板是指厚度 t 远小于其长度、宽度的板。在变形前，平行于板面且平分板厚度的平面，称为板的中面。一般设变形前板中面所在的平面为 xOy 坐标面，z 轴垂直于板面，采用右手坐标系，如图5.1所示。

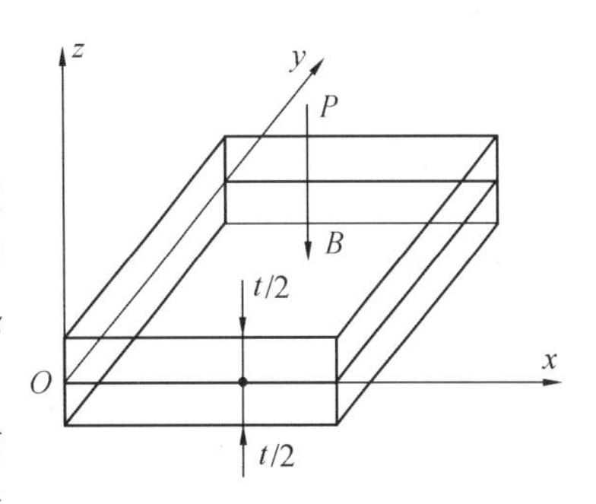

图5.1　薄板的坐标系

当薄板承受垂直于板面的载荷时，在板的横截面上将产生弯矩和扭矩，从而产生使板弯曲和扭转的应力。在这组应力的作用下，板连弯带扭，变成一个曲面板。薄板的这种应力问题通常称为板的弯曲问题。

薄板的弯曲问题，类似于直梁的弯曲问题。分析薄板的小挠度弯曲问题时，要采用克希霍夫的三个假设：

① 法线假设。

在板变形前垂直于中面的法向线段，在板变形后仍然垂直于弯曲了的中面，且法向线段没有伸缩，板的厚度没有变化，即 $\varepsilon_z = 0$，$\gamma_{yz} = \gamma_{zx} = 0$。

② 正应力假设。

在平行于中面的截面上，正应力 σ_z 远小于 σ_x、σ_y、τ_{xy}，所以可忽略不计。

③ 小挠度假设。

薄板中面的挠度 w 远小于 t，薄板中面内的各点没有平行于中面的位移，即 $u\big|_{z=0} = 0$，$v\big|_{z=0} = 0$。

利用上述三个假设，板的全部应力和应变分量都可以用板中面的挠度 w 来表示。

5.1.2 位移分量

在如图5.1所示的薄板上,有一任意点$B(x,y,z)$。设该薄板在垂直于板面载荷作用下点B的位移分量用$u(x,y,z)$,$v(x,y,z)$,$w(x,y,z)$来表示,根据假设①有

$$\varepsilon_z = \frac{\partial w(x,y,z)}{\partial z} = 0$$

从而可得

$$w = w(x,y,z) = w(x,y)$$

也就是说,w与坐标z无关,薄板中面每一法线上的所有各点都有相同的位移w。

根据假设①,无剪应变γ_{yz}和γ_{zx}。由弹性力学几何方程有

$$\frac{\partial v}{\partial z} + \frac{\partial w}{\partial y} = 0 \qquad \frac{\partial w}{\partial x} + \frac{\partial u}{\partial z} = 0$$

由此可得

$$\frac{\partial v}{\partial z} = -\frac{\partial w}{\partial y} \qquad \frac{\partial u}{\partial z} = -\frac{\partial w}{\partial x}$$

由于$w = w(x,y)$与坐标z无关,可知$\frac{\partial w}{\partial x}$和$\frac{\partial w}{\partial y}$也与$z$无关,上两式对$z$积分得

$$u = -z\frac{\partial w}{\partial x} + f_1(x,y)$$

$$v = -z\frac{\partial w}{\partial y} + f_2(x,y)$$

式中,$f_1(x,y)$和$f_2(x,y)$是任意函数。

由假设③,$u\Big|_{z=0} = 0$、$v\Big|_{z=0} = 0$,代入上面两式,可得$f_1(x,y) = f_2(x,y) = 0$,从而有

$$\left.\begin{aligned} u &= u(x,y,z) = -z\frac{\partial w(x,y)}{\partial x} \\ v &= v(x,y,z) = -z\frac{\partial w(x,y)}{\partial y} \\ w &= w(x,y,z) = w(x,y) \end{aligned}\right\} \tag{5.1}$$

为了研究θ_x和θ_y,经图5.1中的$B(x,y,z)$点做垂直于y坐标和x坐标轴的横截面,如图5.2(a)和图5.2(b)所示。图中,薄板弯曲变形后,中面上的点$A(x,y,0)$产生挠度$w(x,y)$而移到了点A'。根据假设①,变形前位于中面法线上距点A为z的点B,变形后移到了点B',而且点B'仍然位于弯曲后的中面法线上。由图5.2可以看出,当z方向的位移w很小时,转角θ_x和θ_y也很小。这样,点B在x、y方向的位移u、v在数值上就分别等于$z\theta_y$和$z\theta_x$,并且u和θ_y的正负号相同,v和θ_x的正负号相反。由式(5.1)中的正负号关系,可以得到

$$\theta_y = -\frac{\partial w}{\partial x} \qquad \theta_x = \frac{\partial w}{\partial y} \tag{5.1(a)}$$

$$u = -z\frac{\partial w}{\partial x} = z\,\theta_y \qquad v = -z\frac{\partial w}{\partial y} = -z\,\theta_x \tag{5.1(b)}$$

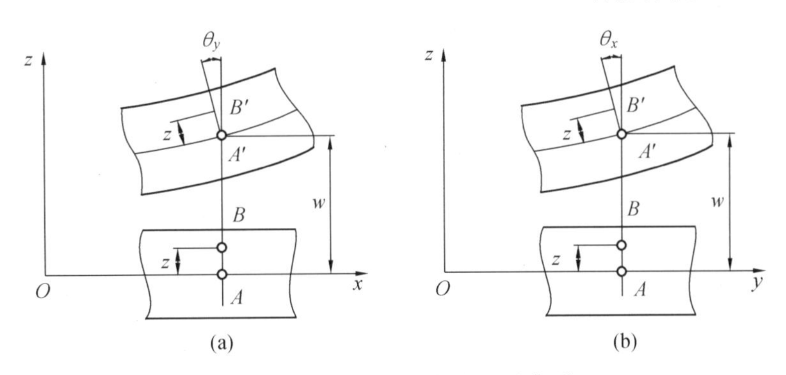

图5.2 薄板弯曲后某点B的变形

由于在垂直于板面的载荷作用下，板面没有绕z轴的转动，所以

$$\theta_z = 0 \tag{5.1(c)}$$

对于中面上的某点，例如点i，由于此时$u_i = v_i = \theta_{zi} = 0$，所以其位移只剩下$w_i$和$\theta_{xi}$、$\theta_{yi}$三个不等于零的分量。

5.1.3 应变分量

由法线假设，对于薄板弯曲问题有

$$\varepsilon_z = \gamma_{yz} = \gamma_{zx} = 0$$

这样，只剩下ε_x、ε_y和γ_{xy}三个应变分量不等于零。将式(5.1)代入弹性力学几何方程的应变表达式中，可得

$$\left.\begin{aligned} \varepsilon_x &= \frac{\partial u}{\partial x} = -z\frac{\partial^2 w}{\partial x^2} \\ \varepsilon_y &= \frac{\partial v}{\partial y} = -z\frac{\partial^2 w}{\partial y^2} \\ \gamma_{xy} &= \frac{\partial u}{\partial y} + \frac{\partial v}{\partial x} = -2z\frac{\partial^2 w}{\partial x\partial y} \end{aligned}\right\} \tag{5.2}$$

或写成矩阵形式

$$\boldsymbol{\varepsilon} = \begin{bmatrix} \varepsilon_x \\ \varepsilon_y \\ \gamma_{xy} \end{bmatrix} = z\begin{bmatrix} -\dfrac{\partial^2 w}{\partial x^2} \\ -\dfrac{\partial^2 w}{\partial y^2} \\ -2\dfrac{\partial^2 w}{\partial x\partial y} \end{bmatrix} \tag{5.2(a)}$$

在小变形的情况下，$\dfrac{\partial^2 w}{\partial x^2}$和$\dfrac{\partial^2 w}{\partial y^2}$分别代表薄板弹性曲面在$x$方向和$y$方向的曲率，而$\dfrac{\partial^2 w}{\partial x\partial y}$代表在$x$方向和$y$方向的扭率，这三者统称为曲率。它们完全确定了板内各点的应变，因此可称为薄板的广义应变。

若令

$$-\frac{\partial^2 w}{\partial x^2}=\chi_x \qquad -\frac{\partial^2 w}{\partial y^2}=\chi_y \qquad -2\frac{\partial^2 w}{\partial x\partial y}=\chi_{xy}$$

则广义应变可表示为

$$\boldsymbol{\chi}=\begin{bmatrix}\chi_x\\ \chi_y\\ \chi_{xy}\end{bmatrix}=\begin{bmatrix}-\dfrac{\partial^2 w}{\partial x^2}\\ -\dfrac{\partial^2 w}{\partial y^2}\\ -2\dfrac{\partial^2 w}{\partial x\partial y}\end{bmatrix} \tag{5.2(b)}$$

而式(5.2(a))可简写为

$$\boldsymbol{\varepsilon}=z\boldsymbol{\chi} \tag{5.2(c)}$$

5.1.4 应力和应变的关系

由假设②,有 $\sigma_z=0$,又由假设①有 $\varepsilon_z=\gamma_{yz}=\gamma_{zx}=0$,由此得到 $\tau_{yz}=\tau_{zx}=0$。根据弹性力学三维问题应力应变关系式得

$$\left.\begin{aligned}\varepsilon_x&=\frac{1}{E}(\sigma_x-\mu\sigma_y)\\ \varepsilon_y&=\frac{1}{E}(\sigma_y-\mu\sigma_x)\\ \gamma_{xy}&=\frac{2(1+\mu)}{E}\tau_{xy}\end{aligned}\right\} \tag{5.3}$$

写成矩阵形式

$$\boldsymbol{\varepsilon}=\begin{bmatrix}\varepsilon_x\\ \varepsilon_y\\ \gamma_{xy}\end{bmatrix}=\frac{1}{E}\begin{bmatrix}1&-\mu&0\\ -\mu&1&0\\ 0&0&2(1+\mu)\end{bmatrix}\begin{bmatrix}\sigma_x\\ \sigma_y\\ \tau_{xy}\end{bmatrix} \tag{5.3(a)}$$

将式(5.3(a))的系数矩阵求逆,则得

$$\boldsymbol{\sigma}=\begin{bmatrix}\sigma_x\\ \sigma_y\\ \tau_{xy}\end{bmatrix}=\frac{E}{1-\mu^2}\begin{bmatrix}1&\mu&0\\ \mu&1&0\\ 0&0&\dfrac{1-\mu}{2}\end{bmatrix}\begin{bmatrix}\varepsilon_x\\ \varepsilon_y\\ \gamma_{xy}\end{bmatrix} \tag{5.4}$$

把式(5.2(c))代入上式,得

$$\boldsymbol{\sigma}=\frac{Ez}{1-\mu^2}\begin{bmatrix}1&\mu&0\\ \mu&1&0\\ 0&0&\dfrac{1-\mu}{2}\end{bmatrix}\begin{bmatrix}\chi_x\\ \chi_y\\ \chi_{xy}\end{bmatrix} \tag{5.4(a)}$$

5.1.5 弹性矩阵和基本微分方程式

现在来计算应力分量 σ_x、σ_y 和 τ_{xy} 合成的薄板内力。在薄板上取一个 x、y 方向都等

于单位长度的微元体,如图 5.3 所示。在垂直于 x 轴的横截面上,由式(5.4(a))知,正应力 σ_x 正比于 z,而且当 z 反号时,σ_x 也相应地反号。因此,在该面上,σ_x 的合力是一个弯矩,记为 M_x,得

$$M_x = \int_{-t/2}^{+t/2} z\sigma_x \mathrm{d}z = -\frac{Et^3}{12(1-\mu^2)}\left(\frac{\partial^2 w}{\partial x^2} + \mu\frac{\partial^2 w}{\partial y^2}\right) \tag{5.5(a)}$$

同理,作用于横截面上的剪应力的合力是一扭矩,有

$$M_{xy} = \int_{-t/2}^{+t/2} z\tau_{xy} \mathrm{d}z = -\frac{Et^3}{12(1-\mu^2)}\frac{\partial^2 w}{\partial x\partial y} \tag{5.5(b)}$$

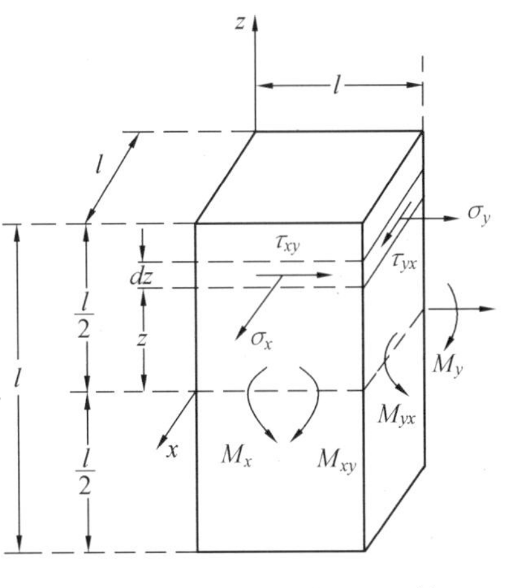

图 5.3 薄板内的单元微元体

在垂直于 y 轴的横截面上,σ_y 和 τ_{xy} 的合力也是一个弯矩和一个扭矩,即

$$M_y = \int_{-t/2}^{+t/2} z\sigma_y \mathrm{d}z = -\frac{Et^3}{12(1-\mu^2)}\left(\mu\frac{\partial^2 w}{\partial x^2} + \frac{\partial^2 w}{\partial y^2}\right) \tag{5.5(c)}$$

$$M_{yx} = \int_{-t/2}^{+t/2} z\tau_{yx} \mathrm{d}z = \int_{-t/2}^{+t/2} z\tau_{xy} \mathrm{d}z = M_{xy} \tag{5.5(d)}$$

上述的 M_x、M_y、M_{xy}、M_{yx} 是薄板弯曲时单位长度横截面上的内力矩,称为线力矩。它们完全确定了薄板各点的应力状态,因此也称为薄板的广义应力。将各广义应力写成矩阵的形式,则得

$$\boldsymbol{M} = \begin{bmatrix} M_x \\ M_y \\ M_{xy} \end{bmatrix} = \frac{Et^3}{12(1-\mu^2)}\begin{bmatrix} 1 & \mu & 0 \\ \mu & 1 & 0 \\ 0 & 0 & \dfrac{1-\mu}{2} \end{bmatrix}\begin{bmatrix} -\dfrac{\partial^2 w}{\partial x^2} \\ -\dfrac{\partial^2 w}{\partial y^2} \\ -2\dfrac{\partial^2 w}{\partial x\partial y} \end{bmatrix} \tag{5.6}$$

简记为

$$\boldsymbol{M} = \boldsymbol{D\chi} \tag{5.6(a)}$$

式(5.6(a))是广义应力和广义应变之间的关系式。而矩阵

$$\boldsymbol{D} = \frac{Et^3}{12(1-\mu^2)}\begin{bmatrix} 1 & \mu & 0 \\ \mu & 1 & 0 \\ 0 & 0 & \dfrac{1-\mu}{2} \end{bmatrix} \tag{5.7}$$

称为薄板弯曲问题的弹性矩阵。

对薄板弯曲问题,其基本微分方程式为

$$\frac{Et^3}{12(1-\mu^2)}\left(\frac{\partial^4 w}{\partial x^4} + 2\frac{\partial^4 w}{\partial x^2\partial y^2} + \frac{\partial^4 w}{\partial y^4}\right) = p \tag{5.8}$$

式(5.8)和式(5.7)中的 $\dfrac{Et^3}{12(1-\mu^2)}$ 有时称为板的弯曲刚度。

式(5.8)是双调和方程。这类方程所描述的薄板弯曲问题,采用有限元法求解时是收敛的。求解时,一般将薄板结构剖分为矩形板单元和三角形单元。

5.2 矩形薄板单元的刚度矩阵

5.2.1 设定位移函数

设将在 z 向集中力和 x、y 轴集中力矩作用下的结构离散成矩形薄板单元,如图5.4所示。由于在弯曲问题中,单元之间通过结点除了传递 z 向集中力外,还要传递集中力矩,因此假设单元之间通过结点相互刚性连接,并假设结点位于薄板的中面上。由于只考虑 z 向挠度 w_i 和转角 θ_{xi}、θ_{yi} 三个位移分量,对应的结点力也只考虑 F_{zi} 和 M_{xi}、M_{yi} 三个分量,所以矩形板单元的结点位移矩阵(列向量)为

$$\boldsymbol{\delta}^e = \begin{bmatrix} \delta_i \\ \delta_j \\ \delta_k \\ \delta_l \end{bmatrix} = [w_i \quad \theta_{xi} \quad \theta_{yi} \quad w_j \quad \theta_{xj} \quad \theta_{yj} \quad w_k \quad \theta_{xk} \quad \theta_{yk} \quad w_l \quad \theta_{xl} \quad \theta_{yl}]^{\mathrm{T}} \tag{5.9}$$

对应的结点力矩阵为

$$\boldsymbol{F}^e = \begin{bmatrix} F_i \\ F_j \\ F_k \\ F_l \end{bmatrix} = [F_{zi} \quad M_{xi} \quad M_{yi} \quad F_{zj} \quad M_{xj} \quad M_{yj} \quad F_{zk} \quad M_{xk} \quad M_{yk} \quad F_{zl} \quad M_{xl} \quad M_{yl}]^{\mathrm{T}} \tag{5.10}$$

由前节所述,在薄板弯曲问题中,位移、应变和应力都可以单一地用挠度 $w(x,y)$ 来表示。因此,薄板单元位移函数的选取,就是把挠度 $w(x,y)$ 取成怎样的多项式的问题。

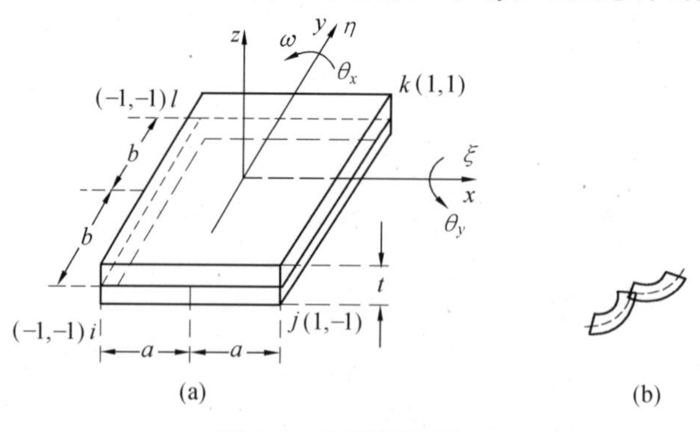

图5.4 矩形薄板单元

矩形薄板单元如图5.4(a)所示,为了使单元之间在边界处位移函数是协调的,不仅要求挠度 $w(x,y)$ 在单元内(包括边界)处处都应为 x、y 的单值连续函数,而且在单元边界上的斜率(或转角 $\theta_x = \dfrac{\partial w}{\partial y}, \theta_y = -\dfrac{\partial w}{\partial x}$)也应是连续的。否则,单元之间会相互错位,如图

5.4(b) 所示。

前面已经分析，对于矩形薄板单元共应考虑12个位移分量(自由度)，如式(5.9)和图5.5所示。这12个自由度可以看成是各有4个自由度的 i—j、j—k、k—l、l—i 四条边界的组合。i—j 边界上的4个自由度是 w_i、θ_{yi}、w_j、θ_{yj}；j—k 边界上的4个自由度是 w_j、θ_{xj}、w_k、θ_{xk}；k—l 边界上的4个自由度是 w_k、θ_{yk}、w_l、θ_{yl}；l—i 边界上的4个自由度是 w_l、θ_{xl}、w_i、θ_{xi}。也就是说，可以把四条边界分别看作 xz 平面弯曲的梁和 yz 平面弯曲的梁。对于平面梁单元，其位移函数可以设定为三次插值多项式。因此，可以把矩形薄板单元的位移函数 w 取为 x、y 两个方向的双三次插值多项式，即取为

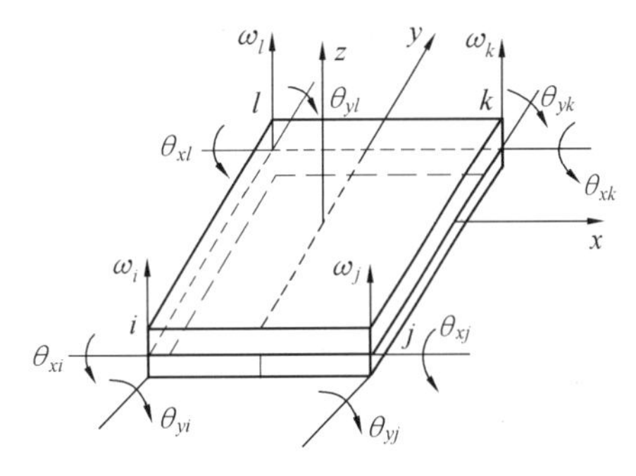

图5.5 矩形板单元各结点的位移

$$(\alpha_1' + \alpha_2'x + \alpha_3'x^2 + \alpha_4'x^3)\cdot(\alpha_5' + \alpha_6'y + \alpha_7'y^2 + \alpha_8'y^3)$$

这是一个16项的多项式，如图5.6所示。但是，薄板单元的四个结点只有12个自由度，只允许有12项，必须加以取舍。

α_1

$\alpha_2 x \quad \alpha_3 y$

$\alpha_4 x^2 \quad \alpha_5 xy \quad \alpha_6 y^2$

$\alpha_7 x^3 \quad \alpha_8 x^2 y \quad \alpha_9 xy^2 \quad \alpha_{10} y^3$

$\alpha_{11} x^3 y \quad \alpha_{12} x^2 y^2 \quad \alpha_{13} xy^3$

$\alpha_{14} x^3 y^2 \quad \alpha_{15} x^2 y^3$

$\alpha_{16} x^3 y^3$

图5.6 薄板单元位移函数双三次插值多项式中可能包含的项

首先，必须使式(5.8)的基本微分方程中的四阶偏导数有确定的值，这样应保存三阶的完全项，一共有10项，还要从剩余六项中选取两项。其次，w 的多项式最好是对称的，而且便于计算，宜取较低方次的项。所以，不宜取 x^2y^2 和 x^3y^3 或 x^3y^2 和 x^2y^3，而采用 x^3y 和 xy^3 两个对称项比较适合。这样，薄板弯曲问题中矩形单元的位移函数被定为

$$\begin{aligned} w = w(x,y) = {} & \alpha_1 + \alpha_2 x + \alpha_3 y + \alpha_4 x^2 + \alpha_5 xy + \alpha_6 y^2 + \alpha_7 x^3 + \\ & \alpha_8 x^2 y + \alpha_9 xy^2 + \alpha_{10} y^3 + \alpha_{11} x^3 y + \alpha_{12} xy^3 \end{aligned} \tag{5.11}$$

将式(5.11)的 w 分别对 y 和 x 求偏导数，得

$$\theta_x = \frac{\partial w}{\partial y} = \alpha_3 + \alpha_5 x + 2\alpha_6 y + \alpha_8 x^2 + 2\alpha_9 xy + 3\alpha_{10} y^2 + \alpha_{11} x^3 + 3\alpha_{12} xy^2 \tag{5.11(a)}$$

$$\theta_y = -\frac{\partial w}{\partial x} = -(\alpha_2 + 2\alpha_4 x + \alpha_5 y + 3\alpha_7 x^2 + 2\alpha_8 xy + \alpha_9 y^2 + 3\alpha_{11} x^2 y + \alpha_{12} y^3) \tag{5.11(b)}$$

下面对式(5.11)所表示的位移函数进行讨论。

首先，式(5.11)满足薄板弯曲基本微分方程式当 $p=0$ 时的情况。

其次，式(5.11)中的 α_1 是不随坐标变化的位移，它代表薄板单元在 z 方向的刚体位移。由式(5.11(a))、式(5.11(b))可知，$-\alpha_2$ 和 α_3 分别是不随坐标变化的绕 y 轴和绕 x 轴的转角 θ_y 和 θ_x，所以它们代表薄板单元的刚体转动。这就是说，式(5.11)中的前三项完全反映了薄板单元的刚体位移。

对式(5.11)的位移函数求二阶偏导数，得

$$\chi_x = -\frac{\partial^2 w}{\partial x^2} = -(2\alpha_4 + 6\alpha_7 x + 2\alpha_8 y + 6\alpha_{11} xy)$$

$$\chi_y = -\frac{\partial^2 w}{\partial y^2} = -(2\alpha_6 + 2\alpha_9 x + 6\alpha_{10} y + 6\alpha_{12} xy)$$

$$\chi_{xy} = -2\frac{\partial^2 w}{\partial x \partial y} = -2(\alpha_5 + 2\alpha_8 x + 2\alpha_9 y + 3\alpha_{11} x^2 + 3\alpha_{12} y^2)$$

上面三个式子中，$-\alpha_4$、$-\alpha_6$ 和 $-\alpha_5$ 分别是不随坐标变化的 x 方向和 y 方向的曲率及在 x、y 方向的扭率。因此说式(5.11)中的三个二次项 $\alpha_4 x^2$、$\alpha_5 xy$、$\alpha_6 y^2$ 反映了薄板单元的常应变(常曲率和常扭率)状态。

通过上述分析可知,矩形薄板单元用式(5.11)表示的位移函数满足有限元法向精确解收敛的必要条件,是完备单元。

为了进一步对式(5.11)进行分析,可只沿矩形单元的某一边来考虑。例如,对 i—j 边界,由于 $y=-b$ 是一常数,代入式(5.11)、式(5.11(a))、式(5.11(b)),得

$$w = \alpha_1 + (\alpha_2 - \alpha_5 b + \alpha_9 b^2 - \alpha_{12} b^3)x + (\alpha_4 - \alpha_8 b)x^2 + (\alpha_7 - \alpha_{11} b)x^3 + c_1 = \alpha_1'' + \alpha_2'' + \alpha_3'' x^2 + \alpha_4'' x^3 \tag{5.12(a)}$$

$$\theta_x = \alpha_3 + (\alpha_5 - 2\alpha_9 b + 3\alpha_{12} b^2)x + \alpha_8 x^2 + \alpha_{11} x^3 + c_2 = \alpha_5'' + \alpha_6'' x + \alpha_7'' x^2 + \alpha_8'' x^3 \tag{5.12(b)}$$

$$\theta_y = -[\alpha_2 + (2\alpha_4 - 2\alpha_8 b)x + (3\alpha_7 - 3\alpha_{11} b)x^2 + c_3] = \alpha_9'' + \alpha_{10}'' x + \alpha_{11}'' x^2 \tag{5.12(c)}$$

由式(5.12(a))可知,在 i—j 边上,w 是 x 的三次多项式,所以 w_i、w_j、$\theta_{yi} = -\left(\frac{\partial w}{\partial x}\right)_i$ 和 $\theta_{yj} = -\left(\frac{\partial w}{\partial x}\right)_j$ 这四个结点位移分量完全可以确定它。由于以 i—j 为共同边界的两个相邻单元在 i、j 具有相同的四个结点位移分量,两个单元的 w 在 i—j 边上将是一条完全相同的三次曲线,从而保证了两单元之间位移的连续性。

由式(5.12(b))和式(5.12(c))可知,在 i—j 边上,$\theta_x = \frac{\partial w}{\partial y}$ 和 $\theta_y = -\frac{\partial w}{\partial x}$ 分别是 x 的三次和二次多项式,它们分别要四个和三个结点位移分量才能完全确定。但是,此时只有 $\theta_{xi} = \left(\frac{\partial w}{\partial y}\right)_i$ 和 $\theta_{xj} = \left(\frac{\partial w}{\partial y}\right)_j$ 以及 $\theta_{yi} = -\left(\frac{\partial w}{\partial x}\right)_i$ 和 $\theta_{yj} = -\left(\frac{\partial w}{\partial x}\right)_j$ 来部分地限制它们。因此,在 i—j 边上,两个相邻单元并不具有相同的 θ_x 和 θ_y。

在一些文献中,讨论式(5.11)的 w 和式(5.11(a))、式(5.11(b))中 θ_x 和 θ_y 的连续性时,常将坐标系的原点改在结点 i,因而对 i—j 边有 $y=0$。这样的讨论结果表明,在 i—j 边上,w 和 θ_y 都是连续的,而只是 θ_x 不连续,即两个相邻单元在 i—j 边并不具有相同的 θ_x。

综上所述,式(5.11)所表示的薄板单元位移函数并不满足连续性或相容性要求,采用这种位移函数的单元是非协调单元。但已有的计算结果证明,当单元逐步取小的时候,计算结果还是能够收敛于精确解的,所以仍然采用式(5.11)作为薄板单元的位移函数。

5.2.2 形状函数

由上述可知,式(5.11)、式(5.11(a))和式(5.11(b))是矩形薄板单元位移w和转角θ_x、θ_y的方程式,它们对单元各处(包括结点)均适用。因此,分别把结点i、j、k、l在局部坐标系中的坐标值代入这三个方程中,则得用$\alpha_1 \sim \alpha_{12}$表示结点位移的12阶线性方程组,有

$$\boldsymbol{\delta}^e = \boldsymbol{C}\boldsymbol{\alpha} = \begin{bmatrix} \boldsymbol{C}_i \\ \boldsymbol{C}_j \\ \boldsymbol{C}_k \\ \boldsymbol{C}_l \end{bmatrix} \boldsymbol{\alpha} \tag{5.13}$$

式中

$$\boldsymbol{C}_i = \begin{bmatrix} 1 & x_i & y_i & x_i^2 & x_iy_i & y_i^2 & x_i^3 & x_i^2y_i & x_iy_i^2 & y_i^3 & x_i^3y_i & x_iy_i^3 \\ 0 & 0 & 1 & 0 & x_i & 2y_i & 0 & x_i^2 & 2x_iy_i & 3y_i^2 & x_i^3 & 3x_iy_i^2 \\ 0 & -1 & 0 & -2x_i & -y_i & 0 & -3x_i^2 & -2x_iy_i & -y_i^2 & 0 & -3x_i^2y_i & -y_i^3 \end{bmatrix} \tag{5.13(a)}$$

$$(i,j,k,l)$$

$$\boldsymbol{\alpha} = [\alpha_1 \quad \alpha_2 \quad \alpha_3 \quad \alpha_4 \quad \alpha_5 \quad \alpha_6 \quad \alpha_7 \quad \alpha_8 \quad \alpha_9 \quad \alpha_{10} \quad \alpha_{11} \quad \alpha_{12}]^{\mathrm{T}} \tag{5.13(b)}$$

$\boldsymbol{\delta}^e$是矩形薄板单元的结点位移列矩阵,如式(5.9)所示。

求式(5.13)中系数矩阵$\boldsymbol{C}$的逆矩阵,得

$$\boldsymbol{C}^{-1} = \frac{1}{8}\begin{bmatrix} 2 & b & -a & 2 & b & a & 2 & -b & a & 2 & -b & -a \\ \frac{-3}{a} & \frac{-b}{a} & 1 & \frac{3}{a} & \frac{b}{a} & 1 & \frac{3}{a} & \frac{-b}{a} & 1 & \frac{-3}{a} & \frac{b}{a} & 1 \\ \frac{-3}{b} & -1 & \frac{a}{b} & \frac{-3}{b} & -1 & \frac{-a}{b} & \frac{3}{b} & -1 & \frac{a}{b} & \frac{3}{b} & -1 & \frac{-a}{b} \\ 0 & 0 & \frac{1}{a} & 0 & 0 & \frac{-1}{a} & 0 & 0 & \frac{-1}{a} & 0 & 0 & \frac{1}{a} \\ \frac{4}{ab} & \frac{1}{a} & \frac{-1}{b} & \frac{-4}{ab} & \frac{-1}{a} & \frac{-1}{b} & \frac{4}{ab} & \frac{-1}{a} & \frac{1}{b} & \frac{-4}{ab} & \frac{1}{a} & \frac{1}{b} \\ 0 & \frac{-1}{b} & 0 & 0 & \frac{-1}{b} & 0 & 0 & \frac{-1}{b} & 0 & 0 & \frac{1}{b} & 0 \\ \frac{1}{a^3} & 0 & \frac{-1}{a^2} & \frac{-1}{a^3} & 0 & \frac{-1}{a^2} & \frac{-1}{a^3} & 0 & \frac{-1}{a^2} & \frac{1}{a^3} & 0 & \frac{-1}{a^2} \\ 0 & 0 & \frac{-1}{ab} & 0 & 0 & \frac{1}{ab} & 0 & 0 & \frac{-1}{ab} & 0 & 0 & \frac{1}{ab} \\ 0 & \frac{1}{ab} & 0 & 0 & \frac{-1}{ab} & 0 & 0 & \frac{1}{ab} & 0 & 0 & \frac{-1}{ab} & 0 \\ \frac{1}{b^3} & \frac{1}{b^2} & 0 & \frac{1}{b^3} & \frac{1}{b^2} & 0 & \frac{-1}{b^3} & \frac{1}{b^2} & 0 & \frac{-1}{b^3} & \frac{1}{b^2} & 0 \\ \frac{-1}{a^3b} & 0 & \frac{1}{a^2b} & \frac{1}{a^3b} & 0 & \frac{1}{a^2b} & \frac{-1}{a^3b} & 0 & \frac{-1}{a^2b} & \frac{1}{a^3b} & 0 & \frac{-1}{a^2b} \\ \frac{-1}{ab^3} & \frac{-1}{ab^2} & 0 & \frac{1}{ab^3} & \frac{1}{ab^2} & 0 & \frac{-1}{ab^3} & \frac{1}{ab^2} & 0 & \frac{-1}{ab^3} & \frac{-1}{ab} & 0 \end{bmatrix}$$

因而可以解出 $\alpha_1,\alpha_2,\cdots,\alpha_{12}$ 的值为

$$\boldsymbol{\alpha}=\boldsymbol{C}^{-1}\boldsymbol{\delta}^e \tag{5.14}$$

把矩形薄板单元任意点的位移分量 w 的表达式(5.11) 写成矩阵形式,则得

$$\boldsymbol{w}=\boldsymbol{S\alpha} \tag{5.15}$$

$$\boldsymbol{S}=[1\quad x\quad y\quad x^2\quad xy\quad y^2\quad x^3\quad x^2y\quad xy^2\quad y^3\quad x^3y\quad xy^3] \tag{5.15(a)}$$

将式(5.14) 代入式(5.15),得

$$\begin{aligned}\boldsymbol{w}=\boldsymbol{SC}^{-1}\boldsymbol{\delta}^e=\boldsymbol{N\delta}^e=&N_iw_i+N_{xi}\theta_{xi}+N_{yi}\theta_{yi}+N_jw_j+N_{xj}\theta_{xj}+\\&N_{yj}\theta_{yj}+N_kw_k+N_{xk}\theta_{xk}+N_{yk}\theta_{yk}+N_lw_l+N_{xl}\theta_{xl}+N_{yl}\theta_{yl}\end{aligned} \tag{5.16}$$

式中

$$\boldsymbol{N}=[N_i\quad N_{xi}\quad N_{yi}\quad N_j\quad N_{xj}\quad N_{yj}\quad N_k\quad N_{xk}\quad N_{yk}\quad N_l\quad N_{xl}\quad N_{yl}] \tag{5.16(a)}$$

是矩形薄板单元的形状函数矩阵;$N_i,N_{xi},N_{yi},\cdots,N_{yl}$ 是形状函数。为了下面的运算方便,改用图 5.4 的 $\xi\eta$ 正交直线自然坐标系做局部坐标系,则可写出这些形状函数的通式

$$\left.\begin{aligned}N_i&=\frac{1}{8}(1+\xi_i\xi)(1+\eta_i\eta)(2+\xi_i\xi+\eta_i\eta-\xi^2-\eta^2)\\N_{xi}&=-\frac{b}{8}\eta_i(1+\xi_i\xi)(1+\eta_i\eta)(1-\eta^2)\\N_{yi}&=\frac{a}{8}\xi_i(1+\xi_i\xi)(1+\eta_i\eta)(1-\xi^2)\quad(i=i,j,k,l)\end{aligned}\right\} \tag{5.17}$$

$$\xi=\frac{x}{a}\qquad\eta=\frac{y}{b}$$

ξ_i、η_i 是各结点在自然坐标系中的坐标值。

例如,对于结点 j,$\xi_j=1$,$\eta_j=-1$,代入式(5.17),得

$$N_j=\frac{1}{8}(1+\xi)(1-\eta)(2+\xi-\eta-\xi^2-\eta^2)$$

5.2.3 单元刚度矩阵

将位移插值函数式(5.16) 代入式(5.2(b)),得

$$\boldsymbol{\chi}=\begin{bmatrix}\chi_x\\\chi_y\\\chi_{xy}\end{bmatrix}=\begin{bmatrix}-\dfrac{\partial^2w}{\partial x^2}\\-\dfrac{\partial^2w}{\partial x^2}\\-2\dfrac{\partial^2w}{\partial x\partial y}\end{bmatrix}=-\begin{bmatrix}\dfrac{\partial^2N_i}{\partial x^2}&\dfrac{\partial^2N_{xi}}{\partial x^2}&\dfrac{\partial^2N_{yi}}{\partial x^2}&\cdots&\dfrac{\partial^2N_{yl}}{\partial x^2}\\\dfrac{\partial^2N_i}{\partial y^2}&\dfrac{\partial^2N_{xi}}{\partial y^2}&\dfrac{\partial^2N_{yi}}{\partial y^2}&\cdots&\dfrac{\partial^2N_{yl}}{\partial y^2}\\2\dfrac{\partial^2N_i}{\partial x\partial y}&2\dfrac{\partial^2N_{xi}}{\partial x\partial y}&2\dfrac{\partial^2N_{yi}}{\partial x\partial y}&\cdots&2\dfrac{\partial^2N_{yl}}{\partial x\partial y}\end{bmatrix}\begin{bmatrix}w_i\\\theta_{xi}\\\theta_{yi}\\\vdots\\\theta_{yl}\end{bmatrix}=\boldsymbol{B\delta}^e \tag{5.18}$$

式中

$$\boldsymbol{B}=-\begin{bmatrix}\dfrac{\partial^2N_i}{\partial x^2}&\dfrac{\partial^2N_{xi}}{\partial x^2}&\dfrac{\partial^2N_{yi}}{\partial x^2}&\cdots&\dfrac{\partial^2N_{yl}}{\partial x^2}\\\dfrac{\partial^2N_i}{\partial y^2}&\dfrac{\partial^2N_{xi}}{\partial y^2}&\dfrac{\partial^2N_{yi}}{\partial y^2}&\cdots&\dfrac{\partial^2N_{yl}}{\partial y^2}\\2\dfrac{\partial^2N_i}{\partial x\partial y}&2\dfrac{\partial^2N_{xi}}{\partial x\partial y}&2\dfrac{\partial^2N_{yi}}{\partial x\partial y}&\cdots&2\dfrac{\partial^2N_{yl}}{\partial x\partial y}\end{bmatrix} \tag{5.18(a)}$$

称为弯曲问题矩形薄板单元的应变矩阵(或几何矩阵)。

再将式(5.18)代入式(5.6),得

$$\boldsymbol{M}=\boldsymbol{D}\boldsymbol{\chi}=\boldsymbol{D}\boldsymbol{B}\boldsymbol{\delta}^{e} \tag{5.19}$$

引用虚功方程

$$\boldsymbol{\delta}^{*\mathrm{T}}\boldsymbol{F}=\iiint_V \boldsymbol{\varepsilon}^{*\mathrm{T}}\boldsymbol{\sigma}\mathrm{d}W$$

来推导单元结点力与结点位移的关系。此时$\boldsymbol{\varepsilon}^*$、$\boldsymbol{\sigma}$应由$\boldsymbol{\chi}$、$\boldsymbol{M}$来代替,应力所做的虚功应改为$\iint_S \boldsymbol{\chi}^{*\mathrm{T}}\boldsymbol{M}\mathrm{d}x\mathrm{d}y$,所以有

$$\boldsymbol{\delta}^{*\mathrm{T}}\boldsymbol{F}=\iint_S \boldsymbol{\chi}^{*\mathrm{T}}\boldsymbol{M}\mathrm{d}x\mathrm{d}y \tag{5.20}$$

由式(5.18)可得

$$\boldsymbol{\chi}^{*}=\boldsymbol{B}\boldsymbol{\delta}^{*} \tag{5.21}$$

将式(5.21)和式(5.19)代入式(5.20),得

$$\boldsymbol{\delta}^{*\mathrm{T}}\boldsymbol{F}^{e}=\iint_S \boldsymbol{\delta}^{*\mathrm{T}}\boldsymbol{B}^{\mathrm{T}}\boldsymbol{D}\boldsymbol{B}\boldsymbol{\delta}^{e}\mathrm{d}x\mathrm{d}y=\boldsymbol{\delta}^{*\mathrm{T}}\iint_S \boldsymbol{B}^{\mathrm{T}}\boldsymbol{D}\boldsymbol{B}\mathrm{d}x\mathrm{d}y\boldsymbol{\delta}^{e} \tag{5.20(a)}$$

式中 $\boldsymbol{\delta}^*$—— 结点虚位移,取任意值上式均成立;

$\boldsymbol{k}$—— 薄板弯曲问题的单元刚阵,则

$$\boldsymbol{k}=\iint_S \boldsymbol{B}^{\mathrm{T}}\boldsymbol{D}\boldsymbol{B}\mathrm{d}x\mathrm{d}y \tag{5.22}$$

所以,式(5.20(a))又可写为

$$\boldsymbol{F}^{e}=\boldsymbol{k}\boldsymbol{\delta}^{e} \tag{5.23}$$

式(5.23)就是薄板弯曲问题结点力与结点位移的关系式。

在具体计算矩形薄板单元的刚阵时,一般是将式(5.17)以ξ、η为变量的12个形状函数还原为以x、y为变量,之后将它们按式(5.18(a))对x、y求二阶偏导数,则得应变矩阵$\boldsymbol{B}$。再将$\boldsymbol{B}$和式(5.7)的弹性矩阵$\boldsymbol{D}$代入式(5.22),分别对x从$-a$到a积分;对y从$-b$到b积分,并将结果整理后,则可得到矩形薄板单元的刚阵,如式(5.24)所示。

$$\boldsymbol{K}=\frac{Et^3}{360(1-\mu^2)ab}\begin{bmatrix}
k_1 & 0 & 0 & 0 & 0 & 0 & 0 & 0 & 0 & 0 & 0 & 0\\
k_2 & k_3 & 0 & 0 & 0 & 0 & 0 & 0 & 0 & 0 & 0 & 0\\
k_4 & k_5 & k_6 & 0 & 0 & 0 & 0 & 0 & 0 & 0 & 0 & 0\\
k_7 & k_8 & k_9 & k_1 & 0 & 0 & 0 & 0 & 0 & 0 & 0 & 0\\
k_8 & k_{10} & 0 & k_2 & k_3 & 0 & 0 & 0 & 0 & 0 & 0 & 0\\
-k_9 & 0 & k_{11} & -k_4 & -k_5 & k_6 & 0 & 0 & 0 & 0 & 0 & 0\\
k_{12} & k_{13} & k_{14} & k_{15} & k_{16} & k_{17} & k_1 & 0 & 0 & 0 & 0 & 0\\
-k_{13} & k_{18} & 0 & -k_{16} & k_{19} & 0 & -k_2 & k_3 & 0 & 0 & 0 & 0\\
-k_{14} & 0 & k_{20} & k_{17} & 0 & k_{21} & -k_4 & k_5 & k_6 & 0 & 0 & 0\\
k_{15} & k_{16} & -k_{17} & k_{12} & k_{13} & -k_{14} & k_7 & -k_8 & -k_9 & k_1 & 0 & 0\\
-k_{16} & k_{19} & 0 & -k_{13} & k_{18} & 0 & -k_8 & k_{10} & 0 & -k_2 & k_3 & 0\\
-k_{17} & 0 & k_{21} & k_{14} & 0 & k_{20} & k_9 & 0 & k_{11} & k_4 & -k_5 & k_6
\end{bmatrix} \tag{5.24}$$

式中

$$k_1 = 21 - 6\mu + 30\frac{b^2}{a^2} + 30\frac{a^2}{b^2} \qquad k_2 = 3b + 12\mu b - 30\frac{a^2}{b}$$

$$k_3 = 8b^2 - 8\mu b^2 + 40a^2 \qquad k_4 = -3a - 12\mu a - 30\frac{b^2}{a}$$

$$k_5 = -30\mu ab \qquad k_6 = 8a^2 - 8\mu a^2 + 40b^2$$

$$k_7 = -21 + 6\mu - 30\frac{b^2}{a^2} + 15\frac{a^2}{b^2} \qquad k_8 = -3b - 12\mu b + 15\frac{a^2}{b}$$

$$k_9 = 3a - 3\mu a + 30\frac{b^2}{a} \qquad k_{10} = -8b^2 + 8\mu b^2 + 20a^2$$

$$k_{11} = -2a^2 + 2\mu a^2 + 20b^2 \qquad k_{12} = 21 - 6\mu - 15\frac{b^2}{a^2} - 15\frac{a^2}{b^2}$$

$$k_{13} = 3b - 3\mu b - 15\frac{a^2}{b} \qquad k_{14} = -3a + 3\mu a + 15\frac{b^2}{a}$$

$$k_{15} = -21 + 6\mu + 15\frac{b^2}{a^2} - 30\frac{a^2}{b^2} \qquad k_{16} = -3b + 3\mu b - 30\frac{a^2}{b}$$

$$k_{17} = -3a - 12\mu a + 15\frac{b^2}{a} \qquad k_{18} = 2b^2 - 2\mu b^2 + 10a^2$$

$$k_{19} = -2b^2 + 2\mu b^2 + 20a^2 \qquad k_{20} = 2a^2 - 2\mu a^2 + 10b^2$$

$$k_{21} = -8a^2 + 8\mu a^2 + 20b^2$$

【例5.1】 如图5.7所示为一四边固支的正方形薄板，边长为l，厚度为t，弹性模量为E，波桑系数$\mu = 0.3$，若薄板在正中间承受集中载荷P，求薄板中间点的位移。

解 为了简洁地说明解题的方法，采用最简单的网格，把正方形薄板分为四个矩形单元进行计算。由于对称，只需取出一个单元进行分析。现取单元①来分析。局部坐标的原点取在单元的中心。这时有

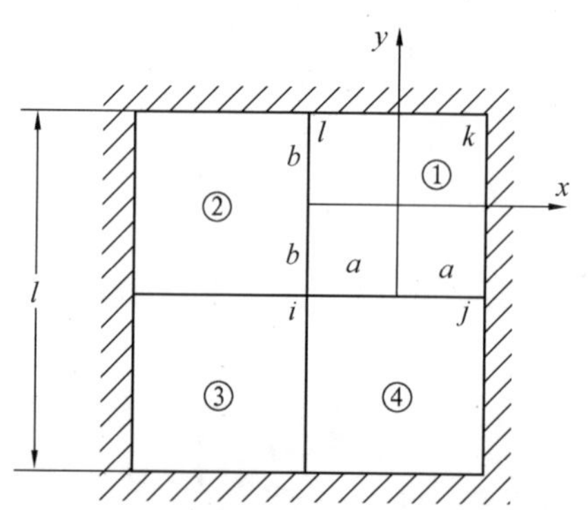

图5.7 四边固支的正方形薄板

$$a = b = \frac{l}{4}$$

结点力列阵为

$$\boldsymbol{F} = \left[\frac{P}{4} \quad 0 \quad 0 \quad 0 \quad 0 \quad 0 \quad 0 \quad 0 \quad 0 \quad 0 \quad 0 \quad 0\right]^{\mathrm{T}}$$

由于j—k边和k—l边为固定边，因此结点j、k、l的全部九个位移分量都为零；同时i—j边和i—l都在对称轴线上，因此结点i的转角θ_{xi}、θ_{yi}和也为零。这样在矩形薄板单元全部12个位移分量中，只有一个待求的未知量w_i。此时结点位移列阵为

$$\boldsymbol{\delta} = [w_i \quad 0 \quad 0 \quad 0 \quad 0 \quad 0 \quad 0 \quad 0 \quad 0 \quad 0 \quad 0 \quad 0]^{\mathrm{T}}$$

引入边界条件后，在矩形薄板单元的刚度矩阵中（见式5.24）只保留第一行第一列元

素 k_{11}，故基本方程为

$$A_k\left(21-6\mu+30\frac{b^2}{a^2}+30\frac{a^2}{b^2}\right)w_i=\frac{P}{4}$$

其中，$A_k=\dfrac{Et^3}{360(1-\mu^2)ab}$。

将 $\mu=0.3$ 和 $a=b=\dfrac{l}{4}$ 代入，得

$$w_i=\frac{P}{316.8\cdot A_k}=0.064\ 6\frac{Pl^2}{Et^3}$$

为了得出更精确的计算结果，可以将网格加密，表5.1列出了采用不同单元数情况下的计算结果和计算误差。

表5.1

单元数	板中心位移 $w_0(\cdot\frac{Pl^2}{Et^3})$	计算误差
2×2	0.064 6	5.7%
8×8	0.063 3	3.6%
12×12	0.062 3	2.0%

5.3 三角形薄板单元的刚度矩阵

当所分析的薄板类结构具有斜边或曲线边界时，采用三角形薄板单元可以较好地适应边界形状。

5.3.1 位移函数

三角形薄板单元如图5.8所示。局部坐标系 xoy 面位于薄板的中面内，坐标原点可以设在任意地方。取为基本未知量的是该单元在三个结点处的挠度和绕 x 轴的转角 θ_{xi}、θ_{xj}、θ_{xk} 以及绕 y 轴的转角 θ_{yi}、θ_{yj}、θ_{yk}。这样，所取的位移函数中应包含9个参数，即9个独立项，但 x 和 y 的完整三次式共有10项，即

$$\alpha_1+\alpha_2x+\alpha_3y+\alpha_4x^2+\alpha_5xy+\alpha_6y^2+\alpha_7x^3+\alpha_8x^2y+\alpha_9xy^2+\alpha_{10}y^3$$

其中前三项反映刚体位移，次三项反映常量的应变，都必须保存，以满足收敛性的必要条件。为适应自由度数的要求，必须减少一个独立项，即减少一个参数，这只能在四个三次项中考虑去掉一项。如把任意一个三次项去掉，则位移函数将失去 x 和 y 的对称性。有人建议将 x 和 y 项合并，把位移函数取为

$$w=\alpha_1+\alpha_2x+\alpha_3y+\alpha_4x^2+\alpha_5xy+\alpha_6y^2+\alpha_7x^3+\alpha_8(x^2y+xy^2)+\alpha_9y^3$$

但在某些情况下将不能求解 α_1、α_2、…、α_9，因为取为基本未知量的9个结点位移将不是互相独立的。经过多种选择，采用面积坐标比较合理可行。

根据面积坐标定义，三角形 ijk 中任一点的位置可以用下式表示的面积坐标来表示。

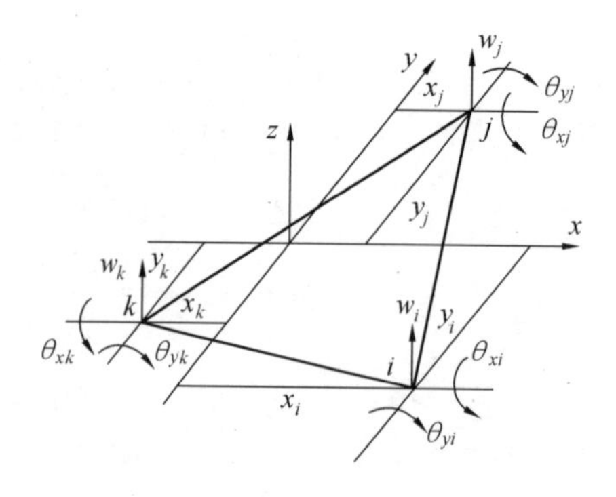

图 5.8　三角形薄板单元及其结点位移

$$L_i = (a_i + b_i x + c_i y)/2A$$
$$L_j = (a_j + b_j x + c_j y)/2A$$
$$L_k = (a_k + b_k x + c_k y)/2A$$

式中　A——单元面积。

英国辛克维兹(Zienkiewicz) 认为,三角形薄板单元的位移函数可表示为

$$w = \alpha_1 L_i^3 + \alpha_2 L_j^3 + \alpha_3 L_k^3 + \alpha_4\left(L_i^2 L_j + \frac{1}{2}L_i L_j L_k\right) + \alpha_5\left(L_j^2 L_i + \frac{1}{2}L_i L_j L_k\right) + \alpha_6\left(L_j^2 L_k + \frac{1}{2}L_i L_j L_k\right) + \alpha_7\left(L_k^2 L_j + \frac{1}{2}L_i L_j L_k\right) + \alpha_8\left(L_k^2 L_i + \frac{1}{2}L_i L_j L_k\right) + \alpha_9\left(L_i^2 L_k + \frac{1}{2}L_i L_j L_k\right) \tag{5.25}$$

5.3.2　形状函数

由式(5.25) 推导出的形状函数为

$$\left.\begin{aligned}
N_i &= L_i + L_i^2 L_j + L_i^2 L_k - L_i L_j^2 - L_i L_k^2 \\
N_{xi} &= b_j\left(L_i^2 L_k + \frac{1}{2}L_i L_j L_k\right) - b_k\left(L_i^2 L_j + \frac{1}{2}L_i L_j L_k\right) \\
N_{yi} &= c_j\left(L_i^2 L_k + \frac{1}{2}L_i L_j L_k\right) - c_k\left(L_i^2 L_j + \frac{1}{2}L_i L_j L_k\right) \\
b_i &= y_i - y_k \qquad c_i = x_k - x_j \qquad (i = i,j,k)
\end{aligned}\right\} \tag{5.26}$$

这样,位移函数用形状函数的插值多项式可表示为

$$w = N_i w_i + N_{xi}\theta_{xi} + N_{yi}\theta_{yi} + N_j w_j + N_{xj}\theta_{xj} + N_{yj}\theta_{yj} + N_k w_k + N_{xk}\theta_{xk} + N_{yk}\theta_{yk} = \boldsymbol{N}\boldsymbol{\delta}^e \tag{5.27}$$

式中　$\boldsymbol{N}$——三角形薄板单元的形状函数行矩阵,有

$$\boldsymbol{N} = [N_i \quad N_{xi} \quad N_{yi} \quad N_j \quad N_{xj} \quad N_{yj} \quad N_k \quad N_{xk} \quad N_{yk}] \tag{5.28}$$

$\boldsymbol{\delta}^e$——三角形薄板单元的结点位移列矩阵,有

$$\boldsymbol{\delta}^e = [w_i \quad \theta_{xi} \quad \theta_{yi} \quad w_j \quad \theta_{xj} \quad \theta_{yj} \quad w_k \quad \theta_{xk} \quad \theta_{yk}]^{\mathrm{T}} \tag{5.29}$$

可以证明,式(5.27) 所示的位移函数能够满足解答收敛性的必要条件。因为其中包

含了常数项,x 与 y 的一次项、二次项,从而反映了薄板单元的刚体位移以及常量应变。还可以证明,在相邻单元之间,挠度是连续的,但法向的斜率(绕公共边的转角)是不连续的。因而,采用这种位移模式的单元也是非协调元,实际计算结果表明,解答的收敛性还是比较好的,但不如矩形板单元。

5.3.3 单元刚度矩阵

将式(5.27)代入薄板弯曲问题的几何方程式(5.2(b))中,得

$$\boldsymbol{\chi} = \boldsymbol{B}\boldsymbol{\delta}^e \tag{5.30}$$

式中 $\boldsymbol{B}$——弯曲问题三角形薄板单元的应变矩阵(或几何矩阵),有

$$\boldsymbol{B} = -\begin{bmatrix} \dfrac{\partial^2 N_i}{\partial x^2} & \dfrac{\partial^2 N_{xi}}{\partial x^2} & \dfrac{\partial^2 N_{yi}}{\partial x^2} & \cdots & \dfrac{\partial^2 N_{yk}}{\partial x^2} \\ \dfrac{\partial^2 N_i}{\partial y^2} & \dfrac{\partial^2 N_{xi}}{\partial y^2} & \dfrac{\partial^2 N_{yi}}{\partial y^2} & \cdots & \dfrac{\partial^2 N_{yk}}{\partial y^2} \\ 2\dfrac{\partial^2 N_i}{\partial x \partial y} & 2\dfrac{\partial^2 N_{xi}}{\partial x \partial y} & 2\dfrac{\partial^2 N_{yi}}{\partial x \partial y} & \cdots & 2\dfrac{\partial^2 N_{yk}}{\partial x \partial y} \end{bmatrix} \tag{5.31}$$

对于面积坐标,由于 $L_k = 1 - L_i - L_j$,所以只取 L_i 和 L_j 为独立坐标,经运算变换后三角形薄板单元的应变矩阵 $\boldsymbol{B}$ 为

$$\boldsymbol{B} = -\frac{-1}{4A^2}\boldsymbol{T}\begin{bmatrix} \dfrac{\partial^2 N_i}{\partial L_i^2} & \dfrac{\partial^2 N_{xi}}{\partial L_i^2} & \dfrac{\partial^2 N_{yi}}{\partial L_i^2} & \cdots & \dfrac{\partial^2 N_{yk}}{\partial L_i^2} \\ \dfrac{\partial^2 N_i}{\partial L_j^2} & \dfrac{\partial^2 N_{xi}}{\partial L_j^2} & \dfrac{\partial^2 N_{yi}}{\partial L_j^2} & \cdots & \dfrac{\partial^2 N_{yk}}{\partial L_j^2} \\ 2\dfrac{\partial^2 N_i}{\partial L_i \partial L_j} & 2\dfrac{\partial^2 N_{xi}}{\partial L_i \partial L_j} & 2\dfrac{\partial^2 N_{yi}}{\partial L_i \partial L_j} & \cdots & 2\dfrac{\partial^2 N_{yk}}{\partial L_i \partial L_j} \end{bmatrix} \tag{5.32}$$

其中

$$\boldsymbol{T} = \begin{bmatrix} b_i^2 & b_j^2 & b_i b_j \\ c_i^2 & c_j^2 & c_i c_j \\ 2b_i c_i & 2b_j c_j & b_i c_j + b_j c_i \end{bmatrix}$$

$\boldsymbol{T}$ 和矩形板单元一样,三角形板单元的刚度矩阵也为式(5.22)的形式,即

$$\boldsymbol{k} = \iint_S \boldsymbol{B}^{\mathrm{T}} \boldsymbol{D} \boldsymbol{B} \mathrm{d}x\mathrm{d}y$$

用矩阵乘积表示的三角形板单元的刚度矩阵 $\boldsymbol{k}$,有

$$\boldsymbol{k} = \frac{1}{64A^5}\boldsymbol{H}^{\mathrm{T}}\boldsymbol{C}^{\mathrm{T}}\boldsymbol{I}\boldsymbol{C}\boldsymbol{H} \tag{5.33}$$

其中矩阵

$$\boldsymbol{H} = \begin{bmatrix} \frac{-c_i}{2A} & 1 & 0 & \frac{-c_j}{2A} & 0 & 0 & \frac{-c_k}{2A} & 0 & 0 \\ \frac{b_i}{2A} & 0 & 1 & \frac{b_j}{2A} & 0 & 0 & \frac{b_k}{2A} & 0 & 0 \\ \frac{-c_i}{2A} & 0 & 0 & \frac{-c_j}{2A} & 1 & 0 & \frac{-c_k}{2A} & 0 & 0 \\ \frac{b_i}{2A} & 0 & 0 & \frac{b_j}{2A} & 0 & 1 & \frac{b_k}{2A} & 0 & 0 \\ \frac{-c_i}{2A} & 0 & 0 & \frac{-c_j}{2A} & 0 & 0 & \frac{-c_k}{2A} & 1 & 0 \\ \frac{b_i}{2A} & 0 & 0 & \frac{b_j}{2A} & 0 & 0 & \frac{b_k}{2A} & 0 & 1 \end{bmatrix} \tag{5.34}$$

矩阵 $\boldsymbol{C}$ 是由六个列阵组成,即

$$\boldsymbol{C} = [\boldsymbol{c}_x^i \quad \boldsymbol{c}_y^i \quad \boldsymbol{c}_x^j \quad \boldsymbol{c}_y^j \quad \boldsymbol{c}_x^k \quad \boldsymbol{c}_y^k] \tag{5.35}$$

$$\boldsymbol{c}_x^i = \begin{bmatrix} c_{x1}^i \\ c_{x2}^i \\ \vdots \\ c_{x7}^i \end{bmatrix} \qquad \boldsymbol{c}_y^i = \begin{bmatrix} c_{y1}^i \\ c_{y2}^i \\ \vdots \\ c_{y7}^i \end{bmatrix} \qquad (i,j,k)$$

其中

$$c_{xl}^i = X_l^i b_k - Y_l^i b_j + E_l F^i$$

$$c_{yl}^i = X_l^i c_k - Y_l^i c_j + E_l G^i \quad (i = i,j,k) \quad (l = 1,2,\cdots,7)$$

而

$$E_1 = \frac{2}{3}A(b_i b_j + b_j b_k + b_k b_i)$$

$$E_2 = \frac{2}{3}A(c_i b_j + b_j c_j + b_j c_k + c_j b_k + c_k b_i + b_k c_i)$$

$$E_3 = \frac{2}{3}A(c_i c_j + c_j c_k + c_k c_i)$$

$$E_4 = b_i b_j b_k$$

$$E_5 = c_i b_j b_k + c_j b_k b_i + c_k b_i b_j$$

$$E_6 = c_i c_j b_k + c_j c_k b_i + c_k c_i b_j$$

$$E_7 = c_i c_j c_k$$

$$
\begin{aligned}
&X_1^i = \frac{2}{3}A(b_i^2 + 2b_ib_j) && Y_1^i = \frac{2}{3}A(b_i^2 + 2b_ib_k) \\
&X_2^i = \frac{4}{3}A(b_ic_i + b_jc_i + b_ic_j) && Y_2^i = \frac{4}{3}A(b_ic_i + b_kc_i + b_ic_k) \\
&X_3^i = \frac{2}{3}A(c_i^2 + 2c_ic_j) && Y_3^i = \frac{2}{3}A(c_i^2 + 2c_ic_k) \\
&X_4^i = b_i^2b_j && Y_4^i = b_i^2b_k \qquad\qquad (i = i,j,k) \\
&X_5^i = 2b_ic_ib_j + b_i^2c_j && Y_5^i = 2b_ic_ib_k + b_i^2c_k \\
&X_6^i = c_i^2b_j + 2b_ic_ic_j && Y_6^i = c_i^2b_k + 2b_ic_ic_k \\
&X_7^i = c_i^2c_j && Y_7^i = c_i^2c_k \\
&F^i = (b_k - b_j)/2 && G^i = (c_k - c_j)/2
\end{aligned}
$$

而矩阵 $\boldsymbol{I}$ 为

$$
\boldsymbol{I} = \frac{Et^3}{3(1-\mu^2)}\begin{bmatrix}
1 & 0 & \mu & 0 & 0 & 0 & 0 \\
0 & \frac{1-\mu}{2} & 0 & 0 & 0 & 0 & 0 \\
0 & 0 & 1 & 0 & 0 & 0 & 0 \\
0 & 0 & 0 & 9I_1 & 3I_3 & 3\mu I_1 & 9\mu I_3 \\
0 & 0 & 0 & 3I_3 & I_2 + 2(1-\mu)I_1 & (2-\mu)I_3 & 3\mu I_2 \\
0 & 0 & 0 & 3\mu I_1 & (2-\mu)I_3 & I_1 + 2(1-\mu)I_2 & 3I_3 \\
0 & 0 & 0 & 9\mu I_3 & 3\mu I_2 & 3I_3 & 9I_2
\end{bmatrix} \tag{5.36}
$$

式中

$$
I_1 = \frac{1}{12}(x_i^2 + x_j^2 + x_k^2)
$$

$$
I_2 = \frac{1}{12}(y_i^2 + y_j^2 + y_k^2)
$$

$$
I_3 = \frac{1}{12}(x_iy_i + x_jy_j + x_ky_k)
$$

5.4 板和梁单元的组合问题

对于一个复杂的结构，只使用一种单元来进行结构的离散化是很困难的，甚至不能准确有效地求解问题。在实际结构计算中，经常会遇到板、梁单元的组合问题，下面举一个机床结构计算的例子。

图5.9(a)是一个单柱立式车床的立柱。它的内部有纵向和横向隔板，正前面有两条导轨。连接两条导轨的弧形正前壁的内侧布置有纵、横加强筋，立柱的左右侧壁、正前壁下部和后壁上开有矩形和圆形的孔。对于这样的结构，可以认为它们的外表面是由薄板及薄壳组成的。当单元尺寸取得比较小时，结构单元剖分过程中薄壳可以采用薄板单元

进行剖分,导轨和内部的加强筋则可剖分为梁单元,四周的壁和内部的纵、横隔板被剖分为矩形板单元。为了简化计算模型,对于尺寸不大的孔,剖分单元时可当作没有窗孔来处理,但根据刚度等效的原则,将其厚度适当减薄。因为切削加工时,立柱承受的是一组复杂力系,所以应采用六自由度的矩形板单元和空间梁单元。根据以上分析,可把该立柱简化为图5.9(b)的计算模型。

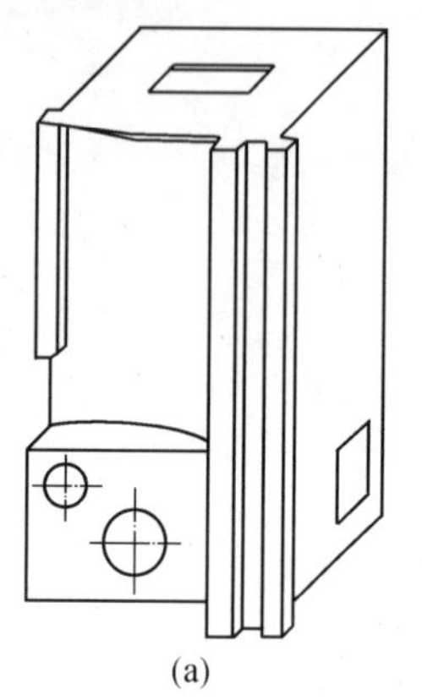

(a)

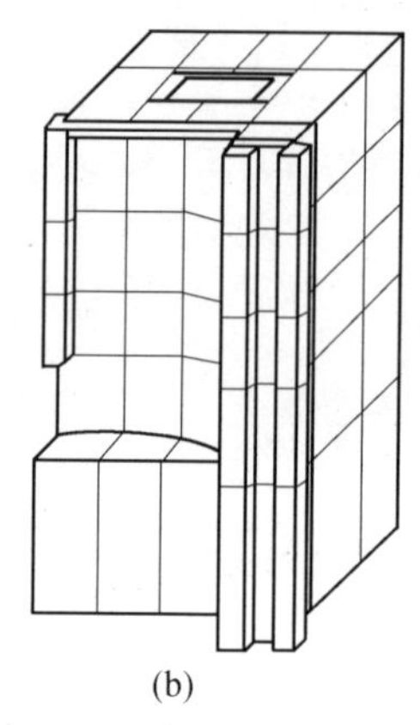

(b)

图5.9 立式车床立柱模型

对于某些外形具有倾斜壁面的机床支撑件,划分单元时,除了上述六自由度矩形板单元和空间梁单元外,一些壁面需要剖分成六自由度的三角形板单元,即模型被剖分成三种单元的空间组合体。

下面说明怎样将平面应力和弯曲应力两种状态下的板单元组合成六自由度板单元的问题以及板单元和梁单元的组合问题。

5.4.1 六自由度矩形板单元的刚度矩阵

图5.10(a)是六自由度的矩形板单元。根据力的独立作用原理,可以把它看作是在 xOy 平面内的结点力(以结点 i 为例)F_{xi}、F_{yi} 作用下的平面应力状态(图5.10(b))和 F_{zi}、M_{xi}、M_{yi} 作用下的弯曲应力状态(图5.10(c))以及 M_{zi} 作用下的受扭状态的组合。

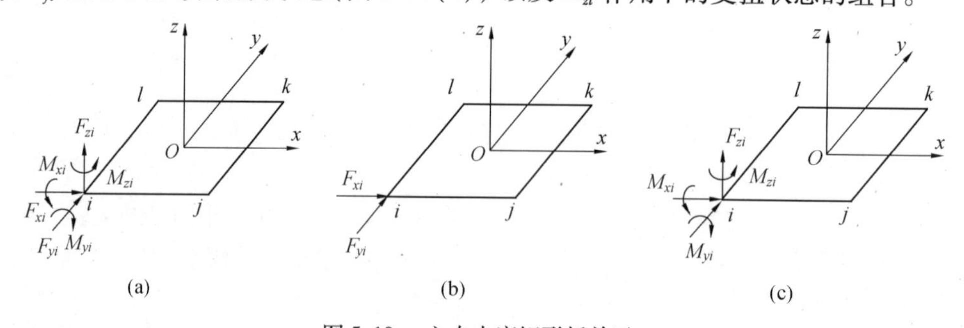

图5.10 六自由度矩形板单元

在平面应力状态下(图5.10(b)),该单元结点力和结点位移的关系是

$$
\begin{bmatrix} F_{xi} \\ F_{yi} \\ F_{xj} \\ F_{yj} \\ F_{xk} \\ F_{yk} \\ F_{xl} \\ F_{yl} \end{bmatrix} = \boldsymbol{k}^a \begin{bmatrix} u_i \\ v_i \\ u_j \\ v_j \\ u_k \\ v_k \\ u_l \\ v_l \end{bmatrix} = \begin{bmatrix} \boldsymbol{k}_{ii}^a & \boldsymbol{k}_{ij}^a & \boldsymbol{k}_{ik}^a & \boldsymbol{k}_{il}^a \\ \boldsymbol{k}_{ji}^a & \boldsymbol{k}_{jj}^a & \boldsymbol{k}_{jk}^a & \boldsymbol{k}_{jl}^a \\ \boldsymbol{k}_{ki}^a & \boldsymbol{k}_{kj}^a & \boldsymbol{k}_{kk}^a & \boldsymbol{k}_{kl}^a \\ \boldsymbol{k}_{li}^a & \boldsymbol{k}_{lj}^a & \boldsymbol{k}_{lk}^a & \boldsymbol{k}_{ll}^a \end{bmatrix} \begin{bmatrix} u_i \\ v_i \\ u_j \\ v_j \\ u_k \\ v_k \\ u_l \\ v_l \end{bmatrix}
$$

式中 $\boldsymbol{k}^a$—— 平面应力问题的矩形板单元刚阵;

$\boldsymbol{k}_{rs}^a$—— 按结点将 $\boldsymbol{k}^a$ 进行划分的 2×2 阶的子刚阵,$(r,s = i,j,k,l)$。

在弯曲应力状态下(图5.10(c)),该单元结点力与结点位移的关系为

$$
\begin{bmatrix} F_{zi} \\ M_{xi} \\ M_{yi} \\ F_{zj} \\ M_{xj} \\ M_{yj} \\ F_{zk} \\ M_{xk} \\ M_{yk} \\ F_{zl} \\ M_{xl} \\ M_{yl} \end{bmatrix} = \boldsymbol{k}^b \begin{bmatrix} w_i \\ \theta_{xi} \\ \theta_{yi} \\ w_j \\ \theta_{xj} \\ \theta_{yj} \\ w_k \\ \theta_{xk} \\ \theta_{yk} \\ w_l \\ \theta_{xl} \\ \theta_{yl} \end{bmatrix} = \begin{bmatrix} \boldsymbol{k}_{ii}^b & \boldsymbol{k}_{ij}^b & \boldsymbol{k}_{ik}^b & \boldsymbol{k}_{il}^b \\ \boldsymbol{k}_{ji}^b & \boldsymbol{k}_{jj}^b & \boldsymbol{k}_{jk}^b & \boldsymbol{k}_{jl}^b \\ \boldsymbol{k}_{ki}^b & \boldsymbol{k}_{kj}^b & \boldsymbol{k}_{kk}^b & \boldsymbol{k}_{kl}^b \\ \boldsymbol{k}_{li}^b & \boldsymbol{k}_{lj}^b & \boldsymbol{k}_{lk}^b & \boldsymbol{k}_{ll}^b \end{bmatrix} \begin{bmatrix} w_i \\ \theta_{xi} \\ \theta_{yi} \\ w_j \\ \theta_{xj} \\ \theta_{yj} \\ w_k \\ \theta_{xk} \\ \theta_{yk} \\ w_l \\ \theta_{xl} \\ \theta_{yl} \end{bmatrix}
$$

式中 $\boldsymbol{k}^b$—— 弯曲应力问题的矩形板单元刚阵;

$\boldsymbol{k}_{rs}^b$—— 按结点将 $\boldsymbol{k}^b$ 进行划分的 3×3 阶的子刚阵,$(r,s = i,j,k,l)$。

三种应力状态组合后,六自由度矩形板单元共有24个自由度,其结点力与结点位移的关系是

$$
\boldsymbol{F}_{24\times1}^e = \boldsymbol{k}_{24\times24}\boldsymbol{\delta}_{24\times1}^e
$$

式中,单元结点力和结点位移是按照结点 i、j、k、l 的顺序排列的,因而也可按照结点各划分为4个子块。

$$
\boldsymbol{F}_{24\times1}^e = \begin{bmatrix} \boldsymbol{F}_i \\ \boldsymbol{F}_j \\ \boldsymbol{F}_k \\ \boldsymbol{F}_l \end{bmatrix} \qquad \boldsymbol{\delta}_{24\times1}^e = \begin{bmatrix} \boldsymbol{\delta}_i \\ \boldsymbol{\delta}_j \\ \boldsymbol{\delta}_k \\ \boldsymbol{\delta}_l \end{bmatrix}
$$

式中

$$\boldsymbol{F}^e = [F_{xi} \quad F_{yi} \quad F_{zi} \quad M_{xi} \quad M_{yi} \quad M_{zi}]^{\mathrm{T}}$$

$$\boldsymbol{\delta}_i = [u_i \quad v_i \quad w_i \quad \theta_{xi} \quad \theta_{yi} \quad \theta_{zi}]^{\mathrm{T}} \qquad (i = i,j,k,l)$$

$$\boldsymbol{k}_{24\times24} = \begin{bmatrix} \boldsymbol{k}_{ii} & \boldsymbol{k}_{ij} & \boldsymbol{k}_{ik} & \boldsymbol{k}_{il} \\ \boldsymbol{k}_{ji} & \boldsymbol{k}_{jj} & \boldsymbol{k}_{jk} & \boldsymbol{k}_{jl} \\ \boldsymbol{k}_{ki} & \boldsymbol{k}_{kj} & \boldsymbol{k}_{kk} & \boldsymbol{k}_{kl} \\ \boldsymbol{k}_{li} & \boldsymbol{k}_{lj} & \boldsymbol{k}_{lk} & \boldsymbol{k}_{ll} \end{bmatrix}$$

式中　$\boldsymbol{k}_{24\times24}$——组合后的六自由度矩形板单元的刚阵。

$\boldsymbol{k}_{24\times24}$ 的每一个子刚阵 $\boldsymbol{k}_{rs}(r,s = i,j,k,l)$ 都是由三种应力状态按照自由度顺序组合而成的 6×6 阶矩阵。组合时，要注意两点：第一，平面内的作用力所产生的位移并不影响弯曲变形，反之亦然；第二，结点扭转角在两种应力状态下都不加入到变形中去，相应的结点力也不存在，θ_z 和 M_z 只是为了组合的需要加上的。因而计算时，除与 θ_z 对应的主元素取一个较大的数值，其余对应行和列的元素可简单地赋零。刚阵的每一个子刚阵 $\boldsymbol{k}_{rs}$ 可写为

$$\boldsymbol{k}_{rs} = \begin{bmatrix} \multicolumn{2}{c}{\multirow{2}{*}{k_{rs}^a}} & 0 & 0 & 0 & 0 \\ & & 0 & 0 & 0 & 0 \\ 0 & 0 & & & & 0 \\ 0 & 0 & & k_{rs}^b & & 0 \\ 0 & 0 & & & & 0 \\ 0 & 0 & 0 & 0 & 0 & 10^{11} \end{bmatrix}$$

根据上述子块格式，即可写出平面应力问题和薄板弯曲问题组合状态下矩形单元刚度矩阵。

5.4.2　六自由度三角形板单元的刚度矩阵

与矩形板单元一样，六自由度三角形板单元的刚阵也是由平面应力状态、弯曲应力状态和 z 向扭转的刚阵组合而成。所不同的是三角形薄板弯曲刚阵应按式(5.33) 计算。当将式(5.35) 的 $\boldsymbol{C}$ 的和式(5.34) 的 $\boldsymbol{H}$ 以及式(5.36) 的 $\boldsymbol{I}$ 的数值，依次代入式(5.33) 进行矩阵运算后，就可形成三角形薄板弯曲单元的刚阵。因而，可以仿照求六自由度矩形板单元的方法写出六自由度三角形板单元的 18×18 阶刚阵。

5.4.3　六自由度矩形板单元、三角形板单元和梁单元的组合

当求解板、梁组合结构时，首先应根据结构的具体构造，将其剖分为六自由度矩形板单元、三角形板单元和梁单元。例如，对图 5.9(a) 的结构，将其剖分为图 5.9(b) 所示的计算模型。然后，将三种单元中的每一个单元具体的物理和几何参数代入相应的单元刚阵的公式中，计算出局部坐标系下单元刚阵各元素的数值，形成单元刚阵 $\boldsymbol{k}$。

三种单元的刚阵都是相对于自己的局部坐标系推导出来的。而构件中每一个单元的局部坐标系，相对于统一坐标系来说，是随单元所在的平面而变化的。为了进行不同平面内不同类型单元群的组合，并写出统一坐标系下的刚度矩阵，必须要对各个单元刚阵进行坐标变换。变换一般是按照结点分块的子刚阵进行的，因此，只需根据每个单元局部坐标

系与统一坐标系坐标轴之间的夹角写出坐标系的方向余弦矩阵，并组合成结点坐标变换矩阵 $\boldsymbol{\Lambda}$，然后利用刚阵对称性的性质，只做主对角线以下（或以上）各子刚阵的转换即可。例如，对于六自由度矩形板单元，按下式进行转换

$$\bar{\boldsymbol{k}}_{24\times 24}=\begin{bmatrix} \boldsymbol{\Lambda}^{\mathrm{T}}k_{ii}\boldsymbol{\Lambda} & & \text{对} & \\ \boldsymbol{\Lambda}^{\mathrm{T}}k_{ji}\boldsymbol{\Lambda} & \boldsymbol{\Lambda}^{\mathrm{T}}k_{jj}\boldsymbol{\Lambda} & & \text{称} \\ \boldsymbol{\Lambda}^{\mathrm{T}}k_{ki}\boldsymbol{\Lambda} & \boldsymbol{\Lambda}^{\mathrm{T}}k_{kj}\boldsymbol{\Lambda} & \boldsymbol{\Lambda}^{\mathrm{T}}k_{kk}\boldsymbol{\Lambda} & \\ \boldsymbol{\Lambda}^{\mathrm{T}}k_{li}\boldsymbol{\Lambda} & \boldsymbol{\Lambda}^{\mathrm{T}}k_{lj}\boldsymbol{\Lambda} & \boldsymbol{\Lambda}^{\mathrm{T}}k_{lk}\boldsymbol{\Lambda} & \boldsymbol{\Lambda}^{\mathrm{T}}k_{ll}\boldsymbol{\Lambda} \end{bmatrix}$$

对于六自由度三角形板单元，按下式进行转换

$$\bar{\boldsymbol{k}}_{18\times 18}=\begin{bmatrix} \boldsymbol{\Lambda}^{\mathrm{T}}k_{ii}\boldsymbol{\Lambda} & \text{对} & \\ \boldsymbol{\Lambda}^{\mathrm{T}}k_{ji}\boldsymbol{\Lambda} & \boldsymbol{\Lambda}^{\mathrm{T}}k_{jj}\boldsymbol{\Lambda} & \text{称} \\ \boldsymbol{\Lambda}^{\mathrm{T}}k_{ki}\boldsymbol{\Lambda} & \boldsymbol{\Lambda}^{\mathrm{T}}k_{kj}\boldsymbol{\Lambda} & \boldsymbol{\Lambda}^{\mathrm{T}}k_{kk}\boldsymbol{\Lambda} \end{bmatrix}$$

坐标变换后，将三种单元的每一个单元刚阵按照结点在统一编号下的序号所对应的子刚阵各元素对号入座，即可组集成统一坐标系下的总刚阵；将外载荷按照对应的自由度序号对号入座，即可组集成外载荷列阵。求解方程组 $\boldsymbol{K\delta}=\boldsymbol{F}$ 之前，仍要进行边界条件处理，此时，支撑约束自由度和求解得出的位移值是相对于统一坐标系的。如果还要求单元的应力，还需把它化为局部坐标的形式。

习　题

5.1　在薄板弯曲时，如何用中面的挠度函数确定其中任一点的位移和应力？

5.2　分别叙述薄板弯曲问题中，矩形薄板单元和三角形薄板单元位移函数的选取难点在哪里？解决此问题的途径有哪些？

5.3　试讨论在平面应力和弯曲状态组合的情况下，三角形刚度矩阵的特点。

5.4　四边简支的正方形薄板，在板的中心作用一横向的集中力，如何用矩形单元及三角形单元分析其弯曲变形？如何利用对称条件，并说明相应的边界条件。

5.5　如题图5.1所示的板1234，它的34边加一个与板相同材料的梁。已知板的厚度为 t，梁对 y 轴的抗弯惯性矩为 I_y，设材料的弹性模量为 E，波桑系数 $\mu=0.3$，若结构在点3作用有集中力 P，求该组和结构在3处的挠度。

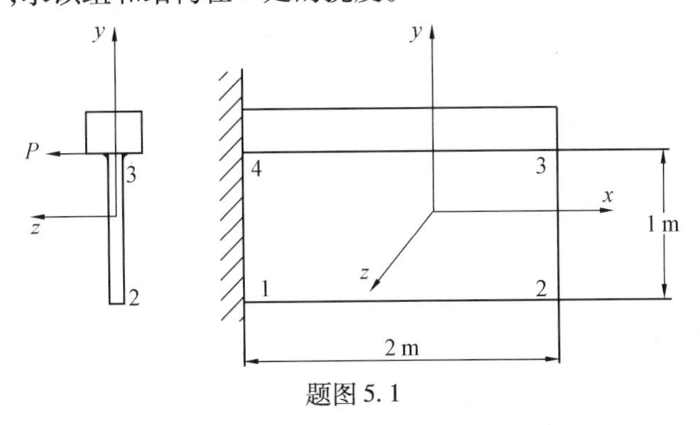

题图5.1

第6章 结构动力学问题

随着运动速度的提高，对机器或结构动态特性的要求越来越高。所谓动态特性(dynamic property)，这里主要指机器或结构的固有频率(natural frequencies)及其相应的振型(mode shape)，以及在随着时间而变化的外加激振力(dynamic lodes)的激励下，机器或结构被激起的位移、应力，或称被激起的动力响应(dynamic response)。与动态特性的提法相对应，机器或结构在不随时间变化的外载荷作用下所产生的变形(位移)和应力被称为静态特性(static property)。研究结构静态特性和动态特性计算分析的学科被称为静力学和动力学。

目前，对于复杂结构的动力学计算问题，有限元法是最有效的工具。与静力学有限元法一样，动力学问题的有限元法也要把分析的对象离散为有限个单元群的组合体，即离散为以有限个结点位移为广义坐标的多自由度系统。先进行每个单元的特性分析，包括进行单元刚度矩阵(简称单元刚阵)、单元质量矩阵(element mass matrix)(简称单元质阵)、单元阻尼矩阵(element damping matrix)(简称单元阻尼阵)的计算，再把各个单元的特性矩阵组集起来，组成结构的总刚度矩阵、总质量矩阵、总阻尼矩阵，从而形成结构的动力学方程式(dynamic equilibrium equations)，之后再进行求解。

在多数情况下，结构的动力学分析是与静力学分析同时提出和进行的。因此，离散化过程以及离散时所采用的单元类型，甚至结构总刚阵的组集过程都不再单独进行考虑。本章的重点是讲述动力学方程式和导出单元质量阵、阻尼阵的公式以及动力学问题的求解方法。

6.1 结构系统的动力学方程式

6.1.1 位移、速度和加速度

有限元法将结构离散为有限个单元的组合体后，在结构振动时，单元上任意点的位移将不仅是坐标的函数，而且是时间的函数。因此，位移对时间的一阶导数、二阶导数分别为速度和加速度。由于位移可以分解为三个坐标轴方向的分量，所以，速度和加速度也可以分解为三个分量。即有

$$\boldsymbol{d}=\begin{bmatrix}u\\v\\w\end{bmatrix}\qquad \dot{\boldsymbol{d}}=\left[\frac{\mathrm{d}(d)}{\mathrm{d}t}\right]=\begin{bmatrix}\dfrac{\mathrm{d}u}{\mathrm{d}t}\\[2mm]\dfrac{\mathrm{d}v}{\mathrm{d}t}\\[2mm]\dfrac{\mathrm{d}w}{\mathrm{d}t}\end{bmatrix}=\begin{bmatrix}\dot{u}\\\dot{v}\\\dot{w}\end{bmatrix}$$

$$\ddot{\boldsymbol{d}} = \left[\frac{\mathrm{d}^2(d)}{\mathrm{d}t^2}\right] = \begin{bmatrix} \frac{\mathrm{d}^2 u}{\mathrm{d}t^2} \\ \frac{\mathrm{d}^2 v}{\mathrm{d}t^2} \\ \frac{\mathrm{d}^2 w}{\mathrm{d}t^2} \end{bmatrix} = \begin{bmatrix} \ddot{u} \\ \ddot{v} \\ \ddot{w} \end{bmatrix}$$

在静力学问题中,单元上任意点的位移函数可以写成以形状函数作为插值函数、以结点位移为参数的插值多项式的形式。用矩阵方程来表示,则为

$$\boldsymbol{d} = \boldsymbol{N\delta} \tag{6.1}$$

并且可以写出

$$\boldsymbol{\varepsilon} = \boldsymbol{B\delta} \tag{6.2}$$

$$\boldsymbol{\sigma} = \boldsymbol{DB\delta} \tag{6.3}$$

但是,在动力学中,式(6.1)的关系是不成立的。不过,当划分的单元数目增多,而有足够多的结点位移时,该式是位移函数的一个很好的近似表达式,这时的结点位移应由结构系统的动力学方程式来确定。这样,式(6.2)和式(6.3)的应变和应力的关系式也仍然成立。

由式(6.1)还可以得到

$$\dot{\boldsymbol{d}} = \boldsymbol{N}\dot{\boldsymbol{\delta}} \tag{6.4}$$

$$\ddot{\boldsymbol{d}} = \boldsymbol{N}\ddot{\boldsymbol{\delta}} \tag{6.5}$$

6.1.2 单元动力学方程式的推导

单元动力学方程式可以从第2章所论述的虚功方程导出,或者从达朗贝尔原理导出。这里采用虚功方程来进行推导。

在动载荷作用下,对于任一瞬时,假定单元的任一点得到虚位移 $\boldsymbol{d}^*$,且该点产生了与虚位移相协调的虚应变 $\boldsymbol{\varepsilon}^*$。对于一个已知的瞬态应力分布 $\boldsymbol{\sigma}$,可以写出结构在给定瞬时单元的全部应力在虚应变上做的虚功,即

$$\iiint_V \boldsymbol{\varepsilon}^{*\mathrm{T}}\boldsymbol{\sigma}\mathrm{d}x\mathrm{d}y\mathrm{d}z = \iiint_V \boldsymbol{\varepsilon}^{*\mathrm{T}}\boldsymbol{\sigma}\mathrm{d}V$$

在动力学问题中,外力除施加在结点上与时间有关系的激振外载荷外,还包括惯性力和阻尼力。

惯性力与加速度成正比,方向相反。设单元材料的密度为 ρ,则单位体积的惯性力为

$$\boldsymbol{f}_\rho = -\rho\ddot{\boldsymbol{d}} \tag{6.6}$$

假设阻尼力与速度成正比,方向相反,即假设为线性黏性阻尼,其阻尼系数为 v,则单位体积的阻尼力为

$$\boldsymbol{f}_v = -v\dot{\boldsymbol{d}} \tag{6.7}$$

因为有限元法中所有的外力都必须作用在结点上,而惯性力和阻尼力都属于体积力,因此必须利用载荷移置的方法将它们分别移置到相应的结点上。则作用在单元上的结点

等效惯性力和结点等效阻尼力分别为

$$\boldsymbol{F}_\rho = -\iiint_V \boldsymbol{N}^{\mathrm{T}} \rho \ddot{\boldsymbol{d}} \mathrm{d}V \tag{6.8}$$

$$\boldsymbol{F}_\upsilon = -\iiint_V \boldsymbol{N}^{\mathrm{T}} \upsilon \dot{\boldsymbol{d}} \mathrm{d}V \tag{6.9}$$

式(6.6)和式(6.7)分别乘以单元任意点上的虚位移$\boldsymbol{d}^*$,并对单元体积域积分,则得惯性力和阻尼力所做的虚功为

$$-\iiint_V \boldsymbol{d}^{*\mathrm{T}} \rho \ddot{\boldsymbol{d}} \mathrm{d}V$$

和

$$-\iiint_V \boldsymbol{d}^{*\mathrm{T}} \upsilon \dot{\boldsymbol{d}} \mathrm{d}V$$

设单元结点上的激振力为$\boldsymbol{F}$,则$\boldsymbol{F}$所做的虚功为$\boldsymbol{\delta}^{*\mathrm{T}}\boldsymbol{F}$。

把虚功方程中的外力理解为外加激振力、惯性力和阻尼力,则虚功原理可以表述为:结点外加激振力、结点等效惯性力和结点等效阻尼力在结点虚位移上所做的虚功,等于单元内各点的应力在虚应变上所做的虚功的总和。即

$$\boldsymbol{\delta}^{*\mathrm{T}}\boldsymbol{F} - \iiint_V \boldsymbol{d}^{*\mathrm{T}} \rho \ddot{\boldsymbol{d}} \mathrm{d}V - \iiint_V \boldsymbol{d}^{*\mathrm{T}} \upsilon \dot{\boldsymbol{d}} \mathrm{d}V = \iiint_V \boldsymbol{\varepsilon}^{*\mathrm{T}} \boldsymbol{\sigma} \mathrm{d}V \tag{6.10}$$

这就是动力学中对单元写出的虚功方程。

由式(6.1)和式(6.2),得

$$\boldsymbol{d}^* = \boldsymbol{N}\boldsymbol{\delta}^* \tag{6.11}$$

和

$$\boldsymbol{\varepsilon}^* = \boldsymbol{B}\boldsymbol{\delta}^* \tag{6.12}$$

将上两式及式(6.3)、式(6.4)和式(6.5)代入式(6.10)中,并加以整理,则得

$$\iiint_V \boldsymbol{\delta}^{*\mathrm{T}} \boldsymbol{B}^{\mathrm{T}} \boldsymbol{D} \boldsymbol{B} \boldsymbol{\delta} \mathrm{d}V + \iiint_V \boldsymbol{\delta}^{*\mathrm{T}} \boldsymbol{N}^{\mathrm{T}} \rho \boldsymbol{N} \ddot{\boldsymbol{\delta}} \mathrm{d}V +$$
$$\iiint_V \boldsymbol{\delta}^{*\mathrm{T}} \boldsymbol{N}^{\mathrm{T}} \upsilon \boldsymbol{N} \dot{\boldsymbol{\delta}} \mathrm{d}V = \boldsymbol{\delta}^{*\mathrm{T}} \boldsymbol{F}$$

虚位移$\boldsymbol{\delta}^*$和$\boldsymbol{\delta}$、$\dot{\boldsymbol{\delta}}$、$\ddot{\boldsymbol{\delta}}$均可看作常量,因此可以提到积分号外。并且,$\boldsymbol{\delta}^*$为任意值上式均成立,所以可以把它从等式两端消去。这样,上式变为

$$\iiint_V \boldsymbol{B}^{\mathrm{T}} \boldsymbol{D} \boldsymbol{B} \mathrm{d}V \cdot \boldsymbol{\delta} + \iiint_V \boldsymbol{N}^{\mathrm{T}} \rho \boldsymbol{N} \mathrm{d}V \cdot \ddot{\boldsymbol{\delta}} +$$
$$\iiint_V \boldsymbol{N}^{\mathrm{T}} \upsilon \boldsymbol{N} \mathrm{d}V \cdot \dot{\boldsymbol{\delta}} = \boldsymbol{F} \tag{6.13}$$

式(6.13)中左端第一项是单元刚阵乘结点位移,代表单元的结点等效弹性力;左端第二项、第三项分别是结点等效惯性力和阻尼力。

式(6.13)的物理意义是:动力学问题中,在单元的结点上,弹性力、惯性力和阻尼力与外加激振力相平衡。这也是达朗贝尔原理在单元中的应用。

从式(6.13)还可看到,$\iiint_V \boldsymbol{N}^{\mathrm{T}} \rho \boldsymbol{N} \mathrm{d}V$和$\iiint_V \boldsymbol{N}^{\mathrm{T}} \upsilon \boldsymbol{N} \mathrm{d}V$对单元来说,具有质量和阻尼的性质。因此令

$$\boldsymbol{m}=\iiint_V \boldsymbol{N}^{\mathrm{T}}\rho\boldsymbol{N}\mathrm{d}V \tag{6.14}$$

$$\boldsymbol{c}=\iiint_V \boldsymbol{N}^{\mathrm{T}}\upsilon\boldsymbol{N}\mathrm{d}V \tag{6.15}$$

式中 $\boldsymbol{m}$—— 单元的质量矩阵;

$\boldsymbol{c}$—— 单元的阻尼矩阵。

将式(6.14)、式(6.15)代入式(6.13),得

$$\boldsymbol{m}\ddot{\boldsymbol{\delta}}+\boldsymbol{c}\dot{\boldsymbol{\delta}}+\boldsymbol{k}\boldsymbol{\delta}=\boldsymbol{F} \tag{6.16}$$

6.1.3 单元质量矩阵和阻尼矩阵的坐标变换

在建立了单元的动力学方程之后,下面应建立整个弹性结构的动力学方程。与单元刚阵一样,单元的质阵、阻尼阵也是相对于局部坐标系的,应首先对它们进行坐标变换。

根据前面给出的单元在统一坐标系和局部坐标系中结点位移间的变换关系,可以写出两种坐标系中加速度和虚位移间的变换关系,即

$$\ddot{\boldsymbol{\delta}}=\boldsymbol{T}\ddot{\overline{\boldsymbol{\delta}}} \tag{6.17}$$

$$\boldsymbol{\delta}^*=\boldsymbol{T}\overline{\boldsymbol{\delta}}^* \tag{6.18}$$

式中 $\boldsymbol{\delta}$—— 结点相对于局部坐标系的位移矢量;

$\overline{\boldsymbol{\delta}}$—— 结点相对于统一坐标系的位移矢量;

$\boldsymbol{T}$—— 单元的坐标变换矩阵。

由于虚功是一个标量,与坐标系无关,所以在两种坐标系中,单元惯性力所做的虚功应相等,即有

$$\overline{\boldsymbol{\delta}}^{*\mathrm{T}}(-\overline{\boldsymbol{m}}\ddot{\overline{\boldsymbol{\delta}}})=\boldsymbol{\delta}^{*\mathrm{T}}(-\boldsymbol{m}\ddot{\boldsymbol{\delta}}) \tag{6.19}$$

将式(6.17)和式(6.18)代入式(6.19)右端,则得

$$\overline{\boldsymbol{\delta}}^{*\mathrm{T}}(-\overline{\boldsymbol{m}}\ddot{\overline{\boldsymbol{\delta}}})=\overline{\boldsymbol{\delta}}^{*\mathrm{T}}\boldsymbol{T}^{\mathrm{T}}(-\boldsymbol{m}\boldsymbol{T}\ddot{\overline{\boldsymbol{\delta}}})$$

因为虚位移是任意的,可以从等式的两端消去,得

$$-\overline{\boldsymbol{m}}\ddot{\overline{\boldsymbol{\delta}}}=-\boldsymbol{T}^{\mathrm{T}}\boldsymbol{m}\boldsymbol{T}\ddot{\overline{\boldsymbol{\delta}}}$$

比较上式两端,可以得出统一坐标系下的质量矩阵,即

$$\overline{\boldsymbol{m}}=\boldsymbol{T}^{\mathrm{T}}\boldsymbol{m}\boldsymbol{T} \tag{6.20}$$

将式(6.14)代入式(6.20),有

$$\overline{\boldsymbol{m}}=\iiint_V \boldsymbol{T}^{\mathrm{T}}\boldsymbol{N}^{\mathrm{T}}\rho\boldsymbol{N}\boldsymbol{T}\mathrm{d}V=\iiint_V \overline{\boldsymbol{N}}^{\mathrm{T}}\rho\overline{\boldsymbol{N}}\mathrm{d}V \tag{6.21}$$

式中 $\overline{\boldsymbol{N}}$—— 统一坐标系下的形状函数矩阵,$\overline{\boldsymbol{N}}=\boldsymbol{T}^{\mathrm{T}}\boldsymbol{N}$。

若已知形状函数矩阵 $\overline{\boldsymbol{N}}$,采用式(6.21)来计算统一坐标系下的质量矩阵是很方便的。

同理,可得两种坐标系中单元阻尼阵的变换公式,即

$$\bar{c} = T^{T}cT \tag{6.22}$$

6.1.4 结构动力学方程式的建立

与静力学一样,在动力学中建立起单元特性矩阵和单元动力学方程式之后,也要把单元群综合成为结构的有限元离散化计算模型,并建立起该计算模型的动力学方程式。将整个弹性结构的结点位移矢量记为$\boldsymbol{\delta}$,并将各单元坐标变换后的$\bar{\boldsymbol{k}}$、$\bar{\boldsymbol{m}}$、$\bar{\boldsymbol{c}}$和$\boldsymbol{F}$进行组集,得到总刚阵$\boldsymbol{K}$、总质阵$\boldsymbol{M}$、总阻尼阵$\boldsymbol{C}$和总外加激振力矩阵$\boldsymbol{F}$。

由于物体的密度$\rho > 0$,阻尼比$\upsilon > 0$,能够证明,式(6.14)和式(6.15)定义的单元质阵$\boldsymbol{m}$和单元阻尼阵$\boldsymbol{c}$都是对称正定的,因而总质阵$\boldsymbol{M}$和总阻尼阵$\boldsymbol{C}$也是对称正定的。同总刚阵$\boldsymbol{K}$一样,总质阵$\boldsymbol{M}$和总阻尼阵$\boldsymbol{C}$一般也是大型对称变带宽的带状稀疏矩阵,适合采用一维压缩储存方法。

对于整个结构,由达朗贝尔原理,就有

$$\boldsymbol{M}\ddot{\boldsymbol{\delta}} + \boldsymbol{C}\dot{\boldsymbol{\delta}} + \boldsymbol{K}\boldsymbol{\delta} = \boldsymbol{F} \tag{6.23}$$

这就是用有限元法求解动力学问题的基本方程式。式中未考虑结构的支撑条件,因此,在求解之前,还应该采用静力学所述的方法进行边界条件处理。

6.2 结构的无阻尼自由振动方程式

对于自由振动,没有外加激振力,即$\boldsymbol{F} = 0$,式(6.23)演变成

$$\boldsymbol{M}\ddot{\boldsymbol{\delta}} + \boldsymbol{C}\dot{\boldsymbol{\delta}} + \boldsymbol{K}\boldsymbol{\delta} = 0 \tag{6.24}$$

对于无阻尼自由振动,阻尼矩阵$\boldsymbol{C} = 0$,式(6.24)变为

$$\boldsymbol{M}\ddot{\boldsymbol{\delta}} + \boldsymbol{K}\boldsymbol{\delta} = 0 \tag{6.25}$$

在结构动力学中,求解结构自由振动的固有频率及相应的振型(或称振动模态)是很重要的内容。计算经验表明,阻尼对结构频率和振型影响不大,因此,常用式(6.25)的无阻尼自由振动方程来求结构的固有频率及相应的振型。

由于弹性体的自由振动总可以分解为一系列简谐振动的叠加,为了求解结构自由振动的固有频率及相应的振型,考虑如下简谐振动的解,即假设

$$\boldsymbol{\delta} = \boldsymbol{q}e^{j\omega t} \tag{6.26}$$

式中 $\boldsymbol{q}$—— 结点位移δ的振幅列阵,它与时间t无关;

ω—— 固有频率;

t—— 时间。

将式(6.26)对时间t求一阶、二阶导数,得

$$\dot{\boldsymbol{\delta}} = (j\omega)\boldsymbol{q}e^{j\omega t} \tag{6.27}$$

$$\ddot{\boldsymbol{\delta}} = (j\omega)^2\boldsymbol{q}e^{j\omega t} = -\omega^2\boldsymbol{q}e^{j\omega t} \tag{6.28}$$

把式(6.26)、式(6.28)代入式(6.25),得

$$M(-\omega^2 q e^{j\omega t}) + K q e^{j\omega t} = 0$$

即

$$(K - \omega^2 M) q = 0 \tag{6.29(a)}$$

或写为

$$K q = \omega^2 M q \tag{6.29}$$

要寻求式(6.26)所表示的弹性结构的结点振幅列阵 $\boldsymbol{q}$ 和 ω,就转化为找寻数量 ω^2 和相对应的非零向量 $\boldsymbol{q}$,满足式(6.29)。这样的问题在数学上称之为广义特征值问题(generalized eigen-problem),而这样的 ω^2 和 $\boldsymbol{\delta}$ 分别称为广义特征值(generalized eigen value)和广义特征向量(generalized eigenvectors)。显然,如此求得的 ω 就是结构的固有频率,而 $\boldsymbol{q}$ 就给出了相应的振型。

记

$$\lambda = \omega^2 \tag{6.30}$$

则式(6.29(a))可改写为

$$(K - \lambda M) q = 0 \tag{6.31}$$

由于 $\boldsymbol{q}$ 是非零向量,上式有解的条件是矩阵 $(\boldsymbol{K} - \lambda \boldsymbol{M})$ 的行列式应为零,即

$$\det(K - \lambda M) = \begin{vmatrix} k_{11} - \lambda m_{11} & k_{12} - \lambda m_{12} & \cdots & k_{1n} - \lambda m_{1n} \\ k_{21} - \lambda m_{21} & k_{22} - \lambda m_{22} & \cdots & k_{2n} - \lambda m_{2n} \\ \vdots & \vdots & & \vdots \\ k_{n1} - \lambda m_{n1} & k_{n2} - \lambda m_{n2} & \cdots & k_{nn} - \lambda m_{nn} \end{vmatrix} = 0 \tag{6.32}$$

上式数学上称为广义特征方程。式中的 n 为矩阵 $\boldsymbol{K}$ 或 $\boldsymbol{M}$ 的阶数。

如果将式(6.32)展开,则得 λ 的 n 次代数方程,由此可解出 n 个广义特征值。

对于有支撑约束的结构,对 $\boldsymbol{K}$ 和 $\boldsymbol{M}$ 进行边界条件处理之后,总刚阵是对称正定矩阵,则由式(6.32)解出的广义特征值 $\lambda_i (i = 1, 2, \cdots, n)$ 一定是正实数,由式(6.30)可算出弹性结构的 n 个固有频率

$$\omega = \sqrt{\lambda_i} \quad (i = 1, 2, \cdots, n)$$

对于没有支撑而处于自由状态的结构,$\boldsymbol{K}$ 和 $\boldsymbol{M}$ 不进行边界条件处理,总刚阵是对称半正定矩阵,而不是对称正定矩阵。由式(6.31)算出的一部分广义特征值为零,没有实际意义。此时只对其余为正的非零特征值感兴趣。

关于求解广义特征值问题的方法,留待后面详细讨论。

6.3 单元质量矩阵

根据式(6.14),可以计算出各种单元的质量矩阵。式(6.14)定义的质量矩阵是建立在假设质量均匀地分布在单元各处的基础上,所计算出的质量矩阵常被称为一致质量矩阵(consistent mass matrix)。一般来讲,结构的整体质量矩阵是由各个单元质量矩阵集合而成。但是,有时候在某些结点上还可能附有真实的集中质量。这些集中质量对结构的动态特性有着不可忽略的影响。必须把这些质量附加在某些结点上,形成集中质量。如

果单元上除了均匀的质量外，在结点上还有集中质量，则除单元质量矩阵 $\boldsymbol{m}$ 外，还有和集中质量矩阵对应的质阵 $\boldsymbol{m}_C$。它是一个对角矩阵，其阶数等于结点位移的个数，对于没有任何集中质量的结点，$\boldsymbol{m}_C$ 在相应位置上的元素为零。

下面为几个典型单元的质量矩阵计算实例。

6.3.1 杆纵向振动时的质量矩阵

如图 6.1 所示的杆，其形状函数为

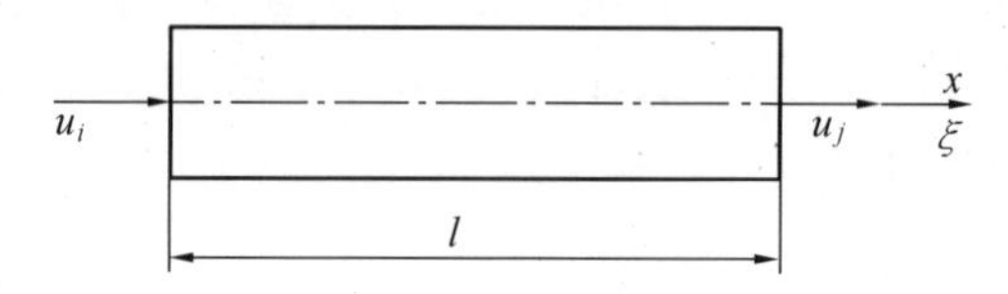

图 6.1 纵向振动的杆单元

$$\boldsymbol{N} = [1-\xi \quad \xi]$$

代入式(6.14) 得

$$\boldsymbol{m} = \iiint_V \boldsymbol{N}^{\mathrm{T}} \rho \boldsymbol{N} \mathrm{d}V = \int_0^1 \rho l \begin{bmatrix} 1-\xi \\ \xi \end{bmatrix} [1-\xi \quad \xi] \mathrm{d}\xi \cdot A$$

即

$$\boldsymbol{M} = \rho A l \int_0^1 \begin{bmatrix} (1-\xi)^2 & \xi(1-\xi) \\ \xi(1-\xi) & \xi^2 \end{bmatrix} \mathrm{d}\xi = \frac{\rho A l}{6} \begin{bmatrix} 2 & 1 \\ 1 & 2 \end{bmatrix}$$

如果在杆两端还有集中质量 m_1 和 m_2，则有

$$\boldsymbol{m} = \frac{\rho A l}{6} \begin{bmatrix} 2 & 1 \\ 1 & 2 \end{bmatrix} + \begin{bmatrix} m_1 & 0 \\ 0 & m_2 \end{bmatrix}$$

6.3.2 梁类单元的质量矩阵

对于图 3.2 所示的平面梁单元，如采用自然坐标系，其形状函数为

$$\begin{aligned} \boldsymbol{N} = [N_i \quad N_{zi} \quad N_j \quad N_{zj}] = \\ [(1-3\xi^2+2\xi^3) \quad (\xi-2\xi^2+\xi^3)l \quad (3\xi^2-2\xi^3) \quad (\xi^3-\xi^2)l] \end{aligned}$$

由单元质量矩阵公式，有

$$\boldsymbol{m} = \iiint_V \boldsymbol{N}^{\mathrm{T}} \rho \boldsymbol{N} \mathrm{d}V = \rho A l \int_0^1 \boldsymbol{N}^{\mathrm{T}} \boldsymbol{N} \mathrm{d}\xi$$

将形状函数 $\boldsymbol{N}$ 代入，得

$$\boldsymbol{m} = \frac{\rho A l}{420} \begin{bmatrix} 156 & 22l & 54 & -13l \\ 22l & 4l^2 & 13l & -3l^2 \\ 54 & 13l & 156 & -22l \\ -13l & -3l^2 & -22l & 4l^2 \end{bmatrix}$$

对于空间梁单元，其单元质阵在组合时，与其单元刚阵组合时一样。

6.3.3 平面三角形板单元的质量矩阵

当采用三角形面积坐标时，已知面积坐标 L_i、L_j、L_k 与形状函数 N_i、N_j、N_k 具有同样的形式，也具有相同的意义。在求解平面三角形板单元的一致质量矩阵时，采用面积坐标矩阵代替形状函数矩阵，有

$$\boldsymbol{m} = \iiint_V \boldsymbol{N}^{\mathrm{T}} \rho \boldsymbol{N} \mathrm{d}V = \rho t \iint \begin{bmatrix} L_i & 0 \\ 0 & L_i \\ L_j & 0 \\ 0 & L_j \\ L_k & 0 \\ 0 & L_k \end{bmatrix} \begin{bmatrix} L_i & 0 & L_j & 0 & L_k & 0 \\ 0 & L_i & 0 & L_j & 0 & L_k \end{bmatrix} \mathrm{d}x\mathrm{d}y =$$

$$\rho t \iint \begin{bmatrix} L_i^2 & 0 & L_iL_j & 0 & L_iL_k & 0 \\ 0 & L_i^2 & 0 & L_iL_j & 0 & L_iL_k \\ L_iL_j & 0 & L_i^2 & 0 & L_jL_k & 0 \\ 0 & L_iL_j & 0 & L_j^2 & 0 & L_jL_k \\ L_iL_k & 0 & L_jL_k & 0 & L_k^2 & 0 \\ 0 & L_iL_k & 0 & L_jL_k & 0 & L_k^2 \end{bmatrix} \mathrm{d}x\mathrm{d}y$$

利用三角形面积坐标积分，可以得出

$$\iint L_i^2 \mathrm{d}x\mathrm{d}y = \iint L_j^2 \mathrm{d}x\mathrm{d}y = \iint L_k^2 \mathrm{d}x\mathrm{d}y = \frac{2}{12}A$$

$$\iint L_iL_j \mathrm{d}x\mathrm{d}y = \iint L_iL_k \mathrm{d}x\mathrm{d}y = \iint L_jL_k \mathrm{d}x\mathrm{d}y = \frac{1}{12}A$$

将上式代入质量矩阵，得

$$\boldsymbol{m} = \frac{\rho A t}{12} \begin{bmatrix} 2 & 0 & 1 & 0 & 1 & 0 \\ 0 & 2 & 0 & 1 & 0 & 1 \\ 1 & 0 & 2 & 0 & 1 & 0 \\ 0 & 1 & 0 & 2 & 0 & 1 \\ 1 & 0 & 1 & 0 & 2 & 0 \\ 0 & 1 & 0 & 1 & 0 & 2 \end{bmatrix}$$

6.4 单元阻尼矩阵

任何机械或结构，在振动过程中总会受到某种阻力的作用。阻力的种类很多，如材料的内摩擦力，两个相对运动表面之间的摩擦力、吸附力、空气或液体的阻力等，这些阻力统称阻尼。

阻尼分为黏性阻尼、结构阻尼和负阻尼。结构在介质中运动产生的阻尼是黏性阻尼。黏性阻尼是假设所受到的阻尼力与振动速度的一次方成正比，即假设阻尼是线性

的。结构阻尼是由于材料的内摩擦引起的,取决于结构在振动中的应变。结构阻尼是非线性的;负阻尼是指弹性系统在振动过程中,周围介质对振动有加剧而不是衰减的作用。负阻尼多发生在航空及航天结构中,如发动机叶片分析时,必须考虑颤振问题。

非线性阻尼常用等效的黏性阻尼来替代:在一个振动周期中,等效黏性阻尼所耗散的能量与它所替代的阻尼所耗散的能量相等。

实际上,阻尼是个很复杂的问题,对于各种结合面阻尼的计算方法,目前仍然研究得很不够。有人认为,在结构的振动特性中,阻尼的影响通常比惯性和刚度的影响小,所以采用近似的方法求 $\boldsymbol{C}$ 也可以。

由式(6.14)和式(6.15)可以看出,单元阻尼矩阵与单元质量矩阵具有相同的形式,只是比例系数不同,所以可以假设

$$\boldsymbol{c} = \alpha \boldsymbol{m} \tag{6.33}$$

有时也取阻尼与单元刚阵成正比例,即

$$\boldsymbol{c} = \beta \boldsymbol{k} \tag{6.34}$$

威尔逊(Wilson)采用下面形式的黏性阻尼矩阵,即

$$\boldsymbol{c} = \alpha \boldsymbol{m} + \beta \boldsymbol{k} \tag{6.35}$$

$$\left.\begin{aligned} \alpha &= \frac{2(\zeta_i \omega_j - \zeta_j \omega_i)}{\omega_j^2 - \omega_i^2} \omega_i \omega_j \\ \beta &= \frac{2(\zeta_j \omega_j - \zeta_i \omega_i)}{\omega_j^2 - \omega_i^2} \end{aligned}\right\} \tag{6.36}$$

式中 ω_i——第 i 阶固有频率;

ω_j——第 j 阶固有频率;

ζ_i——第 i 阶振型阻尼比;

ζ_j——第 j 阶振型阻尼比。

ζ_i 和 ζ_j 即实际阻尼与临界阻尼之比,一般为实验数据。

6.5 求解自由振动问题简例

下面通过一个平面固支梁(轴)的例子,说明用有限元法解自由振动问题的步骤。

【例 6.1】 设有如图 6.2 所示两端固支梁(或机器的传动轴),求解它的固有频率和中点的振动状态。

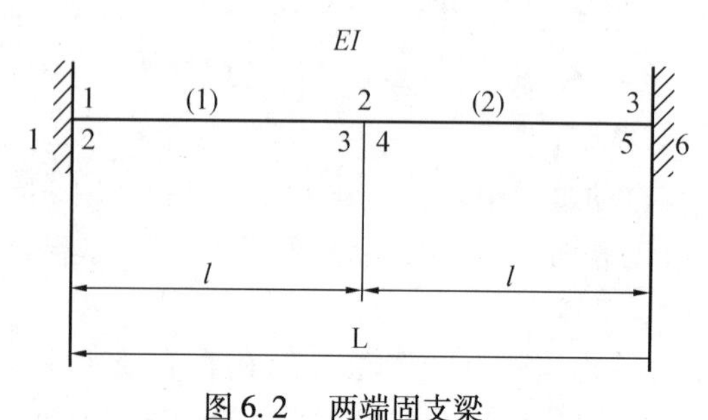

图 6.2 两端固支梁

采用平面梁单元,将该结构划分为两个单元、三个结点、六个自由度。由梁单元刚度矩阵和质量矩阵公式,可得单元的刚阵和质阵为

$$
\begin{array}{cc}
 & \begin{array}{cccc} 3 & 4 & 5 & 6 \\ 1 & 2 & 3 & 4 \end{array} \\
\boldsymbol{k}_{(1)}=\boldsymbol{k}_{(2)}=\begin{array}{cc} 3 & 1 \\ 4 & 2 \\ 5 & 3 \\ 6 & 4 \end{array} \dfrac{EI}{l^3} & \begin{bmatrix} 12 & 6l & -12 & 6l \\ 6l & 4l^2 & -6l & 2l^2 \\ -12 & -6l & 12 & -6l \\ 6l & 2l^2 & -6l & 4l^2 \end{bmatrix}
\end{array}
$$

$$
\begin{array}{cc}
 & \begin{array}{cccc} 3 & 4 & 5 & 6 \\ 1 & 2 & 3 & 4 \end{array} \\
\boldsymbol{m}_{(1)}=\boldsymbol{m}_{(2)}=\begin{array}{cc} 3 & 1 \\ 4 & 2 \\ 5 & 3 \\ 6 & 4 \end{array} \dfrac{\rho Al}{420} & \begin{bmatrix} 156 & 22l & 54 & -13l \\ 22l & 4l^2 & 13l & -3l^2 \\ 54 & -6l & 12 & -6l \\ -13l & -3l^2 & -22l & 4l^2 \end{bmatrix}
\end{array}
$$

单元刚阵、质阵上方和侧面的数字是对应的自由度统一序号。

由总刚阵组集的对号入座方法,将两个单元的单元刚阵、质阵分别对号入座,可以得到结构的总刚阵、总质阵为

$$
\begin{array}{cc}
 & \begin{array}{cccccc} 1 & 2 & 3 & 4 & 5 & 6 \end{array} \\
\boldsymbol{K}=\begin{array}{c} 1 \\ 2 \\ 3 \\ 4 \\ 5 \\ 6 \end{array} \dfrac{EI}{l^3} & \begin{bmatrix} 12 & 6l & -12 & 6l & 0 & 0 \\ 6l & 4l^2 & -6l & 2l^2 & 0 & 0 \\ -12 & -6l & 24 & 0 & -12 & 6l \\ 6l & 2l^2 & 0 & 8l^2 & -6l & 2l^2 \\ 0 & 0 & -12 & -6l & 12 & -6l \\ 0 & 0 & 6l & 2l^2 & -6l & 4l^2 \end{bmatrix}
\end{array}
$$

和

$$
\begin{array}{cc}
 & \begin{array}{cccccc} 1 & 2 & 3 & 4 & 5 & 6 \end{array} \\
\boldsymbol{M}=\begin{array}{c} 1 \\ 2 \\ 3 \\ 4 \\ 5 \\ 6 \end{array} \dfrac{\rho Al}{420} & \begin{bmatrix} 156 & 22l & 54 & -13l & 0 & 0 \\ 22l & 4l^2 & 13l & -3l^2 & 0 & 0 \\ 54 & 13l & 312 & 0 & 54 & -13l \\ -13l & -3l^2 & 0 & 8l^2 & 13l & -3l^2 \\ 0 & 0 & 54 & 13l & 12 & -22l \\ 0 & 0 & -13l & -3l^2 & -6l & 4l^2 \end{bmatrix}
\end{array}
$$

振幅列阵为

$$
\boldsymbol{q}=\begin{matrix}1\\2\\3\\4\\5\\6\end{matrix}\begin{bmatrix}v_1\\ \theta_{z1}\\ v_2\\ \theta_{z2}\\ v_3\\ \theta_{z3}\end{bmatrix}
$$

在求解之前,还要进行边界条件处理。因为这里是“手算”例题,所以采用“减缩”的方法进行处理。

由于支撑条件给出$v_1=\theta_{z1}=v_2=\theta_{z2}=0$,它们对应于1、2、5、6号自由度,因此把$\boldsymbol{K}$、$\boldsymbol{M}$、$\boldsymbol{\delta}$矩阵中的相应的行和列划去,并令单元的长度$l=\dfrac{L}{2}$。把减缩后的刚阵、质阵和振幅列矩阵代入式(6.29(a)),则有

$$
\left[\frac{EI}{L^3}\begin{bmatrix}192 & 0\\ 0 & 16L^2\end{bmatrix}-\omega^2\frac{\rho Al}{840}\begin{bmatrix}312 & 0\\ 0 & 2L^2\end{bmatrix}\right]\begin{bmatrix}v_2\\ \theta_{z2}\end{bmatrix}=\begin{bmatrix}0\\0\end{bmatrix} \tag{6.29(b)}
$$

若上式有解,则其系数行列式应为0,即

$$
\begin{vmatrix}-\left(312-192\dfrac{840EI}{\omega^2\rho AL^4}\right) & 0\\ 0 & -\left(2L^2-16\dfrac{840EI}{\omega^2\rho AL^2}\right)\end{vmatrix}=0
$$

由此解得

$$
\omega_1=\frac{22.736}{L^2}\sqrt{\frac{EI}{\rho A}}\qquad \omega_2=\frac{81.976}{L^2}\sqrt{\frac{EI}{\rho A}}
$$

用一般力学公式算得的频率精确值为

$$
\omega_1=\frac{22.378}{L^2}\sqrt{\frac{EI}{\rho A}}\qquad \omega_2=\frac{61.670}{L^2}\sqrt{\frac{EI}{\rho A}}
$$

有限元法计算得到的误差分别为1.62%和32.93%。若将单元数量增加,单元划分得更小,则计算误差可以减少。

将上面解得的ω值代入式(6.29(b)),可以分别得到两个方程组

$$
\begin{bmatrix}0 & 0\\ 0 & 24L^2\end{bmatrix}\begin{bmatrix}v_2\\ \theta_{z2}\end{bmatrix}=\begin{bmatrix}0\\0\end{bmatrix}\qquad \begin{bmatrix}-288 & 0\\ 0 & 0\end{bmatrix}\begin{bmatrix}v_2\\ \theta_{z2}\end{bmatrix}=\begin{bmatrix}0\\0\end{bmatrix}
$$

由此解得在一阶时$\theta_{z2}=0$,二阶时$v_2=0$。这与一般力学公式解得的结果是一致的。

6.6 特征值问题及其解法

6.6.1 特征值问题

特征值问题有两种:广义特征值问题和**标准特征值问题**(standard eigenproblem)。

在结构振动中,要求解方程组(6.29)

$$\boldsymbol{K}\boldsymbol{q} = \omega^2 \boldsymbol{M}\boldsymbol{q}$$

若记 $\lambda = \omega^2$,则式(6.29)可写为

$$\boldsymbol{K}\boldsymbol{q} = \lambda \boldsymbol{M}\boldsymbol{q} \tag{6.37}$$

若记 $\lambda = 1/\omega^2$,则式(6.29)可写为

$$\lambda \boldsymbol{K}\boldsymbol{q} = \boldsymbol{M}\boldsymbol{q} \tag{6.38}$$

式中 $\boldsymbol{K}$——结构的总刚阵;

$\boldsymbol{M}$——总质阵;

λ——特征值(eigen value);

$\boldsymbol{q}$——与特征值对应的特征向量(eigenvectors),总与 λ 成对出现。

式(6.37)或式(6.38)称为广义特征值问题。式(6.37)中,若 $\boldsymbol{M} = \boldsymbol{I}$,则有

$$\boldsymbol{K}\boldsymbol{q} = \lambda \boldsymbol{q} \tag{6.39}$$

它是特征值问题的标准形式,称为标准特征值问题。

广义特征值问题中,若 $\boldsymbol{K}$ 是正定对称矩阵,则可以通过对 $\boldsymbol{K}$ 的三角化过程把广义特征值问题转化为标准特征值问题。

先把 $\boldsymbol{K}$ 分解为

$$\boldsymbol{K} = \boldsymbol{L}\boldsymbol{L}^{\mathrm{T}} \tag{6.40}$$

式中 $\boldsymbol{L}$——下三角阵。

将式(6.40)代入式(6.38),则得

$$\lambda \boldsymbol{L}\boldsymbol{L}^{\mathrm{T}}\boldsymbol{q} = \boldsymbol{M}\boldsymbol{q}$$

或

$$\lambda \boldsymbol{L}\boldsymbol{L}^{\mathrm{T}}\boldsymbol{q} = \boldsymbol{M}(\boldsymbol{L}^{-1})^{\mathrm{T}}\boldsymbol{L}^{\mathrm{T}}\boldsymbol{q}$$

设

$$\bar{\boldsymbol{q}} = \boldsymbol{L}^{\mathrm{T}}\boldsymbol{q} \tag{6.41}$$

则有

$$\lambda \boldsymbol{L}\bar{\boldsymbol{q}} = \boldsymbol{M}(\boldsymbol{L}^{-1})^{\mathrm{T}}\bar{\boldsymbol{q}}$$

两端均乘以 $\boldsymbol{L}^{-1}$,并令 $\overline{\boldsymbol{M}} = \boldsymbol{L}^{-1}\boldsymbol{M}(\boldsymbol{L}^{-1})^{\mathrm{T}}$,则得

$$\overline{\boldsymbol{M}}\bar{\boldsymbol{q}} = \lambda \bar{\boldsymbol{q}} \tag{6.42}$$

这里的 $\overline{\boldsymbol{M}}$ 仍然是对称矩阵。式(6.42)已转化为一个标准特征值问题。由该式可求得特征值 λ 和特征向量 $\bar{\boldsymbol{q}}$,再根据式(6.41)求出 $\boldsymbol{q}$。

另外,由于 $\boldsymbol{M}$ 是正定对称矩阵,也可以把它进行分解来进行特征值问题的标准化处理,可以推出

$$\overline{\boldsymbol{K}}\bar{\boldsymbol{q}} = \lambda \bar{\boldsymbol{q}} \tag{6.43}$$

此时,$\boldsymbol{M} = \boldsymbol{L}\boldsymbol{L}^{\mathrm{T}}$;$\lambda = 1/\omega^2$;$\overline{\boldsymbol{K}} = \boldsymbol{L}^{-1}\boldsymbol{K}(\boldsymbol{L}^{-1})^{\mathrm{T}}$。

一般 $\overline{\boldsymbol{M}}$ 和 $\overline{\boldsymbol{K}}$ 已不是带状矩阵,非零元素在矩阵内常常很分散。但如果 $\boldsymbol{M}$ 为对角矩阵

时，则 $\overline{\boldsymbol{K}}$ 仍保持原来的带状特性。

6.6.2 模态矩阵的性质

对一个 n 自由度的系统，从式(6.37) 可解出 n 个特征值(可能有相同的或共轭的)λ_i 以及 n 个与之对应的向量。

$$\boldsymbol{\phi}_i=[\phi_{1i}\quad \phi_{2i}\quad \cdots\quad \phi_{ni}]^{\mathrm{T}}\quad (i=1,2,\cdots,n) \tag{6.44(a)}$$

它们组成特征矩阵或模态矩阵，有

$$\boldsymbol{\Phi}=[\phi_1\quad \phi_2\quad \cdots\quad \phi_n]=\begin{bmatrix}\phi_{11} & \phi_{12} & \cdots & \phi_{1n}\\ \phi_{21} & \phi_{22} & \cdots & \phi_{2n}\\ \vdots & \vdots & & \vdots\\ \phi_{n1} & \phi_{n2} & \cdots & \phi_{nn}\end{bmatrix} \tag{6.44}$$

特征矩阵具有如下性质：

① 对称矩阵的特征矩阵是一个正交矩阵，即有

$$\boldsymbol{\Phi}^{\mathrm{T}}\boldsymbol{\Phi}=\boldsymbol{I}$$

② 由于只考虑特征向量的方向和相对长度的缘故，特征向量 $\boldsymbol{\phi}_i$ 乘上一个常数后仍然是结构系统与 λ_i 对应的模态向量，这样的变换对系统没有影响，即 $\boldsymbol{K}(\alpha\,\boldsymbol{\phi}_i)=\lambda_i\boldsymbol{M}(\alpha\,\boldsymbol{\phi}_i)$ 与 $\boldsymbol{K}\,\boldsymbol{\phi}_i=\lambda_i\boldsymbol{M}\,\boldsymbol{\phi}_i$ 等价。

正因为如此，可以对特征向量进行规格化处理或归一化处理。规格化处理的方法很多，常用的是在特征向量 $\boldsymbol{\phi}_i$ 中，挑选一个绝对值最大的元素，用该元素去遍除 $\boldsymbol{\phi}_i$ 的所有元素，使绝对值最大的元素的值为 1，而其余元素的绝对值均小于或等于 1。

③ 特征向量可以看作是“模态坐标系统”。

在振动分析中，常用的坐标系统有两种，一种是以质点平衡位置为坐标向量的始点，以偏离平衡位置的大小为坐标量的“物理位置坐标系统”；另一种则是“主坐标系统”或称“模态坐标系统”，它以模态向量作为坐标系统的基。

由于 n 个自由度的系统可以解出 n 个模态向量(特征向量)，并且它们之间是线性无关的，可以作为坐标系统的基，结构系统的任何一个实际振动向量都可以用这个基的线性组合来表达。也就是说，可以用 n 个模态向量组成一个新的坐标系统。下面来阐述这一论点。

模态向量 $\boldsymbol{\phi}_i$ 可以用基 $\boldsymbol{e}_i$ 的线性组合来表示，即

$$\boldsymbol{\phi}_1=\begin{bmatrix}\phi_{11}\\ \phi_{21}\\ \vdots\\ \phi_{n1}\end{bmatrix}=\phi_{11}\begin{bmatrix}1\\0\\ \vdots\\0\end{bmatrix}+\phi_{21}\begin{bmatrix}0\\1\\ \vdots\\0\end{bmatrix}+\cdots+\phi_{n1}\begin{bmatrix}0\\0\\ \vdots\\1\end{bmatrix}=\sum_{i=1}^{n}\phi_{i1}\boldsymbol{e}_i$$

$$\boldsymbol{\phi}_2=\begin{bmatrix}\phi_{12}\\ \phi_{22}\\ \vdots\\ \phi_{n2}\end{bmatrix}=\phi_{12}\begin{bmatrix}1\\0\\ \vdots\\0\end{bmatrix}+\phi_{22}\begin{bmatrix}0\\1\\ \vdots\\0\end{bmatrix}+\cdots+\phi_{n2}\begin{bmatrix}0\\0\\ \vdots\\1\end{bmatrix}=\sum_{i=1}^{n}\phi_{i2}\boldsymbol{e}_i$$

$$\boldsymbol{\phi}_n = \begin{bmatrix} \phi_{1n} \\ \phi_{2n} \\ \vdots \\ \phi_{nn} \end{bmatrix} = \phi_{1n}\begin{bmatrix} 1 \\ 0 \\ \vdots \\ 0 \end{bmatrix} + \phi_{2n}\begin{bmatrix} 0 \\ 1 \\ \vdots \\ 0 \end{bmatrix} + \cdots + \phi_{nn}\begin{bmatrix} 0 \\ 0 \\ \vdots \\ 1 \end{bmatrix} = \sum_{i=1}^{n} \phi_{in}\boldsymbol{e}_i$$

或写成通式

$$\boldsymbol{\phi}_j = \sum_{i=1}^{n} \phi_{ij}\boldsymbol{e}_i \tag{6.45}$$

同理,对于结构系统的任何一个实际振动向量 $\boldsymbol{x}$ 用基 $\boldsymbol{e}_i$ 来表达,即可写成

$$\boldsymbol{x} = x_1\boldsymbol{e}_1 + x_2\boldsymbol{e}_2 + \cdots + x_n\boldsymbol{e}_n = \sum_{i=1}^{n} x_i\boldsymbol{e}_i \tag{6.46}$$

这里的 $x_1, x_2, \cdots, x_n$ 称为以 $\boldsymbol{e}_i$ 为基时的坐标(物理坐标系统)。

而 x 用 $\boldsymbol{\phi}_i$ 为基时,还可写为

$$\boldsymbol{x} = \delta_1\boldsymbol{\phi}_1 + \delta_2\boldsymbol{\phi}_2 + \cdots + \delta_n\boldsymbol{\phi}_n = \sum_{i=1}^{n} \delta_i\boldsymbol{\phi}_i \tag{6.47}$$

这里的 $\delta_1, \delta_2, \cdots, \delta_n$ 称为以 $\boldsymbol{\phi}_i$ 为基时的坐标(模态坐标系统)。

注意:δ 只是一个文字符号,它在这里的内涵与前边所提的位移列阵的内涵是截然不同的。

这样就可以从新基 $\boldsymbol{\phi}_i$ 和旧基 $\boldsymbol{e}_i$ 之间的联系,得到两种坐标之间的转换关系。

由式(6.46) 和式(6.47),有

$$\sum_{i=1}^{n} x_i\boldsymbol{e}_i = \sum_{i=1}^{n} \delta_i\boldsymbol{\phi}_i$$

把式(6.45) 代入,则得

$$\sum_{i=1}^{n} x_i\boldsymbol{e}_i = \sum_{j=1}^{n} \delta_j \sum_{i=1}^{n} \phi_{ij}\boldsymbol{e}_i = \sum_{i=1}^{n} \left(\sum_{j=1}^{n} \phi_{ij}\delta_j \right) \boldsymbol{e}_i$$

即

$$\sum_{i=1}^{n} x_i = \sum_{i=1}^{n} \sum_{j=1}^{n} \phi_{ij}\delta_j \tag{6.48}$$

简记为

$$\boldsymbol{x} = \boldsymbol{\Phi}\delta \tag{6.48(a)}$$

通过上式可以用模态向量 $\boldsymbol{\Phi}$ 为基来表示任一个实际向量,因此,可以把 $\boldsymbol{\Phi}$ 看作一种新的坐标系统。

④ 若 $\boldsymbol{\Phi}$ 为特征问题的特征矩阵,则它应满足

$$\boldsymbol{\Phi}^{\mathrm{T}}\boldsymbol{K}\boldsymbol{\Phi} = \boldsymbol{\Lambda}$$

$$\boldsymbol{\Phi}^{\mathrm{T}}\boldsymbol{M}\boldsymbol{\Phi} = \boldsymbol{I}$$

$$\boldsymbol{\Lambda} = \begin{bmatrix} \lambda_1 & & & \\ & \lambda_2 & & \\ & & \ddots & \\ & & & \lambda_n \end{bmatrix} = \begin{bmatrix} \omega_1^2 & & & \\ & \omega_2^2 & & \\ & & \ddots & \\ & & & \omega_n^2 \end{bmatrix} \tag{6.49}$$

上式称为特征矩阵应满足的必要条件。此外，$\boldsymbol{\Phi}$ 为特征问题时应满足的充分条件为

$$\boldsymbol{K}\,\boldsymbol{\phi}_i = \lambda_i \boldsymbol{M}\,\boldsymbol{\phi}_i \qquad (i = 1,2,\cdots,n) \tag{6.50}$$

下面证明式(6.49)。将式(6.29)的特征问题改写为

$$\boldsymbol{K}\boldsymbol{q} - \omega^2 \boldsymbol{M}\boldsymbol{q} = 0 \tag{6.51}$$

若 $\boldsymbol{\Phi}$ 和 $\boldsymbol{\Lambda}$ 为特征矩阵和特征值矩阵，则其 i 阶分量 $\boldsymbol{\phi}_i$、ω_i^2 应满足式(6.51)，即有

$$\boldsymbol{K}\,\boldsymbol{\phi}_i - \omega_i^2 \boldsymbol{M}\,\boldsymbol{\phi}_i = 0$$

左乘 $\boldsymbol{\phi}_j^{\mathrm{T}}$，则得

$$\boldsymbol{\phi}_j^{\mathrm{T}}\boldsymbol{K}\boldsymbol{\phi}_i - \omega_i^2\, \boldsymbol{\phi}_j^{\mathrm{T}}\boldsymbol{M}\,\boldsymbol{\phi}_i = 0 \tag{6.52(a)}$$

同样，对于 j 阶分量 $\boldsymbol{\phi}_j$、ω_j^2 进行类似处理后，得

$$\boldsymbol{\phi}_j^{\mathrm{T}}\boldsymbol{K}\,\boldsymbol{\phi}_j - \omega_j^2\, \boldsymbol{\phi}_i^{\mathrm{T}}\boldsymbol{M}\,\boldsymbol{\phi}_j = 0 \tag{6.52(b)}$$

由总刚阵和总质阵的对称性，有

$$\boldsymbol{\phi}_i^{\mathrm{T}}\boldsymbol{K}\,\boldsymbol{\phi}_j = \boldsymbol{\phi}_j^{\mathrm{T}}\boldsymbol{K}\,\boldsymbol{\phi}_i$$

$$\boldsymbol{\phi}_i^{\mathrm{T}}\boldsymbol{M}\,\boldsymbol{\phi}_j = \boldsymbol{\phi}_j^{\mathrm{T}}\boldsymbol{M}\,\boldsymbol{\phi}_i$$

代入式(6.52(b))得

$$\boldsymbol{\phi}_j^{\mathrm{T}}\boldsymbol{K}\,\boldsymbol{\phi}_i - \omega_j^2\, \boldsymbol{\phi}_j^{\mathrm{T}}\boldsymbol{M}\,\boldsymbol{\phi}_i = 0 \tag{6.52(c)}$$

式(6.52(a))与式(6.52(c))相减得

$$(\omega_i^2 - \omega_j^2)\boldsymbol{\phi}_j^{\mathrm{T}}\boldsymbol{M}\,\boldsymbol{\phi}_i = 0$$

因此有

$$\boldsymbol{\phi}_j^{\mathrm{T}}\boldsymbol{M}\,\boldsymbol{\phi}_i = 0 \quad (i \neq j)$$

同样可得

$$\boldsymbol{\phi}_j^{\mathrm{T}}\boldsymbol{K}\,\boldsymbol{\phi}_i = 0 \quad (i \neq j)$$

当 $i = j$，由式(6.52(a))得

$$\boldsymbol{\phi}_i^{\mathrm{T}}\boldsymbol{K}\,\boldsymbol{\phi}_i - \omega_i^2\, \boldsymbol{\phi}_i^{\mathrm{T}}\boldsymbol{M}\,\boldsymbol{\phi}_i = 0$$

上式可写为

$$\omega_i^2 = \frac{\boldsymbol{\phi}_i^{\mathrm{T}}\boldsymbol{K}\boldsymbol{\phi}_i}{\boldsymbol{\phi}_i^{\mathrm{T}}\boldsymbol{M}\boldsymbol{\phi}_i} = \frac{k_i}{m_i} \tag{6.52}$$

上式中间项称为瑞利商，k_i 和 m_i 分别称为无阻尼自由振动时的第 i 阶模态刚度和模态质量。

在实际应用时，$\boldsymbol{\Phi}$ 经常取其对 $\boldsymbol{M}$ 归一化处理之后的形式。即若第 i 阶特征向量 $\overline{\boldsymbol{\phi}}_i$ 是解特征问题时得出的未归一化的模态，对它进行归一化处理之后已变为 $\boldsymbol{\phi}_i$，而

$$\boldsymbol{\phi}_i = \frac{\overline{\boldsymbol{\phi}}_i}{(\overline{\boldsymbol{\phi}}_i\,\boldsymbol{M}\,\overline{\boldsymbol{\phi}}_i)^{1/2}} \tag{6.53}$$

故有

$$\boldsymbol{\phi}_i^{\mathrm{T}}\boldsymbol{M}\,\boldsymbol{\phi}_i = \left[\frac{\overline{\boldsymbol{\phi}}_i}{(\overline{\boldsymbol{\phi}}_i\,\boldsymbol{M}\,\overline{\boldsymbol{\phi}}_i)^{1/2}}\right]^{\mathrm{T}} \boldsymbol{M}\left[\frac{\overline{\boldsymbol{\phi}}_i}{(\overline{\boldsymbol{\phi}}_i\,\boldsymbol{M}\,\overline{\boldsymbol{\phi}}_i)^{1/2}}\right] = 1 \tag{6.52(d)}$$

把式(6.52(d))代入式(6.52)，则得

$$\boldsymbol{\phi}_i^{\mathrm{T}}\boldsymbol{K}\,\boldsymbol{\phi}_i = \omega_i^2 \tag{6.52(e)}$$

在式(6.52)中,分别令 $i=1,2,\cdots,n$,则得出 n 个独立的方程式

$$\left.\begin{aligned}\boldsymbol{\phi}_1{}^{\mathrm{T}}\boldsymbol{K}\boldsymbol{\phi}_1-\omega_1^2\boldsymbol{\phi}_1{}^{\mathrm{T}}\boldsymbol{M}\boldsymbol{\phi}_1&=0\\ \boldsymbol{\phi}_2{}^{\mathrm{T}}\boldsymbol{K}\boldsymbol{\phi}_2-\omega_1^2\boldsymbol{\phi}_2{}^{\mathrm{T}}\boldsymbol{M}\boldsymbol{\phi}_2&=0\\ &\vdots\\ \boldsymbol{\phi}_n{}^{\mathrm{T}}\boldsymbol{K}\boldsymbol{\phi}_n-\omega_1^2\boldsymbol{\phi}_n{}^{\mathrm{T}}\boldsymbol{M}\boldsymbol{\phi}_n&=0\end{aligned}\right\}\tag{6.53(a)}$$

简记为

$$\boldsymbol{\Phi}^{\mathrm{T}}\boldsymbol{K}\boldsymbol{\Phi}-\boldsymbol{\Lambda}\boldsymbol{\Phi}^{\mathrm{T}}\boldsymbol{M}\boldsymbol{\Phi}=0\tag{6.54}$$

当特征矩阵经过式(6.53)那样的归一化处理,式(6.54)中的

$$\boldsymbol{\Phi}^{\mathrm{T}}\boldsymbol{M}\boldsymbol{\Phi}=\begin{bmatrix}1&&&\\&1&&\\&&\ddots&\\&&&1\end{bmatrix}=\boldsymbol{I}\tag{6.55}$$

因而有

$$\boldsymbol{\Phi}^{\mathrm{T}}\boldsymbol{K}\boldsymbol{\Phi}=\boldsymbol{\Lambda}\tag{6.56}$$

至此,特征矩阵应满足的必要条件得到证明。同时说明,特征矩阵对总刚阵 $\boldsymbol{K}$、总质阵 $\boldsymbol{M}$ 是正交的,能使一个各自由度之间存在相互耦合的 n 个自由度系统变成为 n 个相互独立的单自由度系统,$\boldsymbol{K}$ 和 $\boldsymbol{M}$ 对角化。这个过程称为“解耦”,它是通过把 $\boldsymbol{K}$ 和 $\boldsymbol{M}$ 由原来的 n 维物理空间向新的 n 维模态坐标空间投影的结果。

6.6.3 雅可比方法

雅可比(Jacobi method)方法是求解特征值问题最古老的方法。其优点是计算公式简单,易于掌握,并适合计算出特征问题的全部特征值和相应的特征向量;缺点是收敛速度慢,不适合求解阶数高的特征值问题。

首先讨论标准特征值问题的雅可比方法。

设有标准特征值问题

$$\boldsymbol{K}\boldsymbol{q}=\lambda\boldsymbol{q}$$

现在用雅可比方法进行求解。

雅可比方法的理论依据是:对一个特征系统施行坐标系的旋转变换,其特征值和特征向量不受影响;任何实对称矩阵,都可以用正交相似变换化为对角阵,其主对角元素就是原矩阵的特征值,正交相似变换矩阵就是个特征向量组成的特征矩阵。

雅可比方法是通过多次坐标系的旋转变换,即通过对 $\boldsymbol{K}$ 施行一系列正交相似变换,最终使旋转后的 n 个坐标轴方向恰好是矩阵 $\boldsymbol{K}$ 的 n 个相互正交的特征向量的方向。经过 k 次变换后,$\boldsymbol{K}$ 变成了对角阵,即

$$\boldsymbol{K}_k=\boldsymbol{R}_k^T\boldsymbol{K}_{k-1}\boldsymbol{R}_k\Rightarrow\begin{bmatrix}\lambda_1&&&\\&\lambda_2&&\\&&\ddots&\\&&&\lambda_n\end{bmatrix}$$

特征向量为

$$\boldsymbol{\Phi}_k = \boldsymbol{R}_1\boldsymbol{R}_2\cdots\boldsymbol{R}_k$$

由于要求经过逐步旋转以后，最终能使 $\boldsymbol{K}$ 变换为一个对角阵，因此可以设想组成 $\boldsymbol{\Phi}_k$ 的每一个旋转矩阵 $\boldsymbol{R}_1$、$\boldsymbol{R}_2$、$\cdots\boldsymbol{R}_k$ 的作用是依次地使 $\boldsymbol{K}$ 中的非对角元素 $k_{ij}(i \neq j)$ 变为 0。

为了简明，先假设 $\boldsymbol{K}$ 是一个二阶对称矩阵

$$\boldsymbol{K} = \begin{bmatrix} k_{11} & k_{12} \\ k_{21} & k_{22} \end{bmatrix}$$

对 $\boldsymbol{K}$ 施行变换，旋转矩阵取为

$$\boldsymbol{R} = \begin{bmatrix} \cos\theta & -\sin\theta \\ \sin\theta & \cos\theta \end{bmatrix} \tag{6.57}$$

对 $\boldsymbol{K}$ 施行坐标系的变换，有

$$\boldsymbol{R}^{\mathrm{T}}\boldsymbol{K}\boldsymbol{R} = \begin{bmatrix} \cos\theta & \sin\theta \\ -\sin\theta & \cos\theta \end{bmatrix} \begin{bmatrix} k_{11} & k_{12} \\ k_{21} & k_{22} \end{bmatrix} \begin{bmatrix} \cos\theta & -\sin\theta \\ \sin\theta & \cos\theta \end{bmatrix} =$$

$$\begin{bmatrix} k_{11}\cos^2\theta + k_{22}\sin^2\theta + k_{21}\sin 2\theta & \dfrac{1}{2}(k_{22} - k_{11})\sin 2\theta + k_{12}\cos 2\theta \\ \dfrac{1}{2}(k_{22} - k_{11})\sin 2\theta + k_{21}\cos 2\theta & k_{11}\sin^2\theta + k_{22}\cos^2\theta - k_{21}\sin 2\theta \end{bmatrix} \tag{6.58}$$

要想使 $k_{12} = k_{21} = 0$，应有

$$k_{12}^{(1)} = k_{21}^{(1)} = \frac{1}{2}(k_{22} - k_{11})\sin 2\theta + k_{12}\cos 2\theta = 0$$

由此则得

$$\tan 2\theta = \frac{2k_{12}}{k_{11} - k_{22}} \tag{6.59}$$

将计算出的值 θ 代入式(6.57)，再将得到的 $\boldsymbol{R}$ 对 $\boldsymbol{K}$ 完成式(6.58) 所示的旋转变换，就能有 $k_{12} = k_{21} = 0$。

一般地说，对于二阶以上的标准特征值问题，为了使 $\boldsymbol{K}_{k-1}$ 中的元素 k_{ij} 变为 0，则旋转矩阵应为

$$\boldsymbol{R}_k = \begin{bmatrix} 1 & & & & & & & & \\ & \ddots & & & & & & & \\ & & 1 & & & & & & \\ & & & \cos\theta & \cdots & & -\sin\theta & & \\ & & & \vdots & 1 & & \vdots & & \\ & & & & & \ddots & & & \\ & & & \sin\theta & \cdots & & \cos\theta & & \\ & & & & & & & 1 & \\ & & & & & & & & \ddots \\ & & & & & & & & & 1 \end{bmatrix} \tag{6.60}$$

式中用于变换任务的 $\cos\theta$、$\sin\theta$、$-\sin\theta$、$\cos\theta$ 分别安装在矩阵 i、j 行和 i、j 列连线的四

个角上。此时,对于旋转角 θ,有

$$\tan 2\theta = \frac{2k_{ij}^{(k)}}{k_{ii}^{(k)} - k_{jj}^{(k)}} \tag{6.61}$$

在转换过程中要注意下面的问题

① 元素 k_{ij} 在某次变换中变为零,但在稍后的变换中使它变为非零。为了加速变换,可改为每步计算时先选择变换目标 k_{ij}。一般情况下,选择非对角元素绝对值最大的作为变换目标,但这样就必须对矩阵进行逐行搜索,耗费大量时间;另一种办法是通过 $(k_{ij}^2/k_{ii}k_{jj})^{1/2}$ 的大小来选择元素,实际计算表明,这种办法更有效。

② 必须给定一个精度值。当

$$\frac{|k_{ii}^{(l+1)} - k_{ii}^{(l)}|}{k_{ii}^{(l+1)}} \leqslant 10^{-s} \qquad (i = 1,2,\cdots,n)$$

$$\frac{|(k_{ij}^{(l+1)})^2|}{|k_{ii}^{(l+1)} k_{jj}^{(l+1)}|} \leqslant 10^{-s} \qquad (i,j = 1,2,\cdots,n;i < j)$$

即可认为 $\boldsymbol{K}_{l+1} = \boldsymbol{\Lambda}$

③$\boldsymbol{\Lambda}$ 中的各分量 λ_i 以及对应的各 $\boldsymbol{\phi}_i$ 未按大小顺序排列,应按从小到大重新排序。

对于广义特征值问题 $\boldsymbol{Kq} = \lambda \boldsymbol{Mq}$,不必事先把它转化为标准特征值问题,而是在对总刚阵变换的同时,对总质阵也做同样的变换。

6.6.4 幂迭代法和反迭代法

1. 标准特征值问题的幂迭代法

对标准特征值问题 $\boldsymbol{Kq} = \lambda \boldsymbol{q}$,可以用幂迭代法来求解。

任取一个初始迭代向量 $\boldsymbol{q}_0$ 和矩阵 $\boldsymbol{K}$ 逐次相乘,可得一个向量序列

$$\left.\begin{aligned} \boldsymbol{q}_1 &= \boldsymbol{Kq}_0 \\ \boldsymbol{q}_2 &= \boldsymbol{Kq}_1 \\ &\vdots \\ \boldsymbol{q}_k &= \boldsymbol{Kq}_{k-1} \\ \boldsymbol{q}_{k+1} &= \boldsymbol{Kq}_k \end{aligned}\right\} \tag{6.62}$$

于是有

$$\left.\begin{aligned} &\boldsymbol{q}_1 = \boldsymbol{Kq}_0 = \lambda_i \boldsymbol{q}_0 = a_1\lambda_1\boldsymbol{\phi}_1 + a_2\lambda_2\boldsymbol{\phi}_2 + \cdots + a_n\lambda_n\boldsymbol{\phi}_n \\ &\boldsymbol{q}_2 = \boldsymbol{Kq}_1 = \lambda_i \boldsymbol{q}_1 = a_1\lambda_1^2\boldsymbol{\phi}_1 + a_2\lambda_2^2\boldsymbol{\phi}_2 + \cdots + a_n\lambda_n^2\boldsymbol{\phi}_n \\ &\quad\vdots \\ &\boldsymbol{q}_k = \boldsymbol{Kq}_{k-1} = \lambda_i \boldsymbol{q}_{k-1} = a_1\lambda_1^k\boldsymbol{\phi}_1 + a_2\lambda_2^k\boldsymbol{\phi}_2 + \cdots + a_n\lambda_n^k\boldsymbol{\phi}_n = \\ &\lambda_n^k\left[a_1\left(\frac{\lambda_1}{\lambda_n}\right)^k\boldsymbol{\phi}_1 + a_2\left(\frac{\lambda_2}{\lambda_n}\right)^k\boldsymbol{\phi}_2 + \cdots + a_n\boldsymbol{\phi}_n\right] \\ &\boldsymbol{q}_{k+1} = \boldsymbol{Kq}_k = \lambda_i \boldsymbol{q}_{k-1} = a_1\lambda_1^{k+1}\boldsymbol{\phi}_1 + a_2\lambda_2^{k+1}\boldsymbol{\phi}_2 + \cdots + a_n\lambda_n^{k+1}\boldsymbol{\phi}_n = \\ &\lambda_n^{k+1}\left[a_1\left(\frac{\lambda_1}{\lambda_n}\right)^{k+1}\boldsymbol{\phi}_1 + a_2\left(\frac{\lambda_2}{\lambda_n}\right)^{k+1}\boldsymbol{\phi}_2 + \cdots + a_n\boldsymbol{\phi}_n\right] \end{aligned}\right\} \tag{6.63}$$

上面各式中,$\boldsymbol{\phi}_i(i=1,2,\cdots,n)$ 是 $\boldsymbol{q}_0$ 的线性组合的组成项,它们是 n 个线性无关的特征向量;$\lambda_i(i=1,2,\cdots,n)$ 是 $\boldsymbol{\phi}_i$ 对应的特征值;$a_i(i=1,2,\cdots,n)$ 是系数。

若 λ_n 是系统的最大特征值,即假定

$$\lambda_n > \lambda_i \qquad (i=1,2,\cdots,n) \tag{6.64}$$

这样,当 k 充分大时,就有

$$\lim_{k\to\infty}\left(\frac{\lambda_i}{\lambda_n}\right)^k = 0$$

所以有

$$\frac{\boldsymbol{q}_{k+1}}{\boldsymbol{q}_k} \approx \frac{\lambda_n^{k+1} a_n \boldsymbol{\phi}_n}{\lambda_n^k a_n \boldsymbol{\phi}_n} = \lambda_n \tag{6.65}$$

计算时,迭代次数可以根据计算精度的条件来确定。此时所求出的特征值是系统最大特征值,与 λ_n 对应的特征向量即为 $\boldsymbol{q}_{k+1}$。$\boldsymbol{q}_{k+1}$ 也就是需要求解的特征矩阵分向量 $\boldsymbol{\phi}_n$ 的近似值。

在求出最大的特征值和特征向量后,可以形成新的矩阵

$$\boldsymbol{K}_1 = \boldsymbol{K} - \lambda_n \boldsymbol{\phi}_n \boldsymbol{\phi}_n^{\mathrm{T}} \tag{6.66}$$

对 $\boldsymbol{K}_1$ 再应用上述的迭代法求解,可以得到 $\boldsymbol{K}$ 的次大特征值 λ_{n-1} 和相应的特征向量 $\boldsymbol{\phi}_{n-1}$,进而还可以形成第三个矩阵。反复进行上面的计算,可以求出 $\boldsymbol{K}$ 的全部特征值。

2. 广义特征值问题的幂迭代法和反迭代法

对于广义特征值问题 $\boldsymbol{Kq} = \lambda \boldsymbol{Mq}$,可以采用迭代法来求解。

首先,假定一个初始向量 $\boldsymbol{q}_1$,且假设 $\lambda=1$,则有

$$\boldsymbol{Kq}_1 = \boldsymbol{Mq}_1 \tag{6.67}$$

以式(6.67)为迭代起点,可以有两种具体方法。

第一种方法和上述标准特征值问题的幂迭代法一样,计算出 $\boldsymbol{K}$ 与 $\boldsymbol{q}_1$ 的乘积,并代入式(6.67),即

$$\boldsymbol{Mq}_2 = \boldsymbol{Kq}_1 = \boldsymbol{R}_1 \tag{6.68}$$

求解此式则得第二次的迭代向量,并继续进行迭代,直到达到精度为止。

第二种方法是计算出 $\boldsymbol{M}$ 与 $\boldsymbol{q}_1$ 的乘积,并带入式(6.67)。即有

$$\boldsymbol{Kq}_2 = \boldsymbol{Mq}_1 = \boldsymbol{R}_1 \tag{6.69}$$

求解此式则得第二次的迭代向量,并继续进行迭代,直到达到精度为止。这种方法称为**反迭代法**。

幂迭代法算出的是最大特征值 λ_n,而反迭代法算出的则是最小特征值 λ_1。

为了使计算所得的迭代向量加速向精确解收敛,可以在每一步迭代时都对所得的向量进行归一化处理。这时,对反迭代法,应把 $\boldsymbol{Kq}_{k+1} = \boldsymbol{R}_k(k=1,2,\cdots)$ 改写为 $\boldsymbol{K}\bar{\boldsymbol{q}}_{k+1} = \boldsymbol{R}_k$,且解得 $\bar{\boldsymbol{q}}_{k+1}$ 以后,再做下面的计算

$$\frac{\bar{\boldsymbol{q}}_{k+1}}{(\bar{\boldsymbol{q}}_{k+1}^{\mathrm{T}} \boldsymbol{M} \bar{\boldsymbol{q}}_{k+1})^{1/2}} = \boldsymbol{q}_{k+1}$$

这样计算得到的 $\boldsymbol{q}_{k+1}$ 可以满足对质量阵的正交性要求,即满足条件

$$\boldsymbol{q}_{k+1}^{\mathrm{T}}\boldsymbol{M}\boldsymbol{q}_{k+1} = 1$$

下面说明反迭代法具体的计算步骤。

为了保证迭代过程能尽快收敛,应选择合适的初始迭代向量。一般情况下,动态分析是紧接着静态分析进行的,而静态变形(位移)总是结构的真实位移,比任意假定的初始迭代向量更接近振型。因此,第一次迭代时,可取规格化的静态变形。

以下各计算步骤,均为第 k 次迭代的通用公式,初始迭代向量记为 $\boldsymbol{q}_k$

① 计算 $\boldsymbol{R}_k = \boldsymbol{M}\boldsymbol{q}_k$,再由 $\boldsymbol{K}\bar{\boldsymbol{q}}_{k+1} = \boldsymbol{R}_k$ 求出 $\bar{\boldsymbol{q}}_{k+1}$;

② 由 $\bar{\boldsymbol{R}}_{k+1} = \boldsymbol{M}\bar{\boldsymbol{q}}_{k+1}$ 求出 $\bar{\boldsymbol{R}}_{k+1}$;

③ 第 $k+1$ 次求得的一阶特征值 $\lambda_1^{k+1} = \dfrac{\bar{\boldsymbol{q}}_{k+1}^{\mathrm{T}}\boldsymbol{R}_k}{\bar{\boldsymbol{q}}_{k+1}^{\mathrm{T}}\bar{\boldsymbol{R}}_{k+1}}$;

④ 第 $k+1$ 次求得的一阶振型 $\boldsymbol{q}_{k+1} = \dfrac{\bar{\boldsymbol{q}}_{k+1}}{(\bar{\boldsymbol{q}}_{k+1}^{\mathrm{T}}\bar{\boldsymbol{R}}_{k+1})^{1/2}}$;

⑤ 用下式检查 λ_i 的精度

$$\frac{\lambda_1^{k+1} - \lambda_1^{k}}{\lambda_1^{k+1}} \leqslant 10^{-7}$$

如尚未达到要求的精度,则返回第一步,用 $\boldsymbol{q}_{k+1}$ 代替 $\boldsymbol{q}_k$ 进行计算。如已达到要求的精度,则进入下一步;

⑥ 求一阶固有频率 $\omega = \sqrt{\lambda_1^{k+1}}$。

二阶振型及相应的固有频率计算是在求得1阶固有频率及相应的振型基础上,利用上述迭代方法求解,但每次迭代过程中需要利用正交性条件将振型中的一阶成分洗去,又称"洗模"。

假设结构的第 $1,2,\cdots,n$ 阶振型分别是 $\boldsymbol{q}_{1(k+1)},\boldsymbol{q}_{2(k+1)},\cdots,\boldsymbol{q}_{n(k+1)}$,则一个任意的初始迭代向量 $\boldsymbol{q}_k$ 可以表示为

$$\boldsymbol{q}_k = \delta_1\boldsymbol{q}_{1(k+1)} + \delta_2\boldsymbol{q}_{2(k+1)} + \cdots + \delta_n\boldsymbol{q}_{n(k+1)} \tag{6.70}$$

当求得一阶振型 $\boldsymbol{q}_{k+1}$,用 $\boldsymbol{q}_{k+1}^{\mathrm{T}}\boldsymbol{M}$ 前乘式(6.70)两端,得

$$\boldsymbol{q}_{k+1}^{\mathrm{T}}\boldsymbol{M}\boldsymbol{q}_k = \delta_1\boldsymbol{q}_{k+1}^{\mathrm{T}}\boldsymbol{M}\boldsymbol{q}_{k+1} + \delta_2\boldsymbol{q}_{k+1}^{\mathrm{T}}\boldsymbol{M}\boldsymbol{q}_{2(k+1)} + \cdots + \delta_n\boldsymbol{q}_{k+1}^{\mathrm{T}}\boldsymbol{M}\boldsymbol{q}_{n(k+1)} \tag{6.71}$$

利用振型的正交性质,即

$$\boldsymbol{q}_i^{\mathrm{T}}\boldsymbol{M}\boldsymbol{q}_j = 0 \quad (i \neq j)$$

则式(6.71)变为

$$\boldsymbol{q}_{k+1}^{\mathrm{T}}\boldsymbol{M}\boldsymbol{q}_k = \delta_1\boldsymbol{q}_{k+1}^{\mathrm{T}}\boldsymbol{M}\boldsymbol{q}_{k+1}$$

由此可求出

$$\delta_1 = \frac{\boldsymbol{q}_{k+1}^{\mathrm{T}}\boldsymbol{M}\boldsymbol{q}_k}{\boldsymbol{q}_{k+1}^{\mathrm{T}}\boldsymbol{M}\boldsymbol{q}_{k+1}} \tag{6.72}$$

而洗去一阶成分后的振型为

$$q'_k = \boldsymbol{q}_k - \delta_1\boldsymbol{q}_{k+1} \tag{6.73}$$

再用 q'_k 代替初始迭代向量进行重新迭代,重复步骤①~⑥,每次迭代都用式(6.72)

和式(6.73)洗掉一阶成分,一直迭代到满足要求的精度,则由第⑤步和第⑦步求出的结果就是二阶振型和频率。求三阶和三阶以上特性仍可采用迭代法,迭代前洗去前几阶振型即可。

6.6.5 子空间迭代法

对于自由度较少,矩阵阶数不太高的特征值问题,前述反迭代法还是一种有效的方法。对于自由度数很多的大型复杂结构系统的特征值问题,采用反迭代法时,由于高阶不易收敛,迭代次数增多;而且在洗模过程中误差的积累将逐渐加大,以至丧失应有的精度。对于这类大型广义特征问题,目前大多采用**子空间迭代法**(sup - space iteration method)。

子空间迭代法可以把 n 维向量空间的大型特征值问题近似地转化为一个 p 维向量空间的小型特征值问题,从而可以使求解的问题缩小,并且节省计算时间。

前面已经阐明,在模态坐标系中,可以用模态向量 $\boldsymbol{\Phi}$ 为基来表示任一物理位置坐标系统中的实际向量 $\boldsymbol{x}$,即有式(6.48(a))

$$\boldsymbol{x} = \boldsymbol{\Phi\delta}$$

因为对广义特征值问题有 $\boldsymbol{Kq} = \lambda \boldsymbol{Mq}$,$\boldsymbol{q}$ 也是物理位置坐标系统 n 维空间中的一个向量,因此参照式(6.48(a))和式(6.47),可以写出

$$\boldsymbol{q}_{n\times 1} = \boldsymbol{\Phi}_{n\times n}\delta_{n\times 1} = \delta_1\boldsymbol{\phi}_{1_{n\times 1}} + \delta_2\boldsymbol{\phi}_{2_{n\times 1}} + \cdots + \delta_n\boldsymbol{\phi}_{n n\times 1} \tag{6.74}$$

式中 $\boldsymbol{\phi}_i$—— 第 i 阶模态;

δ_i—— 第 i 个模态坐标,或称为第 i 阶模态 $\boldsymbol{\phi}_i$ 在 n 维空间中向量 $\boldsymbol{q}$ 的权因子,简称“权”,也就是它在组成该向量时所占的比例。

对于结构振动问题,已经证明,权因子 δ_i 的大小是和 $1/\omega^2$(ω 是自由振动的频率)成比例的,频率越低,权因子越大,高阶模态的“权”是很小的。因此,工程计算中可以只取感兴趣的几个低阶特征值和相应的特征向量,即结构系统几个最小的固有频率和相应的振型。在子空间迭代法实施时,就可以把一个大型的 n 维子空间中的广义特征值问题降阶为一个 p($p < n$)维子空间中较小的广义特征值问题,进而采用反迭代法(或其他方法)解出 p 维子空间的全部特征对来。

把 n 维空间降阶到 p 维子空间来求解特征值问题的理论基础是瑞利 - 里兹法(Raleigh. Ritz Method),因此从原理上来说,子空间迭代法是瑞利 - 里兹法和反迭代法的综合。下面先介绍瑞利 - 里兹法。

1. 瑞利 - 里兹法

瑞利 - 里兹法从理论上解决了将一个 n 维向量空间的大型特征值问题 $\boldsymbol{Kq} = \lambda \boldsymbol{Mq}$ 近似地转化为一个 p 维向量空间的小型特征值问题的方法和条件,即

$$\overline{\boldsymbol{K}}\boldsymbol{\delta} = \lambda \overline{\boldsymbol{M}}\boldsymbol{\delta} \tag{6.75}$$

上两式中,$\boldsymbol{K}$ 和 $\boldsymbol{M}$ 都是 $n\times n$ 阶矩阵,是 n 维空间中结构的总刚阵和总质阵;$\overline{\boldsymbol{K}}$ 和 $\overline{\boldsymbol{M}}$ 都是 $p\times p$ 阶矩阵,是 p 维子空间中结构的广义刚度矩阵和广义质量矩阵;$\boldsymbol{\delta}$ 为 p 维子空间的坐标向量。

（1）子空间的里兹基向量

设定p个线性无关的n维模态向量$\boldsymbol{\phi}_{1n\times1},\boldsymbol{\phi}_{2n\times1},\cdots,\boldsymbol{\phi}_{pn\times1}$，它们构成一个$p$维子空间的里兹基向量，即子空间坐标向量。进而，可以把有$\boldsymbol{K}$和$\boldsymbol{M}$定义的n维空间中任一向量$\boldsymbol{q}_{n\times1}$用上述$p$维子空间基向量的线性组合来表示，即

$$\boldsymbol{q}_{n\times1}=\delta_1\boldsymbol{\phi}_1+\delta_2\boldsymbol{\phi}_2+\cdots+\delta_p\boldsymbol{\phi}_p=\boldsymbol{\Phi}_{n\times p}\delta_{p\times1} \tag{6.76}$$

此时，广义刚度矩阵、广义质量矩阵和瑞利商分别为

$$\overline{\boldsymbol{K}}_{p\times p}=\boldsymbol{\Phi}^{\mathrm{T}}_{p\times n}\boldsymbol{K}_{n\times n}\boldsymbol{\Phi}_{n\times p} \tag{6.77}$$

$$\overline{\boldsymbol{M}}_{p\times n}=\boldsymbol{\Phi}^{\mathrm{T}}_{p\times n}\boldsymbol{M}_{n\times n}\boldsymbol{\Phi}_{n\times p} \tag{6.78}$$

$$\lambda=\frac{\boldsymbol{\delta}^{\mathrm{T}}\boldsymbol{\Phi}^{\mathrm{T}}\boldsymbol{K\Phi\delta}}{\boldsymbol{\delta}^{\mathrm{T}}\boldsymbol{\Phi}^{\mathrm{T}}\boldsymbol{M\Phi\delta}}=\frac{\boldsymbol{\delta}^{\mathrm{T}}\overline{\boldsymbol{K}}\boldsymbol{\delta}}{\boldsymbol{\delta}^{\mathrm{T}}\overline{\boldsymbol{M}}\boldsymbol{\delta}} \tag{6.79}$$

（2）瑞利原理

向量$\boldsymbol{q}_{n\times1}=\boldsymbol{\Phi}_{n\times p}\boldsymbol{\delta}_{p\times1}$成为广义特征方程的最佳近似特征向量的条件是：向量$\boldsymbol{q}$能使瑞利商取最小值，即

$$\frac{\partial\lambda}{\partial\boldsymbol{\delta}}=0 \tag{6.80}$$

也就是说，只要按照式(6.75)的小型子空间广义特征问题求出$\boldsymbol{q}$之后，按式(6.76)构造n维向量$\boldsymbol{q}$，按式(6.79)求特征值，则$\boldsymbol{q}$和λ就是大型特征值问题的近似解。

应当指出，从子空间广义特征值问题解出的p个特征值所对应的p个固有频率ω是n维系统的p个最低固有频率的上限近似值，且一般来说，高阶给出的是远远偏离的近似值。这是因为将n个自由度减缩为p个自由度，相当于在系统上附加了$\gamma=n-p$个约束，从而提高了系统的刚度。

此外，瑞利－里兹法本身也没有一种内在的条件能够用来估计所得结果的准确度。

2. 子空间迭代法的基本思想

首先，子空间迭代法利用了反迭代法使迭代向量迅速向低阶振型收敛的特性，为瑞利－里兹法创造以低阶模态占优势的、满足边界条件的里兹基向量。

其次，子空间迭代法利用瑞利－里兹法将n维空间的广义特征方程降阶为p维向量子空间的广义特征方程来求子空间的全部特征对，从而节省了计算机内存和时间。

子空间迭代法的有效性还在于：用p个线性无关的向量构成里兹子空间去逼近p个特征向量构成的特征子空间，要比寻找p个向量，使其中每个向量都逼近特征向量容易得多。同时，前者对特征值收敛的要求是子空间的收敛性，后者要求的是每个向量的收敛性。

3. 子空间迭代法的基本迭代公式

求$\boldsymbol{Kq}=\lambda\boldsymbol{Mq}$的前$p$个最低固有频率和对应的振型。

① 假定p个线性无关的初始迭代向量为$\boldsymbol{q}_{in\times1}(i=1,2,\cdots,p)$。

由于要提高计算精度，一般p依据频率数m按公式$p=\min(2m,m+8)$选取，也可取$p=m+6,m+3,m+2$或$m+1$。

② 将$\boldsymbol{\Delta}_{0\,n\times p}=[q_1\quad q_2\quad\cdots\quad q_p]$代入$\boldsymbol{K}_{n\times n}\boldsymbol{\Phi}_{k\,n\times p}=\boldsymbol{M}_{n\times n}\boldsymbol{\Delta}_{0\,n\times p}$，由此计算出$\boldsymbol{\Phi}_{k\,n\times p}$。

③ 计算子空间迭代算子,即

$$\overline{\boldsymbol{M}}_{k\,p\times p} = \boldsymbol{\Phi}_{k\,p\times n}^{\mathrm{T}}\boldsymbol{M}_{n\times n}\boldsymbol{\Phi}_{k\,n\times p}$$

$$\overline{\boldsymbol{K}}_{k\,p\times p} = \boldsymbol{\Phi}_{k\,p\times n}^{\mathrm{T}}\boldsymbol{K}_{n\times n}\boldsymbol{\Phi}_{k\,n\times p}$$

④ 求解子空间广义特征方程为

$$\overline{\boldsymbol{K}}_{k\,p\times p}\boldsymbol{Q}_{k\,p\times p} = \boldsymbol{\Lambda}_{k\,p\times p}\overline{\boldsymbol{M}}_{k\,p\times p}\boldsymbol{Q}_{k\,n\times p}$$

利用雅可比法、反迭代法、变换法等方法求解,解出特征值 $\boldsymbol{\Lambda}_k$ 和对应的特征向量 $\boldsymbol{Q}_k$。

⑤ 将 p 维空间模态矩阵返回到 n 维空间,即

$$\boldsymbol{\Delta}_{k\,n\times p} = \boldsymbol{\Phi}_{k\,n\times p}\boldsymbol{Q}_{k\,p\times p}$$

⑥ 重复② ~ ⑤,直到 $\boldsymbol{\Lambda}_{k\,p\times p}$ 中 λ 满足要求为止。此时,$\boldsymbol{\Delta}_{k\,n\times p}$ 即为相应的特征向量组成的矩阵。

下面用一个数值例子说明子空间迭代法的计算过程。

【例 6.2】 给定

$$\boldsymbol{K} = \begin{bmatrix} 1 & -1 & 0 & 0 \\ -1 & 3 & -1 & 0 \\ 0 & -1 & 3 & -1 \\ 0 & 0 & -1 & 1 \end{bmatrix} \quad \boldsymbol{M} = \begin{bmatrix} 3 & 0 & 0 & 0 \\ 0 & 0 & 0 & 0 \\ 0 & 0 & 3 & 0 \\ 0 & 0 & 0 & 0 \end{bmatrix}$$

演示子空间迭代法的计算过程。

解 选取两个线性无关的初始迭代向量,组成 $\boldsymbol{\Delta}_0$,即令

$$\boldsymbol{\Delta}_0 = \begin{bmatrix} 1 & 0 \\ 0 & 1 \\ 0 & 0 \\ 0 & 0 \end{bmatrix}$$

因此有

$$\boldsymbol{M}\boldsymbol{\Delta}_0 = \begin{bmatrix} 3 & 0 & 0 & 0 \\ 0 & 0 & 0 & 0 \\ 0 & 0 & 3 & 0 \\ 0 & 0 & 0 & 0 \end{bmatrix} \cdot \begin{bmatrix} 1 & 0 \\ 0 & 1 \\ 0 & 0 \\ 0 & 0 \end{bmatrix} = \begin{bmatrix} 3 & 0 \\ 0 & 3 \\ 0 & 0 \\ 0 & 0 \end{bmatrix}$$

由 $\boldsymbol{K}\boldsymbol{\Phi}_1 = \boldsymbol{M}\boldsymbol{\Delta}_0$,即

$$\begin{bmatrix} 1 & -1 & 0 & 0 \\ -1 & 3 & -1 & 0 \\ 0 & -1 & 3 & -1 \\ 0 & 0 & -1 & 1 \end{bmatrix}\boldsymbol{\Phi}_1 = \begin{bmatrix} 3 & 0 \\ 0 & 3 \\ 0 & 0 \\ 0 & 0 \end{bmatrix}$$

解出

$$\boldsymbol{\Phi}_1 = \begin{bmatrix} 5 & 1 \\ 2 & 1 \\ 1 & 2 \\ 1 & 2 \end{bmatrix}$$

计算子空间算子

$$\overline{\boldsymbol{K}}_1=\boldsymbol{\Phi}_1^{\mathrm{T}}\boldsymbol{K}\boldsymbol{\Phi}_1=\begin{bmatrix}5&2&1&1\\1&1&2&2\end{bmatrix}\begin{bmatrix}1&-1&0&0\\-1&3&-1&0\\0&-1&3&-1\\0&0&-1&1\end{bmatrix}\begin{bmatrix}5&1\\2&1\\1&2\\1&2\end{bmatrix}=3\begin{bmatrix}5&1\\1&2\end{bmatrix}$$

$$\overline{\boldsymbol{M}}_1=\boldsymbol{\Phi}_1^{\mathrm{T}}\boldsymbol{M}\boldsymbol{\Phi}_1=\begin{bmatrix}5&2&1&1\\1&1&2&2\end{bmatrix}\begin{bmatrix}3&0&0&0\\0&0&0&0\\0&0&3&0\\0&0&0&0\end{bmatrix}\begin{bmatrix}5&1\\2&1\\1&2\\1&2\end{bmatrix}=3\begin{bmatrix}26&7\\7&5\end{bmatrix}$$

求解子空间广义特征方程 $\overline{\boldsymbol{K}}_1\boldsymbol{Q}_1=\boldsymbol{\Lambda}_1\overline{\boldsymbol{M}}_1\boldsymbol{Q}_1$，即有

$$\begin{bmatrix}5&1\\1&2\end{bmatrix}\boldsymbol{Q}_1=\boldsymbol{\Lambda}_1\begin{bmatrix}26&7\\7&5\end{bmatrix}\boldsymbol{Q}_1$$

利用广义雅可比方法，得

$$\boldsymbol{\Lambda}_1=\begin{bmatrix}\dfrac{42+10\sqrt{13}}{676+184\sqrt{13}}&0\\0&\dfrac{52+8\sqrt{13}}{130+2\sqrt{13}}\end{bmatrix}$$

$$\boldsymbol{Q}_1=\begin{bmatrix}-\dfrac{3+\sqrt{13}}{\sqrt{130+2\sqrt{13}}}&\dfrac{2}{\sqrt{676+184\sqrt{13}}}\\\dfrac{2}{\sqrt{130+2\sqrt{13}}}&\dfrac{1}{\sqrt{676+184\sqrt{13}}}\end{bmatrix}$$

将 p 维空间模态矩阵返回到 n 维空间，有

$$\boldsymbol{\Lambda}_1=\boldsymbol{\Phi}_1\boldsymbol{Q}_1=\begin{bmatrix}5&1\\2&1\\1&2\\1&2\end{bmatrix}\begin{bmatrix}-\dfrac{3+\sqrt{13}}{\sqrt{130+2\sqrt{13}}}&\dfrac{2}{\sqrt{676+184\sqrt{13}}}\\\dfrac{2}{\sqrt{130+2\sqrt{13}}}&\dfrac{1}{\sqrt{676+184\sqrt{13}}}\end{bmatrix}=\begin{bmatrix}-2.6488&0.3009\\-0.9571&0.1368\\-0.2225&0.1095\\-0.2225&0.1095\end{bmatrix}$$

如果 $\boldsymbol{\Lambda}_1$ 满足精度要求，则计算停止，否则用 $\boldsymbol{\Lambda}_1$ 代替 $\boldsymbol{\Lambda}_0$ 重复计算。

6.7 振动系统动力响应计算

结构系统的动力响应主要指系统在外加激振力作用下，即强迫振动时，系统产生的位移、速度和加速度的值。由于系统的动力响应计算需要借助于系统的自由振动固有频率和相应的振型进行，所以它是以系统的自由振动为基础的。

在有限元法中，结构在外加激振作用下的运动方程式如式(6.23) 所示，为了避免文字符号的重复，在本节中将其记为

$$\boldsymbol{M}\ddot{\boldsymbol{x}}+\boldsymbol{C}\dot{\boldsymbol{x}}+\boldsymbol{K}\boldsymbol{x}=\boldsymbol{P}(t) \tag{6.81}$$

式中　$\boldsymbol{M}$、$\boldsymbol{C}$、$\boldsymbol{K}$——结构的质量矩阵、阻尼矩阵和刚度矩阵,均为 $n \times n$ 阶的矩阵;

$\ddot{\boldsymbol{x}}$、$\dot{\boldsymbol{x}}$、$\boldsymbol{x}$——结构振动时,各自由度的加速度、速度和位移,是 $n \times 1$ 阶的行矩阵;

$\boldsymbol{P}(t)$——随时间变化的外加激振力矩阵,是 $n \times 1$ 阶的行矩阵。

结构动力响应计算可以分为两类:一类是以系统主模态(主振型)为基础的方法,如振型叠加法(mode superposition);另一类是数值积分的方法,如逐步积分法(step by step integration method)。

6.7.1　振型叠加法

振型叠加法适用于阻尼矩阵 $\boldsymbol{C}$ 可以对角化和激振力不太复杂的情况。

1. 激振力为简谐力

对于式(6.81),若激振力为

$$\boldsymbol{P}(t) = \boldsymbol{P}\sin \omega t = \boldsymbol{P}e^{j\omega t} \tag{6.82}$$

式中　ω——激振力的圆频率;

t——时间。

则可假定强迫振动时的振幅为

$$\boldsymbol{x} = \boldsymbol{q}\sin \omega t = \boldsymbol{q}e^{j\omega t} \tag{6.83}$$

因此有

$$\dot{\boldsymbol{x}} = j\omega\boldsymbol{q}e^{j\omega t} \tag{6.84}$$

$$\ddot{\boldsymbol{x}} = -\omega^2\boldsymbol{q}e^{j\omega t} \tag{6.85}$$

将式(6.82)~式(6.85)代入式(6.81),则得

$$(-\omega^2\boldsymbol{M} + j\omega\boldsymbol{C} + \boldsymbol{K})\boldsymbol{q} = \boldsymbol{P} \tag{6.86}$$

对于给定的 ω,式(6.86)代表一组相互耦合的 n 个方程式,有 n 个未知数 $q_1, q_2, \cdots, q_n$,必须联合求解。

可以对物理坐标进行转换,使矩阵 $\boldsymbol{M}$、$\boldsymbol{C}$ 和 $\boldsymbol{K}$ 对角化,从而达到使式(6.86)解耦,即使之变成 n 个相互独立的方程式。对它们中的每一个方程按单自由度的振动系统求解。

由于物理坐标系统中的任意向量可以用模态坐标来表示,参照式(6.47)可将式(6.81)中的位移写为

$$\boldsymbol{x} = \boldsymbol{\Phi\delta} = \delta_1\boldsymbol{\phi}_1 + \delta_2\boldsymbol{\phi}_2 + \cdots + \delta_n\boldsymbol{\phi}_n \tag{6.87}$$

式中　$\boldsymbol{\phi}_i$——已经求出的结构无阻尼自由振动时,进行规格化处理后的特征向量,是 $n \times 1$ 阶的行矩阵,$(i = 1, 2, \cdots, n)$;

$\boldsymbol{\Phi}$——由 $\boldsymbol{\phi}_i$ 组成的特征矩阵,是 $n \times n$ 阶的;

δ_i——参与因子(前面也称其为"权"),它表示各阶主模态在响应位移 $\boldsymbol{x}$ 中所占的比例。

实验证明,$\boldsymbol{P}(t)$ 所能激起的只是相对激振频率较低的一部分振型,而绝大部分高阶振型的参与因子都是小得可以忽略不计的。因此可把式(6.87)改为

$$\boldsymbol{x}_{n\times1} = \delta_1\boldsymbol{\phi}_1 + \delta_2\boldsymbol{\phi}_2 + \cdots + \delta_m\boldsymbol{\phi}_m = \boldsymbol{\Phi}_{n\times m}\boldsymbol{\delta}_{m\times1} \quad (m < n) \tag{6.88}$$

把式(6.88)代入式(6.81),可得

$$\boldsymbol{M\Phi}\ddot{\boldsymbol{\delta}} + \boldsymbol{C\Phi}\dot{\boldsymbol{\delta}} + \boldsymbol{K\Phi\delta} = \boldsymbol{P}(t) \tag{6.89}$$

用 $\boldsymbol{\Phi}^{\mathrm{T}}$ 前乘上式各项，则得

$$\boldsymbol{\Phi}^{\mathrm{T}}\boldsymbol{M\Phi}\ddot{\boldsymbol{\delta}} + \boldsymbol{\Phi}^{\mathrm{T}}\boldsymbol{C\Phi}\dot{\boldsymbol{\delta}} + \boldsymbol{\Phi}^{\mathrm{T}}\boldsymbol{K\Phi\delta} = \boldsymbol{\Phi}^{\mathrm{T}}\boldsymbol{P}(t) \tag{6.90}$$

式中 $\boldsymbol{\Phi}^{\mathrm{T}}\boldsymbol{M\Phi}$——广义质量矩阵；
$\boldsymbol{\Phi}^{\mathrm{T}}\boldsymbol{C\Phi}$——广义阻尼矩阵；
$\boldsymbol{\Phi}^{\mathrm{T}}\boldsymbol{K\Phi}$——广义刚度矩阵；
$\boldsymbol{\Phi}^{\mathrm{T}}\boldsymbol{P}(t)$——广义激振力。

由于 $\boldsymbol{\Phi}$ 矩阵的每一行都是规格化的弹性主模态，根据弹性主模态的正交特性，则

$$\boldsymbol{\phi}_i^{\mathrm{T}}\boldsymbol{M}\,\boldsymbol{\phi}_j = \begin{cases} 1 \text{ 或 } m_i & (i = j) \\ 0 & (i \neq j) \end{cases}$$

$$\boldsymbol{\phi}_i^{\mathrm{T}}\boldsymbol{K}\,\boldsymbol{\phi}_j = \begin{cases} k_i & (i = j) \\ 0 & (i \neq j) \end{cases}$$

这样，就可以把广义质量矩阵和广义刚度矩阵对角化，即有

$$\boldsymbol{\Phi}^{\mathrm{T}}\boldsymbol{M\Phi} = \begin{bmatrix} m_1 & & & \\ & m_2 & & \\ & & \ddots & \\ & & & m_m \end{bmatrix} \tag{6.91}$$

$$\boldsymbol{\Phi}^{\mathrm{T}}\boldsymbol{K\Phi} = \begin{bmatrix} k_1 & & & \\ & k_2 & & \\ & & \ddots & \\ & & & k_m \end{bmatrix} \tag{6.92}$$

对于广义阻尼矩阵 $\boldsymbol{\Phi}^{\mathrm{T}}\boldsymbol{C\Phi}$，如果不考虑结构阻尼，也可进行对角化处理。例如，对于比例阻尼 $\boldsymbol{C} = \alpha\boldsymbol{M} + \beta\,\boldsymbol{K}$，则有

$$\boldsymbol{\Phi}^{\mathrm{T}}\boldsymbol{C\Phi} = \alpha\,\boldsymbol{\Phi}^{\mathrm{T}}\boldsymbol{M\Phi} + \beta\,\boldsymbol{\Phi}^{\mathrm{T}}\boldsymbol{C\Phi} = \begin{bmatrix} c_1 & & & \\ & c_2 & & \\ & & \ddots & \\ & & & c_m \end{bmatrix} \tag{6.93}$$

也是一个对角化矩阵。令

$$\boldsymbol{\Phi}^{\mathrm{T}}\boldsymbol{P}(t) = [\bar{p}_1 \quad \bar{p}_2 \quad \cdots \quad \bar{p}_m]^{\mathrm{T}} \tag{6.94}$$

将式(6.91)～式(6.94)代入式(6.90)，有

$$\begin{bmatrix} m_1 & & & \\ & m_2 & & \\ & & \ddots & \\ & & & m_m \end{bmatrix}\begin{bmatrix} \ddot{\delta}_1 \\ \ddot{\delta}_2 \\ \vdots \\ \ddot{\delta}_m \end{bmatrix} + \begin{bmatrix} c_1 & & & \\ & c_2 & & \\ & & \ddots & \\ & & & c_m \end{bmatrix}\begin{bmatrix} \dot{\delta}_1 \\ \dot{\delta}_2 \\ \vdots \\ \dot{\delta}_m \end{bmatrix} +$$

$$\begin{bmatrix} k_1 & & & \\ & k_2 & & \\ & & \ddots & \\ & & & k_m \end{bmatrix} \begin{bmatrix} \delta_1 \\ \delta_2 \\ \vdots \\ \delta_m \end{bmatrix} = \begin{bmatrix} \bar{p}_1 \\ \bar{p}_2 \\ \vdots \\ \bar{p}_m \end{bmatrix} \tag{6.95}$$

展开此微分方程组就可以看出,各个变量之间已没有耦合,即已把原方程组分解为 m 个相互独立的单自由度振动系统的运动方程式,有

$$m_i\ddot{\delta}_i + c_i\dot{\delta}_i + k_i\delta_i = \bar{p}_i \quad (i = 1,2,\cdots,m) \tag{6.96}$$

分别对这 m 个微分方程式进行求解,可得 m 个 δ_i,并组成向量 $\boldsymbol{\delta}_{m\times1}$。把 $\boldsymbol{\delta}_{m\times1}$ 代入式(6.94)就可求出结构系统的响应位移 $x_{m\times1}$。

2. 激振力为非谐和的周期性激振力

对于一个非谐和的周期性激振力,可以用"谐波分析"把它分解为若干个频率成整数倍关系的简谐激振函数,即

$$\boldsymbol{P}(t) = \sum_{t=0}^{\infty} \boldsymbol{C}_l \sin(\omega t + \varphi l) \tag{6.97}$$

式中 ω—— 基频,$\omega = 2\pi/T$;

T—— 激振力的周期。

根据叠加原理,则线性系统在激振函数 $\boldsymbol{P}(t)$ 作用下的效果等于其各次谐波单独作用的效果之和。因此,可以按简谐振动逐次计算系统的响应,然后叠加获得结构系统总的响应。

【例 6.3】 在不考虑阻尼的情况下,用振型叠加法计算系统的响应。设系统的

$$\boldsymbol{K} = \begin{bmatrix} 6 & -2 \\ -2 & 4 \end{bmatrix} \quad \boldsymbol{M} = \begin{bmatrix} 2 & \\ & 1 \end{bmatrix} \quad \boldsymbol{P} = \begin{bmatrix} 0 \\ 10 \end{bmatrix}$$

并设系统的初始条件是

$$x|_{t=0} = 0 \quad \dot{x}|_{t=0} = 0$$

解 首先建立去耦方程,为此解出 ω 和 $\boldsymbol{\Phi}$。这时,运动方程为

$$\begin{bmatrix} 6 & -2 \\ -2 & 4 \end{bmatrix} \boldsymbol{\Phi} = \omega^2 \begin{bmatrix} 2 & \\ & 1 \end{bmatrix} \boldsymbol{\Phi}$$

解此方程组,可得

$$\omega_1^2 = 2 \quad \omega_2^2 = 5 \quad \boldsymbol{\phi}_1 = \begin{bmatrix} \frac{1}{\sqrt{3}} \\ \frac{1}{\sqrt{3}} \end{bmatrix} \quad \boldsymbol{\phi}_2 = \begin{bmatrix} \frac{1}{2}\sqrt{\frac{2}{3}} \\ -\sqrt{\frac{2}{3}} \end{bmatrix}$$

根据正交特性,在不考虑阻尼的情况下,由式(6.90)得去耦的方程为

$$\ddot{\boldsymbol{q}} + \begin{bmatrix} 2 & 0 \\ 0 & 5 \end{bmatrix} \boldsymbol{q} = \begin{bmatrix} \frac{1}{\sqrt{3}} & \frac{1}{\sqrt{3}} \\ \frac{1}{2}\sqrt{\frac{2}{3}} & -\sqrt{\frac{2}{3}} \end{bmatrix} \begin{bmatrix} 0 \\ 10 \end{bmatrix}$$

或

$$\left.\begin{aligned}\ddot{q}_1 + 2q_1 &= \frac{10}{3}\sqrt{3}\\ \ddot{q}_2 + 5q_2 &= -10\sqrt{\frac{2}{3}}\end{aligned}\right\} \tag{6.98}$$

对式(6.87)两端前乘 $\boldsymbol{\Phi}^{\mathrm{T}}\boldsymbol{M}$,得

$$\boldsymbol{\Phi}^{\mathrm{T}}\boldsymbol{M}\boldsymbol{x} = \boldsymbol{\Phi}^{\mathrm{T}}\boldsymbol{M}\boldsymbol{\Phi}\boldsymbol{q} = \boldsymbol{q}$$

在初始时间为零时,则得

$$\boldsymbol{q}\mid_{t=0} = \boldsymbol{\Phi}^{\mathrm{T}}\boldsymbol{M}x\mid_{t=0}$$

代入初始条件,则可解得

$$\left.\begin{aligned}q_1\mid_{t=0} = 0 \qquad \dot{q}_1\mid_{t=0} = 0\\ q_2\mid_{t=0} = 0 \qquad \dot{q}_2\mid_{t=0} = 0\end{aligned}\right\} \tag{6.99}$$

解方程(6.98)和方程(6.99),得

$$q_1 = \frac{5}{\sqrt{3}}(1 - \cos\sqrt{2}t)$$

$$q_2 = 2\sqrt{\frac{2}{3}}(-1 + \cos\sqrt{5}t)$$

最后,再由式(6.87),得

$$\boldsymbol{x} = \boldsymbol{\Phi}\boldsymbol{q} = \begin{bmatrix}\frac{\sqrt{3}}{3} & \frac{1}{2}\sqrt{\frac{2}{3}}\\ \frac{\sqrt{3}}{3} & -\sqrt{\frac{2}{3}}\end{bmatrix}\begin{bmatrix}\frac{5}{3}\sqrt{3}(1 - \cos\sqrt{2}t)\\ \frac{\sqrt{2}}{3}(-1 + \cos\sqrt{5}t)\end{bmatrix}$$

6.7.2 逐步积分法

对于不能采用振型叠加法求解的结构系统,其动力响应可以采用逐步积分法或称直接积分法求解。它是一种近似的方法。

逐步积分法的基本思想就是把时间离散化,例如把时间周期 T 按 Δt 的时间段分为几个间隔,由初始状态 $t = 0$ 开始,逐步求出每一时间间隔上的状态向量(通常由位移、速度和加速度等组成)。最后求出的状态向量就是结构系统的动力响应解。

在这种方法中,后次的解是在前次解已知的条件下进行的。这就出现了一个问题,既然式(6.81)中,x、$\dot{x}$ 和 $\ddot{x}$ 是未知的,如何能由前一状态推知下一状态?为了解决这个问题,需要对 $\ddot{x}$ 等的变化规律给予某种假设,不同的假设就形成不同的方法。

作为方法的说明,假设加速度是线性的,这种方法称为线性加速度法。其他的几种方法,有的只是它的改进,如威尔逊 θ 法(Wilson θ method);有的则可按它的思路来理解,如中心差分法(center difference method)。

设在时间区间 $t \to t + \Delta t$ 内,加速度是线性的。则对结构系统各个自由度,有

$$\frac{\ddot{x}_{i(t+\Delta t)} - \ddot{x}_{it}}{\Delta t} = b_i \tag{6.100}$$

而就整个结构系统来说,则有

$$\frac{\ddot{x}_{t+\Delta t} - \ddot{x}_t}{\Delta t} = b \tag{6.101}$$

即在时间域 $t \to t + \Delta t$ 内,对任一瞬时 τ,有

$$\ddot{x}_{t+\Delta t} = \ddot{x} + b\tau \tag{6.102}$$

将式(6.102)对 τ 进行积分,即得

$$\dot{x}_{t+\tau} = \dot{x}_t + \ddot{x}_t\tau + \frac{b}{2}\tau^2 \tag{6.103}$$

再进行一次积分,得

$$x_{t+\tau} = x_t + \dot{x}_t\tau + \frac{1}{2}\ddot{x}_t\tau^2 + \frac{b}{6}\tau^3 \tag{6.104}$$

式(6.102)~式(6.104)是线性加速度假设时,在时间域 $t \to t + \Delta t$ 内任一瞬时 τ,状态向量与初瞬时 t 的状态向量之间的关系式。当把式(6.101)代入,则得

$$\ddot{x}_{t+\Delta t} = \frac{6}{\Delta t^2}(x_{t+\Delta t} - x_t) - \frac{6}{\Delta t}\dot{x}_t - 2\ddot{x}_t \tag{6.105}$$

$$\dot{x}_{t+\Delta t} = \frac{3}{\Delta t}(x_{t+\Delta t} - x_t) - \frac{6}{\Delta t}\dot{x}_t - \frac{\Delta t}{2}\ddot{x}_t \tag{6.106}$$

自式(6.81)可知,$t + \Delta t$ 时刻的运动方程为式(6.81(a)),即

$$\boldsymbol{M}\ddot{x}_{t+\Delta t} + \boldsymbol{C}\dot{x}_{t+\Delta t} + \boldsymbol{K}x_{t+\Delta t} = \boldsymbol{P}_{t+\Delta t}$$

把式(6.105)和式(6.106)代入式(6.81(a)),并加以整理,得

$$\left(\boldsymbol{K} + \frac{3}{\Delta t}\boldsymbol{C} + \frac{6}{\Delta t^2}\boldsymbol{M}\right)x_{t+\Delta t} = \boldsymbol{P}_{t+\Delta t} + \boldsymbol{M}\left(2\ddot{x}_t + \frac{6}{\Delta t}\dot{x}_t + \frac{6}{\Delta t^2}x_t\right) + \boldsymbol{C}\left(\frac{\Delta t}{2}\ddot{x}_t + 2\dot{x}_t + \frac{3}{\Delta t}x_t\right)$$

简写为式(6.81(b)),即

$$\overline{\boldsymbol{K}}x_{t+\Delta t} = \overline{\boldsymbol{P}}_{t+\Delta t}$$

式中 $\overline{\boldsymbol{K}}$——有效刚度矩阵,有

$$\overline{\boldsymbol{K}} = \boldsymbol{K} + \frac{3}{\Delta t}\boldsymbol{C} + \frac{6}{\Delta t^2}\boldsymbol{M} \tag{6.107}$$

$\overline{\boldsymbol{P}}_{t+\Delta t}$——有效载荷矩阵,有

$$\overline{\boldsymbol{P}}_{t+\Delta t} = \boldsymbol{P}_{t+\Delta t} + \boldsymbol{M}\left(2\ddot{x}_t + \frac{6}{\Delta t}\dot{x}_t + \frac{6}{\Delta t^2}x_t\right) + \boldsymbol{C}\left(\frac{\Delta t}{2}\ddot{x}_t + 2\dot{x}_t + \frac{3}{\Delta t}x_t\right) \tag{6.108}$$

按照求解静力学方程式 $\boldsymbol{Kq} = \boldsymbol{F}$ 的方法解方程(6.81),则得 $x_{t+\Delta t}$。反复进行上述计算,最后即得时刻 T 的动力响应值。

实际计算的步骤如下:

① 根据计算结构的最高阶固有频率的自振周期 T_n,选择时间间隔 $\Delta t < \frac{1}{2}T_n$,并把时间区间 $0 \sim T$ 划分为 m 等份;

② 确定 $t=0$ 时刻的初始状态向量 x_0、$\dot{x}_0$ 和 $\ddot{x}_0$:一般设 $x_0 = \dot{x}_0 = 0$。若初始时刻激振力为 $P_0(t)$,则由式(6.81(a))可求出 $\ddot{x}_0$ 的值;

③ 按式(6.107)计算 $\bar{\boldsymbol{K}}$;

④ 按式(6.108)计算 $\bar{\boldsymbol{P}}_{t+\Delta t}$;

⑤ 用静力学方程式的解法求解式(6.81);

⑥ 按式(6.105)和式(6.106)计算 $\ddot{x}_{0+\Delta t}$ 和 $\dot{x}_{0+\Delta t}$;

⑦ 重复上述④ ~ ⑥步,计算 $\ddot{x}_{2\Delta t}$ 和 $\dot{x}_{2\Delta t}$;

如此反复,直到求出最终结果。

习　　题

6.1　结构的动态特性是指什么?说明它在工程设计中的重要意义。

6.2　如何建立有限元法中结构的动力方程?

6.3　什么是单元的质量矩阵?有什么特点?一致质量矩阵和集中质量矩阵式是怎样建立的?

6.4　试推导平面四边形单元的刚度矩阵。

6.5　参看有关书籍,分析结构阻尼的复杂性,并分析它对结构的性能的影响。

6.6　利用特征值方程求结构的固有频率是否会出现重根?如有重根,对应于相同的固有频率其振型也是相重的吗?如何处理?

6.7　试说明引入模态坐标的意义。

6.8　求解结构的特征值问题有哪几种方法?它们各有哪些优缺点?

6.9　采用雅可比方法编程计算下面的对称矩阵 $\boldsymbol{K}$ 的特征值 λ_i 及其相应的特征向量 $\boldsymbol{\phi}_i$(计算精度为 10^{-4})。

$$\boldsymbol{K} = \begin{bmatrix} 3 & -2 & 1 & 0 \\ -2 & 4 & -2 & 1 \\ 1 & -2 & 4 & -2 \\ 0 & 1 & -2 & 3 \end{bmatrix}$$

6.10　给出用子空间迭代法求解系统动力响应的程序框图。

第7章

温度场和热应力问题

7.1 热传导问题的有限元分析

许多工程结构在高温条件下运行,例如燃气轮机、高速柴油机、冶金设备、锻造设备、热处理设备和核动力装置等,温度场的存在使结构的材料性质发生变化和产生热应力(thermal stress),这些结构往往因热应力导致破坏。因此,研究结构在受热情况下的温度场和热应力成为结构分析中的一个重要课题。温度场(temperature field) 有稳态(steady state) 温度场和瞬态(transient state) 温度场。不随时间变化的温度场称为稳态温度场,也称定常温度场,随时间变化的温度场称为瞬态温度场,也称不定常温度场或非稳态温度场。下面主要针对由热传导(heat conduction) 来计算温度和由温度来计算应力这两个方面进行讨论。

7.1.1 导热的基本方程

根据能量守恒定律,正交各向异性固体中导热的微分方程为

$$\frac{\partial}{\partial x}\left(k_x \frac{\partial T}{\partial x}\right) + \frac{\partial}{\partial y}\left(k_y \frac{\partial T}{\partial y}\right) + \frac{\partial}{\partial z}\left(k_z \frac{\partial T}{\partial z}\right) + q_V = \rho c_p \frac{\partial T}{\partial t} \tag{7.1}$$

式中 T—— 物体的瞬态温度(℃);

t—— 过程进行的时间(s);

k_x、k_y、k_z—— 材料三个主轴方向的导热系数(W/(m · ℃));

ρ—— 材料的密度(kg/m^3);

c_p—— 材料的质量定压热容(J/(kg · K));

q_V—— 材料的内热源强度(W/m^3)。

这里假定材料的导热系数、密度和质量定压热容为常数,与温度和时间无关。

对于各向同性材料的物体,有 $k_x = k_y = k_z = k$,此时方程(7.1) 可简化为

$$k\left(\frac{\partial^2 T}{\partial x^2} + \frac{\partial^2 T}{\partial y^2} + \frac{\partial^2 T}{\partial z^2}\right) + q_V = \rho c_p \frac{\partial T}{\partial t} \tag{7.2(a)}$$

或

$$\nabla^2 T + q_V/k = (1/\alpha_T) \frac{\partial T}{\partial t} \tag{7.2(b)}$$

式中 α_T—— 导温系数,α_T/(m^2 · s^{-1}) = $k/\rho c_p$;

∇^2 —— 拉普拉斯算子,有

$$\nabla^2=\frac{\partial^2}{\partial x^2}+\frac{\partial^2}{\partial y^2}+\frac{\partial^2}{\partial z^2}$$

如果物体中没有热源，则方程(7.2(b))可简化为傅里叶(Fourier)方程

$$\nabla^2 T=(1/\alpha_T)\frac{\partial T}{\partial t} \tag{7.3}$$

如果物体处于稳态温度场，即$\frac{\partial T}{\partial t}=0$，则方程(7.2(b))简化为泊松(Poisson)方程

$$\nabla^2 T+q_V/k=0 \tag{7.4}$$

在没有热源和处于稳态温度场时，方程(7.2(b))简化为拉普拉斯(Laplace)方程

$$\nabla^2 T=0 \tag{7.5}$$

为了求解固体导热方程，必须有适当的边界条件和初始条件，才能得到方程(7.1)的唯一解。传热边界条件有三类：

① 第一类边界条件叫做Dirichlet条件，是指物体边界上的温度函数为已知。可表示为

$$T_{\Gamma_1}=f(x,y,z,t) \tag{7.6(a)}$$

式中 Γ_1——物体第一类边界条件的边界；

$f(x,y,z,t)$——已知的边界温度函数(随着时间和位置变化)。

如果$f(x,y,z,t)$为一常数，则式(7.6(a))简化为

$$T_{\Gamma_1}=T_{\mathrm{W}} \tag{7.6(b)}$$

② 第二类边界条件叫做给定热流密度的Neumann条件，是指物体边界上的热流密度$q(\mathrm{W/m^2})$为已知，由于q的方向就是外界面外法线n的方向，可表示为

$$-\left(\frac{\partial T}{\partial n}\right)\Big|_{\Gamma_2}=g(x,y,z,t) \tag{7.7(a)}$$

式中 Γ_2——物体第二类边界条件的边界；

$g(x,y,z,t)$——已知的热流密度函数(随着时间和位置变化)。

如果$g(x,y,z,t)$为一常数，则式(7.7(a))简化为

$$-\left(\frac{\partial T}{\partial n}\right)\Big|_{\Gamma_2}=q_2 \tag{7.7(b)}$$

上式中热流密度的方向是边界外法线方向，亦即热流量是从物体向外流出，因此在计算分析时，热量从物体向外流出其值取正号，而热量向物体流入则其值取负号。

③ 第三类边界条件叫做给定对流换热的Neumann条件，是指物体边界上对流换热条件为已知。对于对流换热条件，可表示为

$$-k\left(\frac{\partial T}{\partial n}\right)\Big|_{\Gamma_3}=h(T-T_{\mathrm{f}})\Big|_{\Gamma_3} \tag{7.8}$$

式中 Γ_3——物体第三类边界条件的边界；

T_{f}——与物体接触的介质温度；

h——物体与周围介质的换热系数(W/(m·℃))。

T_{f}与h可以是常数，也可以是某种随时间和空间而变化的函数。如果T_{f}与h不是常数，则在数值计算中经常分段取其平均值作为常数。

此外,对于辐射换热条件,可表示为

$$-k\left(\frac{\partial T}{\partial n}\right)\Big|_{\Gamma_3}=\varepsilon f\sigma_0(T^4-T_r^4)\Big|_{\Gamma_3} \tag{7.9}$$

式中,$\varepsilon=\varepsilon_1\varepsilon_2$ 是两个相互辐射物体的黑度系数乘积;f 是与两辐射物体形状有关的平均角系数(形状因子);σ_0 是斯特潘 - 波尔兹曼(Stefan - Bolzman) 常数;T_r 是辐射源的温度。辐射换热条件是非线性问题,为简单起见,以后的讨论中不考虑辐射边界条件。

初始条件是指传热过程开始时物体整个区域中各点温度的已知值,可表示为

$$T\big|_{t=0}=T_0(x,y,z) \tag{7.10(a)}$$

或

$$T\big|_{t=0}=T_0 \tag{7.10(b)}$$

从导热的方程和边界条件可以看出,导热问题只有一个偏微分方程,只有一个温度作为未知变量,因此导热问题实际上就是求解温度场问题。

7.1.2 稳态温度场的有限元解

如果物体内温度场不随时间变化,就称为稳态温度场或定常温度场。方程(7.4) 即为稳态温度场问题的基本方程,即

$$k\nabla^2 T+q_V=0 \tag{7.11}$$

与稳态温度场相应的三类边界条件为

(1) 第一类边界条件

$$T_{\Gamma_1}=T_W \tag{7.12(a)}$$

或

$$T_{\Gamma_1}=f(x,y,z) \tag{7.12(b)}$$

(2) 第二类边界条件

$$-\left(\frac{\partial T}{\partial n}\right)\Big|_{\Gamma_2}=q_2 \tag{7.13(a)}$$

或

$$-\left(\frac{\partial T}{\partial n}\right)\Big|_{\Gamma_2}=g(x,y,z) \tag{7.13(b)}$$

(3) 第三类边界条件

$$-k\left(\frac{\partial T}{\partial n}\right)\Big|_{\Gamma_3}=h(T-T_f)\Big|_{\Gamma_3} \tag{7.14}$$

由于稳态温度场与时间无关,所以在稳态温度场问题中不需要初始条件。

在弹性理论中,建立有限元相关的公式可以用泛函的变分来达到。最简单的泛函就是势能。在用最小势能原理时,要预先满足位移的边界条件,这种条件在变分原理中称为固定边界条件,也称强加边界条件。而外力边界条件是不必预先满足的,它可由变分而得到满足,因此这个条件称为变分的自然条件。在热传导问题中,若将第一类边界条件作为固定边界条件,则可用下列泛函的变分来导出基本方程和第二类、第三类边界条件

$$\Pi=\int_V\left\{\frac{1}{2}k\left[\left(\frac{\partial T}{\partial x}\right)^2+\left(\frac{\partial T}{\partial y}\right)^2+\left(\frac{\partial T}{\partial z}\right)^2\right]-q_V T\right\}\mathrm{d}V+$$

$$\int_{\Gamma_2} q_2 T \mathrm{d}S + \int_{\Gamma_3} h(T^2/2 - TT_{\mathrm{f}}) \mathrm{d}S \tag{7.15}$$

式中　Γ_2、Γ_3—— 第二类边界条件和第三类边界条件的边界。

对式(7.15)求变分,有

$$\delta \Pi = \int_V \left\{ k\left[\frac{\partial T}{\partial x}\delta\left(\frac{\partial T}{\partial x}\right) + \frac{\partial T}{\partial y}\delta\left(\frac{\partial T}{\partial y}\right) + \frac{\partial T}{\partial z}\delta\left(\frac{\partial T}{\partial z}\right) \right] - q_V \delta T \right\} \mathrm{d}V +$$

$$\int_{\Gamma_2} q_2 \delta T \mathrm{d}S + \int_{\Gamma_3} h(T - T_{\mathrm{f}}) \delta T \mathrm{d}S =$$

$$\int_V \left\{ k\left[\frac{\partial}{\partial x}\left(\frac{\partial T}{\partial x}\delta T\right) + \frac{\partial}{\partial y}\left(\frac{\partial T}{\partial y}\delta T\right) + \frac{\partial}{\partial z}\left(\frac{\partial T}{\partial z}\delta T\right) - \nabla^2 T \delta T \right] \right\} \mathrm{d}V -$$

$$\int_V q_V \delta T \mathrm{d}V + \int_{\Gamma_2} q_2 \delta T \mathrm{d}S + \int_{\Gamma_3} h(T - T_{\mathrm{f}}) \delta T \mathrm{d}S =$$

$$-\int_V (k\nabla^2 T + q_V) \delta T \mathrm{d}V + \int_\Gamma k\left(\frac{\partial T}{\partial x}n_x + \frac{\partial T}{\partial y}n_y + \frac{\partial T}{\partial z}n_z\right)\delta T \mathrm{d}S +$$

$$\int_{\Gamma_2} q_2 \delta T \mathrm{d}S + \int_{\Gamma_3} h(T - T_{\mathrm{f}}) \delta T \mathrm{d}S =$$

$$-\int_V (k\nabla^2 T + q_V) \delta T \mathrm{d}V + \int_\Gamma k\left(\frac{\partial T}{\partial n}\right)\delta T \mathrm{d}S + \int_{\Gamma_2} q_2 \delta T \mathrm{d}S + \int_{\Gamma_3} h(T - T_{\mathrm{f}}) \delta T \mathrm{d}S =$$

$$-\int_V (k\nabla^2 T + q_V) \delta T \mathrm{d}V + \int_{\Gamma_1} k\left(\frac{\partial T}{\partial n}\right)\delta T \mathrm{d}S +$$

$$\int_{\Gamma_2} \left(k\frac{\partial T}{\partial n} + q_2\right)\delta T \mathrm{d}S + \int_{\Gamma_3} \left[k\frac{\partial T}{\partial n} + h(T - T_{\mathrm{f}})\right]\delta T \mathrm{d}S = 0 \tag{7.16}$$

式中　Γ—— 物体的整个边界。

因为在第一类边界上要预先满足温度边界条件,即在此边界上 $\delta T = 0$,所以式(7.16)中的第一个边界积分等于零。而在域内和另外两类边界上,δT 是任意的,要使式(7.16)成立,必定要求这三个积分式的被积项等于零。这就是稳态温度场问题的基本方程(7.11)和第二类边界条件(7.13(a))及第三类边界条件(7.14)。在传热学中,上述变分原理称为最小熵产生原理。

现在可以用有限元法从泛函式(7.15)的变分导出稳态温度场问题的有限元方程。将域分为 n 个单元,则单元内的温度分布可写为

$$T^e = \boldsymbol{N}\boldsymbol{T}^e \tag{7.17}$$

式中　T^e—— 单元温度;

$\boldsymbol{N}$—— 单元插值函数,即单元形函数;

$\boldsymbol{T}^e$—— 结点的温度。

域内的温度可表达为

$$T = \sum_{e=1}^{n} \boldsymbol{N}\boldsymbol{T}^e \tag{7.18}$$

由式(7.17)可得

$$\left[\frac{\partial T^e}{\partial x_i}\right] = \begin{bmatrix} \partial T^e/\partial x \\ \partial T^e/\partial y \\ \partial T^e/\partial z \end{bmatrix} = \begin{bmatrix} \partial N/\partial x \\ \partial N/\partial y \\ \partial N/\partial z \end{bmatrix} \boldsymbol{T}^e = \boldsymbol{B}\boldsymbol{T}^e \tag{7.19(a)}$$

式中

$$\boldsymbol{B}=\left[\frac{\partial N}{\partial x}\quad\frac{\partial N}{\partial y}\quad\frac{\partial N}{\partial z}\right]^{\mathrm{T}} \tag{7.19(b)}$$

将式(7.17)、式(7.18)、式(7.19)代入泛函式(7.15)中，整理后可得到

$$\Pi=\boldsymbol{J}_1-\boldsymbol{J}_2+\boldsymbol{J}_3+\boldsymbol{J}_4-\boldsymbol{J}_5 \tag{7.20}$$

式中

$$\boldsymbol{J}_1=\int_V(k\nabla^2T/2)\mathrm{d}V=\sum_{e=1}^{n}\int_{V_e}(\boldsymbol{T}^e\boldsymbol{B})^{\mathrm{T}}k(\boldsymbol{B}\boldsymbol{T}^e)/2\mathrm{d}V=\sum_{e=1}^{n}\boldsymbol{T}^{\mathrm{T}}\boldsymbol{K}^e\boldsymbol{T}^e/2 \tag{7.21}$$

$$\boldsymbol{J}_2=\int_V q_VT\mathrm{d}V=\sum_{e=1}^{n}\int_{V_e}q_V(\boldsymbol{N}\boldsymbol{T}^e)^{\mathrm{T}}\mathrm{d}V=\sum_{e=1}^{n}(\boldsymbol{T}^e)^{\mathrm{T}}\boldsymbol{F}_V{}^e \tag{7.22}$$

$$\boldsymbol{J}_3=\int_{\Gamma_2}q_2T\mathrm{d}S=\sum_{e=1}^{n_2}\int_{\Gamma_2}q_2(\boldsymbol{N}\boldsymbol{T}^e)^{\mathrm{T}}\mathrm{d}S=\sum_{e=1}^{n_2}(\boldsymbol{T}^e)^{\mathrm{T}}\boldsymbol{F}_2{}^e \tag{7.23}$$

$$\boldsymbol{J}_4=\int_{\Gamma_3}hT^2/2\mathrm{d}S=\sum_{e=1}^{n_3}\int_{\Gamma_3}(\boldsymbol{N}\boldsymbol{T}^e)^{\mathrm{T}}h(\boldsymbol{N}\boldsymbol{T}^e)/2\mathrm{d}S=\sum_{e=1}^{n_3}(\boldsymbol{T}^e)^{\mathrm{T}}\boldsymbol{K}_3{}^e\boldsymbol{T}^e/2 \tag{7.24}$$

$$\boldsymbol{J}_5=\int_{\Gamma_3}hT_{\mathrm{f}}T\mathrm{d}S=\sum_{e=1}^{n_3}\int_{\Gamma_3}hT_{\mathrm{f}}(\boldsymbol{N}\boldsymbol{T}^e)^{\mathrm{T}}\mathrm{d}S=\sum_{e=1}^{n_3}(\boldsymbol{T}^e)^{\mathrm{T}}\boldsymbol{F}_3{}^e \tag{7.25}$$

其中

$$\boldsymbol{K}^e=\int_{V_e}\boldsymbol{B}^{\mathrm{T}}k\boldsymbol{B}\mathrm{d}V \tag{7.26}$$

$$\boldsymbol{F}_V{}^e=\int_{V_e}q_V\boldsymbol{N}^{\mathrm{T}}\mathrm{d}V \tag{7.27}$$

$$\boldsymbol{F}_2{}^e=\int_{\Gamma_e}q_2\boldsymbol{N}^{\mathrm{T}}\mathrm{d}S \tag{7.28}$$

$$\boldsymbol{K}_3{}^e=\int_{\Gamma_e}\boldsymbol{N}^{\mathrm{T}}h\boldsymbol{N}\mathrm{d}S \tag{7.29}$$

$$\boldsymbol{F}_3{}^e=\int_{\Gamma_e}hT_{\mathrm{f}}\boldsymbol{N}^{\mathrm{T}}\mathrm{d}S \tag{7.30}$$

式中 $\boldsymbol{K}^e$——单元导热矩阵或单元刚度矩阵，积分是在单元的域 V_e 上进行的；

$\boldsymbol{F}_V^e$——由热源生成的单元热源向量，积分也是在单元的域 V_e 上进行的；

$\boldsymbol{F}_2{}^e$——第二类边界上已知的热流所产生的热流向量，积分是在第二类边界的单元边界 Γ_e 上进行的；

$\boldsymbol{K}_3{}^e$——是第三类边界条件所产生的刚度矩阵，积分是在第三类边界的单元边界 Γ_e 上进行的；

$\boldsymbol{F}_3{}^e$——第三类边界上已知的热流所引起的热流向量，积分是在第三类边界上的单元边界 Γ_e 上进行的。

对式(7.20)求变分，并令其等于零，可得到

$$(\boldsymbol{K}+\boldsymbol{K}_3)T=\boldsymbol{F}_V-\boldsymbol{F}_2+\boldsymbol{F}_3 \tag{7.31}$$

其中

$$\boldsymbol{K}=\sum_{e=1}^{n}\boldsymbol{K}^e\qquad\boldsymbol{K}_3=\sum_{e=1}^{n_3}\boldsymbol{K}_3{}^e \tag{7.32(a)}$$

$$\boldsymbol{F}_V = \sum_{e=1}^{n} \boldsymbol{F}_V^e \quad \boldsymbol{F}_2 = \sum_{e=1}^{n_2} \boldsymbol{F}_2{}^e \quad \boldsymbol{F}_3 = \sum_{e=1}^{n_3} \boldsymbol{F}_3{}^e \tag{7.32(b)}$$

式中　$\boldsymbol{K}$—— 通常的有限元刚度矩阵；

$\boldsymbol{K}_3$—— 第三类边界条件所产生的刚度矩阵；

$\boldsymbol{F}_V$—— 热源生成的热源向量，相当于弹性力学中的体积力生成的载荷向量；

$\boldsymbol{F}_2$—— 第二类边界条件上热流产生的热流向量；

$\boldsymbol{F}_3$—— 第三类边界条件上热流向量。

$\boldsymbol{F}_2$、$\boldsymbol{F}_3$ 相当于弹性力学中表面力生成的载荷向量。n_2、n_3 为第二类边界和第三类边界上的单元数。式(7.31) 可写为

$$\boldsymbol{K}_{\mathrm{T}}\boldsymbol{T} = \boldsymbol{F} \tag{7.33}$$

$$\boldsymbol{K}_{\mathrm{T}} = \boldsymbol{K} + \boldsymbol{K}_3 \tag{7.34(a)}$$

$$\boldsymbol{F} = \boldsymbol{F}_V - \boldsymbol{F}_2 + \boldsymbol{F}_3 \tag{7.34(b)}$$

式(7.33) 是线性代数方程组，未知数为结点温度，在有第一类边界条件的情况下，需对该方程组加以修正，以确保所解的温度场满足第一类边界条件。如假设在边界上已知温度的结点编号为 i，已知的温度为 T_i，一般可以采用以下 2 种修正方法：

① 乘大数法，将总刚度矩阵中结点的主对角元素 K_{ii} 乘以一个大数(例如 10^8)，再将式(7.33) 中等式右边 $\boldsymbol{F}$ 的第 i 行的值替换为 $10^8 K_{ii} T_i$，这样就可保证解得 T_i。

② 消元法，消去总刚度矩阵中结点 i 的主对角元素 K_{ii} 对应的行与列，这样可保证方程组有唯一解。对于其他已知温度的结点都要进行相同的修正。这与力学问题中已知位移的边界条件做法相同，在进行所有修改后，即可由式(7.33) 求出各结点的温度。

由上面推导可知，若在式(7.26) 中将 k 换成矩阵(7.35) 来计算单元刚度矩阵，则上述结果可用于正交各向异性物体中的温度场的计算。

$$\begin{bmatrix} k_x & 0 & 0 \\ 0 & k_y & 0 \\ 0 & 0 & k_z \end{bmatrix} \tag{7.35}$$

现以平面问题为例，采用三角形单元给出温度场问题的单元刚度矩阵和边界热流向量的计算公式。为简单起见，设厚度方向为单位长度。设三角形单元的三个结点为 i、j、m(参见第 3 章)。

类似前面的公式，可写出

$$T^e = N_i T_i + N_j T_j + N_m T_m = \boldsymbol{N}\boldsymbol{T}^e \tag{7.36}$$

$$\boldsymbol{N} = [N_i \quad N_j \quad N_m] \qquad \boldsymbol{T}^e = [T_i \quad T_j \quad T_m]^{\mathrm{T}} \tag{7.37}$$

$$N_i = (a_i + b_i x + c_i y)/(2\Delta) \qquad (i,j,m) \tag{7.38}$$

$$a_i = x_i y_m - x_m y_i \quad b_i = y_j - y_m \quad c_i = x_m - x_j \quad (i,j,m) \tag{7.39}$$

其中，x_i、x_j、x_m、y_i、y_j、y_m 为结点的坐标；Δ 为三角形的面积，在式(7.37) ~ 式(7.39) 中依次轮换 i、j、m，可得 N_j、N_m、a_j、a_m、b_j、b_m、c_j、c_m 的表达式。将上述各式代入式(7.19) 可得

$$\partial N_i/\partial x = b_i/(2\Delta) \qquad \partial N_i/\partial y = c_i/(2\Delta) \quad (i,j,m) \tag{7.40}$$

$$\boldsymbol{B}=\begin{bmatrix}\frac{\partial N_i}{\partial x} & \frac{\partial N_j}{\partial x} & \frac{\partial N_m}{\partial x}\\ \frac{\partial N_i}{\partial y} & \frac{\partial N_j}{\partial y} & \frac{\partial N_m}{\partial y}\end{bmatrix}=\frac{1}{2\Delta}\begin{bmatrix}b_i & b_j & b_m\\ c_i & c_j & c_m\end{bmatrix} \tag{7.41}$$

将式(7.41)代入式(7.26)可得

$$\boldsymbol{K}^e=\boldsymbol{B}^{\mathrm{T}}k\boldsymbol{B}\Delta=\frac{k}{4\Delta}\begin{bmatrix}b_i^2+c_i^2 & b_ib_j+c_ic_j & b_ib_m+c_ic_m\\ b_ib_j+c_ic_j & b_j^2+c_j^2 & b_jb_m+c_jc_m\\ b_ib_m+c_ic_m & b_jb_m+c_jc_m & b_m^2+c_m^2\end{bmatrix} \tag{7.42}$$

由式(7.27)可得

$$\boldsymbol{F}_V{}^e=\int_{V_e}q_V[N_i\quad N_j\quad N_m]^{\mathrm{T}}\mathrm{d}V=\frac{q_V\Delta}{3}\begin{bmatrix}1\\1\\1\end{bmatrix} \tag{7.43}$$

上式表明,三个结点的热流量相同,均为 $q_V\Delta/3$。

式(7.28)、式(7.29)、式(7.30)是在边界上计算积分,在三角形单元的情况下,设结点 i、j 是在边界上,为计算线积分方便起见,可用参变量 l 代替坐标变量 x、y。设点 i 处 $l=0$,温度为 T_i;点 j 处 $l=1$,温度为 T_j。l_{ij} 为边界 ij 的长度,则边界上温度分布为

$$T(l)=(1-l/l_{ij})T_i+T_jl/l_{ij} \tag{7.44}$$

令 $n=l/l_{ij}$,则上式可写为

$$T(l)=(1-n)T_i+nT_j=[1-n\quad n]\begin{bmatrix}T_i\\T_j\end{bmatrix}\quad(0\leqslant n\leqslant 1) \tag{7.45}$$

将上式的温度分布代入式(7.28)、式(7.29)、式(7.30),可得

$$\boldsymbol{F}_2{}^e=\int_0^1 q_2\boldsymbol{N}^{\mathrm{T}}\mathrm{d}l=\int_0^1 q_2\begin{bmatrix}1-n\\n\end{bmatrix}l_{ij}\mathrm{d}n=q_2l_{ij}\begin{bmatrix}1/2\\1/2\end{bmatrix} \tag{7.46}$$

$$\boldsymbol{K}_3{}^e=\int_0^1\boldsymbol{N}^{\mathrm{T}}h\boldsymbol{N}\mathrm{d}l=\int_0^1 h\begin{bmatrix}1-n\\n\end{bmatrix}[1-n\quad n]l_{ij}\mathrm{d}n=hl_{ij}\begin{bmatrix}1/3 & 1/6\\1/6 & 1/3\end{bmatrix} \tag{7.47}$$

$$\boldsymbol{F}_3{}^e=hT_{\mathrm{f}}\,l_{ij}\begin{bmatrix}1/2\\1/2\end{bmatrix} \tag{7.48}$$

式(7.46)、式(7.48)表明边界上的热流向量是平均分配到两个结点上的。然而,对于八结点的等参数单元,边界上的热流并不是平均分配在边界的三个结点上,需要用形状函数来计算。从式(7.47)可以看出,这部分的单元刚度矩阵只影响边界上结点 i、j 的刚度,对结点 m 的刚度没有影响。

7.1.3 瞬时温度场的有限元解

瞬时温度场与稳态温度场的主要差别是瞬态温度场的场函数温度不仅是空间的函数,而且还是时间的函数。瞬态温度场的基本方程、边界条件和初始条件已由式(7.2)、式(7.6)、式(7.7)、式(7.8)、式(7.10)给出。与稳态温度场时间的控制方程不同,它含有 $\partial T/\partial t$ 项,这种偏微分方程在数学上称为抛物型方程。这时,除了边界条件必须已知

外,初始条件也应是已知的。通常称它为初边值问题,求解就从初始温度场开始,每隔一个步长,就求解下一时刻的温度场,这种求解过程称为步进积分(marching integration)。这种求解的特点是在空间域内用有限元法,而在时间域内用有限差分法,因此是有限元法和有限差分法的混合解法。

迄今为止,抛物型方程的泛函变分问题尚未很好解决。现假定时间变量 t 暂时固定,即先考虑在一具体时刻($\partial T/\partial t$ 仅是位置的函数)下对泛函的变分,然后再考虑 t 的变化,把 $\partial T/\partial t$ 用差分展开。与瞬态温度场问题等价的泛函为

$$\Pi = \int_V \left[\frac{1}{2} k \left(\frac{\partial T}{\partial x} \right)^2 + \left(\frac{\partial T}{\partial y} \right)^2 + \left(\frac{\partial T}{\partial z} \right)^2 - q_V T + \rho c_p \frac{\partial T}{\partial t} T \right] \mathrm{d}V +$$

$$\int_{\Gamma_2} q_2 T \mathrm{d}S + \int_{\Gamma_3} h(T^2/2 - TT_{\mathrm{f}}) \mathrm{d}S \tag{7.49}$$

将上述泛函变分后即可导出瞬态温度场问题的控制方程和第二类边界条件及第三类边界条件。

用有限元法和差分法来求解瞬态温度场,首先要用有限元法将上述泛函的极值问题化为

$$\boldsymbol{K}_{\mathrm{T}} \boldsymbol{T} + \boldsymbol{M} \frac{\partial \boldsymbol{T}}{\partial t} = \boldsymbol{F} \tag{7.50}$$

式(7.50)比式(7.33)多了左边第二项,其余是相同的,式中的 $\boldsymbol{M}$ 称为热容量矩阵或瞬态变温矩阵,它的计算公式为

$$\boldsymbol{M}^e = \int_{V_e} \boldsymbol{N}^{\mathrm{T}} \rho c_p \boldsymbol{N} \mathrm{d}V \tag{7.51}$$

$$\boldsymbol{M} = \sum_{e=1}^{n} \boldsymbol{M}^e \tag{7.52}$$

式(7.50)是一个对时间变量的常微分方程。因此,瞬态温度场用有限元对空间离散后,还有一个常微分方程,对时间则可用有限差分法离散化求解。在求解各时刻的温度场时,可以采用下列五种格式的差分法。

1. 向前差分格式

向前差分的格式为

$$\frac{\partial \boldsymbol{T}_{t-\Delta t}}{\partial t} = \frac{1}{\Delta t}(\boldsymbol{T}_t - \boldsymbol{T}_{t-\Delta t}) + O(\Delta t) \tag{7.53}$$

这是向前差分的一阶差商,式中 Δt 是时间差分步长,表示截断误差的数量级。这里"O"是 order 的第一个字母,表示量级的意思。括号中的 Δt 表示误差的量级与 Δt 的一次方成正比。

将式(7.50)写为时刻 $t - \Delta t$ 的形式,有

$$\boldsymbol{K}_{\mathrm{T}} \boldsymbol{T}_{t-\Delta t} + \boldsymbol{M} \frac{\partial \boldsymbol{T}_{t-\Delta t}}{\partial t} = \boldsymbol{F}_{t-\Delta t} \tag{7.54}$$

再将式(7.53)代入式(7.54)即可得到

$$\boldsymbol{M}\boldsymbol{T}_t = \Delta t \boldsymbol{F}_{t-\Delta t} - \Delta t \boldsymbol{K}_{\mathrm{T}} \boldsymbol{T}_{t-\Delta t} + \boldsymbol{M}\boldsymbol{T}_{t-\Delta t} \tag{7.55}$$

式中 Δt——时间步长;

$\boldsymbol{T}_{t-\Delta t}$—— 初始时刻或前一时刻的温度场。

$\boldsymbol{K}_{\mathrm{T}}$、$\boldsymbol{M}$和$\boldsymbol{F}_{t-\Delta t}$可由前面的公式计算，$\boldsymbol{F}_{t-\Delta t}$可以是时间的函数（相当于随时间变化的热源强度和边界条件），也可与时间无关。知道了 $t-\Delta t$ 时刻的解 $\boldsymbol{T}_{t-\Delta t}$ 就能从方程(7.55)解出时刻 t 的温度场 $\boldsymbol{T}_t$。再由 $\boldsymbol{T}_t$ 去求 $\boldsymbol{T}_{t+\Delta t}$，以此类推可求任一时刻的温度场。向前差分格式的特点是能得到显示解，计算比较简单，但稳定性较差，实际计算中要求时间步长取得很小。

2. 向后差分格式

向后差分的格式为

$$\frac{\partial \boldsymbol{T}_t}{\partial t}=\frac{1}{\Delta t}(\boldsymbol{T}_t-\boldsymbol{T}_{t-\Delta t})+O(\Delta t) \tag{7.56}$$

这是向后差分的一阶差商，向后差分与向前差分有相同的精度量级。

将式(7.50)写为时刻 t 的形式，有

$$\boldsymbol{K}_{\mathrm{T}}\boldsymbol{T}_t+\boldsymbol{M}\frac{\partial \boldsymbol{T}_t}{\partial t}=\boldsymbol{F}_t \tag{7.57}$$

再将式(7.56)代入式(7.57)即可得到

$$(\boldsymbol{K}_{\mathrm{T}}+\boldsymbol{M}/\Delta t)\boldsymbol{T}_t=\boldsymbol{F}_t+\boldsymbol{M}/\Delta t\boldsymbol{T}_{t-\Delta t} \tag{7.58}$$

由上式可见，向后差分得到的是隐式解，必须联立求解线性代数方程组。由于向后差分格式是无条件稳定的，在大的时间步长下也不会振荡，因此已被广为采用。

3. Crank - Nicolson（简记为 C - N）格式

上面介绍的向前差分格式和向后差分格式可统一写成

$$\sigma\frac{\partial \boldsymbol{T}_t}{\partial t}+(1-\sigma)\frac{\partial \boldsymbol{T}_{t-\Delta t}}{\partial t}=\frac{1}{\Delta t}(\boldsymbol{T}_t-\boldsymbol{T}_{t-\Delta t}) \tag{7.59}$$

式中 $0\leqslant\sigma\leqslant 1$。当 $\sigma=0$ 时即为向前差分格式，而当 $\sigma=1$ 时即为向后差分格式，当 $\sigma=1/2$ 时就得到 C - N 格式，即

$$\frac{1}{2}\left(\frac{\partial \boldsymbol{T}_t}{\partial t}+\frac{\partial \boldsymbol{T}_{t-\Delta t}}{\partial t}\right)=\frac{1}{\Delta t}(\boldsymbol{T}_t-\boldsymbol{T}_{t-\Delta t})+O(\Delta t^2) \tag{7.60}$$

它的截断差为 Δt^2 的量级，所以具有较高的精度，而且是无条件稳定的。从式(7.54)、式(7.57)、式(7.60)可以得到

$$(\boldsymbol{K}_{\mathrm{T}}+2\boldsymbol{M}/\Delta t)\boldsymbol{T}_t=(\boldsymbol{F}_t+\boldsymbol{F}_{t-\Delta t})+(2\boldsymbol{M}/\Delta t-\boldsymbol{K}_{\mathrm{T}})\boldsymbol{T}_{t-\Delta t} \tag{7.61}$$

上式即为采用 C - N 格式计算瞬态温度场的基本方程。

4. Galerkin 格式

在式(7.59)中取 $\sigma=2/3$，则得到 Galerkin 格式，有

$$\frac{2}{3}\frac{\partial \boldsymbol{T}_t}{\partial t}+\frac{1}{3}\frac{\partial \boldsymbol{T}_{t-\Delta t}}{\partial t}=\frac{1}{\Delta t}(\boldsymbol{T}_t-\boldsymbol{T}_{t-\Delta t})+O(\Delta t^2) \tag{7.62}$$

它的截断误差也为 Δt^2 的量级，所以具有较高的精度，而且是无条件稳定的。从式(7.54)、式(7.57)、式(7.52)可以得到

$$(2\boldsymbol{K}_{\mathrm{T}}+3\boldsymbol{M}/\Delta t)\boldsymbol{T}_t=(2\boldsymbol{F}_t+\boldsymbol{F}_{t-\Delta t})+(3\boldsymbol{M}/\Delta t-\boldsymbol{K}_{\mathrm{T}})\boldsymbol{T}_{t-\Delta t} \tag{7.63}$$

上式即为采用 Galerkin 格式计算瞬态温度场的基本方程。

5. 三点向后差分格式

可以用泰勒展开式来推导三点后差分格式。这是推导高阶导数多点差分格式的一种常用方法。分别对函数$T_{t-\Delta t}$和$T_{t-2\Delta t}$在T_t处用泰勒级数展开。注意到Δt和$2\Delta t$均为负值，可得到

$$T_{t-\Delta t}=T_t+T'_t(-\Delta t)+T''_t\frac{(-\Delta t)^2}{2!}+T'''_t\frac{(-\Delta t)^3}{3!}+\cdots \quad (7.64(a))$$

$$T_{t-2\Delta t}=T_t+T'_t(-2\Delta t)+T''_t\frac{(-2\Delta t)^2}{2!}+T'''_t\frac{(-2\Delta t)^3}{3!}+\cdots \quad (7.64(b))$$

式中 T'_t、T''_t、T'''_t—— 函数在t时刻处的一阶、二阶、三阶偏导数。

用常数A乘式(7.64(a))的两边,再与式(7.64(b))相加,得到

$$AT_{t-\Delta t}+T_{t-2\Delta t}=(A+1)T_t-(A+2)\Delta tT'_t\frac{(A+4)}{2!}(\Delta t)^2T''_t-\frac{(A+8)}{3!}(\Delta t)^3T'''_t+\cdots \quad (7.65)$$

为了求得T'_t的表达式,可令式(7.65)中T''_t项的系数为零。由此得到

$$A=4$$

将A值代入式(7.65)后可得

$$T'_t=(3T_t-4T_{t-\Delta t}+T_{t-2\Delta t})/(2\Delta t)+(1/3)(\Delta t)^2T'''_t+\cdots \quad (7.66)$$

式中 $(\Delta t)^2T'''_t/3$—— 截断误差。

这里的三阶偏导数T'''_t是未知量,可以不必求出,而认为这一项的大小与$(\Delta t)^2$是同一个数量级,并用$O(\Delta t^2)$来表示。于是,式(7.66)可以写成

$$(\partial T/\partial t)_t=(3T_t-4T_{t-\Delta t}+T_{t-2\Delta t})/(2\Delta t)+O(\Delta t^2) \quad (7.67)$$

将式(7.67)代入式(7.50),可以得出

$$(\boldsymbol{K}_T+3\boldsymbol{M}/2\Delta t)\boldsymbol{T}_t=\boldsymbol{F}_t+\boldsymbol{M}(2\boldsymbol{T}_{t-\Delta t}-\boldsymbol{T}_{t-2\Delta t}/2)\Delta t \quad (7.68)$$

由式(7.68)可见,当用三点后差分格式计算瞬态温度场时,同时需要前两个时刻的温度场,所以它要占用较多的计算机内存。

7.2 热弹性应力问题的有限元分析

7.2.1 热弹性应力问题中的物理方程

设温度T_0时物体处于无应力状态,当物体内发生温度变化为$\Delta T=T_1-T_0$时,物体中的微元体就要产生热膨胀,对各向同性体,自由膨胀情况下的应变分量为

$$\varepsilon_x=\varepsilon_y=\varepsilon_z=\alpha\Delta T \qquad \gamma_{xy}=\gamma_{yz}=\gamma_{zx}=0 \quad (7.69)$$

式中 α—— 热膨胀系数(/℃)。

如果自由膨胀受到某种约束,微元体就要产生热应力。根据线性弹性理论,其应变为两部分相加:一部分是由温度变化引起的;另一部分是由应力引起的。根据虎克定律,应力和应变的关系为

$$\varepsilon_x=[\sigma_x-v(\sigma_y+\sigma_z)]/E+\alpha\Delta T \quad (7.70(a))$$

$$\varepsilon_y = [\sigma_y - v(\sigma_x + \sigma_z)]/E + \alpha\Delta T \tag{7.70(b)}$$

$$\varepsilon_z = [\sigma_z - v(\sigma_y + \sigma_x)]/E + \alpha\Delta T \tag{7.70(c)}$$

$$\gamma_{xy} = \tau_{xy}/G \quad \gamma_{yz} = \tau_{yz}/G \quad \gamma_{zx} = \tau_{zx}/G \tag{7.70(d)}$$

用矩阵形式可表示为

$$\boldsymbol{\varepsilon} = \boldsymbol{D}_{\mathrm{e}}^{-1}\boldsymbol{\sigma} + \boldsymbol{I}_1\alpha\Delta T = \boldsymbol{D}_{\mathrm{e}}^{-1}\boldsymbol{\sigma} + \boldsymbol{\varepsilon}_0 \tag{7.71}$$

式中 $\boldsymbol{D}_{\mathrm{e}}$—— 弹性本构矩阵。

$$\boldsymbol{I}_1 = [1 \quad 1 \quad 1 \quad 0 \quad 0 \quad 0]^{\mathrm{T}} \tag{7.72(a)}$$

$$\boldsymbol{\varepsilon}_0 = \boldsymbol{I}_1\alpha\Delta T \tag{7.72(b)}$$

式中 $\boldsymbol{\varepsilon}_0$—— 变温而产生的应变，也可称为初应变。

式(7.70) 和式(7.71) 也可以改写为以应变表示应力的形式，即

$$\boldsymbol{\sigma} = \boldsymbol{D}_{\mathrm{e}}(\boldsymbol{\varepsilon} - \boldsymbol{\varepsilon}_0) \tag{7.73}$$

上式所表示的应力是考虑变温影响的弹性应力，通常称为热应力。可以看出式(7.73) 中的最后一项表明温度变化只对正应力有影响，对剪应力没有影响。

7.2.2 有限元分析列式

设单元的结点位移为 $\boldsymbol{\delta}^e$，按着前面阐述的有限元法，单元应变可写为

$$\boldsymbol{\varepsilon}^e = \boldsymbol{B}\boldsymbol{\delta}^e \tag{7.74}$$

热应力的物理方程为(7.71)，除此之外，其平衡方程、几何方程及边界条件与普通弹性问题相同。利用虚功原理的表达式(2.131)，可以得到

$$\iiint \boldsymbol{N}^{\mathrm{T}}\boldsymbol{p}\,\mathrm{d}x\mathrm{d}y\mathrm{d}z + \iint \boldsymbol{N}^{\mathrm{T}}\boldsymbol{q}\,\mathrm{d}A + \boldsymbol{F}^e = \iiint \boldsymbol{B}^{\mathrm{T}}\boldsymbol{\sigma}\,\mathrm{d}x\mathrm{d}y\mathrm{d}z \tag{7.75}$$

将式(7.73) 带入上式并经整理可得

$$\boldsymbol{k}\boldsymbol{\delta}^e = \boldsymbol{R}^e + \boldsymbol{R}_T{}^e \tag{7.76}$$

其中

$$\boldsymbol{k} = \int_V \boldsymbol{B}^{\mathrm{T}}\boldsymbol{D}_{\mathrm{e}}\boldsymbol{B}\,\mathrm{d}V \tag{7.76(a)}$$

$$\boldsymbol{R}^e = \iiint \boldsymbol{N}^{\mathrm{T}}\boldsymbol{p}\,\mathrm{d}x\mathrm{d}y\mathrm{d}z + \iint \boldsymbol{N}^{\mathrm{T}}\boldsymbol{q}\,\mathrm{d}A + \boldsymbol{F}^e \tag{7.76(b)}$$

$$\boldsymbol{R}_T{}^e = \int_V \boldsymbol{B}^{\mathrm{T}}\boldsymbol{D}_{\mathrm{e}}\,\boldsymbol{\varepsilon}_0\,\mathrm{d}V \tag{7.76(c)}$$

式(7.76(c)) 的 $\boldsymbol{R}_T{}^e$ 是由温度变化产生的，称为温度等效载荷。和一般弹性问题的有限元列式相比，有限元方程(7.76) 等号右端增加了温度等效载荷 $\boldsymbol{R}_T{}^e$。

如果弹性体被划分为 n_e 个单元和 n 个结点，再经过类似于一般弹性问题整体刚度矩阵的集合过程，就可得到

$$\boldsymbol{K}\boldsymbol{\delta} = \boldsymbol{R} + \boldsymbol{R}_T \tag{7.77}$$

其中

$$\boldsymbol{K} = \sum_{e=1}^{n_e} \boldsymbol{k} \tag{7.78}$$

$$\boldsymbol{R} = \sum_{e=1}^{n} \boldsymbol{R}^e \tag{7.79(a)}$$

$$\boldsymbol{R}_T = \sum_{e=1}^{n} \boldsymbol{R}_T{}^e \tag{7.79(b)}$$

如果给定外力和温度变化，通过载荷移置可以得到 $\boldsymbol{R}$，将变温引起的热应变按式(7.76)计算温度载荷向量 $\boldsymbol{R}_T$，再加上位移边界条件后，可以通过式(7.77)求出结点的位移，进而得到单元的应变和热应力。一般，在温度场分析时采用与热应力计算相同的有限元网格，因此用式(7.79(b))和式(7.73)计算热载荷向量和应力不会遇到困难。

在以上的分析中，是假设了材料的弹性模量、泊松比和热膨胀系数与温度无关。实际上，这些材料参数是随温度变化而变化的。对某些材料，当温度在比较小的范围内变化时，可以近似地把这些材料参数看做与温度无关的量来处理，可以用上述的方法求解。在考虑材料参数与温度相关的情况时，可以通过试验来确定上述材料参数与温度的相互关系。而在计算总的温度变化 ΔT 所产生的热应力时，要将 ΔT 分成若干小的温度变化增量 $\mathrm{d}T$，逐个计算所产生的热应力，直到累计温度变化达到 ΔT 为止，总的热应力为各次热应力之和。

每个温度增量所产生的热应力计算方法阐述如下：

弹性应变 $\boldsymbol{\varepsilon}^e$ 与应力的关系为

$$\boldsymbol{\sigma} = \boldsymbol{D}_{\mathrm{e}} \boldsymbol{\varepsilon}^e \tag{7.80}$$

当温度变化时产生的应力增量为

$$\mathrm{d}\boldsymbol{\sigma} = \boldsymbol{D}_{\mathrm{e}} \mathrm{d}\boldsymbol{\varepsilon}^e + \frac{\mathrm{d}\boldsymbol{D}_{\mathrm{e}}}{\mathrm{d}T} \boldsymbol{\varepsilon}^e \mathrm{d}T \tag{7.81}$$

或写成

$$\mathrm{d}\boldsymbol{\sigma} = \boldsymbol{D}_{\mathrm{e}} \left[\mathrm{d}\boldsymbol{\varepsilon}^e - \frac{\mathrm{d}\boldsymbol{D}_{\mathrm{e}}^{-1}}{\mathrm{d}T} \mathrm{d}\boldsymbol{\sigma} \mathrm{d}T \right] \tag{7.82}$$

由式(7.72)可知，温度变化增量 $\mathrm{d}T$ 引起的温度应变增量为

$$\mathrm{d}\boldsymbol{\varepsilon}^{\mathrm{T}} = \boldsymbol{I}_1 \alpha \mathrm{d}T \tag{7.83}$$

而全应变增量为

$$\mathrm{d}\boldsymbol{\varepsilon} = \mathrm{d}\boldsymbol{\varepsilon}^e + \mathrm{d}\boldsymbol{\varepsilon}^{\mathrm{T}} \tag{7.84}$$

将式(7.84)和式(7.83)代入式(7.82)，可得到

$$\mathrm{d}\boldsymbol{\sigma} = \boldsymbol{D}_{\mathrm{e}} (\mathrm{d}\boldsymbol{\varepsilon} - \mathrm{d}\boldsymbol{\varepsilon}_0) \tag{7.85}$$

式中

$$\boldsymbol{\varepsilon}_0 = \left(\boldsymbol{I}_1 \alpha + \frac{\mathrm{d}\boldsymbol{D}_{\mathrm{e}}^{-1}}{\mathrm{d}T} \boldsymbol{\sigma} \right) \mathrm{d}T \tag{7.86}$$

式(7.86)与式(7.72(b))的形式相似，只是 $\boldsymbol{\varepsilon}_0$ 的含义不同，式(7.86)的第二项反映了弹性常数变化对温度应变增量的影响。采用前面的方法，可以计算温度变化所引起的位移增量、应变增量和应力增量。在式(7.83)和式(7.86)中的热膨胀系数可用 T 与 $T+\mathrm{d}T$ 中间温度的热膨胀系数的值。

假使除了变温载荷以外，还有机械载荷，当材料参数与温度无关时，可以用式(7.73)将热载荷和机械载荷合在一起计算。在材料参数与温度有关时，先加机械载荷，还是先加热载荷或两种载荷同时相加所得的结果可能是不同的。对于先加机械载荷后加热载荷，或是先加热载荷后加机械这两种情况，因为加机械载荷时，温度保持不变，所以可以一次

作用整个机械载荷,而热载荷则按上述增量法计算。假使两种载荷是同时作用的,则机械载荷和热载荷一样,同时分为若干小的载荷增量计算。例如,燃气轮机中的旋转零件,一般在热载荷上升时机械载荷也逐渐增加,所以可以近似地认为这两种载荷是同时使用的。而对于增压器的叶轮,一般是先转起来,然后温度逐渐升高,因此要先计算旋转体力所产生的应变和应力,再分步计算热载荷所产生的应变和应力。

7.3 应用实例

7.3.1 内热源问题的计算举例

【例7.1】 反应堆十字形燃料元件。图7.1示出了它的横截面。由于元件是相对的细长,故可作为无限长处理,即这是一个二维问题。假设元件的释热系数是均匀的,体积内热源强度 $q_V = 10^7$ Btu/(h · ft^3),元件导热系数 $k = 19.84$ Btu/(ft · h · ℉)。整个元件表面都保持在600 ℉。求元件中的温度分布(采用英制)。

解 由于元件截面和边界条件是对称的,温度场也必然具有对称的特性,我们可以取出它的1/8截面(图中的阴影部分)进行计算。如果划分单元的间隔为0.2 in(1 in = 2.540 cm),那么计算任务就是要求得中心线上六个结点的温度值。这个问题可用有限差分法计算,现在用有限单元法做计算。

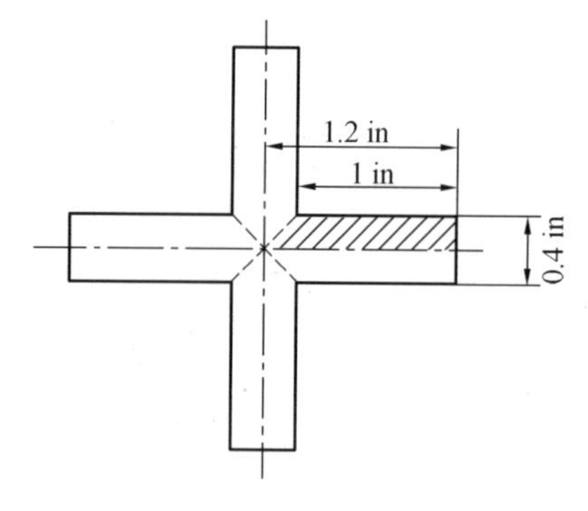

图7.1 反应堆十字形燃料元件

如图7.2所示,区域共划分成13个结点和11个单元,其中1至5为内部单元,6至11为边界单元。边界单元全部属于第一类边界条件。

仔细观察这11个单元发现,实际上可以归并为A、B二类单元进行计算,全部三角形单元的面积都是相等的,即

$$\Delta = \frac{1}{2} \times \frac{0.2}{12} \times \frac{0.2}{12} = \frac{1}{72} \times 10^{-2}(\text{ft}^2)$$

对于单元A有

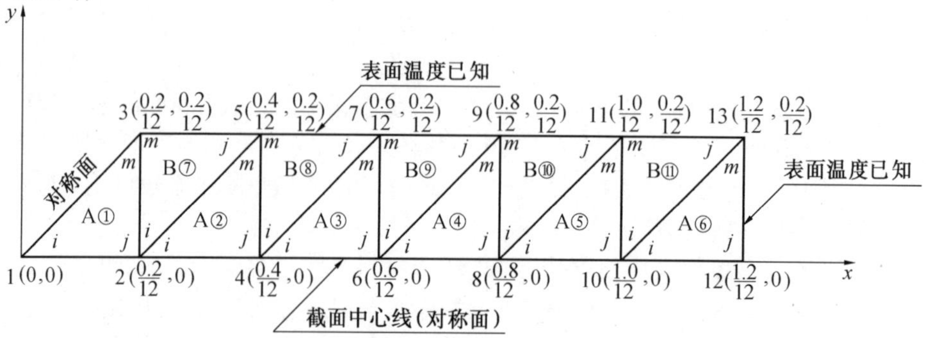

图7.2 元件1/8对称截面的有限单元剖分(图中把结点坐标换算成ft单位)

$$b_i = -0.2/12 \quad b_j = 0.2/12 \quad b_m = 0$$
$$c_i = 0 \quad c_j = -0.2/12 \quad c_m = 0.2/12$$
$$k_{ii}^{\mathrm{A}} = 9.9 \quad k_{ji}^{\mathrm{A}} = 19.8 \quad k_{mm}^{\mathrm{A}} = 9.9$$
$$k_{ij}^{\mathrm{A}} = k_{ji}^{\mathrm{A}} = -9.9 \quad k_{im}^{\mathrm{A}} = k_{mi}^{\mathrm{A}} = 0$$
$$k_{jm}^{\mathrm{A}} = k_{mj}^{\mathrm{A}} = -9.9$$
$$p_i^{\mathrm{A}} = p_j^{\mathrm{A}} = p_m^{\mathrm{A}} = \frac{q_V \cdot \Delta}{3} = \frac{10^7 \times 10^{-2}}{3 \times 72} = 463$$

对于单元 B 有

$$b_i = 0 \quad b_j = 0.2/12 \quad b_m = -0.2/12$$
$$c_i = -0.2/12 \quad c_j = 0 \quad c_m = 0.2/12$$
$$k_{ii}^{\mathrm{B}} = 9.9 \quad k_{jj}^{\mathrm{B}} = 9.9 \quad k_{mm}^{\mathrm{B}} = 19.8$$
$$k_{ij}^{\mathrm{B}} = k_{ji}^{\mathrm{B}} = 0 \quad k_{im}^{\mathrm{B}} = k_{mi}^{\mathrm{B}} = -9.9$$
$$k_{jm}^{\mathrm{B}} = k_{mj}^{\mathrm{B}} = -9.9$$
$$p_i^{\mathrm{B}} = p_j^{\mathrm{B}} = p_m^{\mathrm{B}} = 463$$

总体温度刚度矩阵的合成为

$$k_{11} = k_{ii}^{\mathrm{A}} = 9.9$$
$$k_{22} = k_{ii}^{\mathrm{A}} + k_{jj}^{\mathrm{A}} + k_{ii}^{\mathrm{B}} = 39.6$$
$$k_{33} = k_{mm}^{\mathrm{A}} + k_{mm}^{\mathrm{B}} = 29.7$$
$$k_{44} = k_{66} = k_{88} = k_{10\ 10} = k_{22} = 39.6$$
$$k_{55} = k_{mm}^{\mathrm{A}} + k_{jj}^{\mathrm{B}} + k_{mm}^{\mathrm{B}} = 39.6$$
$$k_{77} = k_{99} = k_{11\ 11} = k_{55} = 39.6$$
$$k_{12\ 12} = k_{jj}^{\mathrm{A}} = 19.8$$
$$k_{13\ 13} = k_{mm}^{\mathrm{A}} + k_{jj}^{\mathrm{B}} = 19.8$$
$$k_{12} = k_{24} = k_{46} = k_{68} = k_{8\ 10} = k_{10\ 12} = k_{ij}^{\mathrm{A}} = -9.9$$
$$k_{13} = k_{im}^{\mathrm{A}} = 0$$
$$k_{25} = k_{47} = k_{69} = k_{8\ 11} = k_{10\ 13} = k_{im}^{\mathrm{A}} + k_{ij}^{\mathrm{B}} = 0$$
$$k_{23} = k_{45} = k_{67} = k_{89} = k_{10\ 11} = k_{jm}^{\mathrm{A}} + k_{im}^{\mathrm{B}} = -19.8$$
$$k_{12\ 13} = k_{jm}^{\mathrm{A}} = -9.9$$
$$k_{35} = k_{57} = k_{79} = k_{9\ 11} = k_{11\ 13} = k_{mj}^{B} = -9.9$$
$$k_{34} = k_{56} = k_{78} = k_{9\ 10} = k_{11\ 12} = 0$$

由于整体温度刚度矩阵在有限单元法计算中都是对称阵，这里不再写出其对称元素。另外，在非零元素带外的大量零元素也未写出。为了简单，在以后的例子中也不再写出。

方程组右端项列向量的合成为

$$p_1 = p_i^{\mathrm{A}} = 463$$
$$p_2 = p_4 = p_6 = p_8 = p_{10} = p_i^{\mathrm{A}} + p_j^{\mathrm{A}} + p_i^{\mathrm{B}} = 1\ 389$$
$$p_3 = p_m^{\mathrm{A}} + p_m^{\mathrm{B}} = 926$$
$$p_5 = p_7 = p_9 = p_{11} = p_m^{\mathrm{A}} + p_j^{\mathrm{B}} + p_m^{\mathrm{B}} = 1\ 389$$
$$p_{12} = p_j^{\mathrm{A}} = 463$$

$$p_{13} = p_m^{\mathrm{A}} + p_j^B = 926$$

由此得到如下 13 阶线性代数方程组(7.88)。

当边界结点 3、5、7、9、11、12、13 上的温度 $T_3 = T_5 = T_7 = T_9 = T_{11} = T_{12} = T_{13} = 600$ 为已知时,这些结点方程就不再存在。为此,将这些行划去,并将已知的温度值代入其余的结点方程,再把已知项移到等式右端,最后得到式(7.87) 的六阶线性代数方程组。

$$\begin{bmatrix} 9.9 & -9.9 & & & & \\ -9.9 & 39.6 & -9.9 & & & \\ & -9.9 & 39.6 & -9.9 & & \\ & & -9.9 & 39.6 & -9.9 & \\ & & & -9.9 & 39.6 & -9.9 \\ & & & & -9.9 & 39.6 \end{bmatrix} \begin{bmatrix} T_1 \\ T_2 \\ T_4 \\ T_6 \\ T_8 \\ T_{10} \end{bmatrix} = \begin{bmatrix} 463 \\ 13\ 269 \\ 13\ 269 \\ 13\ 269 \\ 13\ 269 \\ 19\ 209 \end{bmatrix} \tag{7.87}$$

$$\begin{bmatrix} 9.9 & -9.9 & 0 & & & & & & & & & & \\ -9.9 & 39.6 & -19.8 & -9.9 & 0 & & & & & & & & \\ 0 & -19.8 & 29.7 & 0 & -9.9 & & & & & & & & \\ & -9.9 & 0 & 39.6 & -19.8 & -9.9 & 0 & & & & & & \\ & 0 & -9.9 & -19.8 & 39.6 & 0 & -9.9 & & & & & & \\ & & & -9.9 & 0 & 39.6 & -19.8 & -9.9 & 0 & & & & \\ & & & 0 & -9.9 & -19.8 & 39.6 & 0 & -9.9 & & & & \\ & & & & & -9.9 & 0 & 39.6 & -19.8 & -9.9 & 0 & & \\ & & & & & 0 & -9.9 & -19.8 & 39.6 & 0 & -9.9 & & \\ & & & & & & & -9.9 & 0 & 39.6 & -19.8 & -9.9 & 0 \\ & & & & & & & 0 & -9.9 & -19.8 & 39.6 & 0 & -9.9 \\ & & & & & & & & & -9.9 & 0 & 19.8 & -9.9 \\ & & & & & & & & & 0 & -9.9 & -9.9 & 19.8 \end{bmatrix} \begin{bmatrix} T_1 \\ T_2 \\ T_3 \\ T_4 \\ T_5 \\ T_6 \\ T_7 \\ T_8 \\ T_9 \\ T_{10} \\ T_{11} \\ T_{12} \\ T_{13} \end{bmatrix} = \begin{bmatrix} 463 \\ 1\ 389 \\ 926 \\ 1\ 389 \\ 1\ 389 \\ 1\ 389 \\ 1\ 389 \\ 1\ 389 \\ 1\ 389 \\ 1\ 389 \\ 1\ 389 \\ 463 \\ 926 \end{bmatrix} \tag{7.88}$$

化简后得

$$\begin{bmatrix} 1 & -1 & & & & \\ -4 & 4 & -1 & & & \\ & -1 & 4 & -1 & & \\ & & -1 & 4 & -1 & \\ & & & -1 & 4 & -1 \\ & & & & -1 & 4 \end{bmatrix} \begin{bmatrix} T_1 \\ T_2 \\ T_4 \\ T_6 \\ T_8 \\ T_{10} \end{bmatrix} = \begin{bmatrix} 46.8 \\ 1\ 340 \\ 1\ 340 \\ 1\ 340 \\ 1\ 340 \\ 1\ 940 \end{bmatrix} \tag{7.89}$$

由此解得

$$T_1 = 733.81\ ℉ \qquad T_2 = 687.01\ ℉ \qquad T_4 = 674.22\ ℉$$
$$T_6 = 669.88\ ℉ \qquad T_8 = 665.30\ ℉ \qquad T_{10} = 651.33\ ℉$$

有限差分法计算中,在相同分割条件下所得的六阶方程组为

$$\begin{bmatrix} 1 & -1 & & & & \\ -1 & 4 & -1 & & & \\ & -1 & 4 & -1 & & \\ & & -1 & 4 & -1 & \\ & & & -1 & 4 & -1 \\ & & & & -1 & 4 \end{bmatrix} \begin{bmatrix} T_1 \\ T_2 \\ T_4 \\ T_6 \\ T_8 \\ T_{10} \end{bmatrix} = \begin{bmatrix} 35 \\ 1\ 340 \\ 1\ 340 \\ 1\ 340 \\ 1\ 340 \\ 1\ 940 \end{bmatrix} \tag{7.90}$$

由此解得

$$T_1 = 717.7\ ℉ \qquad T_2 = 682.7\ ℉ \qquad T_4 = 673.1\ ℉$$
$$T_6 = 669.6\ ℉ \qquad T_8 = 665.2\ ℉ \qquad T_{10} = 651.3\ ℉$$

比较两组结果的数据可见,误差主要发生在结点1的周围。由图7.2可见,结点1附近的边界形状对有限单元法的划分来说没有任何困难,但对有限差分法来说只能做近似的处理。这是有限差分法计算误差的主要来源。为了减小误差,有限差分法把节距缩小了一倍,重新计算后得

$$T_1 = 723.8\ ℉$$

7.3.2 轴对称温度场计算举例

这种实例很难找到理论解,为了在最简单的情况下来练习掌握轴对称问题的有限单元计算方法,并能对计算结果得到检验,我们举一个热平衡的例子。

【例7.2】 有一锥台形回转体(例如汽轮机转子),两端半径分别为 $r_1 = 0.8$ m,$r_2 = 1$ m,转子长度 $L = 2$ m(图7.3),材料的导热系数 $k = 40$ W/(m·℃),整个回转体边界都被温度 $T_f = 100$ ℃ 的介质所包围,介质对回转体的换热系数 $\alpha = 200$ W/(m^2·℃),求热稳定工况下回转体的温度分布。

解 这个问题的结论是明确的:回转体各点的温度都是100℃,但是如果采用的方法以及计算发生错误时将得不到这个结果。

我们对转子的一个对称面做如图7.4所示的划分和编号,共有6个结点和4个单元,

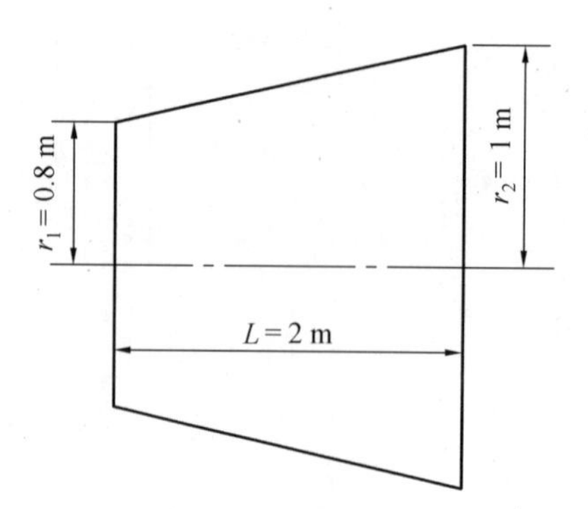

图 7.3 轴对称物体

这 4 个都是第三类边界单元,都是 jm 边落在边界上。

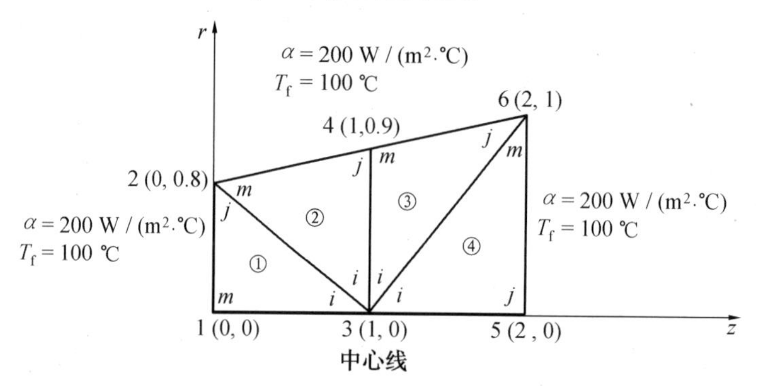

图 7.4 单元剖分及编号

做单元计算时,要应用式(4.9) 和式(4.44) 等。

对于单元 ① 有

$$b_i = r_j - r_m = 0.8 \qquad b_j = r_m - r_i = 0$$

$$b_m = r_i - r_j = -0.8 \qquad c_i = x_m - x_j = 0$$

$$c_j = x_i - x_m = 1 \qquad c_m = x_j - x_i = -1$$

$$\Delta = \frac{1}{2}(b_i c_j - b_j c_i) = 0.4$$

$$s_i = \sqrt{b_i^2 + c_i^2} = 0.8$$

$$\phi' = \frac{k}{12\Delta}(r_i + r_j + r_m) = \frac{40}{12 \times 0.4}(0 + 0.8 + 0) = 6.67$$

$$k_{ii}^{①} = \phi'(b_i^2 + c_i^2) = 4.26$$

$$k_{jj}^{①} = \phi'(b_j^2 + c_j^2) + \frac{\alpha s_i}{4}(r_j + \frac{r_m}{3}) = 6.67 + 32 = 38.7$$

$$k_{mm}^{①} = \phi'(b_m^2 + c_m^2) + \frac{\alpha s_i}{4}(r_m + \frac{r_j}{3}) = 10.9 + 10.6 = 21.5$$

$$k_{ij}^{①} = k_{ji}^{①} = \phi'(b_i b_j + c_i c_j) = 0$$

$$k_{im}^{①} = k_{mi}^{①} = \phi'(b_i b_m - c_i c_m) = -4.26$$

$$k_{jm}^{①} = k_{mj}^{①} = \phi'(b_j b_m + c_j c_m) + \frac{\alpha s_i}{12}(r_j + r_m) = -6.67 + 10.67 = 4$$

$$p_i^{①} = 0$$

$$p_j^{①} = \frac{\alpha s_i T_f}{3}\left(r_j + \frac{r_m}{2}\right) = 4\ 260$$

$$p_m^{①} = \frac{\alpha s_i T_f}{3}\left(r_m + \frac{r_j}{2}\right) = 2\ 130$$

对于单元②有

$$b_i = 0.1 \quad b_j = 0.8 \quad b_m = -0.9$$

$$c_i = -1 \quad c_j = 1 \quad c_m = 0$$

$$\Delta = 0.45 \quad s_i = 1.005 \quad \phi' = 12.6$$

$$k_{ii}^{②} = 12.7 \quad k_{jj}^{②} = 78.95 \quad k_{mm}^{②} = 65.2$$

$$k_{ij}^{②} = k_{ji}^{②} = -11.6 \quad k_{im}^{②} = k_{mi}^{②} = -1.13$$

$$k_{jm}^{②} = k_{mj}^{②} = 19.2 \quad p_i^{②} = 0$$

$$p_j^{②} = 8\ 660 \quad p_m^{②} = 8\ 330$$

对于单元③有

$$b_i = 0.1 \quad b_j = 0.9 \quad b_m = -1$$

$$c_i = -1 \quad c_j = 0 \quad c_m = 1$$

$$\Delta = 0.45 \quad s_i = 1.005 \quad \phi' = 14.1$$

$$k_{ii}^{③} = 14.2 \quad k_{jj}^{③} = 76.4 \quad k_{mm}^{③} = 89.7$$

$$k_{ij}^{③} = k_{ji}^{③} = 1.27 \quad k_{im}^{③} = k_{mi}^{③} = -15.5$$

$$k_{jm}^{③} = k_{mj}^{③} = 19 \quad p_i^{③} = 0$$

$$p_j^{③} = 9\ 670 \quad p_m^{③} = 9\ 330$$

对于单元④有

$$b_i = -1 \quad b_j = 1 \quad b_m = 0$$

$$c_i = 0 \quad c_j = -1 \quad c_m = 1$$

$$\Delta = 0.5 \quad s_i = 1 \quad \phi' = 6.67$$

$$k_{ii}^{④} = 6.67 \quad k_{jj}^{④} = 30 \quad k_{mm}^{④} = 56.67$$

$$k_{ij}^{④} = k_{ji}^{④} = -6.67 \quad k_{im}^{④} = k_{mi}^{④} = 0$$

$$k_{jm}^{④} = k_{mj}^{④} = 10 \quad p_i^{④} = 0$$

$$p_j^{④} = 3\ 330 \quad p_m^{④} = 6\ 770$$

总体温度刚度矩阵的合成为

$$k_{11} = k_{mm}^{①} = 21.5$$

$$k_{22} = k_{jj}^{①} + k_{mm}^{②} = 103.9$$

$$k_{33} = k_{ii}^{①} + k_{ii}^{②} + k_{ii}^{③} + k_{ii}^{④} = 37.83$$

$$k_{44}=k_{jj}^{②}+k_{mm}^{③}=168.7$$
$$k_{55}=k_{jj}^{④}=30$$
$$k_{66}=k_{jj}^{③}+k_{mm}^{⑤}=133.1$$
$$k_{12}=k_{mj}^{①}=4$$
$$k_{13}=k_{mi}^{①}=-4.26$$
$$k_{14}=k_{15}=k_{16}=0$$
$$k_{23}=k_{ji}^{①}+k_{mi}^{②}=-1.13$$
$$k_{24}=k_{mj}^{②}=19.2$$
$$k_{25}=k_{26}=0$$
$$k_{34}=k_{ij}^{②}+k_{im}^{③}=-27.1$$
$$k_{35}=k_{ij}^{④}=-6.67$$
$$k_{36}=k_{ij}^{③}+k_{im}^{④}=1.27$$
$$k_{45}=0$$
$$k_{46}=k_{mj}^{③}=19$$
$$k_{56}=k_{jm}^{④}=10$$

总体右端项列向量的合成为

$$p_1=p_m^{①}=2\ 130$$
$$p_2=p_j^{①}+p_m^{②}=12\ 590$$
$$p_3=p_i^{①}+p_i^{②}+p_i^{③}+p_i^{④}=0$$
$$p_4=p_j^{②}+p_m^{③}=17\ 990$$
$$p_5=p_j^{④}=3\ 330$$
$$p_6=p_j^{③}+p_m^{③}=16\ 340$$

由此得到六阶线性代数方程组。

$$\begin{bmatrix} 21.5 & 4 & -4.26 & & & \\ 4 & 103.9 & -1.13 & 19.2 & & \\ -4.26 & -1.13 & 37.8 & -27.1 & -6.67 & 1.27 \\ & 19.2 & -27.1 & 168.7 & 0 & 19 \\ & & -6.67 & 0 & 30 & 10 \\ & & 1.27 & 19 & 120 & 133.1 \end{bmatrix}\begin{bmatrix} T_1 \\ T_2 \\ T_3 \\ T_4 \\ T_5 \\ T_6 \end{bmatrix}=\begin{bmatrix} 1\ 230 \\ 12\ 590 \\ 0 \\ 17\ 990 \\ 3\ 330 \\ 16\ 340 \end{bmatrix} \tag{7.91}$$

由此解得

$$T_1=T_2=T_3=T_4=T_5=T_6=100\ ℃$$

习　　题

7.1　稳态温度场有限元方程和弹性静力学有限元方程的相同点和不同点是什么？这两类有限元方程中，各个方程和物理量的对应关系是什么？

7.2　热传导问题的三类边界条件各自和弹性静力学问题的什么边界条件相对应？

7.3　什么是热应变、热应力？它们在什么条件下会同时发生？如何对结构的热应力进行有限元分析？具体步骤是什么？

7.3　计算厚壁圆筒受内外壁不同的热对流条件作用的稳态温度场和热应力。圆筒的上下表面自由并且绝热；内外壁半径分别为：$r_i = 100$ cm，$r_0 = 110$ cm；放热系数分别为：$h_i = 0.07$ cal/(cm^2 · s · ℃)，$h_0 = 0.02$ cal/(cm^2 · s · ℃)；外界环境温度分别为：$T_{ai} = 70$ ℃，$T_{a0} = 20$ ℃；材料参数：$E = 2.1 \times 10^5$ MPa，$v = 0.3$，$k = 0.1$ cal/(cm^2 · s · ℃)，$\alpha = 0.000\,1$(1 cal = 4.186 8 J)。

第8章 材料非线性问题

8.1 非线线问题分类

前面讲的是线弹性力学有限元方法,线弹性力学的基本特点是平衡方程、几何方程和物理方程均是线性的,力边界上的外力和位移边界上的位移是独立的或线性依赖于变形状态。

实际问题中如果有任何一种方程不符合线性特点,则问题就是非线性的。根据方程和边界条件的特点,非线性问题可以分为下面四类,即

(1)材料非线性问题(material nonlinear problem)

固体力学或结构力学问题从本质上讲是非线性问题,所谓线性问题只是实际问题的一种简化。实际问题的线性假设为分析固体力学或结构力学问题提供了方便的求解方法,在很多情况下给分析带来了既简单又很精确的结果,也解决了很多科学和工程实际问题。但在许多情况下必须考虑材料的非线性特性,如结构处于高应力水平、结构内的应力集中区、材料不再呈线性性态,材料的物理规律是非线性的,即应力应变关系呈非线性性态,应力集中区虽为局部区域,但结构的损伤与破坏常由这些区域开始,最终导致结构的失效。因此,研究材料的非线性问题是一个相当重要的课题。材料非线性主要应分为非线性弹性(nonlinear elasticity)问题和弹塑性(elastic-plastic)问题两类,其中若结构恢复无外载状态后,无残余应变存在称为非线性弹性,若存在残余应变,则称为弹塑性。另外,长期处于高温条件下的结构将会发生蠕变变形(creep deformation),即在载荷或应力保持不变的情况下,变形或应变仍随着时间的进展而继续增长,这也不是线弹性的物理方程所能描述的。有些材料在某种应力水平(屈服应力)之下,弹性性质与应变率无关,当应力超过屈服应力时,材料呈弹塑性性质且与应变率有关,也即介质总应力为对应的塑性应力与黏性阻尼所产生的应力组合。这种现象称之为黏塑性(或弹性-黏塑性)。

材料非线性问题比较简单,不需要重新列出整个问题的表达格式,只要将材料本构关系线性化,就可将线性问题的表达格式推广用于非线性分析。一般通过试探和迭代的过程求解一系列线性问题。

有限元分析方法是求解材料非线性问题最有效的数值方法,本章将主要介绍弹塑性小变形问题有限元分析的基本理论和方法。

(2)几何非线性问题(geometric nonlinear)

此类问题的特点是结构在载荷作用过程中产生大的位移和转动。例如板壳结构的大挠度、屈曲和过屈曲问题。此时材料可能仍保持为线弹性状态,但是结构的平衡方程必须建立于变形后的状态,以便考虑变形对平衡的影响。同时由于实际发生的大位移、大转

动,使几何方程再也不能简化为线性形式,即应变表达式中必须包含位移的二次项。几何非线性问题比较复杂,它涉及非线性的几何关系和依赖于变形的平衡方程等问题,因此表达格式和线性问题相比,有很大的改变。

(3)双重非线性问题(double nonlinear problem)

双重非线性问题是讨论材料性质和几何关系都是非线性的有限元法。在此问题中,同时要用非线性的本构方程和非线性几何方程,所以与材料非线性问题类似,双重非线性问题可以与加载历史无关,也可以与加载历史有关;可以与时间无关,也可以与时间有关。与几何非线性问题类似,双重非线性问题可能在实体结构中产生,也可能在板壳结构中产生;可以有稳定性问题,也可以无稳定性问题。在双重非线性有限元法中,同时要引用材料非线性有限元和几何非线性有限元的某些结果。但必须另外建立比线性弹性和材料非线性本构方程更为广泛的双重非线性本构方程,这也是当前连续介质力学研究的重要课题,本书不予介绍。

(4)边界非线性(接触)问题(boundary nonlinear problem)

此类问题最典型的例子是两个物体的接触问题。在接触问题中,接触体的变形和接触边界的摩擦作用使得部分边界随加载过程而变,且不可恢复。它们相互接触边界的位置和范围以及接触面上力的分布和大小事先是不能给定的,需要依赖整个问题的求解才能确定。这种由边界条件的可变性和不可逆产生的非线性问题,可称为边界非线性问题。因此,接触问题往往与材料非线性和几何非线性有一定的联系,作为边界待定问题,在求解上又需要特殊的处理。

8.2 非线性方程组的解法

将非线性问题进行有限元离散化的结果将得到代数方程组,即

$$K(a)a = Q$$

或

$$\Psi(a) = P(a) + f = K(a)a + f = 0 \tag{8.1}$$

式中$f = -Q$。上述方程的具体形式通常取决于问题的性质和离散的方法。其中参数a代表未知函数的近似解。在以位移为未知量的有限元分析中,该参数是结点位移向量。对于非线性方程组,由于K依赖于未知量a,因而不可能直接求解。为了容易叙述,本节考虑单自由度系统。

8.2.1 直接迭代法

对方程(8.1),设初始试探解为

$$a = a^0 \tag{8.2}$$

将试探解代入式(8.1)的$K(a)$中,可以求得被改进了的第一次近似解为

$$a^1 = -(K^0)^{-1}f \qquad K^0 = K(a^0) \tag{8.3}$$

重复上述过程,直到获得误差的某种范数小于某个规定的容许小量ε,即

$$\| e \| = \| a^n - a^{n-1} \| \leqslant \varepsilon \tag{8.4}$$

这里有一个如何选取试探解的问题。在材料非线性问题中,通常可以先从求解线弹

性问题得到试探解 a^0。直接迭代法(direct iteration algorithm)的每次迭代均需要计算和形成新的系数矩阵 $K(a^{i-1})$,并对它进行求逆计算。这里隐含着系数矩阵可以显式地表示成 a 的函数,所以只适用于与变形过程无关的非线性问题。对于与变形过程有关的材料非线性问题,一般说来直接迭代法是不适用的。比如对于加载路径不断变化或涉及卸载及反复加载等的弹塑性问题,利用直接迭代法是很困难的,必须利用增量理论进行分析。

关于直接迭代法的收敛性的研究发现,在 $P(a)$—a 表示的函数曲线是凸的情况下,通常解是收敛(convergence)的。而当 $P(a)$—a 是凹的情况,解可能是发散的(图8.1)。

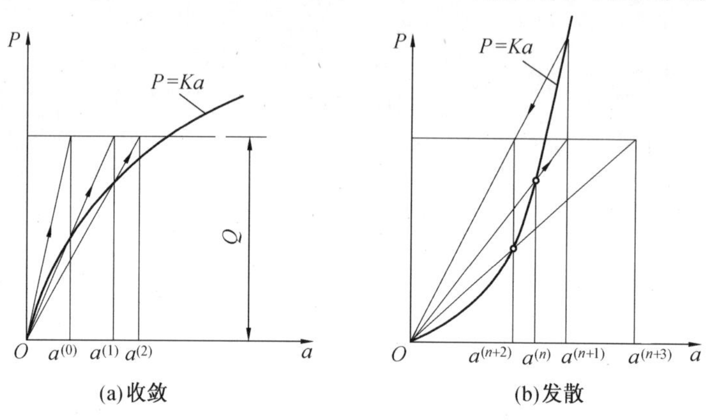

(a)收敛 (b)发散

图8.1 直接迭代法

8.2.2 Newton - Raphson(N - R)方法

如果已经得到式(8.1)的第 n 次近似解 a^n,然而仍不能精确地满足式(8.1),即 $\boldsymbol{\psi}(a^n)\neq 0$。此时,为得到进一步的近似解 a^{n+1},可将 $\boldsymbol{\psi}(a^{n+1})$ 表示成在 a^n 附近的仅保留线性项的 Taylor 展开式,即

$$\boldsymbol{\psi}(a^{n+1})=\boldsymbol{\psi}(a^n)+\left(\frac{\mathrm{d}\boldsymbol{\psi}}{\mathrm{d}a}\right)^n\Delta a^n=0 \tag{8.5}$$

且有

$$a^{n+1}=a^n+\Delta a^n \qquad \frac{\mathrm{d}\boldsymbol{\psi}}{\mathrm{d}a}=\frac{\mathrm{d}\boldsymbol{P}}{\mathrm{d}a}=\boldsymbol{K}_{\mathrm{T}}(a) \tag{8.6}$$

这样由式(8.5)可以得到

$$\begin{aligned}\Delta a^n&=-(\boldsymbol{K}_{\mathrm{T}}^n)^{-1}\boldsymbol{\psi}^n=-(\boldsymbol{K}_{\mathrm{T}}^n)^{-1}(P^n+f)\\ \boldsymbol{K}_{\mathrm{T}}^n&=\boldsymbol{K}_{\mathrm{T}}(a^n)\qquad P^n=P(a^n)\end{aligned} \tag{8.7}$$

由于式(8.5)中 Taylor 展开式仅取线性项,所以 a^{n+1} 一般是近似解,应重复上述迭代求解过程直至满足收敛要求。

一般来说,N - R 方法求解过程具有良好的收敛性,但当 $P(a)$—a 是凹的情况也存在发散情况(图8.2)。关于N - R 方法中的初始试探解 a^0,可以简单地设 $a^0=0$,$\boldsymbol{K}_{\mathrm{T}}^0$ 在材料非线性问题中就是弹性刚度矩阵。从式(8.7)可以看到,N - R 方法的每次迭代也需要重新形成一个新的切线矩阵 $\boldsymbol{K}_{\mathrm{T}}^n$ 并进行求逆运算。

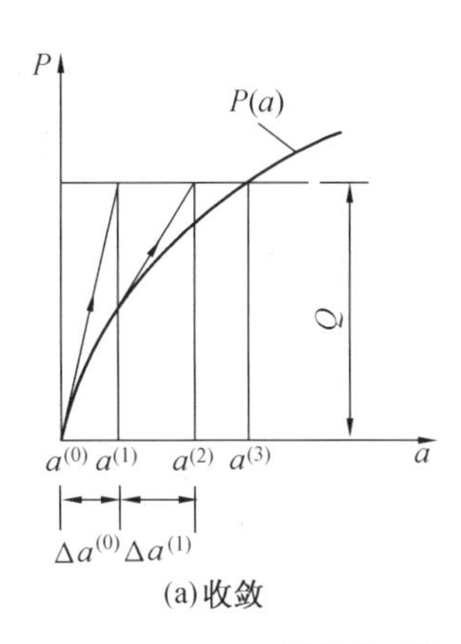

(a)收敛

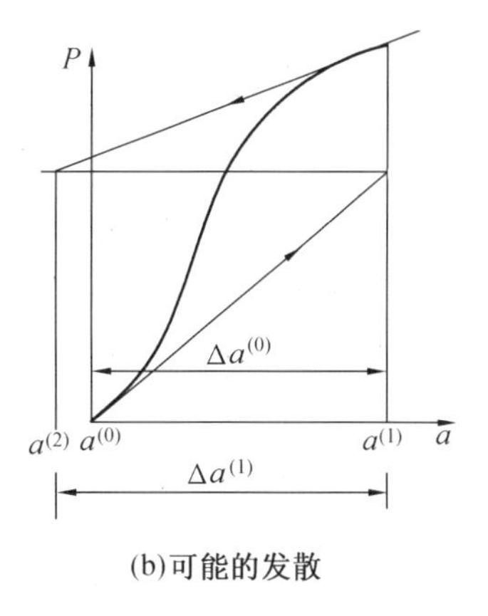

(b)可能的发散

图 8.2　Newton - Raphson 方法

8.2.3　修正的 Newton - Raphson 方法

N - R 方法对于每次迭代需要重新形成新的切线矩阵并求逆，为了减少切线矩阵的计算，可以采用修正的 N - R（mN - R）方法（图 8.3）。其中切线矩阵总是采用它的初始值，即令

$$\boldsymbol{K}_{\mathrm{T}}^{n} = \boldsymbol{K}_{\mathrm{T}}^{0} \tag{8.8}$$

故可将式（8.7）修改为

$$\Delta a^{n} = -\left(\boldsymbol{K}_{\mathrm{T}}^{0}\right)^{-1}\left(P^{n} + f\right) \tag{8.9}$$

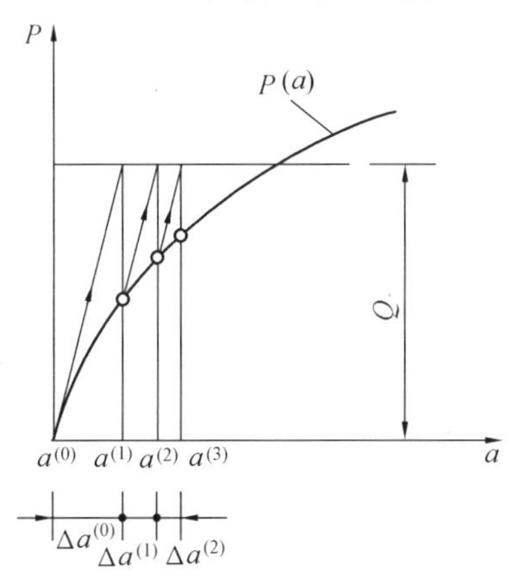

图 8.3　修正的 Newton - Raphson 方法

因此每次迭代求解的是一相同方程组。事实上，如用直接法求解此方程组时，系数矩阵只需要求解一次，每次迭代只进行一次回代即可，这种处理虽然付出的代价是收敛速度较低，但计算仍是比较经济的。如与加速收敛的方法相结合，计算效率还可进一步提高。另一种折中方案是在迭代若干次（例如 m 次）以后，将 $\boldsymbol{K}_{\mathrm{T}}$ 更新为 $\boldsymbol{K}_{\mathrm{T}}^{m}$，再进行以后的迭代，在某些情况下，这种方案是很有效的。

上面论述的 N - R 方法和 mN - R 方法也隐含着 K 可以显式地表示为 a 的函数。但对于我们将介绍的弹塑性、蠕变等材料非线性问题，一般情况下由于应力依赖于变形的历史，这时将不能用形变理论，而必须用增量理论进行分析。在此情况下，不能将 K 表示成 a 的显函数，因而也就不能直接用上述方法求解，而需要与以下讨论的增量方法相结合进行求解。

8.2.4 增量法(incremental method)

增量法是假设已知第 m 步载荷 f_m 和相应的位移 a_m，而后让载荷增加为 $\boldsymbol{f}_{m+1}=\boldsymbol{f}_m+\Delta\boldsymbol{f}_m$，再求解 $\boldsymbol{a}_{m+1}=\boldsymbol{a}_m+\Delta\boldsymbol{a}_m$，如果每步载荷增量 $\Delta\boldsymbol{f}_m$ 足够小，则解的收敛性是可以保证的。同时可以得到加载过程各个阶段的中间数值结果，便于研究结构位移和应力等随载荷变化的情况。为了说明这种方法，将式(8.1)改写为

$$\boldsymbol{\psi}(a)=\boldsymbol{P}(\boldsymbol{a})+\lambda\boldsymbol{f}_0=0 \tag{8.10}$$

其中 λ——载荷变化的参数，上式对 λ 求导可以得到

$$\frac{\mathrm{d}\boldsymbol{P}}{\mathrm{d}a}\frac{\mathrm{d}\boldsymbol{a}}{\mathrm{d}\lambda}+\boldsymbol{f}_0=\boldsymbol{K}_\mathrm{T}\frac{\mathrm{d}\boldsymbol{a}}{\mathrm{d}\lambda}+\boldsymbol{f}_0=0 \tag{8.11}$$

进而得

$$\frac{\mathrm{d}\boldsymbol{a}}{\mathrm{d}\lambda}=-\boldsymbol{K}_\mathrm{T}^{-1}(\boldsymbol{a})\boldsymbol{f}_0 \tag{8.12}$$

式中 $\boldsymbol{K}_\mathrm{T}$——式(8.6)所定义的切线矩阵。

上式是典型的常微分方程组，可以有很多解法，最简单的是 Euler 法，它可被表达为

$$\boldsymbol{a}_{m+1}-\boldsymbol{a}_m=-\boldsymbol{K}_\mathrm{T}^{-1}(\boldsymbol{a}_m)\boldsymbol{f}_0\Delta\lambda_m=-(\boldsymbol{K}_\mathrm{T})_m^{-1}\Delta\boldsymbol{f}_m \tag{8.13}$$

其中

$$\Delta\lambda_m=\lambda_{m+1}-\lambda_m \qquad \Delta\boldsymbol{f}_m=\boldsymbol{f}_{m+1}-\boldsymbol{f}_m \tag{8.14}$$

其他改进的积分方案(例如 Runge - Kutta 方法的各种预测校正)可以用来改进解的精度。和二阶 Runge - Kutta 方法等价的一种校正的 Euler 方法是可以采用的，即先按式(8.13)计算得到 $\boldsymbol{a}_{m+1}$ 的预测值，并表示为 $\boldsymbol{a}'_{m+1}$，再进一步计算 $\boldsymbol{a}_{m+1}$ 的改进值为

$$\boldsymbol{a}_{m+1}-\boldsymbol{a}_m=-(\boldsymbol{K}_\mathrm{T})_{m+\theta}^{-1}\Delta\boldsymbol{f}_m \tag{8.15}$$

其中

$$\begin{gathered}(\boldsymbol{K}_\mathrm{T})_{m+\theta}=\boldsymbol{K}_\mathrm{T}\,\boldsymbol{a}_{m+\theta}\\ \boldsymbol{a}_{m+\theta}=(1-\theta)\boldsymbol{a}_m+\theta\boldsymbol{a}'_{m+1}\\ (0\leqslant\theta\leqslant1)\end{gathered} \tag{8.16}$$

利用式(8.15)计算得到的 $\boldsymbol{a}_{m+1}$ 较利用式(8.13)得到的预测值 $\boldsymbol{a}'_{m+1}$ 将有所改进。

无论是利用式(8.13)还是利用式(8.15)来计算 $\boldsymbol{a}_{m+1}$ 或它的改进值，都是对式(8.12)积分的结果的近似，而未直接求解方程(8.10)，因此所得到的 $\boldsymbol{a}_m$、$\boldsymbol{a}_{m+1}$、… 一般情况下是不能精确满足方程(8.10)的，这将导致解的漂移。而且随着增量数目的增加，这种漂移现象将愈来愈严重。为克服解的漂移现象，并改进其精度，可采用的方法之一是从式(8.15)求得 $\boldsymbol{a}_{m+1}$ 的改进值之后，将它作为新的预测值 $\boldsymbol{a}_{m+1}$，仍用式(8.15)再计算新的改进值，继续迭代，直至方程(8.10)在规定的误差范围内被满足为止。但每次迭代需要重新形成新的切线刚度矩阵 $\boldsymbol{K}_\mathrm{T}(a_{m+\theta})$。

一般采用的方法是，将 N - R 方法或 mN - R 方法用于每一增量步。如采用 N - R 方

法,在每一增量步内迭代,则对于 λ 的 $m+1$ 次增量步的第 $n+1$ 次迭代可以表示为

$$\boldsymbol{\psi}_{m+1}^{n+1} \equiv \boldsymbol{P}(\boldsymbol{a}_{m+1}^{n+1}) + \lambda_{m+1}\boldsymbol{f}_0 = \boldsymbol{P}(\boldsymbol{a}_{m+1}^{n}) + \lambda_{m+1}\boldsymbol{f}_0 + (\boldsymbol{K}_{\mathrm{T}}^{n})_{m+1}\Delta\boldsymbol{a}_{m+1}^{n} = 0 \tag{8.17}$$

由上式解出

$$\Delta\boldsymbol{a}_{m+1}^{n} = -(\boldsymbol{K}_{\mathrm{T}}^{n})_{m+1}^{-1}[\boldsymbol{P}(\boldsymbol{a}_{m+1}^{n}) + \lambda_{m+1}\boldsymbol{f}_0] \tag{8.18}$$

于是得到 $\boldsymbol{a}_{m+1}$ 的第 $n+1$ 次改进值,即

$$\boldsymbol{a}_{m+1}^{n+1} = \boldsymbol{a}_{m+1}^{n} + \Delta\boldsymbol{a}_{m+1}^{n} \tag{8.19}$$

式(8.17)中$(\boldsymbol{K}_{\mathrm{T}}^{n})_{m+1}$是$(\boldsymbol{K}_{\mathrm{T}})_{m+1}$的第 n 次改进值。开始迭代时用 $\boldsymbol{a}_{m+1}^{0}=\boldsymbol{a}_m$。连续地进行迭代,一直进行到可以使方程(8.10)能够在规定误差范围内被满足。

由式(8.17)可见,当采用 N - R 方法迭代时,每次迭代后也都重新形成和分解$(\boldsymbol{K}_{\mathrm{T}}^{n})_{m+1}$,显然工作量是很大的,因此通常采用 mN - R 方法,这时令

$$(\boldsymbol{K}_{\mathrm{T}}^{n})_{m+1} = (\boldsymbol{K}_{\mathrm{T}}^{0})_{m+1} = \boldsymbol{K}_{\mathrm{T}}(a_m) \tag{8.20}$$

如果只求解一次式(8.18),而不继续进行迭代,则有

$$\Delta\boldsymbol{a}_{m+1} = \Delta\boldsymbol{a}_{m+1}^{0} = -(\boldsymbol{K}_{\mathrm{T}})_{m}^{-1}(\boldsymbol{P}_m + \lambda_{m+1}\boldsymbol{f}_0) \tag{8.21}$$

若进一步假设在上一增量步结束时,控制方程(8.10)是精确满足的,即

$$\boldsymbol{P}_m + \lambda_m\boldsymbol{f}_0 = 0 \tag{8.22}$$

那么

$$\Delta\boldsymbol{a}_{m+1} = -(\boldsymbol{K}_{\mathrm{T}})_{m}^{-1}\boldsymbol{f}_0\Delta\lambda_m \tag{8.23}$$

可以看出,式(8.23)就是式(8.15)。而式(8.21)和式(8.23)相比,不同之处在于它考虑了上一增量步中方程(8.10)未精确满足的因素,将误差 $\boldsymbol{P}_m+\lambda_m\boldsymbol{f}_0$ 合并到 $\Delta\lambda_m\boldsymbol{f}_0$ 中进行求解。方程(8.10)在结构分析中实质上是平衡方程,所以式(8.13)或式(8.15)被称为考虑平衡校正的迭代算法。

8.2.5 加速收敛方法

由上述分析可知,利用 mN - R 方法求解非线性方程组时,可以避免每次迭代重新形成切线刚度矩阵并对其求逆,但降低了收敛速度。特别是 P—a 曲线突然趋于平坦的情况(如在结构分析问题过程中,结构趋于极限载荷和突然变软),收敛速度会很慢。为加快收敛(accelerated convergence)速度可以采用很多方法,如 Aitken 加速法和线性搜索加速法等。以下介绍 Aitken 加速法。

假设 $\boldsymbol{f}_{m+1}$ 的初始试探解已知,为 $\boldsymbol{a}_{m+1}^{0}=\boldsymbol{a}_m$。利用修正的 N - R 法进行迭代,求得前两次迭代后的改进解为

$$\begin{gathered}\Delta\boldsymbol{a}_{m+1}^{n} = -(\boldsymbol{K}_{\mathrm{T}})_{m}^{-1}[\boldsymbol{P}(\boldsymbol{a}_{m+1}^{n}) + \boldsymbol{f}_{m+1})] \\ \boldsymbol{a}_{m+1}^{n+1} = \boldsymbol{a}_{m+1}^{n} + \Delta\boldsymbol{a}_{m+1}^{n} \\ n = 0,1\end{gathered} \tag{8.24}$$

求得 $\Delta\boldsymbol{a}_{m+1}^{1}$ 后,为使迭代加速收敛可以考虑寻求它的改进值 $\Delta\widetilde{\boldsymbol{a}}_{m+1}^{1}$。Aitken 方法首先利用两次迭代的不平衡差值来估计起始切线刚度矩阵$(\boldsymbol{K}_{\mathrm{T}})_m$与局部割线刚度矩阵 $\boldsymbol{K}_{\mathrm{S}}$ 的比值

$$\boldsymbol{K}_{\mathrm{S}}\Delta\boldsymbol{a}_{m+1}^{0} = (\boldsymbol{K}_{\mathrm{T}})_{m}(\Delta\boldsymbol{a}_{m+1}^{0} - \Delta\boldsymbol{a}_{m+1}^{1}) \tag{8.25}$$

$$\frac{(\boldsymbol{K}_{\mathrm{T}})_m}{\boldsymbol{K}_{\mathrm{S}}}=\frac{\Delta\boldsymbol{a}_{m+1}^{0}}{\Delta\boldsymbol{a}_{m+1}^{0}-\Delta\boldsymbol{a}_{m+1}^{1}}=\alpha^{1} \tag{8.26}$$

然后根据这一比值来确定 $\Delta\widetilde{\boldsymbol{a}}_{m+1}^{1}$，有

$$\left.\begin{aligned}\boldsymbol{K}_{\mathrm{S}}\Delta\widetilde{\boldsymbol{a}}_{m+1}^{1}&=(\boldsymbol{K}_{\mathrm{T}})_m\Delta\boldsymbol{a}_{m+1}^{1}\\\Delta\widetilde{\boldsymbol{a}}_{m+1}^{1}&=\alpha^{1}\Delta\boldsymbol{\alpha}_{m+1}^{1}\\\alpha^{1}&=\frac{(\boldsymbol{K}_{\mathrm{T}})_m}{\boldsymbol{K}_{\mathrm{S}}}\end{aligned}\right\} \tag{8.27}$$

式中　α^{1}—— 加速因子。

于是有

$$\boldsymbol{a}_{m+1}^{2}=\boldsymbol{a}_{m+1}^{1}+\Delta\widetilde{\boldsymbol{a}}_{m+1}^{1}=\boldsymbol{a}_{m+1}^{1}+\alpha^{1}\Delta\boldsymbol{a}_{m+1}^{1} \tag{8.28}$$

显然，Aitken 加速收敛的方法是每隔一次迭代进行加速。

另外还有拟 Newton - Raphson(qN - R) 方法(其中包括 BFGS 方法与 DFP 方法) 的特点是在迭代过程中即不重新形成和分解刚度矩阵，又不沿用旧的刚度矩阵，是对旧的刚度矩阵加以修正，从而得到修正的刚度矩阵，由此计算新的位移。

一般来说，在计算效率上最高的为 mN - R(修正的 Newton - Raphson 方法) 方法，其次为 qN - R(拟 N - R 方法) 方法；在收敛性方面则相反，最好的为 N - R 方法，其次为 BFGS 方法。因此比较好的计算过程是，在分析过程中，当非线性程度不高(初期加载)时，用 mN - R 方法；当非线性程度较高时，用 N - R 方法或 qN - R 方法。但如果在计算程序中只准备编入一种算法，建议仍应采用具有 N - R 或 mN - R 迭代的增量法，只要增量步长足够小，一般情况下收敛性是可保证的。当处理材料软化以及几何非线性后屈服问题的分析时，一般还应采用弧长算法(亦称限制位移向量的长度法)。

8.3　塑性基本法则及应力应变关系

在弹塑性小变形的情况下，弹性力学中的平衡方程和几何方程仍然成立，但是物理方程却不相同，因为它涉及材料处于弹塑性时的机械性质。本节讨论材料的塑性性质、米赛斯屈服准则以及普朗特 - 路斯塑性流动增量理论。

8.3.1　材料的塑性性质

作用在物体上的载荷达到某一数值，使物体中的某一点或几点的应力状态达到某一极限值，物体开始产生塑性变形。塑性变形与弹性变形之间的根本区别在于载荷消失后变形状态是否能恢复，能自动恢复到载荷施加以前的无变形状态的是弹性；反之，当载荷去除后仍保留残余变形的是塑性。在塑性力学的范围中，应力应变关系一般为非线性。这种非线性不仅与材料有关，而且与变形温度、变形程度、变形速度以及加载历史有关。我们研究弹塑性变形非线性的重点是分析确定开始产生塑性变形的极限值(即屈服准则或称塑性条件) 以及塑性变形过程加载和卸载的应力应变关系。

塑性力学的基本假设是:

① 材料是连续、均匀的。

② 体积变化是弹性的,且与平均应力呈线性关系,体积变化本身是微小量,可认为塑性变形没有体积改变。

③ 一般情况下静水压力不影响屈服准则(yielding criteria)和加载条件。

④ 不考虑时间因素对材料塑性性质的影响。

简单拉伸及薄壁筒扭转实验所得到的应力应变曲线是我们研究材料塑性性质的基本资料,图8.4是碳钢的拉伸曲线。从实验得知,应力增加到屈服极限 σ_s 时,应力应变曲线上出现屈服阶段的平台。过了屈服阶段以后,大多数材料要使之继续增加变形必须使应力进一步增加:$\mathrm{d}\sigma/\mathrm{d}\varepsilon > 0$,称为强化或加工硬化。如果屈服阶段很长,或者硬化的程度小到可以忽略硬化的影响,我们可以简化为图8.5所示的曲线:$\mathrm{d}\sigma/\mathrm{d}\varepsilon = 0$,称为理想塑性(perfectly plastic material)或完全塑性材料。对于某些硬化材料,也可将塑性硬化部分用直线替代,表示为线性硬化弹塑性材料(linear hardening elastic - plastic material),如图8.6所示。对于实际工程问题究竟采用哪一个模型,就要看所使用的材料及实际问题所属的领域而定。

实验知道,材料超过屈服极限以后,卸载是弹性的,它沿着与初始弹性状态直线斜率大致相同的斜直线路径进行卸载,这表明卸载过程的不可逆性。因此,弹塑性应力和应变之间并没有一一对应的关系,即应变不仅依赖于当时的应力状态而且还依赖于整个加载的历史,也就是说同一个应力值可能有不同的应变值与之对应。

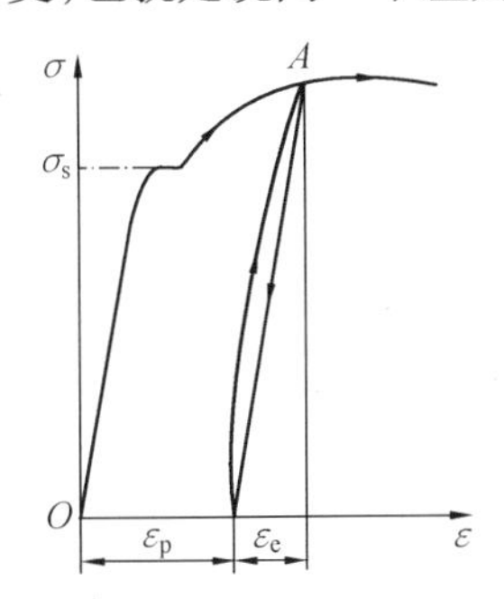

图8.4 碳钢的拉伸曲线

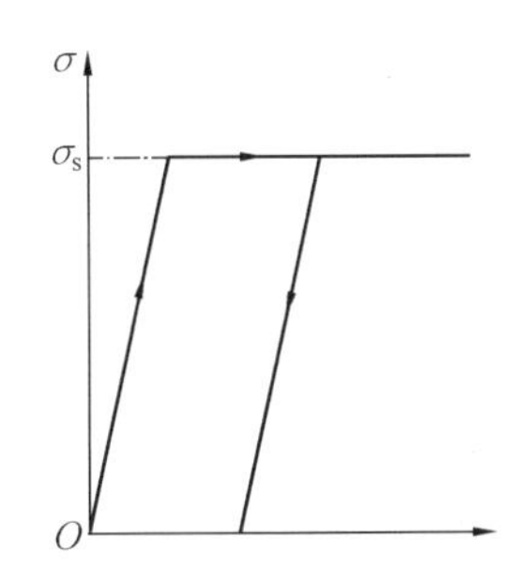

图8.5 理想塑性曲线

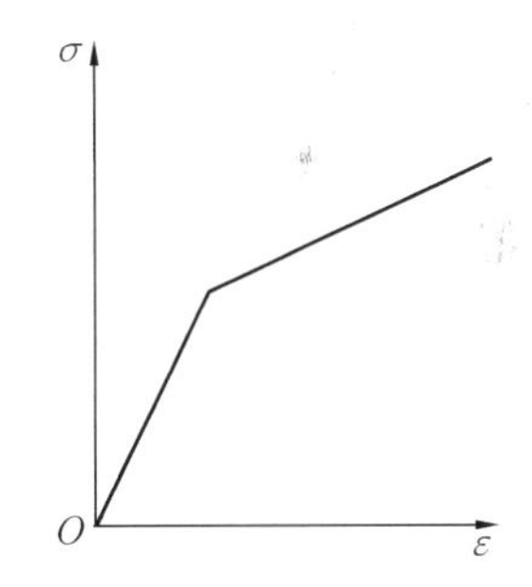

图8.6 线性硬化弹塑性材料

在一般情况下,对于弹塑性状态的物理方程,我们无法建立起最终应力状态和最终应变状态之间的全量关系,而只能建立反映加载路径的应力应变之间的增量关系。当然,若整个载荷过程是简单加载或接近简单加载,它是可以建立应力和应变之间的全量关系的。下面我们所讨论的是利用这些简单而基本的实验资料研究复杂应力状态的问题。

8.3.2 米赛斯屈服准则与硬化条件

1. 米赛斯屈服准则(Mises yielding criteria)

米赛斯屈服准则认为:材料在复杂应力状态下的单位弹性形状改变势能达到了某一极限值,即达到该种材料在简单拉伸屈服时的单位弹性形状改变势能,材料开始屈服。可

以表示为

$$\sqrt{\frac{1}{2}[(\sigma_1-\sigma_2)^2+(\sigma_2-\sigma_3)^2+(\sigma_3-\sigma_1)^2]}\leqslant\sigma_s \tag{8.29}$$

式中 σ_1、σ_2、σ_3—— 主应力；

σ_s—— 单向拉伸时的屈服极限。

若定义等效应力(equivalent stress)为

$$\bar{\sigma}=\sqrt{\frac{1}{2}[(\sigma_1-\sigma_2)^2+(\sigma_2-\sigma_3)^2+(\sigma_3-\sigma_1)^2]} \tag{8.29(a)}$$

或以一般应力状态表示

$$\bar{\sigma}=\frac{\sqrt{2}}{2}\sqrt{(\sigma_x-\sigma_y)^2+(\sigma_y-\sigma_z)^2+(\sigma_z-\sigma_x)^2+6(\tau_{xy}^2+\tau_{yz}^2+\tau_{zx}^2)} \tag{8.29(b)}$$

那么米赛斯屈服条件即为

$$\bar{\sigma}\leqslant\sigma_s \tag{8.30}$$

应力张量可以分解为应力偏张量和应力球张量，应力偏张量分量可表示为

$$\left.\begin{aligned}\sigma'_x&=\sigma_x-\sigma_m & \tau'_{xy}&=\tau_{xy}\\ \sigma'_y&=\sigma_y-\sigma_m & \tau'_{yz}&=\tau_{yz}\\ \sigma'_z&=\sigma_z-\sigma_m & \tau'_{zx}&=\tau_{zx}\end{aligned}\right\} \tag{8.31}$$

式中 σ_m—— 平均应力，$\sigma_m=(\sigma_x+\sigma_y+\sigma_z)/3$。

则等效应力 $\bar{\sigma}$ 可以用应力偏量表示为

$$\bar{\sigma}=\sqrt{\frac{3}{2}}\sqrt{\sigma'^2_x+\sigma'^2_y+\sigma'^2_z+2(\tau'^2_{xy}+\tau'^2_{yz}+\tau'^2_{zx})} \tag{8.32(a)}$$

若令 $\boldsymbol{\sigma}'$ 等于

$$\boldsymbol{\sigma}'=[\sigma'_x\quad\sigma'_y\quad\sigma'_z\quad\sqrt{2}\tau'_{xy}\quad\sqrt{2}\tau'_{yz}\quad\sqrt{2}\tau'_{zx}]^{\mathrm{T}} \tag{8.32(b)}$$

则等效应力 $\bar{\sigma}$ 可以用上述应力偏量列阵表示为

$$\bar{\sigma}=\left(\frac{3}{2}\boldsymbol{\sigma}'^{\mathrm{T}}\boldsymbol{\sigma}'\right)^{1/2} \tag{8.32}$$

2. 流动法则与硬化条件(flow law and hardening rule)

某些材料进入屈服后流动阶段比较长，可以认为材料到达屈服、进入塑性阶段即发生塑性流动。塑性流动时应变与应力之间存在一定关系，这种关系的表示被称为塑性流动理论。

塑性流动规律是假设在塑性场中存在塑性势，并直接用塑性位势的概念给出

$$\mathrm{d}\boldsymbol{\varepsilon}_p=\mathrm{d}\lambda\frac{\partial Q}{\partial\boldsymbol{\sigma}} \tag{8.33}$$

确定塑性应变增量比值的函数 Q 即称为塑性势，它是应力分量的标量函数 $Q(\sigma)$（在三维应力空间即是 σ_1、σ_2、σ_3 的函数）。

考虑到材料各向同性，因此 $\mathrm{d}\varepsilon_{p1}$、$\mathrm{d}\varepsilon_{p2}$、$\mathrm{d}\varepsilon_{p3}$ 三个方向可以轮换，就应选择势函数

(potential function) Q 为应力对称函数或三个应力不变量函数。另外还要满足塑性变形体积不变条件,即

$$d\varepsilon_{p1} + d\varepsilon_{p2} + d\varepsilon_{p3} = 0$$

如果屈服函数 f 是连续可微的,它的势函数 Q 必是应力的同一函数。

对于硬化条件

$$f(\sigma_{ij}) = C$$

这里 C 不是一个常数,而是瞬时塑性应变的函数,在等向强化时表示随着加载过程而扩大成一组屈服面。对每一瞬时屈服面为某一常数,这组瞬时屈服面即塑性位势的等势面。由于屈服函数恒为正值,且随塑性变形程度增大(即是 σ 的增函数) 而增大,故塑性变形场中势函数的梯度矢量(gradient vector) 沿屈服面法线指向增大的方向。因此塑性应变增量应沿着瞬态屈服面的外法线,在几何上它表示为塑性应变增量矢量与屈服面正交,即

$$d\boldsymbol{\varepsilon}_p = d\lambda \frac{\partial f}{\partial \boldsymbol{\sigma}} \tag{8.34}$$

此式亦称为正交法则(orthogonal law)。

对于理想塑性材料,到达塑性状态后,屈服条件不变,即认为载荷继续增加时,应力不再增加,表示屈服轨迹(屈服面) 的大小、位置不变。若是硬化材料则情况不同了,前面的屈服条件只能表示初始屈服,而后继的屈服规律可以表示为

$$f(\sigma_{ij}, \sigma_{p_{ij}}, k) = 0 \tag{8.35}$$

或

$$f(\sigma_{ij}, \bar{\varepsilon}_p, k) = 0$$

式中 $\sigma_{p_{ij}}$—— 塑性应力;

k—— 硬化参数。

屈服条件可以看作 n 维应力空间的一个曲面,通常称为屈服面,其空间位置由参数 k 和 $\sigma_{p_{ij}}$ 的当时值决定。k 和 $\sigma_{p_{ij}}$ 通常称为内变量,屈服面随 k、$\sigma_{p_{ij}}$ 变化的规律称作硬化(强化) 规律。各种后继屈服面变化的模型称为硬化(强化) 模型。典型的有等向强化模型和随动强化模型。等向强化表示它的屈服面均匀扩大,而空间位置不变,它表现为后继屈服面仅决定于一个参数 k,$f(\sigma_{ij}, k) = 0$。而随动强化表示在塑性变形发展时,屈服面的大小和形状不变,屈服面在应力空间中做平动。其后继屈服面可表示为

$$f(\sigma_{ij}, \sigma_{p_{ij}}) = 0$$

大多数金属材料,屈服面的强化规律是等向强化和随动强化的组合。如果在应力空间中应力方向变化不大,等向强化与实际较符合。由于它的数学处理简单,因此应用较为广泛。而在循环加载中或出现反向屈服的问题中,采用随动强化模型更为合适,因它反映了包辛格(Bauschinger) 效应。

塑性问题处理还存在加载、卸载准则,用以判别从某一塑性状态出发是继续塑性加载还是弹性卸载,因计算过程中需要判别是否继续变形以及决定采用弹塑性本构关系还是采用弹性本构关系。加卸载准则可表示为:

① 若$\frac{\partial f}{\partial \boldsymbol{\sigma}}\mathrm{d}\boldsymbol{\sigma} > 0$,则继续塑性加载。

② 若$\frac{\partial f}{\partial \boldsymbol{\sigma}}\mathrm{d}\boldsymbol{\sigma} < 0$,则由塑性进入弹性卸载。

③ 若$\frac{\partial f}{\partial \boldsymbol{\sigma}}\mathrm{d}\boldsymbol{\sigma} = 0$,则对理想弹塑性材料是塑性加载,在此条件下可以继续塑性流动;对于硬化材料,此情况是中性变载,即仍保持在塑性状态,但不发生新的塑性流动($\mathrm{d}\bar{\varepsilon}_{\mathrm{p}} = 0$)。

现在讨论材料的应变硬化规律。假设材料进入塑性之后,载荷按微小增量方式逐步加载,应力和应变也在原来水平上增加 $\mathrm{d}\boldsymbol{\sigma}$ 和 $\mathrm{d}\boldsymbol{\varepsilon}$。应变增量 $\mathrm{d}\boldsymbol{\varepsilon}$ 可以分成两部分

$$\mathrm{d}\boldsymbol{\varepsilon} = \mathrm{d}\boldsymbol{\varepsilon}_{\mathrm{e}} + \mathrm{d}\boldsymbol{\varepsilon}_{\mathrm{p}} \tag{8.36}$$

式中 $\mathrm{d}\boldsymbol{\varepsilon}_{\mathrm{e}}$—— 弹性应变增量;

$\mathrm{d}\boldsymbol{\varepsilon}_{\mathrm{p}}$—— 塑性应变增量;

$\mathrm{d}\boldsymbol{\varepsilon}$—— 全应变增量。

与等效应力相应,我们定义等效应变为

$$\bar{\varepsilon} = \frac{\sqrt{2}}{2(1+\mu)}\sqrt{(\varepsilon_x - \varepsilon_y)^2 + (\varepsilon_y - \varepsilon_z)^2 + (\varepsilon_z - \varepsilon_x)^2 + \frac{3}{2}(\gamma_{xy}^2 + \gamma_{yz}^2 + \gamma_{zx}^2)} \tag{8.36(a)}$$

在单向拉伸时,$\varepsilon_x = \varepsilon, \varepsilon_y = \varepsilon_z = -\mu\varepsilon, \gamma_{xy} = \gamma_{yz} = \gamma_{zx} = 0$,等效应变恰等于 ε。

类似的,我们还定义等效塑性应变增量 $\mathrm{d}\bar{\varepsilon}_{\mathrm{p}}$,因为塑性变形不产生体积改变,故取 $\mu = \frac{1}{2}$,则有

$$\mathrm{d}\bar{\varepsilon}_{\mathrm{p}} = \frac{\sqrt{2}}{3}\sqrt{(\mathrm{d}\varepsilon_{x\mathrm{p}} - \mathrm{d}\varepsilon_{y\mathrm{p}})^2 + (\mathrm{d}\varepsilon_{y\mathrm{p}} - \mathrm{d}\varepsilon_{z\mathrm{p}})^2 + (\mathrm{d}\varepsilon_{z\mathrm{p}} - \mathrm{d}\varepsilon_{x\mathrm{p}})^2 + \frac{3}{2}(\mathrm{d}\gamma_{xy\mathrm{p}}^2 + \mathrm{d}\gamma_{yz\mathrm{p}}^2 + \mathrm{d}\gamma_{zx\mathrm{p}}^2)} \tag{8.37}$$

应变张量可以分解为应变偏张量和应变球张量,应变偏张量分量可表示为

$$\begin{aligned} \varepsilon'_x &= \varepsilon_x - \varepsilon_{\mathrm{m}} \quad \gamma'_{xy} = \gamma_{xy} \\ \varepsilon'_y &= \varepsilon_y - \varepsilon_{\mathrm{m}} \quad \gamma'_{yz} = \gamma_{yz} \\ \varepsilon'_z &= \varepsilon_z - \varepsilon_{\mathrm{m}} \quad \gamma'_{zx} = \gamma_{zx} \end{aligned} \tag{8.37(a)}$$

式中 ε_{m}—— 平均应变,$\varepsilon_{\mathrm{m}} = (\varepsilon_x + \varepsilon_y + \varepsilon_z)/3$。

注意到塑性变形中的体积应变等于零,$\varepsilon_{x\mathrm{p}} + \varepsilon_{y\mathrm{p}} + \varepsilon_{z\mathrm{p}} = 0$,因此对于塑性应变,偏量和张量是相同的。于是有

$$\begin{aligned} \mathrm{d}\varepsilon'_{i\mathrm{p}} &= \mathrm{d}\varepsilon_{i\mathrm{p}} \quad (i = x, y, z) \\ \mathrm{d}\gamma'_{ij\mathrm{p}} &= \mathrm{d}\gamma_{ij\mathrm{p}} \quad (i, j = x, y, z) \end{aligned} \tag{8.37(b)}$$

利用上式,等效塑性应变增量 $\mathrm{d}\bar{\varepsilon}_{\mathrm{p}}$ 可以表示为

$$\mathrm{d}\bar{\varepsilon}_{\mathrm{p}} = \sqrt{\frac{2}{3}}\sqrt{\mathrm{d}\varepsilon_{x\mathrm{p}}^2 + \mathrm{d}\varepsilon_{y\mathrm{p}}^2 + \mathrm{d}\varepsilon_{z\mathrm{p}}^2 + \frac{1}{2}(\mathrm{d}\gamma_{xy\mathrm{p}}^2 + \mathrm{d}\gamma_{yz\mathrm{p}}^2 + \mathrm{d}\gamma_{zx\mathrm{p}}^2)} \tag{8.37(c)}$$

令

$$d\boldsymbol{\varepsilon}_p^* = \begin{bmatrix} d\varepsilon_{xp} & d\varepsilon_{yp} & d\varepsilon_{zp} & \frac{d\gamma_{xyp}}{\sqrt{2}} & \frac{d\gamma_{yzp}}{\sqrt{2}} & \frac{d\gamma_{zxp}}{\sqrt{2}} \end{bmatrix}^T \tag{8.38(a)}$$

则等效塑性应变增量 $d\bar{\varepsilon}_p$ 可以表示为

$$d\bar{\varepsilon}_p = \sqrt{\frac{2}{3}}\left[(d\boldsymbol{\varepsilon}_p^*)^T d\boldsymbol{\varepsilon}_p^*\right]^{1/2} \tag{8.38}$$

分析单向拉伸实验,若卸载后继续加载,它几乎按原卸载路径回复到卸载起点,这样就可认为经过卸载再加载可以提高材料屈服极限,而且新的屈服应力与卸载前的塑性应变 $\boldsymbol{\varepsilon}_p$ 有关。推广到复杂应力状态则有如下的塑性强化规律:进入塑性后,进行卸载或部分卸载然后再加载,新的屈服应力值仅与卸载前的等效塑性应变总量有关。这就是说,新的屈服只有当等效应力适合时才会发生,即

$$\bar{\sigma} = H\left(\int d\bar{\varepsilon}_p\right) \tag{8.39}$$

这里的函数 H 反映了新的屈服应力对于等效塑性应变总量的依赖关系。

式(8.39)可写成增量形式

$$d\bar{\sigma} = H' d\bar{\varepsilon}_p \tag{8.40}$$

式中 H'——强化阶段曲线 $\bar{\sigma}$—$\bar{\varepsilon}_p$ 的斜率(图 8.7)。

式(8.39)或式(8.40)反映了屈服与强化之间的关系,它就是等向强化材料的米赛斯准则。

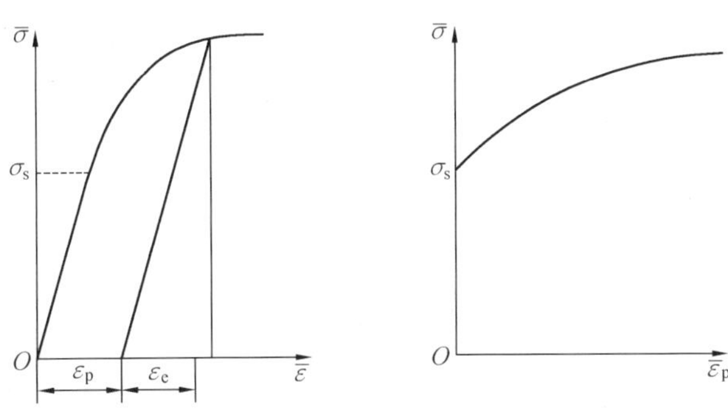

图 8.7 $\bar{\sigma}$—$\bar{\varepsilon}_p$ 曲线的绘制

8.3.3 弹塑性本构关系及弹塑性矩阵

1. 普朗特 - 路斯(Prandtl - Reuss)塑性流动增量理论

塑性理论的核心问题是本构关系,即塑性应变与应力之间的关系,有两种塑性理论:

① 塑性流动理论,也称增量理论,它讨论塑性应变增量与当前应力及应力增量之间的关系;

② 塑性形变理论,或称全量理论,它的特点是建立塑性应变全量与应力之间的关系。当前在有限元法中基本上采用增量理论,所以这里仅介绍增量理论的内容,即普朗特 - 路斯塑性流动增量理论。

金属一类的塑性材料,塑性应变增量是和屈服面相关联的。对于等向强化米赛斯屈

服准则,屈服面方程式表示 n 维应力空间的一曲面

$$F=\frac{\sqrt{2}}{2}\sqrt{(\sigma_x-\sigma_y)^2+(\sigma_y-\sigma_z)^2+(\sigma_z-\sigma_x)^2+6(\tau_{xy}^2+\tau_{yz}^2+\tau_{zx}^2)}-H\left(\int d\bar{\varepsilon}_p\right)=0 \tag{8.41}$$

长期大量的理论和实验研究证明,塑性应变增量应遵从流动法则,即

$$d\boldsymbol{\varepsilon}_p=\lambda\frac{\partial F}{\partial\boldsymbol{\sigma}}=\lambda\frac{\partial\bar{\sigma}}{\partial\boldsymbol{\sigma}} \tag{8.42}$$

式中 $d\boldsymbol{\varepsilon}_p$—— 塑性应变增量矢量。

$$d\boldsymbol{\varepsilon}_p=[d\varepsilon_{xp}\quad d\varepsilon_{yp}\quad d\varepsilon_{zp}\quad d\gamma_{xyp}\quad d\gamma_{yzp}\quad d\gamma_{xzp}]^T \tag{8.42(a)}$$

λ 是一个待定的正数。式(8.42)可以解释为塑性应变增量矢量垂直于 n 维应力空间的屈服面,如图 8.8 所示。式(8.42)称为普朗特 - 路斯塑性流动法则。

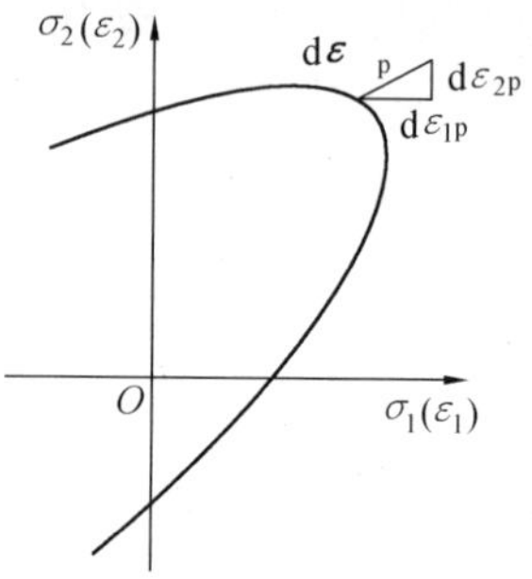

图 8.8 平面应力空间的屈服面和流动法则

现讨论如何确定待定因子 λ,首先应求出$\frac{\partial\bar{\sigma}}{\partial\boldsymbol{\sigma}}$。由式(8.29(b))并注意到 $\sigma'_x+\sigma'_y+\sigma'_z=0$,有

$$\frac{\partial\bar{\sigma}}{\partial\sigma_x}=\frac{3\sigma'_x}{2\bar{\sigma}}\qquad\frac{\partial\bar{\sigma}}{\partial\sigma_y}=\frac{3\sigma'_y}{2\bar{\sigma}}\qquad\frac{\partial\bar{\sigma}}{\partial\sigma_z}=\frac{3\sigma'_z}{2\bar{\sigma}}$$

$$\frac{\partial\bar{\sigma}}{\partial\tau_{xy}}=\frac{3\tau_{xy}}{\bar{\sigma}}\qquad\frac{\partial\bar{\sigma}}{\partial\tau_{yz}}=\frac{3\tau_{yz}}{\bar{\sigma}}\qquad\frac{\partial\bar{\sigma}}{\partial\tau_{zx}}=\frac{3\tau_{zx}}{\bar{\sigma}} \tag{8.43}$$

将其代入式(8.42)并注意到式(8.38(a)),得到

$$d\boldsymbol{\varepsilon}_p^*=\lambda\frac{3}{2\bar{\sigma}}\boldsymbol{\sigma}' \tag{8.44}$$

由于等式两边矢量的模应相等,则有

$$(d\boldsymbol{\varepsilon}_p^*)^T d\boldsymbol{\varepsilon}_p^*=\lambda^2\frac{9}{4\bar{\sigma}^2}\boldsymbol{\sigma}'^T\boldsymbol{\sigma}'$$

利用式(8.32)和式(8.38),从上式可以得到

$$\lambda^2=d\bar{\varepsilon}_p^2$$

考虑加载时应取正值,所以

$$\lambda=d\bar{\varepsilon}_p \tag{8.45}$$

因此,普朗特 - 路斯流动法则最终可表示为

$$d\boldsymbol{\varepsilon}_p=d\bar{\varepsilon}_p\frac{\partial\bar{\sigma}}{\partial\boldsymbol{\sigma}} \tag{8.46}$$

2. 弹塑性矩阵

现我们讨论增量形式的应力应变关系,同时导出弹塑性矩阵。

全应变增量可以分成两部分,即

$$d\boldsymbol{\varepsilon}=d\boldsymbol{\varepsilon}_e+d\boldsymbol{\varepsilon}_p$$

应力增量与弹性应变增量之间是线性关系,可以写成

$$d\boldsymbol{\sigma} = \boldsymbol{D}(d\boldsymbol{\varepsilon} - d\boldsymbol{\varepsilon}_p) \tag{8.47}$$

式中 $\boldsymbol{D}$—— 弹性矩阵。

将上式两边左乘$\left(\frac{\partial\bar{\sigma}}{\partial\boldsymbol{\sigma}}\right)^T$,得

$$\left(\frac{\partial\bar{\sigma}}{\partial\boldsymbol{\sigma}}\right)^T d\boldsymbol{\sigma} = \left(\frac{\partial\bar{\sigma}}{\partial\boldsymbol{\sigma}}\right)^T \boldsymbol{D}(d\boldsymbol{\varepsilon} - d\boldsymbol{\varepsilon}_p) \tag{8.47(a)}$$

根据强化材料的米赛斯准则式(8.40),上面等式左边表示成

$$\left(\frac{\partial\bar{\sigma}}{\partial\boldsymbol{\sigma}}\right)^T d\boldsymbol{\sigma} = d\bar{\sigma} = H' d\bar{\varepsilon}_p$$

再代入普朗特 - 路斯流动法则,于是式(8.47(a)) 变化为

$$H' d\bar{\varepsilon}_p = \left(\frac{\partial\bar{\sigma}}{\partial\boldsymbol{\sigma}}\right)^T \boldsymbol{D} d\boldsymbol{\varepsilon} - \left[\frac{\partial\bar{\sigma}}{\partial\boldsymbol{\sigma}}\right]^T \boldsymbol{D} \frac{\partial\bar{\sigma}}{\partial\boldsymbol{\sigma}} d\bar{\varepsilon}_p \tag{8.47(b)}$$

由上式即可得到等效塑性应变增量 $d\bar{\varepsilon}_p$ 和全应变增量 $d\boldsymbol{\varepsilon}$ 的关系式,即

$$d\bar{\varepsilon}_p = \frac{\left(\frac{\partial\bar{\sigma}}{\partial\boldsymbol{\sigma}}\right)^T \boldsymbol{D}}{H' + \left(\frac{\partial\bar{\sigma}}{\partial\boldsymbol{\sigma}}\right)^T \boldsymbol{D} \frac{\partial\bar{\sigma}}{\partial\boldsymbol{\sigma}}} d\boldsymbol{\varepsilon} \tag{8.48}$$

将式(8.46) 代入式(8.47) 并将式中的 $d\bar{\varepsilon}_p$ 用式(8.48) 表示,可得到

$$d\boldsymbol{\sigma} = \left(\boldsymbol{D} - \frac{\boldsymbol{D}\frac{\partial\bar{\sigma}}{\partial\boldsymbol{\sigma}}\left(\frac{\partial\bar{\sigma}}{\partial\boldsymbol{\sigma}}\right)^T \boldsymbol{D}}{H' + \left(\frac{\partial\bar{\sigma}}{\partial\boldsymbol{\sigma}}\right)^T \boldsymbol{D} \frac{\partial\bar{\sigma}}{\partial\boldsymbol{\sigma}}}\right) \cdot d\boldsymbol{\varepsilon} \tag{8.49}$$

记

$$\boldsymbol{D}_p = \frac{\boldsymbol{D}\frac{\partial\bar{\sigma}}{\partial\boldsymbol{\sigma}}\left(\frac{\partial\bar{\sigma}}{\partial\boldsymbol{\sigma}}\right)^T \boldsymbol{D}}{H' + \left(\frac{\partial\bar{\sigma}}{\partial\boldsymbol{\sigma}}\right)^T \boldsymbol{D} \frac{\partial\bar{\sigma}}{\partial\boldsymbol{\sigma}}} \tag{8.50}$$

$$\boldsymbol{D}_{ep} = \boldsymbol{D} - \boldsymbol{D}_p \tag{8.51}$$

那么增量形式的弹塑性应力应变关系表示为

$$d\boldsymbol{\sigma} = \boldsymbol{D}_{ep} d\boldsymbol{\varepsilon} \tag{8.52}$$

式中 $\boldsymbol{D}_{ep}$—— 弹塑性矩阵。

3. 弹塑性矩阵的表达式

公式(8.51) 是弹塑性矩阵的一般表达式,下面对于三维问题写出它的显式

空间问题弹性矩阵为对称阵,即

$$\boldsymbol{D}=\frac{E}{1+\mu}\begin{bmatrix}\frac{1-\mu}{1-2\mu} & & & & & \\ \frac{\mu}{1-2\mu} & \frac{1-\mu}{1-2\mu} & & \text{对} & & \\ \frac{\mu}{1-2\mu} & \frac{\mu}{1-2\mu} & \frac{1-\mu}{1-2\mu} & & \text{称} & \\ 0 & 0 & 0 & \frac{1}{2} & & \\ 0 & 0 & 0 & 0 & \frac{1}{2} & \\ 0 & 0 & 0 & 0 & 0 & \frac{1}{2}\end{bmatrix} \tag{8.53}$$

根据上式以及 $\sigma'_1+\sigma'_2+\sigma'_3=0$,容易导出

$$\boldsymbol{D}\frac{\partial\bar{\sigma}}{\partial\boldsymbol{\sigma}}=\boldsymbol{D}\frac{3}{2\bar{\sigma}}[\sigma'_x \quad \sigma'_y \quad \sigma'_z \quad 2\tau_{xy} \quad 2\tau_{yz} \quad 2\tau_{zx}]^{\mathrm{T}}=\frac{3G}{\bar{\sigma}}[\sigma'_x \quad \sigma'_y \quad \sigma'_z \quad \tau_{xy} \quad \tau_{yz} \quad \tau_{zx}]^{\mathrm{T}} \tag{8.53(a)}$$

其中材料的剪切弹性模量

$$G=\frac{E}{2(1+\mu)} \tag{8.53(b)}$$

注意到

$$\left(\boldsymbol{D}\left(\frac{\partial\bar{\sigma}}{\partial\boldsymbol{\sigma}}\right)\right)^{\mathrm{T}}=\left(\frac{\partial\bar{\sigma}}{\partial\boldsymbol{\sigma}}\right)^{\mathrm{T}}\boldsymbol{D}$$

那么由式(8.50)可以写出

$$\boldsymbol{D}_{\mathrm{p}}=\frac{9G^2}{(H'+3G)\bar{\sigma}^2}\begin{bmatrix}\sigma'^2_x & & & & & \\ \sigma'_x\sigma'_y & \sigma'^2_y & & \text{对} & & \\ \sigma'_x\sigma'_z & \sigma'_y\sigma'_z & \sigma'^2_z & & \text{称} & \\ \sigma'_x\tau_{xy} & \sigma'_y\tau_{xy} & \sigma'_z\tau_{xy} & \tau^2_{xy} & & \\ \sigma'_x\tau_{yz} & \sigma'_y\tau_{yz} & \sigma'_z\tau_{yz} & \tau_{xy}\tau_{yz} & \tau^2_{yz} & \\ \sigma'_x\tau_{zx} & \sigma'_y\tau_{zx} & \sigma'_z\tau_{zx} & \tau_{xy}\tau_{zx} & \tau_{yz}\tau_{zx} & \tau^2_{zx}\end{bmatrix} \tag{8.54}$$

把式(8.53)和式(8.54)代入式(8.51),得空间问题的弹塑性矩阵为

$$\boldsymbol{D}_{\mathrm{ep}}=\frac{E}{1+\mu}\begin{bmatrix}\frac{1-\mu}{1-2\mu}-\omega\sigma'^2_x & & & & & \\ \frac{\mu}{1-2\mu}-\omega\sigma'_x\sigma'_y & \frac{1-\mu}{1-2\mu}-\omega\sigma'^2_y & & \text{对} & & \\ \frac{\mu}{1-2\mu}-\omega\sigma'_x\sigma'_z & \frac{\mu}{1-2\mu}-\omega\sigma'_y\sigma'_z & \frac{1-\mu}{1-2\mu}-\omega\sigma'^2_z & & \text{称} & \\ -\omega\sigma'_x\tau_{xy} & -\omega\sigma'_y\tau_{xy} & -\omega\sigma'_z\tau_{xy} & \frac{1}{2}-\omega\tau^2_{xy} & & \\ -\omega\sigma'_x\tau_{yz} & -\omega\sigma'_y\tau_{yz} & -\omega\sigma'_z\tau_{yz} & -\omega\tau_{xy}\tau_{yz} & \frac{1}{2}-\omega\tau^2_{yz} & \\ -\omega\sigma'_x\tau_{zx} & -\omega\sigma'_y\tau_{zx} & -\omega\sigma'_z\tau_{zx} & -\omega\tau_{xy}\tau_{zx} & -\omega\tau_{yz}\tau_{zx} & \frac{1}{2}-\omega\tau^2_{zx}\end{bmatrix} \tag{8.55}$$

式中

$$\omega = \frac{9G}{2\bar{\sigma}^2(H' + 3G)} \tag{8.55(a)}$$

对于轴对称问题,应力增量矢量和应变增量矢量记为

$$\mathrm{d}\boldsymbol{\sigma} = [\mathrm{d}\sigma_r \quad \mathrm{d}\sigma_\theta \quad \mathrm{d}\sigma_z \quad \mathrm{d}\tau_{zr}]^{\mathrm{T}}$$

$$\mathrm{d}\boldsymbol{\varepsilon} = [\mathrm{d}\varepsilon_r \quad \mathrm{d}\varepsilon_\theta \quad \mathrm{d}\varepsilon_z \quad \mathrm{d}\gamma_{zr}]^{\mathrm{T}}$$

轴对称问题的弹塑性矩阵为

$$\boldsymbol{D}_{\mathrm{ep}} = \frac{E}{1+\mu}\begin{bmatrix} \frac{1-\mu}{1-2\mu} - \omega\sigma'^2_r & & & \text{对} \\ \frac{\mu}{1-2\mu} - \omega\sigma'_r\sigma'_\theta & \frac{1-\mu}{1-2\mu} - \omega\sigma'^2_\theta & & \text{称} \\ \frac{\mu}{1-2\mu} - \omega\sigma'_r\sigma'_z & \frac{\mu}{1-2\mu} - \omega\sigma'_\theta\sigma'_z & \frac{1-\mu}{1-2\mu} - \omega\sigma'^2_z & \\ -\omega\sigma'_r\tau_{zr} & -\omega\sigma'_\theta\tau_{zr} & -\omega\sigma'_z\tau_{zr} & \frac{1}{2} - \omega\tau^2_{zr} \end{bmatrix} \tag{8.56}$$

对于平面应力问题,类似地有

$$\mathrm{d}\boldsymbol{\sigma} = [\mathrm{d}\sigma_x \quad \mathrm{d}\sigma_y \quad \mathrm{d}\tau_{xy}]^{\mathrm{T}}$$

$$\mathrm{d}\boldsymbol{\varepsilon} = [\mathrm{d}\varepsilon_x \quad \mathrm{d}\varepsilon_y \quad \mathrm{d}\gamma_{xy}]^{\mathrm{T}}$$

平面应力问题的弹塑性矩阵为

$$\boldsymbol{D}_{\mathrm{ep}} = \frac{E}{Q}\begin{bmatrix} \sigma'^2_y + 2p & \text{对} & \\ -\sigma'_x\sigma'_y + 2\mu p & \sigma'^2_x + 2p & \text{称} \\ -\frac{\sigma'_x + \mu\sigma'_y}{1+\mu}\tau_{xy} & -\frac{\sigma'_y + \mu\sigma'_x}{1+\mu}\tau_{xy} & \frac{R}{2(1+\mu)} + \frac{2H'}{9E}(1-\mu)\bar{\sigma}^2 \end{bmatrix} \tag{8.57}$$

式中

$$Q = \sigma'^2_x + \sigma'^2_y + 2\mu\sigma'_x\sigma'_y + 2(1-\mu)\tau^2_{xy} + \frac{2H'(1-\mu)\bar{\sigma}^2}{9G}$$

$$R = \sigma'^2_x + 2\mu\sigma'_x\sigma'_y + \sigma'^2_y$$

$$p = \frac{2H'}{9E}\bar{\sigma}^2 + \frac{\tau^2_{xy}}{1+\mu}$$

对于平面应变问题只要将平面应力问题的弹塑性矩阵中的 E 换成 $E/(1-\mu^2)$,μ 换成$\mu/(1-\mu)$ 即可。

8.4 弹塑性问题的有限元解法

由于材料和结构的弹塑性行为与应力、应变的历史有关,因此弹塑性问题的本构方程必须用增量形式表示。我们采用了塑性流动理论,载荷是递增的。为了将弹塑性方程线性化,通常将载荷分成若干个增量,采取逐步加载的方法,在一定的应力和应变的水平上

增加一次载荷,而每次增加的载荷要适当地小。

$$\Delta\boldsymbol{\sigma} = \boldsymbol{D}_{\mathrm{ep}}\Delta\boldsymbol{\varepsilon} \tag{8.58}$$

式中的弹塑性矩阵 $\boldsymbol{D}_{\mathrm{ep}}$ 已由上面推导所确定,它是元素当时应力水平的函数,而与它们的增量无关。因此上式可以看作是线性的。

下面介绍几种增量方法。

8.4.1 增量切线刚度法

在初始受载时,物体内部产生的应力和应变还是弹性的,因此可以用线性弹性理论进行计算。如果开始有元素进入屈服,就要采用增量加载的方式。此时的位移、应变和应力列阵分别地记为 $\boldsymbol{u}_0$、$\boldsymbol{\varepsilon}_0$ 和 $\boldsymbol{\sigma}_0$。

在此基础上施加载荷增量 $\Delta\boldsymbol{R}_1$,并组成相应的刚度矩阵。对于应力尚在弹性的单元,单元刚度矩阵应为

$$\boldsymbol{k} = \int \boldsymbol{B}^{\mathrm{T}}\boldsymbol{D}\boldsymbol{B}\mathrm{d}V \tag{8.59}$$

对于塑性区域中的单元,单元刚度矩阵是

$$\boldsymbol{k} = \int \boldsymbol{B}^{\mathrm{T}}\boldsymbol{D}_{\mathrm{ep}}\boldsymbol{B}\mathrm{d}V \tag{8.60}$$

式中,弹塑性矩阵 $\boldsymbol{D}_{\mathrm{ep}}$ 中的应力应取当时的应力水平 $\boldsymbol{\sigma}_0$。按照通常的组合方法把所有的单元刚度矩阵集成得到整体刚度矩阵 $\boldsymbol{K}_0$,它与当时应力水平有关。

求解平衡方程

$$\boldsymbol{K}_0\Delta\boldsymbol{u}_1 = \Delta\boldsymbol{R}_1 \tag{8.61(a)}$$

求得 $\Delta\boldsymbol{\delta}_1$、$\Delta\boldsymbol{\varepsilon}_1$ 和 $\Delta\boldsymbol{\sigma}_1$。由此得到经过第一次载荷增量后的位移、应变及应力的新水平,即

$$\left.\begin{aligned} \boldsymbol{u}_1 &= \boldsymbol{u}_0 + \Delta\boldsymbol{u}_1 \\ \boldsymbol{\varepsilon}_1 &= \boldsymbol{\varepsilon}_0 + \Delta\boldsymbol{\varepsilon}_1 \\ \boldsymbol{\sigma}_1 &= \boldsymbol{\sigma}_0 + \Delta\boldsymbol{\sigma}_1 \end{aligned}\right\} \tag{8.61(b)}$$

继续施加载荷增量 $\Delta\boldsymbol{R}_2$…重复上述计算,直到全部载荷加完为止。因此,平衡方程可以写成如下通式

$$\boldsymbol{K}_{n-1}\Delta\boldsymbol{u}_n = \Delta\boldsymbol{R}_n \tag{8.61}$$

$$\left.\begin{aligned} \boldsymbol{u}_n &= \boldsymbol{u}_{n-1} + \Delta\boldsymbol{u}_n \\ \boldsymbol{\varepsilon}_n &= \boldsymbol{\varepsilon}_{n-1} + \Delta\boldsymbol{\varepsilon}_n \\ \boldsymbol{\sigma}_n &= \boldsymbol{\sigma}_{n-1} + \Delta\boldsymbol{\sigma}_n \end{aligned}\right\} \tag{8.62}$$

最后得到的位移、应变和应力就是所要求得的弹塑性应力分析的结果。

在逐步加载过程中塑性区域不断扩展。有些单元在这次加载前虽处于弹性区域,但它们与塑性区域相临近,等效应力已接近屈服应力,因此在增加载荷 $\Delta\boldsymbol{R}$ 的过程中进入塑性区域,由这些单元构成的区域称为过渡区域。

对于过渡区域的单元,由于在施加载荷增量过程中从弹性进入塑性,所以简单地按式(8.59)或式(8.60)形成单元刚度矩阵都会引起相当大的误差。此外,对于卸载再加载过程的元素也属于这种情况。如图 8.9 所示,在施加载荷增量的前后,若认为应力变化从

点 A 到点 B,显然得到的 $\Delta\boldsymbol{\sigma}$ 会有过大的偏差。正确的做法是从式(8.52)出发

$$\Delta\boldsymbol{\sigma} = \int \boldsymbol{D}_{\mathrm{ep}}\mathrm{d}\boldsymbol{\varepsilon} = \int_0^{\Delta\boldsymbol{\varepsilon}} \boldsymbol{D}\mathrm{d}\boldsymbol{\varepsilon} - \int_{m\Delta\boldsymbol{\varepsilon}}^{\Delta\boldsymbol{\varepsilon}} \boldsymbol{D}_{\mathrm{p}}\mathrm{d}\boldsymbol{\varepsilon} \tag{8.63}$$

式中　$m\Delta\boldsymbol{\varepsilon}$—— 重新出现塑性变形之前的应变增量。

如果用等效应变表示单元应变,为了确定 m 值,首先计算单元应力达到屈服所需要施加的等效应变增量 $\Delta\bar{\varepsilon}_0$,然后估计由这次施加的载荷增量所引起的等效应变增量 $\Delta\bar{\varepsilon}_{\mathrm{es}}$,于是有

$$m = \frac{\Delta\bar{\varepsilon}_0}{\Delta\bar{\varepsilon}_{\mathrm{es}}} \quad 0 < m < 1 \tag{8.64}$$

如果载荷增量充分地小,式(8.63)可以近似地写成

$$\Delta\boldsymbol{\sigma} = (\boldsymbol{D} - (1 - m)\boldsymbol{D}_{\mathrm{p}})\Delta\boldsymbol{\varepsilon} = (m\boldsymbol{D} + (1 - m)\boldsymbol{D}_{\mathrm{ep}})\Delta\boldsymbol{\varepsilon} \tag{8.65}$$

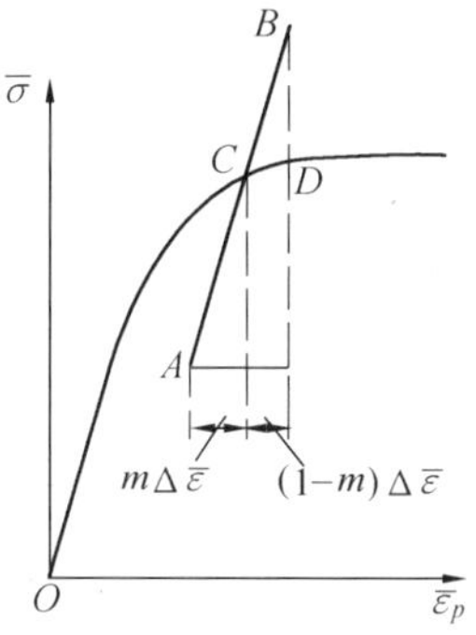

图8.9　过渡区域应力增量的折算

根据上式,定义加权平均弹塑性矩阵为

$$\widetilde{\boldsymbol{D}}_{\mathrm{ep}} = m\boldsymbol{D} + (1 - m)\boldsymbol{D}_{\mathrm{ep}} \tag{8.66}$$

因此对于过渡区域中的单元或是对于卸载再加载过程的单元,应该形成刚度矩阵为

$$\boldsymbol{k} = \int \boldsymbol{B}^{\mathrm{T}}\widetilde{\boldsymbol{D}}_{\mathrm{ep}}\boldsymbol{B}\mathrm{d}V \tag{8.67}$$

一般开始估计 $\Delta\bar{\varepsilon}_{\mathrm{es}}$ 时往往是不够精确的,第一次估计是把过渡区单元看作弹性区单元处理而得到。然后用算得的结果再来修改 $\Delta\bar{\varepsilon}_{\mathrm{es}}$,经过两三次这样的迭代可以得到比较精确的结果。

应当注意,由 $\Delta\boldsymbol{\varepsilon}$ 通过式(8.58)计算的应力增量是近似的。这是因为应力应变的增量关系,本来是以无限小的增量形式表示的,而现在用有限小的增量进行近似。因此,只有当载荷增量足够小时才能近似地逼近准确解。更精确的计算,可以把增量法和迭代法联合使用,使之得到满意的结果。

综合上述方法,主要计算步骤如下:

① 对结构施加全部载荷 $\boldsymbol{R}$ 做线弹性计算。

② 求出各单元的等效应力,并取其最大值 $\bar{\sigma}_{\max}$。若 $\bar{\sigma}_{\max} < \sigma_{\mathrm{s}}$,则弹性计算的结果就是问题的解。若 $\bar{\sigma}_{\max} > \sigma_{\mathrm{s}}$,则令 $L = \frac{\bar{\sigma}_{\max}}{\sigma_{\mathrm{s}}}$,存储由载荷$\frac{1}{L}\boldsymbol{R}$ 作线性计算所得的应变、应力等,并以 $\Delta\boldsymbol{R} = \frac{1}{n}\left(1 - \frac{1}{L}\right)\boldsymbol{R}$ 作为以后每次所加的载荷增量,n 为加载次数。

③ 施加载荷增量 $\Delta\boldsymbol{R}$,估计各单元中所引起的应变增量 $\Delta\bar{\varepsilon}_{\mathrm{es}}$,并由式(8.64)确定相应的 m 值。

④ 根据其弹性区、塑性区或过渡区的不同情况,对于各个区域单元分别形成单元刚度矩阵,组合单元刚度矩阵为整体刚度矩阵。

⑤ 求解平衡方程(8.61)而得到位移增量,进而计算应变增量及等效应变增量,并依

次修改 $\Delta\bar{\varepsilon}_{es}$ 和 m 值。重复修改 m 值二到三次。

⑥ 按求得的应变增量计算应力增量,并把位移、应变及应力增量叠加到原有水平上去。

⑦ 输出有关信息。

⑧ 如果还未加载到全部载荷,则回复到步骤 ③ 继续加载,否则计算停止。

8.4.2 增量初应力法(incremental initial stress method)

对于弹塑性问题,增量形式的应力应变关系可以定义为

$$\mathrm{d}\boldsymbol{\sigma} = \boldsymbol{D}\mathrm{d}\boldsymbol{\varepsilon} + \mathrm{d}\boldsymbol{\sigma}_0 \tag{8.68}$$

其中

$$\mathrm{d}\boldsymbol{\sigma}_0 = -\boldsymbol{D}_\mathrm{p}\mathrm{d}\boldsymbol{\varepsilon} \tag{8.68(a)}$$

式中,$\boldsymbol{D}_\mathrm{p}$ 由公式(8.50)给出;$\mathrm{d}\boldsymbol{\sigma}_0$ 相当于线性弹性问题的初应力。于是,应力增量线性化为

$$\Delta\boldsymbol{\sigma} = \boldsymbol{D}\Delta\boldsymbol{\varepsilon} + \Delta\boldsymbol{\sigma}_0 \tag{8.69}$$

$$\Delta\boldsymbol{\sigma}_0 = -\boldsymbol{D}_\mathrm{p}\Delta\boldsymbol{\varepsilon}$$

位移增量 $\Delta\boldsymbol{u}$ 所应满足的平衡方程为

$$\boldsymbol{K}_0\Delta\boldsymbol{u} = \Delta\boldsymbol{R} + \bar{\boldsymbol{R}}(\Delta\boldsymbol{\varepsilon}) \tag{8.70}$$

式中

$$\boldsymbol{K}_0 = \int\boldsymbol{B}^\mathrm{T}\boldsymbol{D}\boldsymbol{B}\mathrm{d}V \tag{8.70(a)}$$

即为线性弹性计算中的刚度矩阵。而

$$\bar{\boldsymbol{R}}(\Delta\boldsymbol{\varepsilon}) = \int\boldsymbol{B}^\mathrm{T}\boldsymbol{D}_\mathrm{p}\Delta\boldsymbol{\varepsilon}\mathrm{d}V \tag{8.70(b)}$$

是由初应力 $\Delta\boldsymbol{\sigma}_0$ 转化而得到的等效结点力,称为矫正载荷。

应当指出,式(8.70)右端的矫正载荷决定于应变增量 $\Delta\boldsymbol{\varepsilon}$,而 $\Delta\boldsymbol{\varepsilon}$ 本身又是一个待定的量,因此对于每个载荷增量,必须通过迭代求出位移增量和应变增量。所以,增量初应力法实际上是增量法和迭代法联合使用的混合法。

第 n 级载荷增量迭代公式为

$$\boldsymbol{K}_0\Delta\boldsymbol{u}_n^j = \Delta\boldsymbol{R}_n + \bar{\boldsymbol{R}}_n^{j-1} \quad (j = 0,1,2,\cdots) \tag{8.71}$$

如果已经求得 n 级载荷增量时应变增量的第 $j-1$ 次近似值 $\Delta\boldsymbol{\varepsilon}_n^{j-1}$,就可以根据当时的应力水平,由式(8.69)求出初应力的第 $j-1$ 次近似值 $\Delta\boldsymbol{\sigma}_{0n}^{j-1}$,由式(8.70(b))算出相应的矫正载荷 $\bar{\boldsymbol{R}}_n^{j-1}$,再次求解方程(8.71)进行迭代计算。迭代过程一直进行到相邻两次迭代所决定的应变增量相差甚小时为止。此时把求得的位移增量、应变增量和应力增量作为这次施加载荷增量的结果而叠加到当时的水平上去。在此基础上再进行下一步加载,直到全部载荷加完为止。

应该注意到,对于过渡区的单元,初应力的计算不应计及全应变增量 $\Delta\boldsymbol{\varepsilon}$ 中在进入屈服前的部分。如果载荷增量充分小,可以从式(8.70(b))中得到矫正载荷

$$\overline{\boldsymbol{R}} = \int \boldsymbol{B}^{\mathrm{T}} \boldsymbol{D}_{\mathrm{p}}(1 - m) \Delta \boldsymbol{\varepsilon} \mathrm{d}V \tag{8.72}$$

式中,$\boldsymbol{D}_{\mathrm{p}}$ 是由公式(8.50)所决定。

8.4.3 增量初应变法(incremental initial strain method)

关于弹塑性问题的增量形式的应力应变关系,还可以定义为

$$\mathrm{d}\boldsymbol{\sigma} = \boldsymbol{D}(\mathrm{d}\boldsymbol{\varepsilon} - \mathrm{d}\boldsymbol{\varepsilon}_0) \tag{8.73}$$

其中

$$\mathrm{d}\boldsymbol{\varepsilon}_0 = \mathrm{d}\boldsymbol{\varepsilon}_{\mathrm{p}} \tag{8.73(a)}$$

$\mathrm{d}\boldsymbol{\varepsilon}_0$ 相当于线性弹性问题的初应变,由式(8.39)和式(8.42)可得

$$\mathrm{d}\boldsymbol{\varepsilon}_{\mathrm{p}} = \mathrm{d}\overline{\varepsilon}_{\mathrm{p}} \frac{\partial \overline{\sigma}}{\partial \boldsymbol{\sigma}} = \frac{1}{H'} \frac{\partial \overline{\sigma}}{\partial \boldsymbol{\sigma}} \left(\frac{\partial \overline{\sigma}}{\partial \boldsymbol{\sigma}} \right)^{\mathrm{T}} \mathrm{d}\boldsymbol{\sigma} \tag{8.74}$$

将式(8.73)和式(8.74)线性化,即用有限增量代替无限小增量,得到

$$\Delta \boldsymbol{\sigma} = \boldsymbol{D}(\Delta \boldsymbol{\varepsilon} - \Delta \boldsymbol{\varepsilon}_0)$$

$$\Delta \boldsymbol{\varepsilon}_0 = \Delta \boldsymbol{\varepsilon}_{\mathrm{p}} = \frac{1}{H'} \frac{\partial \overline{\sigma}}{\partial \boldsymbol{\sigma}} \left(\frac{\partial \overline{\sigma}}{\partial \boldsymbol{\sigma}} \right)^{\mathrm{T}} \Delta \boldsymbol{\sigma} \tag{8.75}$$

平衡方程应是

$$\boldsymbol{K}_0 \Delta \boldsymbol{u} = \Delta \boldsymbol{R} + \overline{\boldsymbol{R}}(\Delta \boldsymbol{\sigma}) \tag{8.76}$$

式中,$\boldsymbol{K}_0$ 仍然是弹性计算中的刚度矩阵,而初应变法的矫正载荷为

$$\overline{\boldsymbol{R}}(\Delta \boldsymbol{\sigma}) = \int \boldsymbol{B}^{\mathrm{T}} \boldsymbol{D} \Delta \boldsymbol{\varepsilon}_{\mathrm{p}} \mathrm{d}V = \int \frac{1}{H'} \boldsymbol{B}^{\mathrm{T}} \boldsymbol{D} \frac{\partial \overline{\sigma}}{\partial \boldsymbol{\sigma}} \left(\frac{\partial \overline{\sigma}}{\partial \boldsymbol{\sigma}} \right)^{\mathrm{T}} \Delta \boldsymbol{\sigma} \mathrm{d}V \tag{8.77}$$

是由初应变 $\Delta \boldsymbol{\varepsilon}_0$ 转化而得的等效结点力。

矫正载荷决定于应力增量 $\Delta \boldsymbol{\sigma}$,而 $\Delta \boldsymbol{\sigma}$ 本身又是待定的量,因此必须通过迭代求解平衡方程(8.76)。可见增量初应变法实际上是混合法。第 n 级载荷增量的迭代公式是

$$\boldsymbol{K}_0 \Delta \boldsymbol{u}_n^j = \Delta \boldsymbol{R}_n + \overline{\boldsymbol{R}}_n^{j-1} \quad (j = 0, 1, 2, \cdots) \tag{8.78}$$

由上式可知,如果已经求得位移增量的第 $j-1$ 次近似值 $\Delta \boldsymbol{u}_n^{j-1}$,就可以算出 $\Delta \boldsymbol{\varepsilon}_n^{j-1}$ 和 $\Delta \boldsymbol{\sigma}_n^{j-1}$,通过式(8.77)算出 $\overline{\boldsymbol{R}}_n^{j-1}$ 作为下一次迭代时的矫正载荷,再求解迭代方程(8.78)进行迭代,可求出 n 级载荷的第 j 次近似值 $\Delta \boldsymbol{u}_n^j$。迭代过程一直进行到相邻两次迭代所决定的应力增量相差甚小时为止。

8.4.4 三种方法的比较

增量切线刚度法是在每次加载时用调整刚度的办法来求得近似解。因此对于每次加载,刚度矩阵必须重新形成,计算工作量一般比增量初应力法和增量初应变法大得多。

每步加载时,增量初应力法和增量初应变法的刚度矩阵是相同的,就是线弹性刚度矩阵。所以,在计算开始时形成了刚度矩阵并进行三角分解,而后在每次计算中只要对改变了的右端项进行相当于回代计算就可以了。这样就减轻了计算工作量。

关于增量初应力法和增量初应变法这两种方法，每当加载一次都必须对初应力和初应变进行迭代，这样就产生了迭代是否收敛的问题。可以证明，对于一般的强化材料，初应力法的迭代过程一定收敛，而对于初应变法，收敛的充分条件是 $3G/H' < 1$。

在计算过程中，当塑性区域较大时，初应力法和初应变法的迭代收敛过程很缓慢。

针对这三种方法各自的特点，在实际计算中可以采取一些改进的办法。例如把三种方法联合使用，先用初应力法或初应变法，在若干次载荷增量以后采用切线刚度法加速收敛。

8.5 蠕变问题的有限元计算

当材料受到某一持续载荷作用时，即使为常载荷，变形也会随时间而增长，这一现象尤其在高温结构中更为明显，力学中称为蠕变，因此对于持续高温下工作的结构，蠕变分析往往是不可缺少的。从微观来说，蠕变机理有两种，一种是位错蠕变，主要由材料晶格结构中的缺欠在应力较高情况下产生的晶格间运动，它们与应力关系呈较高的非线性关系；另一种是扩散蠕变，产生于原子位置上的变动，这类蠕变在较低的载荷下也会出现，且一般与应力呈线性关系。

蠕变应变除了与应力 $\boldsymbol{\sigma}$ 和时间 t 相关外，还与温度 T 相关，其数学关系式为

$$\boldsymbol{\varepsilon}^{\mathrm{c}} = \varepsilon^{\mathrm{c}}(\boldsymbol{\sigma}, t, T) \tag{8.79}$$

为了试验和建立数学模型的方便，通常把各参数的影响分别加以考虑，即

$$\boldsymbol{\varepsilon}^{\mathrm{c}} = f_1(\boldsymbol{\sigma}) f_2(t) f_3(T) \tag{8.80}$$

通过试验可以对各个函数提出具体的表达式，如与应力相关的函数式有

$$\left.\begin{aligned} f_1 &= B\boldsymbol{\sigma}^n \\ f_2 &= C\sinh(\alpha\boldsymbol{\sigma}) \\ f_3 &= D\exp(\beta\boldsymbol{\sigma}) \end{aligned}\right\} \tag{8.81}$$

式中，B、n、C、α、D、β 均为由试验确定的材料常数。

与时间相关的函数式有

$$\left.\begin{aligned} f_2 &= t \\ f_2 &= bt^{\mathrm{m}} \\ f_2 &= (1 + bt^{1/3})e^{\mathrm{m}t} \end{aligned}\right\} \tag{8.82}$$

与温度相关的函数式为

$$f_3 = A\exp(-\Delta H/RT) \tag{8.83}$$

式中　ΔH—— 活性能；

　　　R—— 波尔兹曼常数；

　　　T—— 绝对温度。

由式(8.83)可见，温度对蠕变应变（或应变率）有很大影响。但如果考虑变温影响，无论试验还是计算均会增加很大的工作量。一般采用简化的蠕变表达式，即

$$\boldsymbol{\varepsilon}^{\mathrm{c}} = a_0\boldsymbol{\sigma}^{a_1}t^{a_2} \tag{8.84}$$

其中，a_0、a_1、a_2 为材料常数，通过测量不同温度下的这三个常数来考虑温度对蠕变应变的影响。

对变应力情况，以应变率的形式表达为好，由式(8.84)得

$$\boldsymbol{\varepsilon}^{c} = \mathrm{d}\boldsymbol{\varepsilon}^{c}/\mathrm{d}t = a_0 a_2 \boldsymbol{\sigma}^{a_1} t^{(a_2-1)} \tag{8.85}$$

与弹塑性分析相似，一般研究问题的方法是将单轴试验中观察到的规律，通过试验与推理将它推广到三维状态，在金属的蠕变现象观察中，得到一个结论：与塑性应变相同，蠕变由应力偏量产生，而静水压力起的作用很小。因此，可以将Von-Misses塑性理论推广到蠕变的情况。现用 Von-Misses 的等效应变和等效应力代替式(8.85)中的单轴蠕变本构方程中的应力与应变，就得到三维应力情况下的蠕变本构关系，有

$$\bar{\varepsilon}^{c} = a_0 \bar{\sigma}^{a_1} t^{a_2} \tag{8.86}$$

式中　$\bar{\varepsilon}^{c}$——等效蠕变应变；

$\bar{\sigma}$——等效应力。

对于蠕变应变与应力关系，假定流动定律依然成立，则

$$\mathrm{d}\varepsilon_{ij}^{c} = \lambda_{c}(\partial f/\partial\sigma_{ij})\mathrm{d}t \tag{8.87}$$

式中　f——与塑性理论相似的加载曲面。

将上式写成比率的形式，有

$$\varepsilon_{ij}^{c} = \lambda_{c}\partial f/\partial\sigma_{ij} \tag{8.88}$$

将上式代人等效蠕变应变表达式，再根据等效应力公式可以推出

$$\lambda_{c} = 3\dot{\bar{\varepsilon}}^{c}/(2\bar{\sigma}) \tag{8.89}$$

因此，式(8.88)在 Von Mises 屈服准则情况下为

$$\dot{\varepsilon}_{ij}^{c} = 3\dot{\bar{\varepsilon}}^{c}\sigma'_{ij}/(2\bar{\sigma}) \tag{8.90}$$

式中　σ'_{ij}——偏差应力张量。

对于蠕变这样的与时间相关的非线性问题，不能像与时间无关的弹塑性那样，找到一个应力与总应变间的材料本构矩阵。处理的方法是采用初应变或初应力法。把非弹性应变增量当做各增量步开始时的初应变，把初应变对应的应力由虚功原理等价到有限元结点上，构成一项载荷。具体步骤如下：

总应变增量可以写为

$$\Delta\boldsymbol{\varepsilon} = \Delta\boldsymbol{\varepsilon}^{e} + \Delta\boldsymbol{\varepsilon}^{p} + \Delta\boldsymbol{\varepsilon}^{c} + \Delta\boldsymbol{\varepsilon}^{T} \tag{8.91}$$

式中　$\Delta\boldsymbol{\varepsilon}$——总应变增量；

$\Delta\boldsymbol{\varepsilon}^{e}$——弹性应变增量；

$\Delta\boldsymbol{\varepsilon}^{p}$——塑性应变增量；

$\Delta\boldsymbol{\varepsilon}^{c}$——蠕变应变增量；

$\Delta\boldsymbol{\varepsilon}^{T}$——温度应变增量。

应力增量可写为

$$\begin{aligned}\Delta\boldsymbol{\sigma} = \boldsymbol{D}_{e}(\Delta\boldsymbol{\varepsilon} - \Delta\boldsymbol{\varepsilon}^{p} - \Delta\boldsymbol{\varepsilon}^{c} - \Delta\boldsymbol{\varepsilon})^{T} = \\ \boldsymbol{D}_{e}\Delta\boldsymbol{\varepsilon} - \boldsymbol{D}_{e}\boldsymbol{\varepsilon}_{0}\end{aligned} \tag{8.92}$$

式中 $\boldsymbol{\varepsilon}_0$—— 初应变,有

$$\boldsymbol{\varepsilon}_0 = \Delta\boldsymbol{\varepsilon}^{\mathrm{p}} + \Delta\boldsymbol{\varepsilon}^{\mathrm{c}} + \Delta\boldsymbol{\varepsilon}^{\mathrm{T}} \tag{8.93}$$

如没有塑性应变和温度应变,则只有蠕变应变为初应变,根据虚功原理,可得到有限元方程

$$\boldsymbol{K}\Delta\boldsymbol{u} = \Delta\boldsymbol{R} + \Delta\boldsymbol{P}_0 \tag{8.94}$$

式中 $\boldsymbol{K}$—— 弹性刚度矩阵;

$\Delta\boldsymbol{u}$—— 结点位移增量;

$\Delta\boldsymbol{R}$—— 包括外载荷增量及不平衡力;

$\Delta\boldsymbol{P}_0$—— 初应变引起的初应力增量,有

$$\boldsymbol{P}_0 = \sum \int_V \boldsymbol{B}^{\mathrm{T}}\boldsymbol{D}_{\mathrm{e}}\Delta\boldsymbol{\varepsilon}_0 \mathrm{d}V \tag{8.95}$$

显然,初应力增量并不是已知数,它是非线性应变的函数,即是位移的函数,在求解之前是未知的。因而,式(8.94)是非线性方程。其求解的方法与弹塑性问题相似。将载荷时间函数按时间分成若干段,按时间段逐个加载荷。不同的是,弹塑性问题与时间无关。在讨论解法时,为了描述问题方便,有时提到的时间是虚拟的,而蠕变却是真实的时间。其蠕变应变增量是与时间相关的,因而初应力也是与时间相关的。因此,在求解式(8.88)时必须迭代求解,在用式(8.85)求应力增量时也要迭代求解。

8.6 应用实例

【例8.1】 分析一轴向受到约束并承受内压作用的厚壁圆筒,如图8.10(a)所示,材料是理想弹塑性的,并服从 Von - Misses 屈服条件,尺寸和材料参数为 $a = 1.0$ cm,$b = 2.0$ cm,$E = \dfrac{26}{3} \times 10^4$ N/mm²,$\mu = 0.3$,$\sigma_s = 17.32$ N/mm²,有限元模型如图8.10(b)所示,在厚度方向用4个8结点轴对称单元,刚度矩阵采用2×2高斯积分。此算例有解析解,所以为弹塑性有限元程序提供了很好的校核。

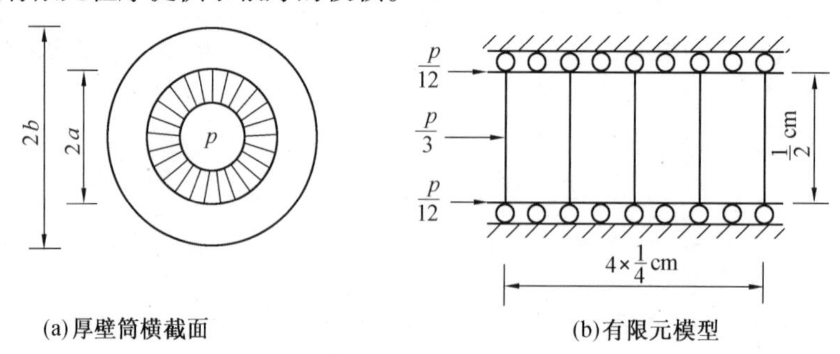

(a)厚壁筒横截面 (b)有限元模型

图8.10 厚壁圆筒及其有限元模型

解 用于计算的加载方案有两个:

① 内压按0.5 MPa分级单调加载,直至塑性区达到厚度的3/4。

② 压力循环变化,具体是 $p = 0.0 \to 10.0 \to 12.5 \to 0.0 \to -10.0 \to -12.5 \to 0.0$

MPa。

第一加载方案的外表面径向位移如图8.11所示。用牛顿－拉斐逊（Newton－Raphson）法迭代和弹性常刚度迭代得到的结果都表示在图上。这些结果实际上与Hodge－White的解析解是一致的。Newton－Raphson迭代每一步平均需要1.6次迭代，总共17次重新形成和分解刚度矩阵。弹性常刚度每步平均需要9次迭代，但刚度矩阵只形成和分解一次。

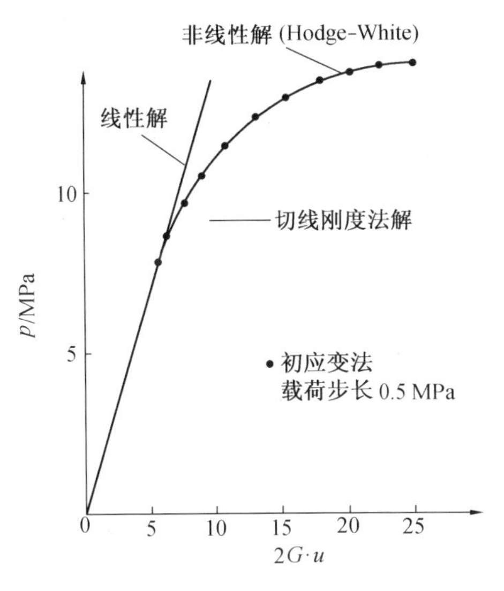

图8.11 单调加载外表面的径向位移（G为切变模量）

$P=12.5$ MPa时（塑性区达厚度的1/2）的应力分布如图8.12所示。再次表明有限元解和Hodge等的解析解是一致的。

对于第二加载方案，只采用了初应变法迭代，外表面的径向位移如图8.13所示。

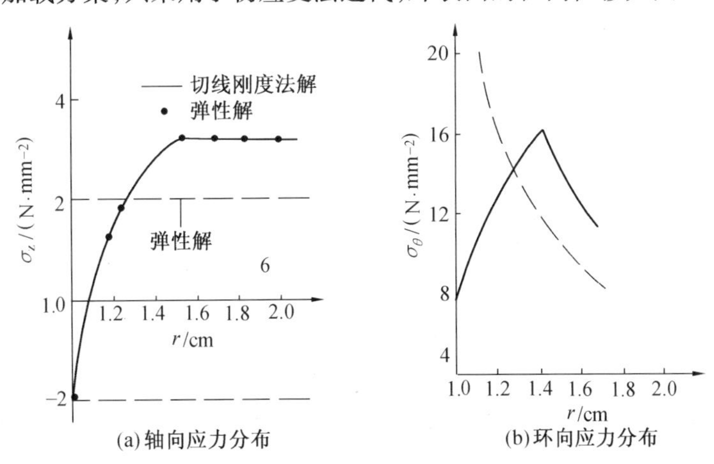

图8.12 应力分布图

此算例还采用刚度参数变化，即D_T的变化量以控制载荷增量方法对单调加载方案进行了计算，只用了5个裁荷增量步骤就最后算出极限载荷，与解析解相差仅0.7%，说明切

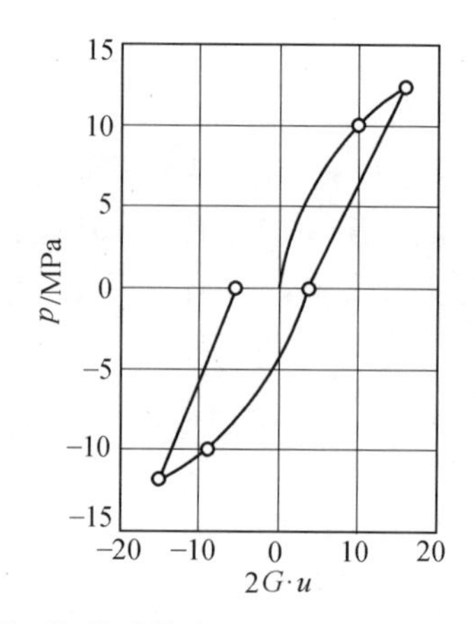

图 8.13 循环加载时外表面的径向位移(G为切变模量)

线刚度算法对非线性有限元分析是很重要的。

【例 8.2】 图 8.14(a) 所示为一具有接管受内压的球形压力容器,在图 8.14(b) 中给出了接管球壳联结附近区域的单元划分和塑性区分布。随着压力的升高,塑性区从接管和球壳的交界面附近逐步扩大,即两端分别向接管和球壳方向发展。计算采用初应变法以自动选择载荷步长($\Delta p_1 = p_e/3, \Delta\widetilde{S}_P = 0.1$)。每增量步长开始时部分地重新形成和分解刚度矩阵,然后进行常刚度迭代,共进行 7 个增量步,达到极限载荷。全部 CPU 时间仅为求解同一弹性问题的 8 倍。这里除总的增量步和迭代次数较少而外,还采用了顺序 - 逆序修正法,省去了刚度矩阵弹性区域的重新形成和分解时间。

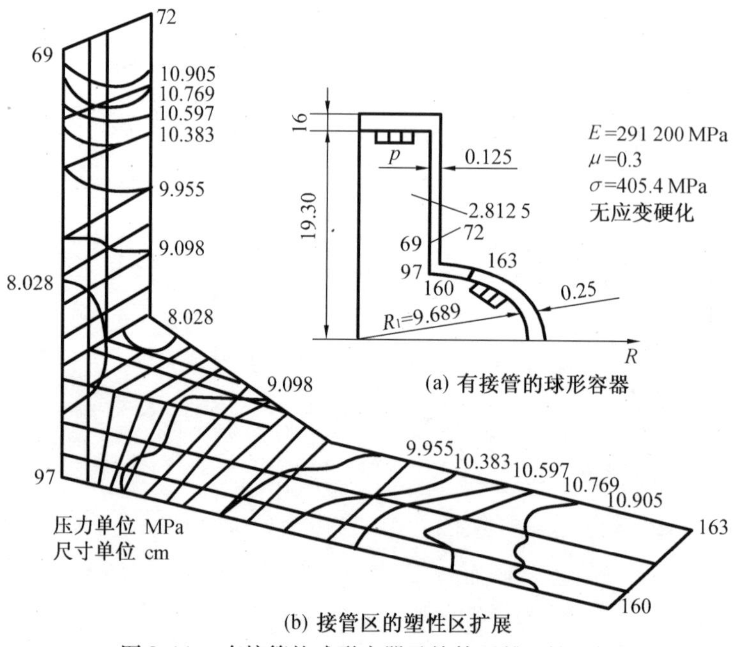

图 8.14 有接管的球形容器及接管区的塑性区扩展

习 题

8.1 一维弹塑性问题如题图8.1(a)所示,作用于中间截面的轴向力 $P=30$ N,材料性质如题图8.1(b),分别用直接迭代法、牛顿-拉斐逊法和修正牛顿法求解。

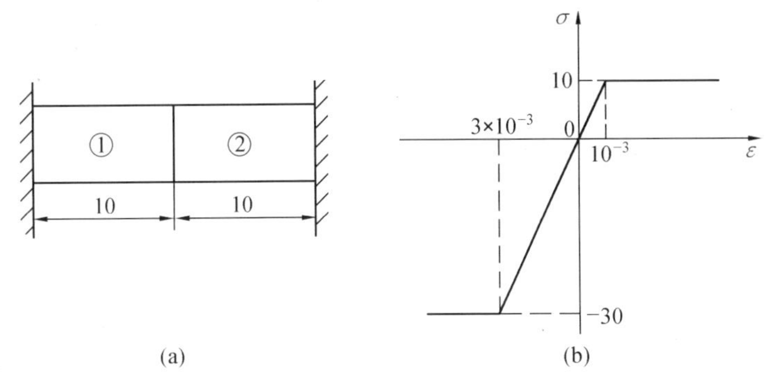

题图8.1

8.2 用增量法求解题8.1。采用以下两种加载方案:

(1)$0\rightarrow15\rightarrow20\rightarrow25\rightarrow30$

(2)$0\rightarrow16\rightarrow24\rightarrow30$

分别用有平衡校正和无平衡校正的欧拉法计算。

8.3 分别用有加速收敛和无加速收敛的常刚度迭代法求解题8.2的问题。每个增量不采用平衡校正,但规定不平衡允许误差为0.1。

8.4 证明:如果应变偏量的增量 Δe_{ij} 和应力偏量 S_{ij} 的方向相同,则按切向预测得到的应力是在屈服面上。(提示:证明 $|\Delta s|=\Delta R$ 即达到目的)

8.5 用弹塑性问题进行有限元分析过程中,必然会出现结构某一区域部分进入塑性,而另一部分仍属弹性,即所谓过渡区,试说明过渡区的处理办法,并以数学表达式表示。

第9章 几何非线性问题

前面讨论的问题都是基于小变形假设。它包括:一是假定物体所发生的位移远小于物体自身的几何尺度,这样建立结构或微元体平衡条件时可以不考虑物体的位置和形状(称位形)的变化,因此分析中不必区分变形前和变形后的位形,正如我们通常习惯上所做的以变形前位形描述变形后的平衡位形;二是假定在加载和变形过程中的应变可用一阶微量的线性应变进行度量,即应变与位移成一阶线性关系。通常将满足小变形假设的问题称为几何线性问题,即小变形、小转动,且应变不能是转动的高阶微量的问题。

实际上,我们遇到很多不符合小变形假设的问题,例如板和壳等薄壁结构在一定载荷作用下,尽管应变很小,甚至未超过弹性极限,但是位移较大,材料线元素会有较大的位移和转动。这时的平衡条件应建立在变形后的位形上,以考虑变形对平衡的影响。同时应变表达式也应包括位移的二次项。这样一来,平衡方程和几何方程都将是非线性的。这种由于大位移和大转动引起的非线性问题称为几何非线性问题(geometric nonlinear problem)。工程中的几何非线性问题主要包括小应变有限转动、有限变形(或大应变)问题、小应变小转动,但是应变与转动相比是高阶微量的问题。我们顺次称它们为小变形几何非线性问题(薄板大挠度问题)、有限变形几何非线性问题(三维实体大变形)和结构稳定性的许多初始屈曲问题。

本章主要讨论小变形几何非线性和有限变形(大应变)几何非线性问题,并对结构稳定性问题做了简单介绍。

9.1 小变形几何非线性有限元方程的建立与求解

9.1.1 几何非线性问题

建立有限元平衡方程常常应用虚位移原理:外力因虚位移所做的功,等于结构因虚应变所产生的应变能。如果用 $\boldsymbol{\Psi}$ 表示内力和外力矢量的总和,那么根据虚位移原理可以写出

$$\mathrm{d}\boldsymbol{\delta}^{\mathrm{T}}\boldsymbol{\Psi} = \int \mathrm{d}\boldsymbol{\varepsilon}^{\mathrm{T}}\boldsymbol{\sigma}\mathrm{d}V - \mathrm{d}\boldsymbol{u}^{\mathrm{T}}\boldsymbol{R} = 0 \tag{9.1}$$

式中 $\boldsymbol{R}$—— 全部载荷的列阵;

$\mathrm{d}\boldsymbol{u}$—— 虚位移列阵;

$\mathrm{d}\boldsymbol{\varepsilon}$—— 虚应变列阵。

如果我们用应变的增量形式表示位移增量和应变增量的关系,则

$$\mathrm{d}\boldsymbol{\varepsilon} = \overline{\boldsymbol{B}}\mathrm{d}\boldsymbol{u} \tag{9.2}$$

将上式代入式(9.1),得到非线性问题的一般平衡方程式,即

$$\boldsymbol{\Psi}(\boldsymbol{u}) = \int \overline{\boldsymbol{B}}^{\mathrm{T}} \boldsymbol{\sigma} \mathrm{d}V - \boldsymbol{R} = 0 \tag{9.3}$$

上式中的积分运算,事实上是用通常的方法,由各个元素的积分对于结点平衡所做的贡献总和而成。式(9.3)的导出没有涉及几何线性还是非线性问题,因此不论位移(或应变)是大的或是小的,都完全适用。

在大位移情况下,应变和位移的关系是非线性的,因此矩阵 $\overline{\boldsymbol{B}}$ 是 $\boldsymbol{u}$ 的函数。为了方便起见,可以写成

$$\overline{\boldsymbol{B}} = \boldsymbol{B}_0 + \boldsymbol{B}_{\mathrm{L}}(\boldsymbol{u}) \tag{9.4}$$

式中 $\boldsymbol{B}_0$—— 作为线性应变分析的矩阵项。

$\boldsymbol{B}_{\mathrm{L}}$ 取决于 $\boldsymbol{u}$,它是由非线性变形而引起的。一般地说,$\boldsymbol{B}_{\mathrm{L}}$ 是位移列阵 $\boldsymbol{u}$ 的线性函数。

如果应力应变关系还是一般的线性弹性关系,则有

$$\boldsymbol{\sigma} = \boldsymbol{D}(\boldsymbol{\varepsilon} - \boldsymbol{\varepsilon}_0) + \boldsymbol{\sigma}_0 \tag{9.5}$$

式中 $\boldsymbol{D}$—— 材料的弹性矩阵;

$\boldsymbol{\varepsilon}_0$—— 初应变矩阵;

$\boldsymbol{\sigma}_0$—— 初应力矩阵。

很显然,可以通过迭代方法求方程式(9.3)的解。若采用牛顿 - 拉斐逊(Newton - Raphson)方法,必须求出 $\mathrm{d}\boldsymbol{\Psi}$ 和 $\mathrm{d}\boldsymbol{u}$ 之间的关系。根据式(9.3)取 $\boldsymbol{\Psi}$ 的微分,于是有

$$\mathrm{d}\boldsymbol{\Psi} = \int \mathrm{d}\overline{\boldsymbol{B}}^{\mathrm{T}} \boldsymbol{\sigma} \mathrm{d}V + \int \overline{\boldsymbol{B}}^{\mathrm{T}} \mathrm{d}\boldsymbol{\sigma} \mathrm{d}V \tag{9.6}$$

应用式(9.5)和式(9.2),不考虑初应变和初应力的影响,可得

$$\mathrm{d}\boldsymbol{\sigma} = \boldsymbol{D}\mathrm{d}\boldsymbol{\varepsilon} = \boldsymbol{D}\overline{\boldsymbol{B}}\mathrm{d}\boldsymbol{u} \tag{9.6(a)}$$

再由式(9.4),有

$$\mathrm{d}\overline{\boldsymbol{B}} = \mathrm{d}\boldsymbol{B}_{\mathrm{L}} \tag{9.6(b)}$$

所以

$$\mathrm{d}\boldsymbol{\Psi} = \int \mathrm{d}\boldsymbol{B}_{\mathrm{L}}^{\mathrm{T}} \boldsymbol{\sigma} \mathrm{d}V + \overline{\boldsymbol{K}}\mathrm{d}\boldsymbol{u} \tag{9.7}$$

这里

$$\overline{\boldsymbol{K}} = \int \overline{\boldsymbol{B}}^{\mathrm{T}} \boldsymbol{D} \overline{\boldsymbol{B}} \mathrm{d}V = \boldsymbol{K}_0 + \boldsymbol{K}_{\mathrm{L}} \tag{9.8}$$

式中 $\boldsymbol{K}_0$—— 通常的、小位移的线性刚度矩阵,有

$$\boldsymbol{K}_0 = \int \boldsymbol{B}_0^{\mathrm{T}} \boldsymbol{D} \boldsymbol{B}_0 \mathrm{d}V \tag{9.9}$$

矩阵 $\boldsymbol{K}_{\mathrm{L}}$ 是由于大位移而引起的,它可以表示为

$$\boldsymbol{K}_{\mathrm{L}} = \int (\boldsymbol{B}_0^{\mathrm{T}} \boldsymbol{D} \boldsymbol{B}_{\mathrm{L}} + \boldsymbol{B}_{\mathrm{L}}^{\mathrm{T}} \boldsymbol{D} \boldsymbol{B}_{\mathrm{L}} + \boldsymbol{B}_{\mathrm{L}}^{\mathrm{T}} \boldsymbol{D} \boldsymbol{B}_0) \mathrm{d}V \tag{9.10}$$

式中 $\boldsymbol{K}_{\mathrm{L}}$—— 初始位移刚度矩阵或大位移刚度矩阵。

式(9.7)中的第一项,一般地可以写成

$$\int \mathrm{d}\boldsymbol{B}_{\mathrm{L}}^{\mathrm{T}} \boldsymbol{\sigma} \mathrm{d}V = \boldsymbol{K}_{\sigma} \mathrm{d}\boldsymbol{u} \tag{9.11}$$

这里 $\boldsymbol{K}_{\sigma}$ 是关于应力水平的对称矩阵,它称为初应力矩阵或几何刚度矩阵。

这样,式(9.7) 可以表示为

$$\mathrm{d}\boldsymbol{\Psi} = (\boldsymbol{K}_0 + \boldsymbol{K}_\sigma + \boldsymbol{K}_\mathrm{L})\mathrm{d}\boldsymbol{\delta} = \boldsymbol{K}_\mathrm{T}\mathrm{d}\boldsymbol{u} \tag{9.12}$$

如果采用牛顿 - 拉斐逊迭代方法,可总结步骤如下:

① 用线性弹性解作为 $\boldsymbol{u}$ 的第一次近似值 $\boldsymbol{u}_1$。

② 按着 $\overline{\boldsymbol{B}}$ 的定义和公式(9.5) 给出应力 $\boldsymbol{\sigma}$,利用式(9.3) 计算失衡力 $\boldsymbol{\Psi}_1$。

③ 确定切线刚度矩阵 $\boldsymbol{K}_\mathrm{T}$。

④ 通过公式

$$\Delta\boldsymbol{u}_2 = -\boldsymbol{K}_\mathrm{T}^{-1}\boldsymbol{\Psi}_1$$

算出位移的修正值,得到第二次近似值 $\boldsymbol{u}_2 = \boldsymbol{u}_1 + \Delta\boldsymbol{u}_2$。

⑤ 返回到步骤 ②,重复迭代步骤,直至失衡力 $\boldsymbol{\Psi}_n$ 足够小为止。

或者,利用修正的牛顿 - 拉斐逊方法进行迭代,即在形成一个切线刚度矩阵后,在迭代过程中保持其值不变。这样就可以减轻计算工作量,迭代次数却是增加了,然而总地来说还是合算的。

在导出公式(9.6) 的过程中,是做了这样的假设,即载荷 $\boldsymbol{R}$ 并不因变形而改变其大小和方向。但是某些情况并不如此,例如机翼的颤振、某些空气动力等问题。

若载荷 $\boldsymbol{R}$ 因位移改变而变化,则在公式(9.6) 中必须考虑有相对于 $\mathrm{d}\boldsymbol{u}$ 的载荷微分项 $\mathrm{d}\boldsymbol{R}$。考虑该项可以研究在非保守力作用下的大变形问题。

9.1.2 大挠度板单元的切线刚度矩阵

在大挠度范围内,当平板承受横向载荷时,板中的内力除弯曲内力外,还有薄膜内力,如图 9.1(a) 所示。在大挠度的情况下,横向位移可以引起薄膜应变,平面变形和弯曲变形不再认为是互不相关,而是相互耦合的。

如果 Oxy 坐标平面选择在与平板的中面重合,则平板应变可以用中面位移描述。令 $\boldsymbol{\varepsilon}$ 表示中面应变和曲率列阵,$\boldsymbol{\sigma}$ 表示薄膜内力和弯曲内力列阵,则有

$$\left.\begin{aligned}\boldsymbol{\varepsilon} &= \begin{bmatrix}\boldsymbol{\varepsilon}_\mathrm{pl}\\ \boldsymbol{\varepsilon}_\mathrm{b}\end{bmatrix} = \begin{bmatrix}\varepsilon_x & \varepsilon_y & \gamma_{xy} & \dfrac{\partial^2 w}{\partial x^2} & \dfrac{\partial^2 w}{\partial y^2} & 2\dfrac{\partial^2 w}{\partial x\partial y}\end{bmatrix}^\mathrm{T}\\ \boldsymbol{\sigma} &= \begin{bmatrix}\boldsymbol{\sigma}_\mathrm{pl}\\ \boldsymbol{\sigma}_\mathrm{b}\end{bmatrix} = [N_x \quad N_y \quad N_{xy} \quad M_x \quad M_y \quad M_{xy}]^\mathrm{T}\end{aligned}\right\} \tag{9.13}$$

式中 pl—— 中面;

b—— 弯曲。

平板挠度 w 对于中面线段在 x 和 y 方向产生附加伸长和附加角变形,如图 9.1(b) 所示,由平板的大挠度理论可表示平板大挠度弯曲的应变分量,即

$$\left.\begin{aligned}\varepsilon_x &= \frac{\partial u}{\partial x} + \frac{1}{2}\left(\frac{\partial w}{\partial x}\right)^2\\ \varepsilon_y &= \frac{\partial v}{\partial y} + \frac{1}{2}\left(\frac{\partial w}{\partial y}\right)^2\\ \gamma_{xy} &= \frac{\partial u}{\partial y} + \frac{\partial v}{\partial x} + \left(\frac{\partial w}{\partial x}\right)\left(\frac{\partial w}{\partial y}\right)\end{aligned}\right\} \tag{9.13(a)}$$

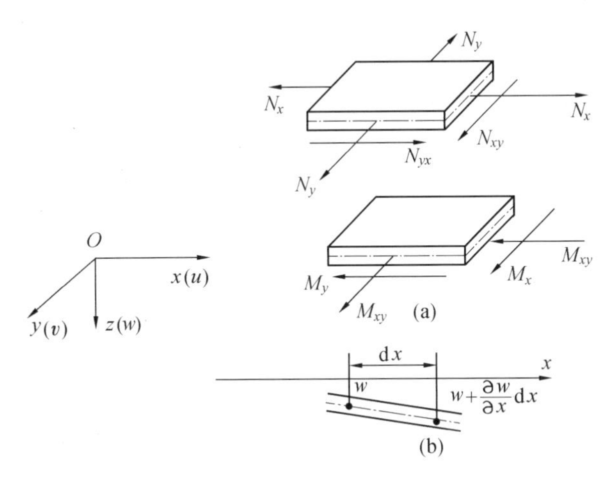

图 9.1　平板的内力和挠度

将上式代入式(9.13),可得

$$\boldsymbol{\varepsilon}=\begin{bmatrix}\boldsymbol{\varepsilon}_{0\mathrm{pl}}\\ \boldsymbol{\varepsilon}_{0\mathrm{b}}\end{bmatrix}+\begin{bmatrix}\boldsymbol{\varepsilon}_{\mathrm{Lpl}}\\ 0\end{bmatrix}=\begin{bmatrix}\dfrac{\partial u}{\partial x}\\ \dfrac{\partial v}{\partial y}\\ \dfrac{\partial u}{\partial y}+\dfrac{\partial v}{\partial x}\\ \dfrac{\partial^2 w}{\partial x^2}\\ \dfrac{\partial^2 w}{\partial y^2}\\ 2\dfrac{\partial^2 w}{\partial x\partial y}\end{bmatrix}+\begin{bmatrix}\dfrac{1}{2}\left(\dfrac{\partial w}{\partial x}\right)^2\\ \dfrac{1}{2}\left(\dfrac{\partial w}{\partial y}\right)^2\\ \dfrac{\partial w}{\partial x}\dfrac{\partial w}{\partial y}\\ 0\\ 0\\ 0\end{bmatrix} \tag{9.14}$$

式中右端第一项表示线性应变,第二项就是平板大挠度引起的非线性项。

如果考虑材料仅是弹性状态,那么平板弹性矩阵 $\boldsymbol{D}$ 是由平面应力弹性矩阵 $\boldsymbol{D}_{\mathrm{pl}}$ 和弯曲弹性矩阵 $\boldsymbol{D}_{\mathrm{b}}$ 所组成,即

$$\boldsymbol{D}=\begin{bmatrix}\boldsymbol{D}_{\mathrm{pl}} & 0\\ 0 & \boldsymbol{D}_{\mathrm{b}}\end{bmatrix} \tag{9.15}$$

式中

$$\boldsymbol{D}_{\mathrm{pl}}=\frac{E}{1-\mu^2}\begin{bmatrix}1 & \mu & 0\\ \mu & 1 & 0\\ 0 & 0 & \dfrac{1-\mu}{2}\end{bmatrix} \tag{9.15(a)}$$

$$\boldsymbol{D}_{\mathrm{b}}=\frac{Eh^3}{12(1-\mu^2)}\begin{bmatrix}1 & \mu & 0\\ \mu & 1 & 0\\ 0 & 0 & \dfrac{1-\mu}{2}\end{bmatrix} \tag{9.15(b)}$$

平板弯曲的位移模式可以利用适当的形函数通过结点位移列阵来表示,即

$$[u \quad v \quad w]^{\mathrm{T}} = \boldsymbol{N}\boldsymbol{u}^{e} \tag{9.16}$$

为方便起见,结点位移列阵也可以区分为平面的和弯曲的两类,即

$$\boldsymbol{u}_i = [\boldsymbol{u}_{i\mathrm{pl}}{}^{\mathrm{T}} \quad \boldsymbol{u}_{i\mathrm{b}}{}^{\mathrm{T}}] \tag{9.16(a)}$$

而

$$\boldsymbol{u}_{i\mathrm{pl}} = [u_i \quad v_i]^{\mathrm{T}} \qquad \boldsymbol{u}_{i\mathrm{b}} = \left[w_i \quad \left(\frac{\partial w}{\partial x}\right)_i \quad \left(\frac{\partial w}{\partial y}\right)_i\right]^{\mathrm{T}} \tag{9.16(b)}$$

形函数也可以表示为

$$\boldsymbol{N}_i = \begin{bmatrix} \boldsymbol{N}_{i\mathrm{pl}} & 0 \\ 0 & \boldsymbol{N}_{i\mathrm{b}} \end{bmatrix} \tag{9.17}$$

按照上述定义,除了非线性应变项 $\boldsymbol{\varepsilon}_{\mathrm{Lpl}}$ 以外,所有标准的线性分析与前面所讨论的完全相同,这里不予重复。

至此,我们可以计算 $\overline{\boldsymbol{B}}$ 矩阵。首先必须注意到 $\overline{\boldsymbol{B}}$ 可表示为线性与非线性两部分,即

$$\overline{\boldsymbol{B}} = \boldsymbol{B}_0 + \boldsymbol{B}_{\mathrm{L}}$$

这里

$$\boldsymbol{B}_0 = \begin{bmatrix} \boldsymbol{B}_{0\mathrm{pl}} & \\ & \boldsymbol{B}_{0\mathrm{b}} \end{bmatrix} \quad \boldsymbol{B}_{\mathrm{L}} = \begin{bmatrix} 0 & \boldsymbol{B}_{\mathrm{Lb}} \\ 0 & 0 \end{bmatrix} \tag{9.18}$$

式中,$\boldsymbol{B}_{0\mathrm{pl}}$,$\boldsymbol{B}_{0\mathrm{b}}$ 就是平面元素和弯曲元素按线性分析所得到的标准矩阵,而 $\boldsymbol{B}_{\mathrm{Lb}}$ 应由 $\boldsymbol{\varepsilon}_{\mathrm{Lpl}}$ 通过结点弯曲位移列阵 $\boldsymbol{u}_{\mathrm{b}}$ 来确定。也就是说,$\boldsymbol{B}_{\mathrm{Lb}}$ 是由于应变的非线性项而引起的。

在式(9.14)中,应变分量的非线性部分 $\boldsymbol{\varepsilon}_{\mathrm{Lpl}}$ 可表示为

$$\boldsymbol{\varepsilon}_{\mathrm{Lpl}} = \frac{1}{2}\begin{bmatrix} \dfrac{\partial w}{\partial x} & 0 \\ 0 & \dfrac{\partial w}{\partial y} \\ \dfrac{\partial w}{\partial y} & \dfrac{\partial w}{\partial x} \end{bmatrix} \begin{bmatrix} \dfrac{\partial w}{\partial x} \\ \dfrac{\partial w}{\partial y} \end{bmatrix} = \frac{1}{2}\boldsymbol{C}\boldsymbol{\theta} \tag{9.19}$$

w 的一阶导数(斜率)可以用结点弯曲位移列阵 $\boldsymbol{u}_{\mathrm{b}}^{e}$ 表示,即

$$\boldsymbol{\theta} = \begin{bmatrix} \dfrac{\partial w}{\partial x} & \dfrac{\partial w}{\partial y} \end{bmatrix}^{\mathrm{T}} = \boldsymbol{G}\boldsymbol{u}_{\mathrm{b}}^{e} \tag{9.20}$$

式中

$$\boldsymbol{G} = \begin{bmatrix} \dfrac{\partial N_{i\mathrm{b}}}{\partial x} & \dfrac{\partial N_{j\mathrm{b}}}{\partial x} & \cdots \\ \dfrac{\partial N_{i\mathrm{b}}}{\partial y} & \dfrac{\partial N_{j\mathrm{b}}}{\partial y} & \cdots \end{bmatrix} \tag{9.21}$$

矩阵 $\boldsymbol{G}$ 完全由单元坐标所定义。

可以证明矩阵 $\boldsymbol{C}$ 和列阵 $\boldsymbol{\theta}$ 的两个有趣的性质:

(1) $\mathrm{d}\boldsymbol{C}\boldsymbol{\theta} = \boldsymbol{C}\mathrm{d}\boldsymbol{\theta}$

(2) 若设 $\boldsymbol{y} = [y_1 \quad y_2 \quad y_3]^{\mathrm{T}}$,于是有

$$\mathrm{d}\boldsymbol{C}^{\mathrm{T}}\boldsymbol{y} = \begin{bmatrix} y_1 & y_3 \\ y_3 & y_2 \end{bmatrix} \mathrm{d}\boldsymbol{\theta}$$

由上述性质，我们可以推导 $\boldsymbol{B}_{\mathrm{Lb}}$ 的表达式，取式(9.19)的微分，可得

$$\mathrm{d}\boldsymbol{\varepsilon}_{\mathrm{Lpl}} = \frac{1}{2}\mathrm{d}\boldsymbol{C}\boldsymbol{\theta} + \frac{1}{2}\boldsymbol{C}\mathrm{d}\boldsymbol{\theta} = \boldsymbol{C}\boldsymbol{G}\mathrm{d}\boldsymbol{u}_{\mathrm{b}}^{e} \tag{9.22}$$

根据 $\boldsymbol{B}_{\mathrm{L}}$ 的定义，可以直接写出

$$\boldsymbol{B}_{\mathrm{Lb}} = \boldsymbol{C}\boldsymbol{G}$$

由于对非线性方程求解经常采用牛顿－拉斐逊方法，需要求出切线刚度矩阵，如式(9.12)所示的 $\boldsymbol{K}_{\mathrm{T}} = \boldsymbol{K}_0 + \boldsymbol{K}_{\sigma} + \boldsymbol{K}_{\mathrm{L}}$。

现在计算板单元的切线刚度矩阵 $\boldsymbol{k}_{\mathrm{T}}$，对于线性的小变形的刚度矩阵，有

$$\boldsymbol{k}_0 = \begin{bmatrix} k_{0\mathrm{pl}} & 0 \\ 0 & k_{0\mathrm{b}}^{\mathrm{T}} \end{bmatrix} \tag{9.23}$$

对于初始位移矩阵，可以把式(9.18)代入式(9.10)，得到

$$\boldsymbol{k}_{\mathrm{L}} = \int \begin{bmatrix} 0 & \text{对称} \\ \boldsymbol{B}_{0\mathrm{pl}}^{\mathrm{T}}\boldsymbol{D}_{\mathrm{pl}}\boldsymbol{B}_{\mathrm{Lb}} & \boldsymbol{B}_{\mathrm{Lb}}^{\mathrm{T}}\boldsymbol{D}_{\mathrm{pl}}\boldsymbol{B}_{\mathrm{Lb}} \end{bmatrix} \mathrm{d}x\mathrm{d}y \tag{9.24}$$

最后，利用式(9.11)可以求出几何刚度矩阵

$$\boldsymbol{k}_{\sigma} = \begin{bmatrix} 0 & 0 \\ 0 & \boldsymbol{k}_{\sigma\mathrm{b}} \end{bmatrix} \tag{9.25}$$

式中

$$\boldsymbol{k}_{\sigma\mathrm{b}} = \int \boldsymbol{G}^{\mathrm{T}} \begin{bmatrix} N_x & N_{xy} \\ N_{xy} & N_y \end{bmatrix} \boldsymbol{G}\mathrm{d}x\mathrm{d}y \tag{9.26}$$

采用牛顿－拉斐逊方法求解平板大挠度问题的具体步骤：

首先按小变形线性理论算出位移 $\boldsymbol{u}$ 的一阶近似值，它是平面应力和弯曲应力问题的非耦合解。然后，依据所求得的位移近似值，利用公式(9.14)求得应变值，包括对线性部分和非线性部分的贡献，相应的应力值，通过材料的弹性矩阵决定，再由式(9.3)就可以算出 $\boldsymbol{\Psi}(\boldsymbol{u})$ 的一阶近似值 $\boldsymbol{\Psi}_1$。为了下一次迭代，算出平板的切线刚度矩阵，接下去就可以利用牛顿－拉斐逊方法进行多次迭代，直到 $\boldsymbol{\Psi}_n$ 足够小为止。

9.2　有限变形几何非线性的几何描述

在涉及几何非线性问题的有限元方法中，通常都采用增量分析的方法。增量分析的目的是确定此物体在一系列时间点 $0, \Delta t, 2\Delta t, \cdots$ 处于平衡状态的位移、速度、应变、应力等运动学和静力学参量。假定问题在时间0到 t 的所有时间点的解答已经求得，下一步需要求解时间为 $t+\Delta t$ 时刻的各个力学量。这是一典型的步骤，反复使用此步骤，就可以求得问题的全部解答。

涉及大变形非线性问题的有限单元法中，结构的位移随加载过程不断变化，因此必须建立参考位形，以参考位形表征其变化过程。目前对此基本上采用两种不同的表达格式，

第一种格式中所有静力学和运动学变量总是参考于初始位形，以时间 0 的位形作为参考位形，即在整个分析过程中参考位形保持初始位形不变，这种格式称为完全的拉格朗日格式；另一种格式中所有静力学和运动学的变量参考于每一载荷或时间步长开始时的位形，即所有变量以时间 t 的位形作为参考位形，在分析过程中参考位形是不断地被更新的，这种格式称为修正的或更新的拉格朗日格式。

按上述两种格式考察，可以发现大变形几何非线性问题的几何描述必须建立两个坐标系，并对两种描述格式予以定义。

设运动物体中的任一点在 $t=0$ 时刻（初始位形）的空间位置用笛卡尔坐标系的一组坐标 X_i 来表示，而该点在 t 时刻的空间位置用一组坐标 x_i 表示（图 9.2），则

$$x_i = x_i(X_j, t) \tag{9.27}$$

或

$$X_i = X_i(x_j, t) \tag{9.28}$$

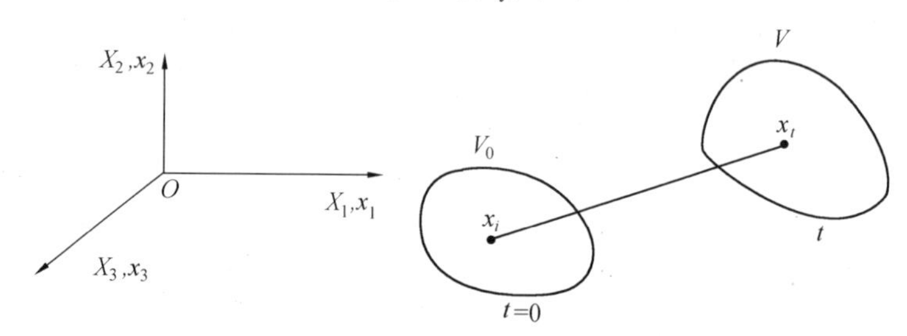

图 9.2　坐标描述

由于我们所考察的物体运动和变形等参数都是随时间连续变化的，因此在度量物体运动和变形时需要选定一个特定时刻的状态作为基准，即称为参考状态。为了正确定义描述，规定初始时刻任意点的坐标 X_i 称为物质坐标，也称为拉格朗日坐标。坐标 x_i 是识别空间点的“标志”，同一空间点在不同时刻由不同的物质点所占据，所以称 x_i 为空间坐标，也称为欧拉坐标。在连续介质力学中，把以物质坐标 X_i 作为自变量的描述方法称为物质描述方法，也称为拉格朗日描述方法；把以空间坐标 x_i 作为自变量的描述方法称为空间描述方法，也称为欧拉描述方法。

假设物体的运动和变形是时间的单值连续函数，式（9.27）表示一个物体从初始状态所占据的区域 V_0 到现时（t 时刻）状态所占据区域 V 的映射。由于是单值连续假定，这个映射是一一对应的，函数 $x_i(X_i, t)$ 是单值连续和可微的，且 Jacobi 行列式不等于零，即

$$J = \begin{vmatrix} \dfrac{\partial x_1}{\partial X_1} & \dfrac{\partial x_1}{\partial X_2} & \dfrac{\partial x_1}{\partial X_3} \\ \dfrac{\partial x_2}{\partial X_1} & \dfrac{\partial x_2}{\partial X_2} & \dfrac{\partial x_2}{\partial X_3} \\ \dfrac{\partial x_3}{\partial X_1} & \dfrac{\partial x_3}{\partial X_2} & \dfrac{\partial x_3}{\partial X_3} \end{vmatrix} \neq 0$$

或写成

$$J = \det \boldsymbol{F} \neq 0$$

其中

$$\boldsymbol{F} = \begin{bmatrix} \frac{\partial x_1}{\partial X_1} & \frac{\partial x_1}{\partial X_2} & \frac{\partial x_1}{\partial X_3} \\ \frac{\partial x_2}{\partial X_1} & \frac{\partial x_2}{\partial X_2} & \frac{\partial x_2}{\partial X_3} \\ \frac{\partial x_3}{\partial X_1} & \frac{\partial x_3}{\partial X_2} & \frac{\partial x_3}{\partial X_3} \end{bmatrix} \quad (\text{或 } F_{ij} = \frac{\partial x_i}{\partial X_j})$$

式中 $\frac{\partial x_i}{\partial X_j}$—— 变形梯度；

$\boldsymbol{F}$—— 变形梯度矩阵；

J—— 变形梯度矩阵的行列式。

初始状态中由 $O'ABC$ 组成平行六面体体元，其中的三条棱是 $O'A$、$O'B$、$O'C$，对应线元分量是 $\mathrm{d}X_p$、δX_l、ΔX_m（图 9.3），在映射下（如式(9.27)），它们的现时线元是 oa、ob 和 oc，这些线元的分量为

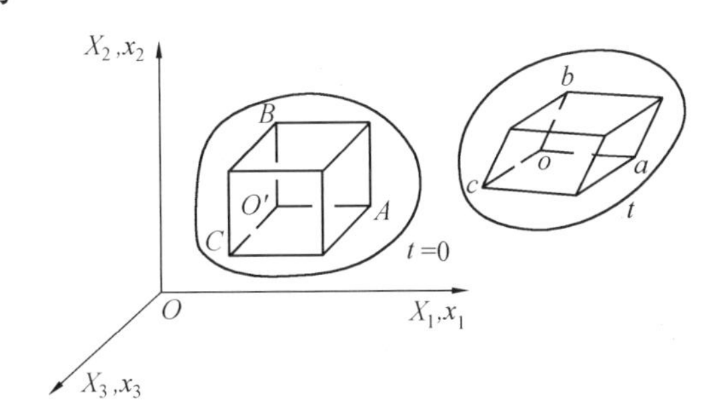

图 9.3 变形前后的体元

$$\mathrm{d}x_i = x_i(X_j + \mathrm{d}X_j, t) - x_i(X_j, t) = \frac{\partial x_i}{\partial X_1}\mathrm{d}X_1 + \frac{\partial x_i}{\partial X_2}\mathrm{d}X_2 + \frac{\partial x_i}{\partial X_3}\mathrm{d}X_3 = \frac{\partial x_i}{\partial X_j}\mathrm{d}X_j$$

同理

$$\delta x_i = \frac{\partial x_i}{\partial X_j}\delta X_j$$

$$\Delta x_i = \frac{\partial x_i}{\partial X_j}\Delta X_j \tag{9.29}$$

而由它们构成的六面体体元的体积为

$$\mathrm{d}V = \begin{vmatrix} \mathrm{d}x_1 & \mathrm{d}x_2 & \mathrm{d}x_3 \\ \delta x_1 & \delta x_2 & \delta x_3 \\ \Delta x_1 & \Delta x_2 & \Delta x_3 \end{vmatrix} = e_{ijk}\mathrm{d}x_i \delta x_j \Delta x_k = e_{ijk}\frac{\partial x_i}{\partial X_p}\frac{\partial x_j}{\partial X_l}\frac{\partial x_k}{\partial X_m}\mathrm{d}X_p \delta X_l \Delta X_m =$$

$$J e_{plm}\mathrm{d}X_p \delta X_l \Delta X_m = J\mathrm{d}V_0 \tag{9.30}$$

式中 $e_{ijk}(e_{plm})$—— 排列张量。

按排列张量性质，当 i、j、k 按偶排列时，取值为1；奇排列时取值为 -1；其余为0。而 $\mathrm{d}V_0$ 为

$$\mathrm{d}V_0=\begin{vmatrix}\mathrm{d}X_1 & \mathrm{d}X_2 & \mathrm{d}X_3\\ \delta X_1 & \delta X_2 & \delta X_3\\ \Delta X_1 & \Delta X_2 & \Delta X_3\end{vmatrix}=e_{plm}\mathrm{d}X_p\delta X_l\Delta X_m$$

由此可知,对于不可压缩物体 $J=\dfrac{\mathrm{d}V}{\mathrm{d}V_0}=1$,如物质运动,遵守质量守恒定律,记$\rho_0$ 和ρ 分别为初始和现时位形中介质的密度,则$\dfrac{\mathrm{d}V}{\mathrm{d}V_0}=\dfrac{\rho_0}{\rho}=J$。

下面讨论变形过程中面元的大小和方向的变化。取任意两点间的线元(图 9.4)$\mathrm{d}X_i$、δX_i,变形后的现时状态为 $\mathrm{d}x_i$、δx_i,并用 $N_i\mathrm{d}A_0$ 及 $n_i\mathrm{d}A$ 表示变形前后的面元法线方向和面积大小,则变形前后的有向面元分别是 $\mathrm{d}X_i$ 和 δX_i、$\mathrm{d}x_i$ 和 δx_i 的矢量积,有

$$N_i\mathrm{d}A_0=e_{ijk}\mathrm{d}X_j\,\delta X_k$$

$$n_i\mathrm{d}A=e_{ijk}\mathrm{d}x_j\,\delta x_k$$

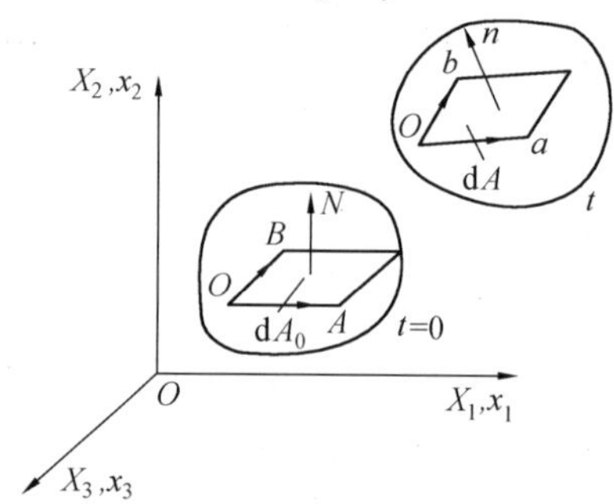

图 9.4 变形前后的面元

将上面第二式两端左乘以$\dfrac{\partial x_i}{\partial X_p}$,则由式(9.29) 可得

$$\frac{\partial x_i}{\partial X_p}n_i\mathrm{d}A=e_{ijk}\frac{\partial x_i}{\partial X_p}\frac{\partial x_j}{\partial X_l}\frac{\partial x_k}{\partial X_m}\mathrm{d}X_l\,\delta X_m=JN_p\mathrm{d}A_0 \tag{9.31}$$

上式是变形前后面元的转换公式,由于 $J\neq 0$ 且变形梯度张量$\dfrac{\partial x_i}{\partial X_j}$有逆,即

$$\frac{\partial x_i}{\partial X_k}\frac{\partial x_k}{\partial X_j}=\delta_{ij}$$

式中 δ_{ij}—— 克罗内克(Cronecker) 记号。

由此,式(9.31) 的面元变化公式亦可表示为

$$n_i\mathrm{d}A=J\frac{\partial X_p}{\partial x_i}N_p\mathrm{d}A_0 \tag{9.32}$$

根据克莱姆(Cramer) 法则,可用变形梯度张量的分量来表示$\dfrac{\partial X_i}{\partial x_j}$,即

$$\frac{\partial X_i}{\partial x_j}=\frac{1}{2J}e_{imp}e_{jkl}\frac{\partial x_k}{\partial X_m}\frac{\partial x_l}{\partial X_p}$$

以上导出的变形和变形率的几何描述均是建立在拉格朗日描述的基础上的。同理,

我们也可用欧拉描述导出类似的几何描述公式。

9.3 格林应变与阿尔曼西应变

9.3.1 格林(Green)应变

现讨论一个物体由初始位形变形到现时位形时,如何描述其中 P 点附近的相对变形(应变)。若考察在初始位形中的面元,它的顶点是 O、A 和 B(图9.4)。由于变形,它的现时位形为面元 Oab,且以 $\mathrm{d}X_i$、δX_i 和 $\mathrm{d}x_i$、δx_i 表示变形前后的坐标分量,则它们之间的差别可记为

$$\mathrm{d}x_i\,\delta x_i - \mathrm{d}X_i\,\delta X_i = \left(\frac{\partial x_k}{\partial X_i}\frac{\partial x_k}{\partial X_j} - \delta_{ij}\right)\mathrm{d}X_i\,\delta X_j \tag{9.33}$$

如果在点 P 的邻域内,变形过程仅做刚体运动,则表示初始位形和现时位形具有相同形状,即表示无应变,也就是说式(9.33)右端项恒等于零,因此我们可以将这个因子取为应变度量。格林应变张量定义为

$$E_{ij} = \frac{1}{2}\left(\frac{\partial x_k}{\partial X_i}\frac{\partial x_k}{\partial X_j} - \delta_{ij}\right) \tag{9.34(a)}$$

它们的力学含义是:如果用 $\mathrm{d}S$、δS 和 $\mathrm{d}s$、δs 分别代表线元 OA、OB 和 oa、ob 的长度,它们之间的夹角分别为 θ_0 和 θ,并用 α_i、β_j 表示初始位形中线元的单位矢量,于是式(9.33)可改写为

$$\frac{\mathrm{d}s}{\mathrm{d}S}\frac{\delta s}{\delta S}\cos\theta - \cos\theta_0 = 2E_{ij}\alpha_i\beta_j$$

如果 $\theta_0 = 0$,即当 A 与 B 点重合时,上式变为

$$\left(\frac{\mathrm{d}s}{\mathrm{d}S}\right)^2 - 1 = 2E_{ij}\alpha_i\beta_j$$

以 $\lambda^{(a)}$ 表示现时长度与初始长度之比,则

$$\lambda^{(a)} = (1 + E_{ij}\,\alpha_i\,\alpha_j)^{1/2}$$

由上式,初始位形中平行于空间坐标系的三个线元的变化率为

$$\lambda^{(1)} = (1 + 2E_{11})^{1/2}$$

$$\lambda^{(2)} = (1 + 2E_{22})^{1/2}$$

$$\lambda^{(3)} = (1 + 2E_{33})^{1/2}$$

这就给出了格林应变分量 E_{ij} 与长度比 $\lambda^{(i)}$ 间的关系。将前式中的$\frac{\mathrm{d}s}{\mathrm{d}S}$、$\frac{\delta s}{\delta S}$用 $\lambda^{(\alpha)}$ 和 $\lambda^{(\beta)}$ 表示,并用 $\theta_{\alpha\beta}$ 表示初始位形到现时位形的夹角变化,即变形过程中夹角改变量 $\theta_{\alpha\beta} = \frac{\pi}{2} - \theta$,则

$$\sin\theta_{\alpha\beta} = \frac{2E_{ij}\,\alpha_i\,\beta_j}{\lambda^{(\alpha)}\lambda^{(\beta)}}$$

或

$$\sin\theta_{12}=\frac{2E_{12}}{\lambda^{(1)}\lambda^{(2)}}$$

这个方程展示了格林应变分量E_{12}与两线元间的直角减小θ_{12}之间的关系。这里必须注意E_{12}的力学解释并不像小应变假设下剪切应变分量γ_{12}那么简单,因为它还包括了$\lambda^{(1)}$和$\lambda^{(2)}$。其他格林应变分量的分析类似。

9.3.2 阿耳曼西(Almansi)应变

格林应变是以初始位形为参考位形的,若用现时位形作为参考位形(即欧拉描述),同样可以给出上述类似的一系列推导

$$\mathrm{d}x_i\,\delta x_i-\mathrm{d}X_i\,\delta X_i=\delta_{ij}\mathrm{d}x_i\,\delta x_j-\mathrm{d}X_k\,\delta X_k=\left(\delta_{ij}-\frac{\partial X_k}{\partial x_i}\frac{\partial X_k}{\partial x_j}\right)\mathrm{d}x_i\,\delta x_j$$

阿耳曼西应变张量定义为

$$e_{ij}=\frac{1}{2}\left(\delta_{ij}-\frac{\partial X_k}{\partial x_i}\frac{\partial X_k}{\partial x_j}\right)\tag{9.34(b)}$$

现时位形中平行于坐标系的三个线元变化率也可表示为

$$\lambda^{(i)}=(1-2e_{ii})^{1/2}\qquad(i=1,2,3)$$

及

$$\sin\bar{\theta}_{12}=\frac{2e_{12}}{\lambda^{(1)}\lambda^{(2)}}$$

式中 $\bar{\theta}_{12}$——在现时位形中平行于坐标轴x_1和x_2的两物质线元,在初始位形内(变形前)的夹角与直角的偏离。

对于上述格林应变张量和阿尔曼西应变张量均是采用上节给出的变形梯度加以表达,为了与弹性力学的柯西(Cauchy)应变张量比较,下面采用位移梯度表示应变。

以拉格朗日描述和欧拉描述分别给出的位移矢量u_i的相应表达式为

$$u_i=x_i(X_j,t)-X_i$$
$$u_i=x_i-X_i(X_j,t)$$

这时,其相应的变形梯度为

$$\frac{\partial x_i}{\partial X_j}=\frac{\partial u_i}{\partial X_j}+\delta_{ij}\qquad\frac{\partial X_i}{\partial x_j}=\delta_{ij}-\frac{\partial u_i}{\partial x_j}$$

式中 $\frac{\partial u_i}{\partial X_j}$(或$\frac{\partial u_i}{\partial x_j}$)——相对于初始位形(或现时位形)度量的位移梯度张量。

于是,将上式分别代入式(9.34(a))和式(9.34(b)),则得

$$\begin{aligned}E_{ij}&=\frac{1}{2}\left[\left(\frac{\partial u_k}{\partial X_i}+\delta_{ki}\right)\left(\frac{\partial u_k}{\partial X_j}+\delta_{kj}\right)-\delta_{ij}\right]=\\&\frac{1}{2}\left(\frac{\partial u_k}{\partial X_i}\delta_{kj}+\delta_{ki}\frac{\partial u_k}{\partial X_j}+\frac{\partial u_k}{\partial X_i}\frac{\partial u_k}{\partial X_j}+\delta_{ki}\delta_{kj}-\delta_{ij}\right)=\\&\frac{1}{2}\left(\frac{\partial u_j}{\partial X_i}+\frac{\partial u_i}{\partial X_j}+\frac{\partial u_k}{\partial X_i}\frac{\partial u_k}{\partial X_j}\right)\end{aligned}\tag{9.35}$$

$$e_{ij}=\frac{1}{2}\left(\frac{\partial u_j}{\partial x_i}+\frac{\partial u_i}{\partial x_j}-\frac{\partial u_k}{\partial x_i}\frac{\partial u_k}{\partial x_j}\right) \tag{9.36}$$

上述两式分别是以位移 u 表示的格林应变张量和阿尔曼西应变张量。应该指出:在求格林应变时,u_i 是 X_i(物质坐标)的函数,即为初始位形中质点位置的函数;而在计算阿尔曼西应变时,u_i 是变形后位形内质点位置 x_i(现时坐标)的函数。格林和阿尔曼西应变张量都是对称二阶张量,在物体内每一点至少有三个相互垂直的主轴,对于主轴坐标系,应变分量的非对角线元素(即 $i\neq j$ 的分量)为零,它们对应于平行坐标轴两线元在变形时产生的与直角偏离的正弦,因此,对应于主轴的物质线元在变形过程中始终是垂直的。

到目前为止,对变形的大小未加以任何限制,仅是假设了两个坐标系,当然也应适用于小应变下的柯西应变张量,有

$$\varepsilon_{ij}=\frac{1}{2}\left(\frac{\partial u_i}{\partial x_j}+\frac{\partial u_j}{\partial x_i}\right)$$

比较发现,格林和阿尔曼西应变张量比柯西应变张量增加了等式右端项的最后一项,即高阶项,当小应变假设满足时,X_i、x_i 不再加以区分,则它们可以退化为柯西应变张量(即忽略高阶项)。同时从格林和阿尔曼西应变张量的定义可知,式(9.34)右端项的1/2完全是为了与柯西应变张量统一而设置的。但必须指出在大变形时,只有应用格林应变(或阿尔曼西应变)描述才是正确的。

9.3.3 变形率张量

考虑瞬时运动的速度矢量场 v_i,这里的速度即是空间坐标 x_j 的函数,又是时间 t 的函数,则

$$v_i=v_i(x_j,t)$$

当时间增加至 $t+\Delta t$ 时,该质点已运动到 $x_j+v_i\mathrm{d}t$ 的空间位置,该质点此时刻的速度应为 $v_i(x_j+v_i\mathrm{d}t,t+\Delta t)$,故该质点的加速度应表示为

$$\dot{v}_i=\frac{\partial v_i}{\partial t}+\frac{\partial v_i}{\partial x_j}\frac{\partial x_j}{\partial t}=\frac{\partial v_i}{\partial t}+v_j\frac{\partial v_i}{\partial x_j}$$

式中 $\dot{v}_i$——速度的物质导数。

上式右端第一项可以理解为由速度场随时间的变化引起的,称加速度的当地部分;第二项是非均匀速度场中质点运动的贡献,称加速度的对流部分。

现在考察在 t 时刻速度场相对于空间坐标的变化,t 为常数或 $\mathrm{d}t=0$,则有

$$\mathrm{d}v_i=\frac{\partial v_i}{\partial x_j}\mathrm{d}x_j+\frac{\partial v_i}{\partial t}\mathrm{d}t=\frac{\partial v_i}{\partial x_j}\mathrm{d}x_j$$

式中 $\frac{\partial v_i}{\partial x_j}$——速度梯度。

可以将它们分解为对称部分和反对称部分之和,即上式的相对速度可表示为

$$\mathrm{d}v_i=\frac{1}{2}\left(\frac{\partial v_i}{\partial x_j}-\frac{\partial v_j}{\partial x_i}\right)\mathrm{d}x_j+\frac{1}{2}\left(\frac{\partial v_i}{\partial x_j}+\frac{\partial v_j}{\partial x_i}\right)\mathrm{d}x_j=$$
$$-\Omega_{ij}\mathrm{d}x_j+V_{ij}\mathrm{d}x_j=\mathrm{d}v_i^{*}+\mathrm{d}v_i^{**} \tag{9.37}$$

式中 Ω_{ij}—— 旋度张量,是反对称的。它可表示为

$$\Omega_{ij} = e_{ijk}\Omega_k$$

Ω_k—— 旋度矢量,其物理意义为转动角速度;

V_{ij}—— 变形率张量,有

$$V_{ij} = \dot{\varepsilon}_i \quad 且 \quad \varepsilon_{ij} = \frac{1}{2}\left(\frac{\partial u_i}{\partial x_j} + \frac{\partial u_j}{\partial x_i}\right)$$

可见,$\mathrm{d}v_i^{**}$ 是这个邻域的纯变形,而反对称部分 $\mathrm{d}v_i^*$ 是这个邻域绕着通过考察点的某轴的刚体转动。

现讨论变形率张量 V_{ij} 与格林应变率的关系。

将格林应变张量对时间求物质导数,由式(9.34(a))可得

$$\begin{aligned}\dot{E}_{ij} &= \frac{1}{2}\left(\frac{\partial x_k}{\partial X_i}\frac{\partial \dot{x}_k}{\partial X_j} + \frac{\partial \dot{x}_k}{\partial X_i}\frac{\partial x_k}{\partial X_j}\right) = \\ &\frac{1}{2}\left(\frac{\partial x_k}{\partial X_i}\frac{\partial v_k}{\partial x_l}\frac{\partial x_l}{\partial X_j} + \frac{\partial v_l}{\partial x_k}\frac{\partial x_k}{\partial X_i}\frac{\partial x_l}{\partial X_j}\right) = \\ &\frac{1}{2}\frac{\partial x_k}{\partial X_i}\frac{\partial x_l}{\partial X_j}\left(\frac{\partial v_k}{\partial x_l} + \frac{\partial v_l}{\partial x_k}\right) = \\ &\frac{\partial x_k}{\partial X_i}\frac{\partial x_l}{\partial X_j}V_{kl}\end{aligned} \tag{9.38}$$

上式中的格林应变速率是相对初始位形定义的。如果将时刻 t 的现时位形作为参考系,可以证明其格林应变的速率为

$$\dot{E}_{ij}(t) = V_{ij}(t) \tag{9.39}$$

即变形率张量就是相对于现时位形定义的格林应变张量的速率,且在刚体运动下 $V_{ij} = E_{ij} = 0$,所以,以后在本构方程描述中用格林应变率作为应变速率的度量是合理的。

下面进一步讨论阿尔曼西应变张量的速率。

由式(9.34(b))可知,阿尔曼西应变张量为

$$e_{ij} = \frac{1}{2}\left(\delta_{ij} - \frac{\partial X_k}{\partial x_i}\frac{\partial X_k}{\partial x_j}\right)$$

显然它的物质导数,即阿尔曼西应变张量速率可记为

$$\dot{e}_{pq} = -\frac{1}{2}\left[\left(\frac{\partial X_i}{\partial x_p}\right)^* \frac{\partial X_i}{\partial x_q} + \frac{\partial X_i}{\partial x_p}\left(\frac{\partial X_i}{\partial x_q}\right)^*\right] \tag{9.40}$$

由于 X_i 是初始时刻($t = 0$)的物质坐标,在任何时刻质点的初始位置 X_i 是不变的,故 $\dot{X}_i = 0$ 以及它对 x_p 的速率也为零,即

$$\dot{X}_i = \frac{\partial X_i}{\partial t} + v_k\frac{\partial X_i}{\partial x_k} = 0$$

$$\begin{aligned}\frac{\partial}{\partial x_p}(\dot{X}_i) &= \frac{\partial}{\partial t}\left(\frac{\partial X_i}{\partial x_p}\right) + v_k\frac{\partial^2 X_i}{\partial x_p\partial x_k} + \frac{\partial v_k\partial X_i}{\partial x_p\partial x_k} = \\ &\frac{\partial}{\partial t}\left(\frac{\partial X_i}{\partial x_p}\right) + v_k\frac{\partial}{\partial x_k}\left(\frac{\partial X_i}{\partial x_p}\right) + \frac{\partial v_k\partial X_i}{\partial x_p\partial x_k} = 0\end{aligned}$$

由上式可得$\frac{\partial X_i}{\partial x_p}$的物质导数为

$$\left(\frac{\partial X_i}{\partial x_p}\right)^* = -\frac{\partial v_k \partial X_i}{\partial x_p \partial x_k}$$

将上式代入式(9.40),得

$$\begin{aligned}\dot{e}_{ij} &= \frac{1}{2}\left[\frac{\partial v_k}{\partial x_p}\frac{\partial X_i}{\partial x_k}\frac{\partial X_i}{\partial x_q} + \frac{\partial X_i}{\partial x_p}\frac{\partial v_k}{\partial x_q}\frac{\partial X_i}{\partial x_k}\right] = \\ &\frac{1}{2}\left[\frac{\partial v_k}{\partial x_p}(\delta_{kq} - 2e_{kq}) + \frac{\partial v_k}{\partial x_q}(\delta_{pk} - 2e_{pk})\right] = \\ &\frac{1}{2}\left(\frac{\partial v_q}{\partial x_p} + \frac{\partial v_p}{\partial x_q}\right) - \frac{\partial v_k}{\partial x_p}e_{kq} - \frac{\partial v_k}{\partial x_q}e_{pk}\end{aligned}$$

由式(9.38)及Ω_{ij}的定义,上式还可改写为

$$\begin{aligned}\dot{e}_{ij} &= V_{pq} - \frac{1}{2}e_{pk}\left(\frac{\partial v_k}{\partial x_q} + \frac{\partial v_q}{\partial x_k}\right) - \frac{1}{2}e_{qk}\left(\frac{\partial v_k}{\partial x_p} + \frac{\partial v_p}{\partial x_k}\right) + \\ &\frac{1}{2}e_{pk}\left(\frac{\partial v_q}{\partial x_k} - \frac{\partial v_k}{\partial x_q}\right) + \frac{1}{2}e_{qk}\left(\frac{\partial v_p}{\partial x_k} - \frac{\partial v_k}{\partial x_p}\right) = \\ &V_{pq} - e_{pk}V_{kq} - e_{qk}V_{kp} + e_{pk}\Omega_{kq} + e_{qk}\Omega_{kp}\end{aligned} \tag{9.41}$$

上式表示的阿尔曼西应变张量的速率与刚体转动有关。为了在本构关系方程中可以应用阿尔曼西应变,必须删除刚体转动影响,为此,我们定义一个新的应变率,即阿尔曼西应变的本构速率,有

$$\overset{\nabla}{e}_{pq} = \dot{e}_{pq} - e_{pk}\Omega_{kq} - e_{qk}\Omega_{kp} \tag{9.42}$$

它与变形率张量的关系为

$$\overset{\nabla}{e}_{pq} = V_{pq} - e_{pk}V_{kq} - e_{qk}V_{kp} \tag{9.43}$$

9.4 欧拉、拉格朗日和克希霍夫应力

在大变形问题中,是利用从变形后的物体内截取出的微元体来建立平衡方程和与之相等效的最小势能原理。因此首先在从变形后的物体内截取出的微元体上面定义应力张量,该应力张量称为欧拉应力张量(又称柯西应力张量)。欧拉应力张量有明确的物理意义,它代表真实的应力。然而,在分析过程中,我们必须保持应力和应变是在同一参考坐标系中定义,如应变是用变形前的坐标表示的格林应变,则需要定义与之对应的,即关于变形前位形的应力张量。同时,为了有限元分析方便,还必须保证应力张量的对称性,于是在大变形几何非线性问题中的应力张量有多种定义,现分别予以阐述。

9.4.1 欧拉(Euler)应力

考虑物体在时刻t的现时位形内有一个有向面元$n_i\Delta A$,设该面元两侧的介质通过面元相互作用力为ΔT_i,这个力除以面元面积就定义了该面元上的应力矢量$t_i^{(n)}$,即

$$t_i^{(n)} = \lim_{\Delta A \to 0} \frac{\Delta T_i}{\Delta A} = \frac{\mathrm{d}T_i}{\mathrm{d}A}$$

如果这个面元与另外的 3 个垂直于坐标轴的面元构成微元四面体，则由平衡条件，$t_i^{(n)}$ 亦可表示为

$$t_i^{(n)} = \tau_{ij} n_j$$

或者

$$\mathrm{d}T_i = \tau_{ij} n_j \mathrm{d}A \tag{9.44}$$

这里，τ_{ij} 是由 9 个应力分量构成的应力张量，且 $\tau_{ij} = \tau_{ji}$，这个应力张量称为欧拉应力张量，它表示现时位形上的应力，是真实应力，是对称张量。但在大变形几何非线性问题中，现时位形的边界尚未确定，也只有当问题完全求解后才能确定。故采用欧拉应力求解几何非线性问题是有困难的。

9.4.2 拉格朗日(Lagrange) 应力

如果用初始位形作为参考系，并用初始位形的有向面元 $Ni\mathrm{d}A_0$ 来定义应力矢量，则与上相同，该面上的应力矢量为

$$t_i^{(n)} = \lim_{\Delta A \to 0} \frac{\Delta T_i}{\Delta A_0} = \frac{\mathrm{d}T_i}{\mathrm{d}A_0}$$

其中力矢量 T_i 作用在变形后现时位形的面元 $n_i \mathrm{d}A$ 上。同样，用初始位形的面元 $N_i \mathrm{d}A_0$ 与另外 3 个垂直于初始坐标轴的面构成微元四面体，由平衡条件可得

$$\mathrm{d}T_i = \Sigma_{li} N_l \mathrm{d}A_0 \tag{9.45}$$

Σ_{li} 是由 9 个应力分量构成的应力张量，称为拉格朗日应力。显然，上式等号两边是在不同时态下定义的，即 $\mathrm{d}T_i$ 是现时位形力矢量，而 $N_l \mathrm{d}A_0$ 是初始位形的参量。因此，Σ_{li} 不能是一个真实应力张量，而只能是一个名义应力张量。但它可以与欧拉应力建立联系，将式(9.44) 与式(9.45) 比较，有

$$\tau_{ij} n_j \mathrm{d}A = \Sigma_{li} N_l \mathrm{d}A_0$$

利用初始位形和现时位形中物质面元的关系式(9.32)，上式可写为

$$J \tau_{ij} \frac{\partial X_m}{\partial x_j} N_m \mathrm{d}A_0 = \Sigma_{mi} N_m \mathrm{d}A_0$$

因此

$$\Sigma_{mi} = J \frac{\partial X_m}{\partial x_j} \tau_{ij} \tag{9.46}$$

或

$$\tau_{ij} = J^{-1} \frac{\partial x_j}{\partial X_m} \Sigma_{mi}$$

式(9.46) 的应力张量一般情况下显然是不对称的，其存在 9 个应力分量，这对有限元分析是极为不利的。

9.4.3 克希霍夫(Kirchhoff) 应力

拉格朗日应力张量虽然不对称但还是给非线性问题的求解带来了有利的一面，因为

它是在初始状态下定义的，问题的边界条件是完全可以确定的。为了得到一个相对于初始位形定义的而且是对称的应力张量，我们将式(9.46)乘以$\frac{\partial X_l}{\partial x_i}$，这样得到了另一种应力张量，即克希霍夫应力

$$S_{lm}=\frac{\partial X_l}{\partial x_i}\Sigma_{mi}=J\frac{\partial X_l}{\partial x_i}\frac{\partial X_m}{\partial x_j}\tau_{ij} \tag{9.47}$$

有时也称S_{lm}为第二类Piola - Kirchhoff应力张量，称Σ_{mi}为第一类Piola - Kirchhoff应力张量。

表面上看，克希霍夫应力张量是拉格朗日应力张量左乘$\frac{\partial X_l}{\partial x_i}$而得，仅仅是解决后者的不对称性而引进的一个应力张量。而事实上并非完全如此，它也存在确定的物理意义和一些重要性质，这也是它得到广泛认可和应用的基础。

对初始状态的面元$N_l\mathrm{d}A_0$，按式(9.45)和式(9.44)，我们可以记面元上的力为$\mathrm{d}T_m^0$，它与克希霍夫应力张量的关系为

$$\mathrm{d}T_m^0=S_{lm}N_l\mathrm{d}A_0$$

其中，$\mathrm{d}T_m^0$相当于“产生”克希霍夫应力的“作用力”。

由式(9.45)和$\mathrm{d}X_m=\frac{\partial X_m}{\partial x_i}\mathrm{d}x_i$，可得

$$\mathrm{d}T_m^0=S_{lm}N_l\mathrm{d}A_0=\frac{\partial X_m}{\partial x_i}\Sigma_{li}N_l\mathrm{d}A_0=\frac{\partial X_m}{\partial x_i}\mathrm{d}T_i$$

即表示初始位形下线段长度为$\mathrm{d}X_m$、作用力为$\mathrm{d}T_m^0$与现时位形下线段长度为$\mathrm{d}x_i$、作用力为$\mathrm{d}T_i$具有相同的“变形”。因此当在小变形假设下，S_{lm}即可蜕化为工程应力张量σ_{ij}。

另一个重要性质为体元做刚体运动时，在空间固定的坐标系内，克希霍夫应力张量保持不变。现证明如下：

设一微元体在时刻t_0的初始位形下已承受应力为$\tau_{ij}(t_0)$，经刚体转动后，其应力张量为$\tau_{ij}(t)$，取固定于微元体上的坐标系为$O\bar{x}_1\bar{x}_2\bar{x}_3$，它与固定坐标系$Ox_1x_2x_3$的方向余弦(刚体转动后)为$C_{ij}$。

由于刚体转动，欧拉应力张量在$O\bar{x}_1\bar{x}_2\bar{x}_3$坐标系下是不变的，即

$$\bar{\tau}_{ij}(t_0)=\bar{\tau}_{ij}(t)$$

其中字母上面的“-”表示在动坐标系$O\bar{x}_1\bar{x}_2\bar{x}_3$中的分量，$t_0$和$t$表示转动前后的两个时刻。由于在时刻$t_0$的介质变形为零，这时的初始位形微元体的欧拉应力就是克希霍夫应力，即

$$S_{ij}(t_0)=J\frac{\partial X_i}{\partial x_l}\frac{\partial X_j}{\partial x_m}\tau_{ml}=\tau_{ij}(t_0)=\bar{\tau}_{ij}(t_0)$$

对于刚体转动后的时刻t，欧拉应力在固定坐标系$Ox_1x_2x_3$下为

$$\tau_{ij}(t)=\bar{\tau}_{km}(t)C_{ki}C_{mj}=\bar{\tau}_{km}(t_0)C_{ki}C_{mj}$$

相应的克希霍夫应力为

$$S_{lm}(t)=J\frac{\partial X_l}{\partial x_i}\frac{\partial X_m}{\partial x_j}\tau_{ij}(t)=JC_{li}C_{mj}C_{pi}C_{qj}\bar{\tau}_{pq}(t_0)=\bar{\tau}_{lm}(t_0)=S_{lm}(t_0)$$

这就证明了当刚体运动时，在固定坐标系下，克希霍夫应力保持不变。因此克希霍夫应力张量是一个客观张量。这是因为刚体转动时介质的变形梯度恰恰对应于应力分量坐标变换中所用的转换张量。

9.4.4 应力速率张量

从上面讨论中我们知道，已知变形率张量是应变对时间的物质导数，在介质没有应变的改变，仅做瞬时刚体运动时，变形率张量等于零。但是，对于受力介质元在瞬时刚体运动时，欧拉应力的变化率，不论是时间导数$\frac{\partial\tau_{ij}}{\partial t}$还是物质导数$\dot{\tau}_{ij}$都不等于零。这可以用一个简单例子说明。一简单拉伸的杆，当绕与杆轴垂直的轴刚体转动时，虽然杆中的应力状态没有变，但欧拉应力张量的分量是随位置改变的。在本构关系中，使用与变形率V_{ij}相关联的应力率时，一个合乎需要的应力对时间的导数必须关于刚体转动具有不变性的。下面引入焦曼(Jaumann)应力率。

考虑一个包含P点的介质元，动坐标$P\bar{x}_1\bar{x}_2\bar{x}_3$随介质元做瞬时刚体转动。设时刻$t$时动坐标轴$\bar{x}_i$与固定坐标轴$x_i$重合，在$P$点附近的任一质点$Q$，它的无限小坐标$\mathrm{d}\bar{x}_j$不受这个转动影响，而它在固定坐标系中的坐标$\mathrm{d}x_i$以速率$\mathrm{d}v_i=-\Omega_{ij}\mathrm{d}\bar{x}_j=-e_{ijk}\Omega_k\mathrm{d}\bar{x}_j$变化，其中$\Omega_k$是质点$P$的瞬时旋度向量。在时刻$t+\Delta t$有

$$\mathrm{d}x_i=\mathrm{d}\bar{x}_i+\mathrm{d}v_i\mathrm{d}t=(\delta_{ij}-e_{ijk}\Omega_k\mathrm{d}t)\mathrm{d}\bar{x}_j$$

由此可得坐标变换矩阵元素，即

$$l_{ij}=\delta_{ij}-e_{ijk}\Omega_k\mathrm{d}t=\delta_{ij}-\Omega_{ij}\mathrm{d}t$$

在上述讨论的基础上，我们在动坐标系内定义应力率为

$$\overset{\nabla}{\tau}_{ij}(t)=\lim_{\mathrm{d}t\to 0}\frac{1}{\mathrm{d}t}[\bar{\tau}_{ij}(t+\mathrm{d}t)-\bar{\tau}_{ij}(t)]\tag{9.48}$$

显然，当介质元做刚体运动时，$\overset{\nabla}{\tau}_{ij}(t)=0$。相对固定坐标系，质点$P$在$t+\Delta t$时刻的应力张量为

$$\tau_{ij}(t+\Delta t)=\tau_{ij}(t)+\tau_{ij,t}(t)\mathrm{d}t=\tau_{ij}(t)+\dot{\tau}_{ij}(t)\mathrm{d}t$$

利用坐标变换将这个应力张量的分量变换到动坐标$\bar{x}_i$中，有

$$\bar{\tau}_{ij}(t+\Delta t)=l_{li}l_{jm}\tau_{lm}(t+\Delta t)=\tau_{ij}(t)+(\dot{\tau}_{ij}-\tau_{iq}\Omega_{qj}-\tau_{jp}\Omega_{pi})\mathrm{d}t+O(\mathrm{d}t^2)$$

将上式代入式(9.48)，即得

$$\overset{\nabla}{\tau}_{ij}=\dot{\tau}_{ij}-\tau_{ip}\Omega_{pj}-\tau_{jp}\Omega_{pi}\tag{9.49}$$

上式称为焦曼应力速率张量，它是一个不受刚体转动影响的客观张量。

与上类似，可以对克希霍夫应力张量$S_{ij}=J\frac{\partial X_i}{\partial x_p}\frac{\partial X_j}{\partial x_q}\tau_{pq}$求物质导数，有

$$\dot{S}_{ij}=J\frac{\partial v_k}{\partial x_k}\frac{\partial X_i}{\partial x_p}\frac{\partial X_j}{\partial x_q}\tau_{pq}+J\frac{\partial v_k}{\partial x_p}\left(\frac{\partial X_i}{\partial x_p}\right)^*\frac{\partial X_j}{\partial x_q}\tau_{pq}+J\frac{\partial X_i}{\partial x_p}\left(\frac{\partial X_j}{\partial x_q}\right)^*\frac{\partial v_k}{\partial x_q}\tau_{pq}+J\frac{\partial X_i}{\partial x_p}\frac{\partial X_j}{\partial x_q}\dot{\tau}_{pq}$$

通过一系列运算可得

$$\dot{S}_{ij}=J\frac{\partial X_i}{\partial x_p}\frac{\partial X_j}{\partial x_q}\left[\dot{\tau}_{pq}+\frac{\partial v_k}{\partial x_k}\tau_{pq}-\tau_{pk}\frac{\partial v_q}{\partial x_k}-\tau_{qk}\frac{\partial v_p}{\partial x_k}\right] \tag{9.50}$$

式中,记

$$\overset{\vee}{\tau}_{pq}=\dot{\tau}_{pq}+\frac{\partial v_k}{\partial x_k}\tau_{pq}-\tau_{pk}\frac{\partial v_q}{\partial x_k}-\tau_{qk}\frac{\partial v_p}{\partial x_k} \tag{9.51}$$

式(9.51)称为特罗斯德尔(Truesdell)应力速率张量。可以证明它也是不受刚体运动影响的客观张量,这样式(9.50)可改写为

$$\dot{S}_{ij}=J\frac{\partial X_i}{\partial x_p}\frac{\partial X_j}{\partial x_q}\overset{\vee}{\tau}_{pq} \tag{9.52}$$

由此可知,克希霍夫应力张量的物质导数也是一个不受刚体运动影响的客观张量。

9.5 有限变形几何非线性有限元方程的建立与求解

目前,有限变形几何非线性有限元方程的建立一般采用拉格朗日描述方程。

假设变形前的位形 - 初始位形作为参考位形,对应的应力和应变为零,而变形后的位形及其应力、应变为待求量。

按有限元离散化的基本方法,将所考察结构的初始位形进行有限元剖分,并选用固定不动的直角坐标系。变形前任一点的坐标为 X_i,变形后为 x_i,则该点位移可表示为

$$u_i=x_i(X_j)-X_i$$

离散后的单元随变形而运动。在初始位形时,单元的几何形状由单元结点坐标插值得到,有

$$X_i=\sum_{k=1}^{m}N_kX_k$$

而单元内任一点的位移 u_i 亦用相同的插值函数由结点位移的函数表示,即采用等参元,它可记为

$$u_i=\sum_{k=1}^{m}N_ku_k$$

为了有限元计算格式表达方便起见,均用矩阵形式表示,即

$$\boldsymbol{X}=\boldsymbol{N}\boldsymbol{X}^e \qquad \boldsymbol{u}=\boldsymbol{N}\boldsymbol{u}^e$$

且

$$\left[\frac{\partial N_k}{\partial X_1}\quad\frac{\partial N_k}{\partial X_2}\quad\frac{\partial N_k}{\partial X_3}\right]^{\mathrm{T}}=\boldsymbol{J}^{-1}\left[\frac{\partial N_k}{\partial \xi}\quad\frac{\partial N_k}{\partial \eta}\quad\frac{\partial N_k}{\partial \zeta}\right]$$

其中,$\boldsymbol{J}^{-1}$ 为雅可比矩阵(Jacobian)的逆矩阵;ξ、η、ζ 是单元的自然坐标。

由线性有限元可知,应变 - 位移关系可表示为

$$\boldsymbol{\varepsilon} = \boldsymbol{B}\boldsymbol{u}^{e}$$

在大变形时,应变采用格林应变张量,式(9.35)可以表示成矢量形式

$$\boldsymbol{E} = \boldsymbol{E}_{\mathrm{L}} + \boldsymbol{E}_{\mathrm{N}} \tag{9.53}$$

其中

$$\boldsymbol{E} = [E_{11} \quad E_{22} \quad E_{33} \quad 2E_{23} \quad 2E_{31} \quad 2E_{12}]^{\mathrm{T}}$$
$$\boldsymbol{E}_{\mathrm{L}} = [E_{11}^{\mathrm{L}} \quad E_{22}^{\mathrm{L}} \quad E_{33}^{\mathrm{L}} \quad 2E_{23}^{\mathrm{L}} \quad 2E_{31}^{\mathrm{L}} \quad 2E_{12}^{\mathrm{L}}]^{\mathrm{T}}$$
$$\boldsymbol{E}_{\mathrm{N}} = [E_{11}^{\mathrm{N}} \quad E_{22}^{\mathrm{N}} \quad E_{33}^{\mathrm{N}} \quad 2E_{23}^{\mathrm{N}} \quad 2E_{31}^{\mathrm{N}} \quad 2E_{12}^{\mathrm{N}}]^{\mathrm{T}}$$

且

$$E_{ij}^{\mathrm{L}} = \frac{1}{2}\left(\frac{\partial u_j}{\partial X_i} + \frac{\partial u_i}{\partial X_j}\right)$$
$$E_{ij}^{\mathrm{N}} = \frac{1}{2}\left(\frac{\partial u_k}{\partial X_i}\frac{\partial u_k}{\partial X_j}\right)$$

由于 $\boldsymbol{E}$ 中包含单元的结点位移 $\boldsymbol{u}^{e}$,将式(9.53)进行整理,可得

$$\boldsymbol{E} = \overline{\boldsymbol{B}}\boldsymbol{u}^{e} \tag{9.54}$$

式中

$$\overline{\boldsymbol{B}} = \boldsymbol{B}_{\mathrm{L}} + \overline{\boldsymbol{B}}_{\mathrm{N}}$$
$$\boldsymbol{B}_{\mathrm{L}} = \boldsymbol{L}\boldsymbol{N} \quad \overline{\boldsymbol{B}}_{\mathrm{N}} = \frac{1}{2}\boldsymbol{A}\boldsymbol{G}$$

其中

$$\boldsymbol{L} = \begin{bmatrix} \frac{\partial}{\partial X_1} & 0 & 0 & 0 & \frac{\partial}{\partial X_3} & \frac{\partial}{\partial X_2} \\ 0 & \frac{\partial}{\partial X_2} & 0 & \frac{\partial}{\partial X_3} & 0 & \frac{\partial}{\partial X_1} \\ 0 & 0 & \frac{\partial}{\partial X_3} & \frac{\partial}{\partial X_2} & \frac{\partial}{\partial X_1} & 0 \end{bmatrix}^{\mathrm{T}}$$

$$\boldsymbol{A} = \begin{bmatrix} \frac{\partial \boldsymbol{u}^{\mathrm{T}}}{\partial X_1} & 0 & 0 & 0 & \frac{\partial \boldsymbol{u}^{\mathrm{T}}}{\partial X_3} & \frac{\partial \boldsymbol{u}^{\mathrm{T}}}{\partial X_2} \\ 0 & \frac{\partial \boldsymbol{u}^{\mathrm{T}}}{\partial X_2} & 0 & \frac{\partial \boldsymbol{u}^{\mathrm{T}}}{\partial X_3} & 0 & \frac{\partial \boldsymbol{u}^{\mathrm{T}}}{\partial X_1} \\ 0 & 0 & \frac{\partial \boldsymbol{u}^{\mathrm{T}}}{\partial X_3} & \frac{\partial \boldsymbol{u}^{\mathrm{T}}}{\partial X_2} & \frac{\partial \boldsymbol{u}^{\mathrm{T}}}{\partial X_1} & 0 \end{bmatrix}^{\mathrm{T}}$$

此式中

$$\boldsymbol{u}^{\mathrm{T}} = [u_1 \quad u_2 \quad u_3]$$

$$\boldsymbol{G} = \begin{bmatrix} \frac{\partial N_1}{\partial X_1}\boldsymbol{I} & \frac{\partial N_2}{\partial X_1}\boldsymbol{I} & \cdots & \frac{\partial N_m}{\partial X_1}\boldsymbol{I} \\ \frac{\partial N_1}{\partial X_2}\boldsymbol{I} & \frac{\partial N_2}{\partial X_2}\boldsymbol{I} & \cdots & \frac{\partial N_m}{\partial X_2}\boldsymbol{I} \\ \frac{\partial N_1}{\partial X_3}\boldsymbol{I} & \frac{\partial N_2}{\partial X_3}\boldsymbol{I} & \cdots & \frac{\partial N_m}{\partial X_3}\boldsymbol{I} \end{bmatrix}$$

式(9.54)给出了格林应变$\boldsymbol{E}$与单元结点位移$\boldsymbol{u}^e$之间的关系。其中$\boldsymbol{B}_{\mathrm{L}}$是格林应变线性部分与单元结点位移$\boldsymbol{u}^e$之间的转换矩阵,而$\overline{\boldsymbol{B}}_{\mathrm{N}}$中矩阵$\boldsymbol{A}$是单元结点位移$\boldsymbol{u}^e$的函数。因而,格林应变$\boldsymbol{E}$与位移矢量$\boldsymbol{u}^e$之间的关系是非线性的。

下面介绍采用增量分析方法建立有限元方程。

由于采用增量法,需将式(9.53)改写成增量形式

$$\mathrm{d}\boldsymbol{E} = \mathrm{d}\boldsymbol{E}_{\mathrm{L}} + \mathrm{d}\boldsymbol{E}_{\mathrm{N}} \tag{9.55}$$

而由式(9.54)可知

$$\boldsymbol{E}_{\mathrm{N}} = \frac{1}{2}\boldsymbol{A\theta} = \frac{1}{2}\boldsymbol{AHu} = \frac{1}{2}\boldsymbol{AHNu}^e = \frac{1}{2}\boldsymbol{AGu}^e$$

式中

$$\boldsymbol{\theta} = \boldsymbol{Hd} = \left[\frac{\partial u}{\partial X_1} \quad \frac{\partial u}{\partial X_2} \quad \frac{\partial u}{\partial X_3}\right]^{\mathrm{T}}$$

$$\boldsymbol{H} = \left[\boldsymbol{I}\frac{\partial}{\partial X_1} \quad \boldsymbol{I}\frac{\partial}{\partial X_2} \quad \boldsymbol{I}\frac{\partial}{\partial X_3}\right]^{\mathrm{T}}$$

故

$$\mathrm{d}\boldsymbol{E}_{\mathrm{N}} = \frac{1}{2}(\mathrm{d}\boldsymbol{A})\cdot\boldsymbol{\theta} + \frac{1}{2}\boldsymbol{A}\cdot(\mathrm{d}\boldsymbol{\theta}) = \boldsymbol{A}\mathrm{d}\boldsymbol{\theta} = \boldsymbol{AG}\mathrm{d}\boldsymbol{u}^e$$

由此,式(9.55)可以改写为

$$\mathrm{d}\boldsymbol{E} = \boldsymbol{B}\mathrm{d}\boldsymbol{u}^e \tag{9.56}$$

式中

$$\boldsymbol{B} = \boldsymbol{B}_{\mathrm{L}} + \boldsymbol{B}_{\mathrm{N}}$$

$$\boldsymbol{B}_{\mathrm{N}} = \boldsymbol{AG} = 2\overline{\boldsymbol{B}}_{\mathrm{N}}$$

可见式(9.56)中的$\boldsymbol{B}$与式(9.54)中的$\overline{\boldsymbol{B}}$是不一样的,这点与小变形的情况不同。

至此,给出了几何非线性问题以格林应变表示的几何方程和增量形式的几何方程,但还需进一步导出平衡方程和物理方程,它们涉及应力。前面阐述了大变形的三种应力:欧拉应力τ_{ij}是建立在现时位形下的真实应力;拉格朗日应力$\boldsymbol{\Sigma}_{ij}$是初始位形下的名义应力,且其应力张量不对称;克希霍夫应力S_{ij}是在$\boldsymbol{\Sigma}_{ij}$基础上引进的一个对称应力张量。下面研究如何在它们中间选定一个应力与格林应变之间建立联系,并以此应用变分原理建立有限元方程。

为了问题的简化,假定结构材料的体积力和面载荷在变形过程中不变,则

$$\left.\begin{aligned} p_{0i}\mathrm{d}V_0 &= p_i\mathrm{d}V \\ q_{0i}\mathrm{d}A_0 &= q_i\mathrm{d}A \end{aligned}\right\} \tag{9.57}$$

以现时位形用欧拉应力表示的平衡方程为

$$\left.\begin{aligned} &\frac{\partial \tau_{ij}}{\partial x_j} + p_i = 0 \quad (V\text{内}) \\ &\tau_{ij}n_j = q_i \quad (A_t\text{上}) \end{aligned}\right\} \tag{9.58}$$

将上式改写为初始位形表示,有

$$\frac{\partial \tau_{ij}}{\partial X_K}\frac{\partial X_K}{\partial x_j} + p_i = 0$$

由式(9.57)的第一式可得 $p_{0i}=\dfrac{\mathrm{d}V}{\mathrm{d}V_0}p_i=Jp_i$。这样,上式变为

$$J\frac{\partial X_K}{\partial x_j}\frac{\partial \tau_{ij}}{\partial X_K}+p_{0i}=0 \tag{9.59}$$

或者

$$\frac{\partial}{\partial X_K}\left(J\frac{\partial X_K}{\partial x_j}\tau_{ij}\right)-\tau_{ij}\frac{\partial}{\partial X_K}\left(J\frac{\partial X_K}{\partial x_j}\right)+p_{0i}=0$$

可以证明,上式第二项等于零,且 $J\dfrac{\partial X_K}{\partial x_j}\tau_{ij}=\boldsymbol{\Sigma}_{Ki}$,则上式成为

$$\frac{\partial \boldsymbol{\Sigma}_{ji}}{\partial X_j}+p_{0i}=0 \tag{9.60(a)}$$

这是以拉格朗日应力表示的平衡方程,其边界条件亦可由式(9.58)的第二式导出,即

$$\boldsymbol{\Sigma}_{pi}N_p=q_{0i} \tag{9.60(b)}$$

利用拉格朗日应力与克希霍夫应力之间的转换关系,由式(9.60)得到

$$\left.\begin{aligned}&\frac{\partial}{\partial X_K}\left(S_{LK}\frac{\partial x_i}{\partial X_L}\right)+p_{0i}=0\\&S_{LK}\frac{\partial x_i}{\partial X_L}N_K=q_{0i}\end{aligned}\right\} \tag{9.61}$$

上式为克希霍夫应力表示的平衡方程,若第一式用位移梯度表示,则变为

$$\frac{\partial}{\partial X_K}\left[S_{LK}\left(\delta_{iL}+\frac{\partial u_i}{\partial X_L}\right)\right]+p_{0i}=0$$

如果将上述三组平衡条件(即式(9.58)、式(9.60)和式(9.61))通过变分原理以积分形式表示,可分别记为

$$\int_V \tau_{ij}\delta\varepsilon_{ij}\mathrm{d}V=\int_V p_i\delta u_i\mathrm{d}V+\int_A q_i\delta u_i\mathrm{d}A$$

$$\int_{V_0} S_{ij}\delta E_{ij}\mathrm{d}V=\int_{V_0} p_{0i}\delta u_i\mathrm{d}V+\int_{A_0} q_{0i}\delta u_i\mathrm{d}A$$

$$\int_{V_0}\boldsymbol{\Sigma}_{ij}\delta\left(\frac{\partial u_i}{\partial X_j}\right)\mathrm{d}V=\int_{V_0} p_{0i}\delta u_i\mathrm{d}V+\int_{A_0} q_{0i}\delta u_i\mathrm{d}A$$

显然,在采用格林应变的条件下,最简捷的方式是应力采用克希霍夫应力张量,由于是对称张量,可以将它表示为矢量形式,即

$$\boldsymbol{S}=[S_{11}\quad S_{22}\quad S_{33}\quad S_{23}\quad S_{31}\quad S_{12}]^{\mathrm{T}}$$

记单元体积力和面力矢量分别为 $\boldsymbol{p}_0$ 和 $\boldsymbol{q}_0$,由于大变形问题中应力－应变之间存在对偶关系,外力所做的功等于变形体应变能的变分。通过与线性问题类似的一系列变换,可以得到单元应变能方程

$$\int_{V_0}\delta\boldsymbol{E}^{\mathrm{T}}\boldsymbol{S}\mathrm{d}V=\int_{V_0}\delta\boldsymbol{u}^{\mathrm{T}}\boldsymbol{p}_0\mathrm{d}V+\int_{A_0}\delta\boldsymbol{u}^{\mathrm{T}}\boldsymbol{q}_0\mathrm{d}A \tag{9.62}$$

式中 V_0——单元在初始位形时的体积;

A_0——单元在初始位形时的表面积。

此外有,$\delta\boldsymbol{u}=\boldsymbol{N}\delta\boldsymbol{u}^e$。

将式(9.56)代入式(9.62),对应变能泛函求变分,可得单元平衡方程

$$\int_{V_0} \boldsymbol{B}^{\mathrm{T}} \boldsymbol{S} \mathrm{d}V = \int_{V_0} \boldsymbol{N}^{\mathrm{T}} \boldsymbol{p}_0 \mathrm{d}V + \int_{A_0} \boldsymbol{N}^{\mathrm{T}} \boldsymbol{q}_0 \mathrm{d}A \tag{9.63}$$

对结构的所有单元的平衡方程进行组集,得到结构系统的平衡方程

$$\boldsymbol{\Sigma}\int_{V_0} \boldsymbol{B}^{\mathrm{T}} \boldsymbol{S} \mathrm{d}V = \boldsymbol{\Sigma}\int_{V_0} \boldsymbol{N}^{\mathrm{T}} \boldsymbol{p}_0 \mathrm{d}V + \boldsymbol{\Sigma}\int_{A_0} \boldsymbol{N}^{\mathrm{T}} \boldsymbol{q}_0 \mathrm{d}A \tag{9.64}$$

如仅考察一个单元,则可将上式变为

$$\boldsymbol{\psi}(\boldsymbol{u}) = \int_{V_0} \boldsymbol{B}^{\mathrm{T}} \boldsymbol{S} \mathrm{d}V - \boldsymbol{F} = 0 \tag{9.65}$$

式中

$$\boldsymbol{F} = \int_{V_0} \boldsymbol{N}^{\mathrm{T}} \boldsymbol{p}_0 \mathrm{d}V + \int_{A_0} \boldsymbol{N}^{\mathrm{T}} \boldsymbol{q}_0 \mathrm{d}A$$

材料的本构关系是

$$\boldsymbol{S} = \boldsymbol{D}\boldsymbol{E} \tag{9.66}$$

其增量形式为

$$\mathrm{d}\boldsymbol{S} = \boldsymbol{D}_{\mathrm{T}} \mathrm{d}\boldsymbol{E} \tag{9.67}$$

将式(9.66)和式(9.54)代入式(9.65),可得

$$\boldsymbol{\psi}(\boldsymbol{u}) = \boldsymbol{K}(\boldsymbol{u})\boldsymbol{u} - \boldsymbol{F} = 0 \tag{9.68}$$

式中

$$\boldsymbol{K}(\boldsymbol{u}) = \int_V \boldsymbol{B}^{\mathrm{T}} \boldsymbol{D} \overline{\boldsymbol{B}} \mathrm{d}V$$

方程(9.68)是结构以位移为未知量的平衡方程组,又称为刚度方程。由于 $\boldsymbol{B}$ 和 $\overline{\boldsymbol{B}}$ 都是 $\boldsymbol{u}$ 的函数,且在材料非线性情况下 $\boldsymbol{D}$ 也是 $\boldsymbol{u}$ 的函数,因此,方程(9.68)不仅是一个非线性方程,而且 $\boldsymbol{K}(\boldsymbol{u})$ 是一个非对称矩阵。

下面推导系统的切线刚度矩阵 $\boldsymbol{K}_{\mathrm{T}}$,以便应用牛顿－拉斐逊方法解平衡方程组。由式(9.68)可得

$$\mathrm{d}\boldsymbol{\psi} = \int_V \boldsymbol{B}^{\mathrm{T}} \mathrm{d}\boldsymbol{S} \mathrm{d}V + \int_V \mathrm{d}\boldsymbol{B}^{\mathrm{T}} \boldsymbol{S} \mathrm{d}V = \boldsymbol{K}_{\mathrm{T}} \mathrm{d}\boldsymbol{u} \tag{9.69}$$

应用式(9.67)和式(9.56),上式第一个积分成为

$$\int_V \boldsymbol{B}^{\mathrm{T}} \mathrm{d}\boldsymbol{S} \mathrm{d}V = \left(\int_V \boldsymbol{B}^{\mathrm{T}} \boldsymbol{D}_{\mathrm{T}} \boldsymbol{B} \mathrm{d}V\right) \mathrm{d}\boldsymbol{u} = \boldsymbol{K}_{\mathrm{D}} \mathrm{d}\boldsymbol{u}$$

式中 $\boldsymbol{K}_{\mathrm{D}}$——与本构矩阵相关的切线刚度矩阵,它可以表示为两部分之和

$$\boldsymbol{K}_{\mathrm{D}} = \boldsymbol{K}_{\mathrm{L}} + \boldsymbol{K}_{\mathrm{N}} \tag{9.70}$$

其中

$$\boldsymbol{K}_{\mathrm{L}} = \int \boldsymbol{B}_{\mathrm{L}}^{\mathrm{T}} \boldsymbol{D}_{\mathrm{T}} \boldsymbol{B}_{\mathrm{L}} \mathrm{d}V$$

$$\boldsymbol{K}_{\mathrm{N}} = \int_V (\boldsymbol{B}_{\mathrm{L}}^{\mathrm{T}} \boldsymbol{D}_{\mathrm{T}} \boldsymbol{B}_{\mathrm{N}} + \boldsymbol{B}_{\mathrm{N}}^{\mathrm{T}} \boldsymbol{D}_{\mathrm{T}} \boldsymbol{B}_{\mathrm{N}} + \boldsymbol{B}_{\mathrm{N}}^{\mathrm{T}} \boldsymbol{D}_{\mathrm{T}} \boldsymbol{B}_{\mathrm{L}}) \mathrm{d}V$$

$\boldsymbol{K}_{\mathrm{L}}$ 是通常的小位移刚度矩阵,$\boldsymbol{K}_{\mathrm{N}}$ 是由大位移引起的,通常称为初位移矩阵(或大位移矩阵)。

现分析式(9.69)的第二个积分,由式(9.54)可知,$\boldsymbol{B}_{\mathrm{L}}$ 与 $\boldsymbol{G}$、$\boldsymbol{u}$ 无关。因此

$\mathrm{d}\boldsymbol{B} = \mathrm{d}\boldsymbol{A} \cdot \boldsymbol{G}$,则

$$(\mathrm{d}\boldsymbol{B})^{\mathrm{T}}\boldsymbol{S} = \boldsymbol{G}^{\mathrm{T}} \cdot \mathrm{d}\boldsymbol{A}^{\mathrm{T}} \cdot \boldsymbol{S}$$

这里可以得到

$$(\mathrm{d}\boldsymbol{B})^{\mathrm{T}}\boldsymbol{S} = \boldsymbol{G}^{\mathrm{T}}\boldsymbol{M}\boldsymbol{G}\mathrm{d}\boldsymbol{u}$$

式中

$$\boldsymbol{M} = \begin{bmatrix} S_{11}\boldsymbol{I} & S_{12}\boldsymbol{I} & S_{13}\boldsymbol{I} \\ S_{12}\boldsymbol{I} & S_{22}\boldsymbol{I} & S_{23}\boldsymbol{I} \\ S_{13}\boldsymbol{I} & S_{23}\boldsymbol{I} & S_{33}\boldsymbol{I} \end{bmatrix}$$

故得式(9.69)的第二个积分为

$$\boldsymbol{K}_{\mathrm{S}}\mathrm{d}\boldsymbol{u} = \int_V \mathrm{d}\boldsymbol{B}^{\mathrm{T}}\boldsymbol{S}\mathrm{d}V = \int_V \boldsymbol{G}^{\mathrm{T}}\boldsymbol{M}\boldsymbol{G}\mathrm{d}\boldsymbol{u}^e\mathrm{d}V = \left(\int_V \boldsymbol{G}^{\mathrm{T}}\boldsymbol{M}\boldsymbol{G}\mathrm{d}V\right)\mathrm{d}\boldsymbol{u} \tag{9.71}$$

式中 $\boldsymbol{K}_{\mathrm{S}}$——由应力状态$S$引起的切线刚度矩阵,通常称为几何矩阵(或初应力矩阵)。

将式(9.70)和式(9.71)代入式(9.69),即得

$$\boldsymbol{K}_{\mathrm{T}} = \boldsymbol{K}_{\mathrm{L}} + \boldsymbol{K}_{\mathrm{N}} + \boldsymbol{K}_{\mathrm{S}}$$

至此,刚度矩阵求出,即可求解非线性平衡方程(刚度方程),现简要阐述牛顿 - 拉斐逊法求解方程组(9.68)的算法。

首先将上述单元的各类刚度矩阵组集为结构刚度矩阵和相应的结构等效结点力,然后按下列步骤进行:

① 利用式(9.70)定义的刚度矩阵 $\boldsymbol{K}_{\mathrm{L}}$(其中 $\boldsymbol{D}_{\mathrm{T}}$ 按零应变取值)求解线性方程组

$$\boldsymbol{K}_{\mathrm{L}}\boldsymbol{u} - \boldsymbol{F} = 0$$

得到第一次近似解 $\boldsymbol{u}^1$;

② 从 $\boldsymbol{u}^1$ 出发,计算式(9.54)中的矩阵 $\boldsymbol{A}$,然后应用式(9.55)和式(9.66)计算 $\boldsymbol{B}^1$ 和 $\boldsymbol{S}^1$,将它们代入式(9.65)求出平衡力 $\boldsymbol{\psi}^1 = \boldsymbol{\psi}(\boldsymbol{u}^1)$;

③ 利用式(9.70)和式(9.71)求得对应于 $\boldsymbol{u}^1$ 的系统切线刚度矩阵 $\boldsymbol{K}_{\mathrm{T}}^1$;

④ 计算位移修正值

$$\Delta\boldsymbol{u}^1 = -(\boldsymbol{K}_{\mathrm{T}}^{\ 1})^{-1}\boldsymbol{\psi}^1$$

由此求得第二次近似解

$$\boldsymbol{u}^2 = \boldsymbol{u}^1 + \Delta\boldsymbol{u}^1$$

⑤ 对 $\boldsymbol{u}^2$ 按②、③、④各步重复计算,直至不平衡力 $\boldsymbol{\psi}^n$ 充分小为止。

如果在上面的算法中的第③、④步用 $\boldsymbol{K}_{\mathrm{L}}$ 代替 $\boldsymbol{K}_{\mathrm{T}}^{\ n}$,则是修正牛顿法的迭代公式。

用牛顿 - 拉斐逊法求解非线性方程组(9.68),正如求解所有的非线性方程一样,它们的结果是否收敛到真解还没有得到证明,因此在一般情况下,还是采用增量法更为稳妥。

9.6 大变形增量问题的求解方法

现在考虑与变形历史有关的大变形问题。弹塑性和黏性 - 蠕变有限变形问题都属于这一类问题。由于这些问题与变形的历史相关,必须用增量方法求解。在考虑黏性和惯性等时间效应时,需要将时间变量离散为一维序列

$$t = 0, t_1, t_2, \cdots, t_m, t_{m+1} \cdots$$

我们所求的就是这些离散时刻的数值解。对于准静态的弹塑性问题,由于速率无关性,可以把时间变量理解为真实时间的某个函数,这时可以用载荷序列代替时间序列。一般地讨论从 t 到 $t+\Delta t$ 的一个典型的时间步长内的求解方法。设在这个步长之前,从 $t_0=0$ 到 $t_m=t$ 的所有时刻的运动学和静力学变量已经求得,相应各时刻的位形为已知的。而现在需要求解 $t_{m+1}=t+\Delta t$ 时刻的各变量。反复地使用这样的增量求解技术,就能得到所要求的全部离散时刻的结果。为求从 t 到 $t+\Delta t$ 的增量,必须选定一个参考系。在理论上,参考系选取是任意的。在使用上,常用两种方法选定参考系:一种是取 $t=0$ 时刻的初始位形作为参考系,并在增量过程中参考系不变,这种表述方法称为完全的拉格朗日(Total Lagrange)方法,简记为 T. L. 法;另一种是在时间 t 到 $t+\Delta t$ 的增量求解期间,以 t 时刻的位形作为参考系。这样,对不同的时间增量步,有不同的参考系,即参考系在不断地修正,这种方法就称做更新的拉格朗日(Updated Lagrange)方法,简称 U. L. 法。

为描述物体在时刻 $t_0=0$, $t_m=t$ 以及 $t_{m+1}=t+\Delta t$ 的位置,设物体内各质点在相应时刻的位形中的坐标分别是 X_i、x_i 和 $\bar{x}_i$,相应时刻的物体表面积和体积分别记做 A_0、A、$\bar{A}$ 和 V_0、V、$\bar{V}$。在增量求解期间,$\bar{x}_i$、$\bar{A}$ 和 $\bar{V}$ 都是未知待求的量。

9.6.1 大变形增量问题的 T. L. 法

1. 有限元离散和 $\boldsymbol{B}$ 矩阵的推导

物体在时刻 t 和 $t+\Delta t$ 的坐标 x_i 和 $\bar{x}_i$ 是初始位形坐标 X_i 的函数,而相应的位移是

$$u_i = x_i - X_i \quad \bar{u}_i = \bar{x}_i - X_i$$

从时刻 t 到 $t+\Delta t$ 的增量求解期间位移增量是

$$\Delta u_i = \bar{u}_i - u_i = \bar{x}_i(X_j) - x_i(X_j)$$

我们采用等参数单元,对一个典型的单元有

$$X_i = \sum_{k=1}^{m} N_k X_i^k \quad x_i = \sum_{k=1}^{m} N_k x_i^k \qquad \bar{x}_i = \sum_{k=1}^{m} N_k \bar{x}_i^k$$

$$u_i = \sum_{k=1}^{m} N_k u_i^k \quad \bar{u}_i = \sum_{k=1}^{m} N_k \bar{u}_i^k \quad \Delta u_i = \sum_{k=1}^{m} N_k \Delta u_i^k$$

在上面的诸式中,m 是单元的结点数,N_k 是结点 k 对应的形函数,它们是初始位形的单元的自然坐标的函数。

与上面所述的全量牛顿-拉斐逊法步骤相似,应先导出 $\boldsymbol{B}$ 矩阵。应用格林应变,由式(9.35)可知

$$\left.\begin{aligned} E_{ij} &= \frac{1}{2}\left(\frac{\partial u_j}{\partial X_i} + \frac{\partial u_i}{\partial X_j} + \frac{\partial u_k}{\partial X_i}\frac{\partial u_k}{\partial X_j}\right) \\ \bar{E}_{ij} &= \frac{1}{2}\left(\frac{\partial \bar{u}_j}{\partial X_i} + \frac{\partial \bar{u}_i}{\partial X_j} + \frac{\partial \bar{u}_k}{\partial X_i}\frac{\partial \bar{u}_k}{\partial X_j}\right) \end{aligned}\right\} \tag{9.72}$$

将时刻$t+\Delta t$的格林应变$\overline{E}_{ij}$表示为时刻t的格林应变E_{ij}与这个时间步长内的应变增量ΔE_{ij}之和,有

$$\overline{E}_{ij} = E_{ij} + \Delta E_{ij} = \frac{1}{2}\left[\frac{\partial}{\partial X_i}(u_j + \Delta u_j) + \frac{\partial}{\partial X_j}(u_i + \Delta u_i) + \frac{\partial}{\partial X_i}(u_k + \Delta u_k)\frac{\partial}{\partial X_j}(u_k + \Delta u_k)\right] \tag{9.73}$$

将上式与式(9.72)比较,可得

$$\Delta E_{ij} = \Delta E_{ij}^{L0} + \Delta E_{ij}^{L1} + \Delta E_{ij}^{N} \tag{9.74}$$

其中

$$\Delta E_{ij}^{L0} = \frac{1}{2}\left(\frac{\partial \Delta u_j}{\partial X_i} + \frac{\partial \Delta u_i}{\partial X_j}\right)$$

$$\Delta E_{ij}^{L1} = \frac{1}{2}\left(\frac{\partial u_k}{\partial X_i}\frac{\partial \Delta u_k}{\partial X_j} + \frac{\partial \Delta u_k}{\partial X_i}\frac{\partial u_k}{\partial X_j}\right)$$

$$\Delta E_{ij}^{N} = \frac{1}{2}\left(\frac{\partial \Delta u_k}{\partial X_i}\frac{\partial \Delta u_k}{\partial X_j}\right)$$

若将上面公式写成矢量或矩阵形式,有

$$\Delta \boldsymbol{E} = \Delta \boldsymbol{E}_{L0} + \Delta \boldsymbol{E}_{L1} + \Delta \boldsymbol{E}_{N} \tag{9.75}$$

其中

$$\Delta \boldsymbol{E}_{L0} = \boldsymbol{L}\Delta \boldsymbol{u}$$

$$\Delta \boldsymbol{E}_{L1} = \boldsymbol{A}\boldsymbol{H}\Delta \boldsymbol{u}$$

$$\Delta \boldsymbol{E}_{N} = \frac{1}{2}\Delta \boldsymbol{A}\boldsymbol{H}\Delta \boldsymbol{u}$$

且

$$\Delta \boldsymbol{A} = \begin{bmatrix} \frac{\partial \Delta \boldsymbol{u}^T}{\partial X_1} & 0 & 0 & 0 & \frac{\partial \Delta \boldsymbol{u}^T}{\partial X_2} & \frac{\partial \Delta \boldsymbol{u}^T}{\partial X_3} \\ 0 & \frac{\partial \Delta \boldsymbol{u}^T}{\partial X_2} & 0 & \frac{\partial \Delta \boldsymbol{u}^T}{\partial X_3} & 0 & \frac{\partial \Delta \boldsymbol{u}^T}{\partial X_1} \\ 0 & 0 & \frac{\partial \Delta \boldsymbol{u}^T}{\partial X_3} & \frac{\partial \Delta \boldsymbol{u}^T}{\partial X_2} & \frac{\partial \Delta \boldsymbol{u}^T}{\partial X_1} & 0 \end{bmatrix}$$

$$\boldsymbol{H} = \begin{bmatrix} \boldsymbol{I}\frac{\partial}{\partial X_1} \\ \boldsymbol{I}\frac{\partial}{\partial X_2} \\ \boldsymbol{I}\frac{\partial}{\partial X_3} \end{bmatrix} = \begin{bmatrix} \frac{\partial}{\partial X_1} & 0 & 0 \\ 0 & \frac{\partial}{\partial X_1} & 0 \\ 0 & 0 & \frac{\partial}{\partial X_1} \\ \vdots & \vdots & \vdots \\ 0 & 0 & \frac{\partial}{\partial X_3} \end{bmatrix}$$

$\boldsymbol{A}$与$\boldsymbol{L}$的表达式如式(9.54)所示。

由于 $\boldsymbol{u}=\boldsymbol{N}\boldsymbol{u}^e$，所以式(9.74)可以与式(9.54)、式(9.56)类似地表示为

$$\Delta\boldsymbol{E}=\overline{\boldsymbol{B}}\Delta\boldsymbol{u}^e \tag{9.76}$$

$$\mathrm{d}(\Delta\boldsymbol{E})=\boldsymbol{B}\mathrm{d}(\Delta\boldsymbol{u}^e)$$

式中

$$\overline{\boldsymbol{B}}=\boldsymbol{B}_{\mathrm{L0}}+\boldsymbol{B}_{\mathrm{L1}}+\overline{\boldsymbol{B}}_{\mathrm{N}}=\boldsymbol{B}_{\mathrm{L0}}+\boldsymbol{B}_{\mathrm{L1}}+\frac{1}{2}\Delta\boldsymbol{A}\boldsymbol{G}$$

$$\boldsymbol{B}=\boldsymbol{B}_{\mathrm{L0}}+\boldsymbol{B}_{\mathrm{L1}}+\boldsymbol{B}_{\mathrm{N}}=\boldsymbol{B}_{\mathrm{L0}}+\boldsymbol{B}_{\mathrm{L1}}+\Delta\boldsymbol{A}\boldsymbol{G}$$

$$\boldsymbol{B}_{\mathrm{L0}}=\boldsymbol{L}\boldsymbol{N}\qquad\boldsymbol{B}_{\mathrm{L1}}=\boldsymbol{A}\boldsymbol{G}$$

这里 $\boldsymbol{B}_{\mathrm{L0}}$ 和 $\boldsymbol{B}_{\mathrm{L1}}$ 是与 $\Delta\boldsymbol{u}^e$ 无关的矩阵，$\boldsymbol{B}_{\mathrm{L0}}$ 在形式上与小变形中的应变－位移转换矩阵 $\boldsymbol{B}$ 相同，$\boldsymbol{B}_{\mathrm{L1}}$ 表示在增量应变的线性部分 $\Delta\boldsymbol{B}_{\mathrm{L}}$ 中的初始位移效应。

2. 应力分解与平衡方程

相对于初始位形定义的时刻 t 和 $t+\Delta t$ 的克希霍夫应力是

$$S_{ij}=J\frac{\partial X_i}{\partial x_k}\frac{\partial X_j}{\partial x_l}\tau_{kl}$$

$$\overline{S}_{ij}=\overline{J}\frac{\partial X_i}{\partial\overline{x}_k}\frac{\partial X_j}{\partial\overline{x}_l}\overline{\tau}_{kl}$$

式中，字母上带有一横的量都是对应于时刻 $t+\Delta t$ 的待求的量，将 $t+\Delta t$ 时刻的克希霍夫应力 $\overline{S}_{ij}$ 分解为时刻 t 的克希霍夫应力 S_{ij} 与克希霍夫应力增量 ΔS_{ij} 之和，即

$$\overline{S}_{ij}=S_{ij}+\Delta S_{ij} \tag{9.77}$$

$$\overline{\boldsymbol{S}}=\boldsymbol{S}+\Delta\boldsymbol{S}$$

按式(9.62)，我们将 $t+\Delta t$ 时刻的虚功方程表示成矢量形式

$$\int_{V_0}\delta\overline{\boldsymbol{E}}^{\mathrm{T}}\overline{\boldsymbol{S}}\mathrm{d}V=\int_{V_0}\delta\overline{\boldsymbol{u}}^{\mathrm{T}}\overline{\boldsymbol{p}}_0\mathrm{d}V+\int_{A_0}\delta\boldsymbol{u}^{\mathrm{T}}\overline{\boldsymbol{q}}_0\mathrm{d}A \tag{9.78}$$

其中，$\overline{\boldsymbol{p}}_0$ 和 $\overline{\boldsymbol{q}}_0$ 分别是时刻 $t+\Delta t$ 的体力和面力的载荷矢量，它们都是定义在初始位形上的已知矢量。在增量求解期间，时刻 t 的位移 $\boldsymbol{u}_i$ 和应变 E_{ij} 都是已知的，因而有

$$\delta(\overline{\boldsymbol{u}})=\delta(\Delta\boldsymbol{u})=\boldsymbol{N}\delta(\Delta\boldsymbol{u}^e)$$

$$\delta(\overline{\boldsymbol{E}})=\delta(\Delta\boldsymbol{E})=\boldsymbol{B}\delta(\Delta\boldsymbol{u}^e)$$

将上式代入虚功方程(9.78)，并考虑到 $\delta(\Delta\boldsymbol{u}^e)$ 的任意性(虚结点位移增量的任意性)，可以得到

$$\int_{V_0}\boldsymbol{B}^{\mathrm{T}}\overline{\boldsymbol{S}}\mathrm{d}V=\int_{V_0}\boldsymbol{N}^{\mathrm{T}}\overline{\boldsymbol{p}}_0\mathrm{d}V+\int_{A_0}\boldsymbol{N}^{\mathrm{T}}\overline{\boldsymbol{q}}_0\mathrm{d}A$$

利用式(9.76)和式(9.77)求得增量形式的平衡方程

$$\boldsymbol{\psi}(\Delta\boldsymbol{u}^e)=\int_{V_0}\boldsymbol{B}^{\mathrm{T}}\Delta\boldsymbol{S}\mathrm{d}V_0+\int_{V_0}\boldsymbol{B}_{\mathrm{N}}{}^{\mathrm{T}}\boldsymbol{S}\mathrm{d}V_0+\int_{V_0}(\boldsymbol{B}_{\mathrm{L0}}{}^{\mathrm{T}}+\boldsymbol{B}_{\mathrm{L1}}{}^{\mathrm{T}})\boldsymbol{S}\mathrm{d}V_0-\overline{\boldsymbol{F}}_0=0 \tag{9.79}$$

其中

$$\overline{\boldsymbol{F}}_0=\int_{V_0}\boldsymbol{N}^{\mathrm{T}}\overline{\boldsymbol{p}}_0\mathrm{d}V+\int_{A_0}\boldsymbol{N}^{\mathrm{T}}\overline{\boldsymbol{q}}_0\mathrm{d}A$$

在式(9.79)中，第一个积分是 $\Delta\boldsymbol{u}^e$ 的线性项，第二个积分是 $\Delta\boldsymbol{u}^e$ 的非线性项，即

$$\int_{V_0}\boldsymbol{B}_{\mathrm{N}}{}^{\mathrm{T}}\boldsymbol{S}\mathrm{d}V_0=\left(\int_{V_0}\boldsymbol{G}^{\mathrm{T}}\boldsymbol{M}\boldsymbol{G}\mathrm{d}V_0\right)\Delta\boldsymbol{u}^e=\left(\int_{V_0}\overline{\boldsymbol{G}}^{\mathrm{T}}\overline{\boldsymbol{M}}\,\overline{\boldsymbol{G}}\mathrm{d}V_0\right)\Delta\boldsymbol{u}^e$$

系统平衡方程由式(9.79)可写为

$$\boldsymbol{\psi}(\Delta \boldsymbol{u})=\int_{V_0}\boldsymbol{B}^{\mathrm{T}}\Delta \boldsymbol{S}\mathrm{d}V_0+\boldsymbol{K}_{\mathrm{S}}\Delta \boldsymbol{u}+\boldsymbol{F}_{\mathrm{S}}-\overline{\boldsymbol{F}}_0=0 \tag{9.80}$$

式中

$$\boldsymbol{K}_{\mathrm{S}}=\int_{V_0}\boldsymbol{G}^{\mathrm{T}}\boldsymbol{M}\boldsymbol{G}\mathrm{d}V_0=\int_{V_0}\overline{\boldsymbol{G}}^{\mathrm{T}}\overline{\boldsymbol{M}}\,\overline{\boldsymbol{G}}\mathrm{d}V_0$$

$$\boldsymbol{F}_{\mathrm{S}}=\int_{V_0}(\boldsymbol{B}_{\mathrm{L0}}{}^{\mathrm{T}}+\boldsymbol{B}_{\mathrm{L1}}{}^{\mathrm{T}})\boldsymbol{S}\mathrm{d}V_0$$

式中 $\boldsymbol{K}_{\mathrm{S}}$—— 初应力矩阵或几何矩阵,也被称做非线性应变增量刚度矩阵;

$\boldsymbol{F}_{\mathrm{S}}$—— 时刻 t 的克希霍夫应力场 $\boldsymbol{S}$ 的等效结点力矢量;

$\overline{\boldsymbol{F}}_0$—— 时刻 $t+\Delta t$ 的载荷等效结点力矢量。

3. 非线性平衡方程的求解

求解非线性平衡方程(9.80)首先遇到线性化问题,涉及几何的和物理的两个方面问题。第一,将应变 - 位移转换矩阵线性化,在式(9.80)的第一个积分中用 $\boldsymbol{B}_{\mathrm{L0}}+\boldsymbol{B}_{\mathrm{L1}}$ 代替 $\boldsymbol{B}$,即

$$\Delta \boldsymbol{E}\approx(\boldsymbol{B}_{\mathrm{L0}}+\boldsymbol{B}_{\mathrm{L1}})\Delta \boldsymbol{u}$$

第二,将有限大小的增量 $\Delta \boldsymbol{S}$ 和 $\Delta \boldsymbol{E}$ 之间的关系线性化。对非线性弹性或弹塑性介质的本构方程用矢量形式可写为

$$\mathrm{d}\boldsymbol{S}=\boldsymbol{D}_{\mathrm{T}}\mathrm{d}\boldsymbol{E}$$

有限增量 $\Delta \boldsymbol{S}$ 和 $\Delta \boldsymbol{E}$ 之间的关系应该是

$$\Delta \boldsymbol{S}=\int_{E}^{E+\Delta E}\boldsymbol{D}_{\mathrm{T}}\mathrm{d}\boldsymbol{E}=\boldsymbol{g}(\Delta \boldsymbol{E})$$

式中 $\boldsymbol{D}_{\mathrm{T}}$——$t$ 时刻的切线弹性矩阵或弹塑性矩阵;

$\boldsymbol{g}$—— 非线性的矢量函数。

对于非线性弹性介质,$\boldsymbol{D}_{\mathrm{T}}$ 是应力或应变状态的函数,对于弹塑性介质,$\boldsymbol{D}_{\mathrm{T}}$ 还是变形历史(用塑性内变量表征)的函数。本构方程的线性化就是在整个增量求解期间,都采用时刻 t 状态的本构矩阵 $\boldsymbol{D}_{\mathrm{T}}$,于是有

$$\Delta \boldsymbol{S}=\boldsymbol{D}_{\mathrm{T}}\Delta \boldsymbol{E}$$

因此,由式(9.80)可得线性化的方程组

$$(\boldsymbol{K}_{\mathrm{L}}+\boldsymbol{K}_{\mathrm{S}})\Delta \boldsymbol{u}=\overline{\boldsymbol{F}}-\boldsymbol{F}_{\mathrm{S}} \tag{9.81}$$

其中

$$\boldsymbol{K}_{\mathrm{L}}=\int_{V_0}(\boldsymbol{B}_{\mathrm{L0}}{}^{\mathrm{T}}+\boldsymbol{B}_{\mathrm{L1}}{}^{\mathrm{T}})\boldsymbol{D}_{\mathrm{T}}(\boldsymbol{B}_{\mathrm{L0}}+\boldsymbol{B}_{\mathrm{L1}})\mathrm{d}V_0$$

在每个时间增量步按式(9.81)求解,相当于求解非线性方程组的自修正的欧拉法。为进一步提高解答的精度可以采用各种失衡力修正技术。修正的牛顿法的计算流程是:

① 将全部求解时间分成若干步长 $t_0=0,t_1,t_2,\cdots,t_n$;或将载荷分段为 $\boldsymbol{F}_0=0,\boldsymbol{F}_1,\boldsymbol{F}_2,\cdots,\boldsymbol{F}_n$。

② 对时间步长($t_m=t,t_{m+1}=t+\Delta t$),由 t_m 时刻的已知力学量 $\boldsymbol{u}_m$、$\boldsymbol{S}_m$、$\boldsymbol{E}_m$、…,计算 $\overline{\boldsymbol{F}}$、$\boldsymbol{F}_{\mathrm{S}}$。

③ 建立刚度矩阵 $\boldsymbol{K}_{\mathrm{L}}$、$\boldsymbol{K}_{\mathrm{S}}$,并求解 $\Delta \boldsymbol{u}^1$,即

$$\Delta \boldsymbol{u}^1 = (\boldsymbol{K}_\mathrm{L} + \boldsymbol{K}_\mathrm{S})^{-1}(\overline{\boldsymbol{F}} - \boldsymbol{F}_\mathrm{S})$$

④ 计算不平衡力,进行平衡迭代,即

$$\boldsymbol{\psi}^n = \overline{\boldsymbol{F}} - \int_{V_0} (\boldsymbol{B}^n)^\mathrm{T}(\boldsymbol{S}_m + \Delta \boldsymbol{S}^n)\mathrm{d}V_0$$

$$\mathrm{d}(\Delta \boldsymbol{u}^n) = -(\boldsymbol{K}_\mathrm{L} + \boldsymbol{K}_\mathrm{S})^{-1}\boldsymbol{\psi}^n$$

$$\Delta \boldsymbol{u}^{n+1} = \Delta \boldsymbol{u}^n + \mathrm{d}(\Delta \boldsymbol{u}^n)$$

当 $\boldsymbol{\psi}^n$ 充分小或达到规定的最大迭代次数时,迭代终止。

⑤ 计算 $t_{m+1} = t + \Delta t$ 时刻的各力学量 $\boldsymbol{u}_{m+1}$、$\boldsymbol{S}_{m+1}$、$\boldsymbol{E}_{m+1}$、…。

⑥ 重复 ② ~ ⑤ 各步,计算下一个时间步长。

9.6.2 大变形增量问题的 U. L. 法

U. L. 方法与前面所述的 T. L. 方法的不同之处在于参考系的不断修正。

1. 有限元离散和 $\boldsymbol{B}$ 矩阵的推导

在我们考虑的一个典型的时间步长内,物质点的位移增量是

$$\Delta u_i = \overline{x}_i - x_i$$

由于时刻 $t + \Delta t$ 的位移 $\overline{u}_i$ 现在是相对于时刻 t 的位形度量的,因此 $\overline{u}_i = \Delta u_i$。有限元离散仍采用等参数单元,这时

$$x_i = \sum_{k=1}^{m} N_k x_i^k \quad \overline{x}_i = \sum_{k=1}^{m} N_k \overline{x}_i^k \quad \Delta u_i = \sum_{k=1}^{m} N_k \Delta u_i^k$$

形函数矩阵的定义在形式上与前面的相同,但这时形函数是时刻 t 位形单元的自然坐标函数。在计算 $\dfrac{\partial N_i}{\partial x_j}$ 等导数时,仍采用下面等式

$$\begin{bmatrix} \dfrac{\partial N_k}{\partial x_1} \\ \dfrac{\partial N_k}{\partial x_2} \\ \dfrac{\partial N_k}{\partial x_3} \end{bmatrix} = \boldsymbol{J}^{-1} \begin{bmatrix} \dfrac{\partial N_k}{\partial \xi_1} \\ \dfrac{\partial N_k}{\partial \xi_2} \\ \dfrac{\partial N_k}{\partial \xi_3} \end{bmatrix}$$

在时刻 t 和 $t + \Delta t$ 的格林应变是相对于时刻的位形定义的,因而它们是

$$E_{ij} = 0$$

$$\overline{E}_{ij} = \frac{1}{2}\left(\frac{\partial \Delta u_j}{\partial x_i} + \frac{\partial \Delta u_i}{\partial x_j} + \frac{\partial \Delta u_k}{\partial x_i}\frac{\partial \Delta u_k}{\partial x_j}\right) = 0$$

在增量求解期间,应变增量 ΔE_{ij} 就是 $\overline{E}_{ij}$,这样有

$$\Delta E_{ij} = \overline{E}_{ij} = \Delta E_{ij}^\mathrm{L} + \Delta E_{ij}^\mathrm{N} \tag{9.82}$$

其中

$$\Delta E_{ij}^\mathrm{L} = \frac{1}{2}\left(\frac{\partial \Delta u_j}{\partial x_i} + \frac{\partial \Delta u_i}{\partial x_j}\right)$$

$$\Delta E_{ij}^{\mathrm{N}} = \frac{1}{2}\frac{\partial \Delta u_k}{\partial x_i}\frac{\partial \Delta u_k}{\partial x_j}$$

这里增量应变的线性部分 $\Delta E_{ij}^{\mathrm{L}}$ 要比 T. L. 法表述的线性部分(式(9.75) 的第一、二两项)简单,因为这里没有涉及初位移 u_i 的效应。

将式(9.82) 用矢量表示,即

$$\Delta \boldsymbol{E} = \Delta \boldsymbol{E}_{\mathrm{L}} + \Delta \boldsymbol{E}_{\mathrm{N}} \tag{9.83}$$

其中

$$\Delta \boldsymbol{E}_{\mathrm{L}} = \boldsymbol{B}_{\mathrm{L}} \Delta \boldsymbol{u}^e$$

$$\Delta \boldsymbol{E}_{\mathrm{N}} = \overline{\boldsymbol{B}}_{\mathrm{N}} \Delta \boldsymbol{u}^e$$

且 $\boldsymbol{B}_{\mathrm{L}}$ 如式(9.54) 所示,$\overline{\boldsymbol{B}}_{\mathrm{N}} = \frac{1}{2}\Delta \boldsymbol{A}\boldsymbol{G}$,于是式(9.83) 可以改写为

$$\Delta \boldsymbol{E} = \overline{\boldsymbol{B}} \Delta \boldsymbol{u}^e$$

$$\overline{\boldsymbol{B}} = \boldsymbol{B}_{\mathrm{L}} + \overline{\boldsymbol{B}}_{\mathrm{N}} = \boldsymbol{B}_{\mathrm{L}} + \frac{1}{2}\Delta \boldsymbol{A}\boldsymbol{G}$$

同样,不难导出(参阅式(9.56))

$$\left.\begin{aligned} \mathrm{d}(\Delta \boldsymbol{E}_{\mathrm{L}}) &= \boldsymbol{B}_{\mathrm{L}} \mathrm{d}(\Delta \boldsymbol{u}^e) \\ \mathrm{d}(\Delta \boldsymbol{E}_{\mathrm{N}}) &= \boldsymbol{B}_{\mathrm{N}} \mathrm{d}(\Delta \boldsymbol{u}^e) \\ \boldsymbol{B}_{\mathrm{N}} &= 2\overline{\boldsymbol{B}}_{\mathrm{N}} = \Delta \boldsymbol{A}\boldsymbol{G} \end{aligned}\right\} \tag{9.84}$$

因此有

$$\mathrm{d}(\Delta \boldsymbol{E}) = \boldsymbol{B} \mathrm{d}(\boldsymbol{u}^e)$$

$$\boldsymbol{B} = \boldsymbol{B}_{\mathrm{L}} + \boldsymbol{B}_{\mathrm{N}}$$

2. 应力分解和平衡方程

同样,在$(t, t+\Delta t)$ 时间段内的克希霍夫应力也是相对于t时刻的位形定义的,它们是

$$\left.\begin{aligned} S_{ij} &= \tau_{ij} \\ \overline{S}_{ij} &= J \frac{\partial x_i}{\partial \overline{x}_m}\frac{\partial x_j}{\partial \overline{x}_n}\overline{\tau}_{ij} \end{aligned}\right\} \tag{9.85}$$

其中,τ_{ij} 和 $\overline{\tau}_{ij}$ 分别是时刻t和$t+\Delta t$的欧拉应力。上式表示,相对于时刻t的位形定义,时刻t的克希霍夫应力就是欧拉应力。将时刻$t+\Delta t$的应力分解为时刻t的应力和增量应力之和,有

$$\overline{S}_{ij} = S_{ij} + \Delta S_{ij} = \tau_{ij} + \Delta S_{ij}$$

用矢量表示

$$\overline{\boldsymbol{S}} = \boldsymbol{S} + \Delta \boldsymbol{S} = \boldsymbol{\tau} + \Delta \boldsymbol{S} \tag{9.86}$$

式中 $\boldsymbol{\tau}$—— 欧拉应力,$\boldsymbol{\tau} = [\tau_{11} \quad \tau_{22} \quad \tau_{33} \quad \tau_{23} \quad \tau_{31} \quad \tau_{12}]^{\mathrm{T}}$。

按式(9.78),在 $t+\Delta t$ 时刻的虚功方程用矢量表示为

$$\int_V \delta \Delta \overline{\boldsymbol{E}}^{\mathrm{T}} \overline{\boldsymbol{S}} \mathrm{d}V = \int_V \delta \overline{\boldsymbol{u}}^{\mathrm{T}} \overline{\boldsymbol{p}} \mathrm{d}V + \int_A \delta \overline{\boldsymbol{u}}^{\mathrm{T}} \overline{\boldsymbol{q}} \mathrm{d}A \tag{9.87}$$

式中 V、A—— 时刻t物体位形占据的区域和规定外力的边界;

$\bar{\boldsymbol{p}}$、$\bar{\boldsymbol{q}}$—— 是相对于时刻 t 位形定义的体力和面力的载荷矢量。

考虑到式(9.82) 和式(9.85),上式也可写为

$$\int_V \delta\Delta\bar{\boldsymbol{E}}^{\mathrm{T}}(\bar{\boldsymbol{S}}+\Delta\boldsymbol{S})\,\mathrm{d}V=\int_V \delta\bar{\boldsymbol{u}}^{\mathrm{T}}\bar{\boldsymbol{p}}\mathrm{d}V+\int_A \delta\bar{\boldsymbol{u}}^{\mathrm{T}}\bar{\boldsymbol{q}}\mathrm{d}A$$

式中 V—— 时刻 t 物体位形占据的区域;

A—— 时刻 t 规定外力的边界;

$\boldsymbol{p}$—— 相对于时刻 t 位形定义的体力的载荷矢量;

$\boldsymbol{q}$—— 相对于时刻 t 位形定义的面力的载荷矢量。

将式(9.84) 的第一式代入上式,并考虑到

$$\boldsymbol{B}_{\mathrm{N}}{}^{\mathrm{T}}\boldsymbol{S}=\boldsymbol{G}^{\mathrm{T}}\Delta\boldsymbol{A}^{\mathrm{T}}\boldsymbol{S}=\boldsymbol{G}^{\mathrm{T}}\boldsymbol{M}\boldsymbol{G}\Delta\boldsymbol{u}^{e}=\bar{\boldsymbol{G}}^{\mathrm{T}}\overline{\boldsymbol{M}\boldsymbol{G}}\Delta\boldsymbol{u}^{e}$$

可以得到 $t+\Delta t$ 时刻积分形式的平衡方程,即

$$\boldsymbol{\psi}(\Delta\boldsymbol{u})=\int_V \boldsymbol{B}^{\mathrm{T}}\Delta\boldsymbol{S}\mathrm{d}V+\boldsymbol{K}_{\mathrm{S}}\Delta\boldsymbol{u}+\boldsymbol{F}_{\mathrm{S}}-\bar{\boldsymbol{F}}_0=0 \tag{9.88}$$

其中

$$\boldsymbol{K}_{\mathrm{S}}=\int_V \boldsymbol{G}^{\mathrm{T}}\boldsymbol{M}\boldsymbol{G}\mathrm{d}V=\int_V \bar{\boldsymbol{G}}^{\mathrm{T}}\bar{\boldsymbol{M}}\,\bar{\boldsymbol{G}}\mathrm{d}V$$

$$\boldsymbol{F}_{\mathrm{S}}=\int_V \boldsymbol{B}_{\mathrm{N}}{}^{\mathrm{T}}\boldsymbol{S}\mathrm{d}V$$

$$\bar{\boldsymbol{F}}_0=\int_V \boldsymbol{N}^{\mathrm{T}}\bar{\boldsymbol{p}}\mathrm{d}V+\int_A \boldsymbol{N}^{\mathrm{T}}\bar{\boldsymbol{q}}\mathrm{d}A$$

应注意,非线性方程组(9.88) 与式(9.80) 在形式上相似,但这里的克希霍夫应力 S_{ij} 是相对于时刻 t 位形定义的,因而可将它改用欧拉应力 τ_{ij} 表示。

3. 非线性方程的求解

在 U. L. 描述中采用相对于时刻 t 位形定义的格林应变率 $\dot{E}_{ij}$ 和克希霍夫应力率 $\dot{S}_{ij}$ 来描述本构方程是最方便的。以弹塑性本构关系为例有

$$\overset{\triangledown}{\tau}_{ij}=D_{ijkl}^{ep}V_{kl} \tag{9.89}$$

其中

$$\overset{\triangledown}{\tau}_{ij}=\dot{\tau}_{ij}-\tau_{ip}\Omega_{pj}-\tau_{jp}\Omega_{pi}$$

式中 $\overset{\triangledown}{\tau}_{ij}$—— 焦曼应力率,它是不受刚体转动影响的客观张量;

τ_{ij}—— 时刻 t 位形的欧拉应力;

Ω_{ij}—— 旋度张量;

V_{ij}—— 变形率张量,即相对于时刻 t 位形定义的格林应变的物质速率,且 $V_{ij}=\dot{E}_{ij}$。

相对于时刻 t 位形的克希霍夫应力的物质速率是

$$\dot{S}_{ij}=\dot{\tau}_{ij}+\frac{\partial v_k}{\partial x_k}\tau_{ij}-\tau_{ik}\frac{\partial v_j}{\partial x_k}-\tau_{jk}\frac{\partial v_i}{\partial x_k} \tag{9.90}$$

在式(9.89) 和式(9.90) 中消去 $\dot{\tau}_{ij}$,并利用式(9.37) 可得

$$\dot{S}_{ij}=\overset{\nabla}{\tau}_{ij}-\tau_{ik}V_{kj}-\tau_{jk}V_{ki}+\tau_{ij}\frac{\partial v_m}{\partial x_m}$$

由式(9.89)和 $V_{ij}=\dot{E}_{ij}$ 及$\frac{\partial v_m}{\partial x_m}=\delta_{kl}V_{kl}$，即得由 $\dot{S}_{ij}$ 和 $\dot{E}_{ij}$ 表示的本构关系

$$\dot{S}_{ij}=D_{ijkl}\dot{E}_{kl} \tag{9.91}$$

$$D_{ijkl}=D_{ijkl}^{ep}-S_{ik}\delta_{lj}-S_{jk}\delta_{li}+S_{ij}\delta_{kl}$$

上式等号右端的最后一项将使本构张量 D_{ijkl} 为非对称的。如果变形是不可压缩的（对金属塑性通常是这样），这一项可略去，本构方程将是对称的。

$$D_{ijkl}=D_{ijkl}^{ep}-S_{ik}\delta_{lj}-S_{jk}\delta_{li}$$

如果式(9.91)用有限增量形式表示，则

$$\Delta S_{ij}=D_{ijkl}^{ep}\Delta E_{kl}-S_{ik}\Delta E_{kj}-S_{jk}\Delta E_{ki} \tag{9.92}$$

这就是本构关系的线性化。

考察非线性平衡方程组(9.88)的非线性项$\int_V \boldsymbol{B}^{\mathrm{T}}\Delta\boldsymbol{S}\mathrm{d}V$，将式(9.92)代入

$$\delta(\Delta\boldsymbol{u})^{\mathrm{T}}\int_V \boldsymbol{B}^{\mathrm{T}}\Delta\boldsymbol{S}\mathrm{d}V=\int_V \delta(\Delta\boldsymbol{E})^{\mathrm{T}}\Delta\boldsymbol{S}\mathrm{d}V=\int_V \delta\Delta E_{ij}(\Delta S_{ij})\mathrm{d}V$$

可得

$$\begin{aligned}\delta(\Delta\boldsymbol{u})^{\mathrm{T}}\int_V \boldsymbol{B}^{\mathrm{T}}\Delta\boldsymbol{S}\mathrm{d}V=&\int_V \delta(\Delta E_{ij})D_{ijkl}^{ep}\Delta E_{kl}\mathrm{d}V-\\&\int_V \delta(\Delta E_{ij})S_{ik}\Delta E_{kj}\mathrm{d}V-\int_V \delta(\Delta E_{ij})S_{jk}\Delta E_{ki}\mathrm{d}V\end{aligned} \tag{9.93}$$

为计算式(9.93)等号右端的三个积分，需要考虑几何方面的线性化，在$\int_V \boldsymbol{B}^{\mathrm{T}}\boldsymbol{S}\mathrm{d}V$中的矩阵 $\boldsymbol{B}$ 用 $\boldsymbol{B}_{\mathrm{L}}$ 代替，这时

$$\Delta E_{ij}\approx\Delta E_{ij}^{L}=\frac{1}{2}\left(\frac{\partial\Delta u_j}{\partial x_i}+\frac{\partial\Delta u_i}{\partial x_j}\right)$$

这个线性关系的矩阵可以表示为六维矢量 ΔE_{ij}^{L}，也可以表示为九维矢量。如果表示为六维矢量，则为

$$\Delta\boldsymbol{E}_{\mathrm{L}}=\boldsymbol{B}_{\mathrm{L}}\Delta\boldsymbol{u}^{e} \tag{9.94}$$

若表示为九维矢量，即

$$\Delta\overline{\boldsymbol{E}}_{\mathrm{L}}=\overline{\boldsymbol{L}}\Delta\boldsymbol{u}=\overline{\boldsymbol{L}}\boldsymbol{N}\Delta\boldsymbol{u}^{e}=\overline{\boldsymbol{B}}_{\mathrm{L}}\Delta\boldsymbol{u}^{e} \tag{9.95}$$

式中

$$\overline{\boldsymbol{L}}=\begin{bmatrix}\frac{\partial}{\partial x_1} & \frac{\partial}{2\partial x_2} & \frac{\partial}{2\partial x_3} & \frac{\partial}{2\partial x_2} & 0 & 0 & \frac{\partial}{2\partial x_3} & 0 & 0\\ 0 & \frac{\partial}{2\partial x_1} & 0 & \frac{\partial}{2\partial x_1} & \frac{\partial}{\partial x_2} & \frac{\partial}{2\partial x_3} & 0 & \frac{\partial}{2\partial x_3} & 0\\ 0 & 0 & \frac{\partial}{2\partial x_1} & 0 & 0 & \frac{\partial}{2\partial x_2} & \frac{\partial}{2\partial x_1} & \frac{\partial}{2\partial x_2} & \frac{\partial}{\partial x_3}\end{bmatrix}^{\mathrm{T}}$$

在计算(9.93)等号右端第一个积分时应用式(9.94)，而计算第二和第三个积分时应

用式(9.95)。不难得到

$$\int_V \boldsymbol{B}^{\mathrm{T}} \Delta \boldsymbol{S} \mathrm{d}V = \left(\int_V \boldsymbol{B}_{\mathrm{L}}{}^{\mathrm{T}} \boldsymbol{D}^{\mathrm{ep}} \boldsymbol{B}_{\mathrm{L}} \mathrm{d}V\right) \Delta \boldsymbol{\delta}^e - \left(\int_V \overline{\boldsymbol{B}}_{\mathrm{L}}{}^{\mathrm{T}} \overline{\boldsymbol{M}}\, \overline{\boldsymbol{B}}_{\mathrm{L}} \mathrm{d}V\right) \Delta \boldsymbol{\delta}^e$$

于是得到非线性方程(9.88)的线性方程为

$$(\boldsymbol{K}_{\mathrm{L}} + \boldsymbol{K}_{\mathrm{N}}) \Delta \boldsymbol{\delta}^e = \overline{\boldsymbol{F}}_0 - \overline{\boldsymbol{F}}_{\mathrm{S}} \tag{9.96}$$

其中

$$\boldsymbol{K}_{\mathrm{L}} = \int_V \boldsymbol{B}_{\mathrm{L}}{}^{\mathrm{T}} \boldsymbol{D}^{\mathrm{ep}} \boldsymbol{B}_{\mathrm{L}} \mathrm{d}V$$

$$\boldsymbol{K}_{\mathrm{N}} = \int_V (\overline{\boldsymbol{G}}^{\mathrm{T}} \overline{\boldsymbol{M}}\, \overline{\boldsymbol{G}} - 2\overline{\boldsymbol{B}}_{\mathrm{L}}{}^{\mathrm{T}} \overline{\boldsymbol{M}}\, \overline{\boldsymbol{B}}_{\mathrm{L}}) \mathrm{d}V$$

应当看到,仅在较小的时间步长(或载荷增量)下使用线性化方程组(9.96)求解才不至于引起过大的偏差。当然,为提高精度可以使用各种失衡力修正技术。

在大变形增量问题的有限元计算中,是用T.L. 方法还是U.L. 方法,主要根据计算效率来考虑。比较T.L. 方法和U.L. 方法的$\boldsymbol{B}_{\mathrm{L}}$矩阵可以发现,在T.L. 方法中矩阵$\boldsymbol{B}_{\mathrm{L}}$是满阵,而在U.L. 方法中$\boldsymbol{B}_{\mathrm{L}}$是稀疏的,这主要是由于后者没有涉及初位移效应。因而在U.L. 方法中计算乘积$\boldsymbol{B}_{\mathrm{L}}{}^{\mathrm{T}}\boldsymbol{D}\boldsymbol{B}_{\mathrm{L}}$要比在T.L. 方法中相应的计算节省时间。另一方面,在T.L. 方法的所有步长的计算中内插函数的导数仅与初始坐标有关。这些导数只要在第一个步长内计算一次并存储,可供以后各步长使用。而在U.L. 方法中N_i是对时间t位形的坐标x_i求导,这样的导数在每一步长都需要重新计算。然而,就总的计算效率来看,两种方法相差不大。在实用中选择哪一种方法,主要看材料的本构关系是如何定义的。如果屈服函数和本构方程是相对于初始位形的克希霍夫应力定义的,最好采用T.L. 方法,如果是用欧拉应力定义的,则应当采用U.L. 方法。

9.7 应用实例

【例9.1】 悬臂梁的大位移静力分析。

图9.5所示是一受均匀载荷作用的悬臂梁,用5个8节点平面单元对梁进行离散化。

解 现对两种载荷情况求解,一种是载荷保持铅垂方向,即不依赖于变形;另一种是载荷保持梁的顶面及底面相垂直,即是跟随载荷。材料假设为线弹性。对于第一种载荷情况,同时用T.L. 格式、U.L. 格式两种方案进行分析。由于材料是线弹性的,两种格式中本构张量都采用小应变的弹性张量。整个加载分成了100个步长。因此步长相当小,每一步未进行平衡迭代。计算结果见图9.6。从结果可以看到,由于考虑大位移的影响,结构呈现出比线性分析结果刚硬的性质;此外,由于应变很小,对于几种不同格式,采用同样的材料常数,结果仍是一致的。同时还可以看到,有限元分析的结果和Holden的解析解符合得很好。对于第二种依赖于变形的跟随载荷情况,只用T.L. 格式进行了计算,也是分成100步加载,每步不用平衡迭代。从结果看,在此例中变形对载荷的影响是使结构表现得比不依赖于变形的载荷情况柔软一些。

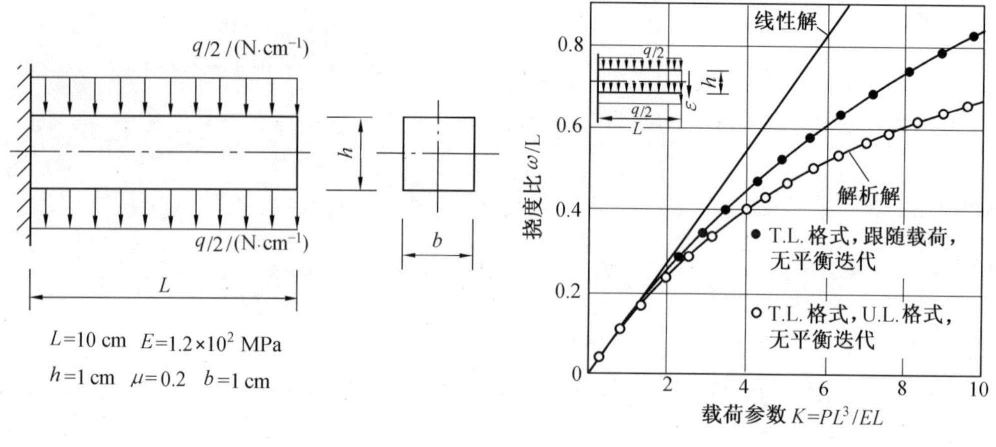

图 9.5 均布载荷作用下的悬臂梁

图 9.6 悬臂梁的计算结果

习 题

9.1 经受大变形的 4 节点单元如题图 9.1 所示。计算时间 t 位形的变换梯度 $x_{i,j}^{t}$ 和质量密度 ρ^{t}。

9.2 一4 节点单元在时间 $0 \sim t$ 过程中经受一拉伸，如题图 9.2 所示。时间 $t \sim t+\Delta t$ 过程中经受一刚体转动(角度)θ。证明 $\varepsilon_{ij}^{t}=\varepsilon_{ij}^{t+\Delta t}$，亦即 ε_{ij}^{t} 是不随刚体转动而变化的客观张量。

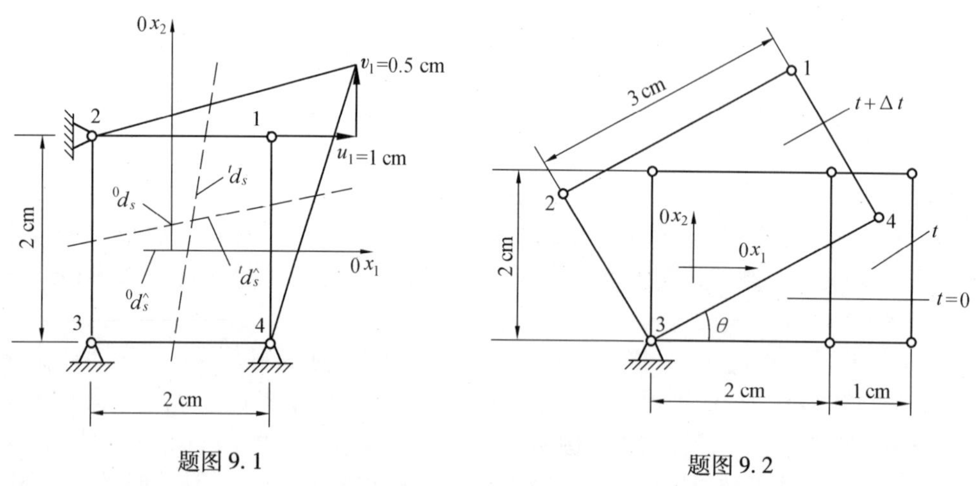

题图 9.1

题图 9.2

9.3 4 节点单元时间 0 位形上作用有 τ_{11}^{0}，如题图 9.3 所示。时间 $0 \sim \Delta t$ 过程中单元经受一刚体转动 θ，并假设在随体坐标内应力状态不变，即 $\tau_{11}^{\Delta t}=\tau_{11}^{0}(\bar{\tau}_{12}^{\Delta t}=\bar{\tau}_{21}^{\Delta t}=\bar{\tau}_{22}^{\Delta t}=0)$，计算 $S_{ij}^{\Delta t}(i=1,2)$，并证明 $S_{ij}^{\Delta t}$ 是不随刚体转动而变化的客观张量。

9.4 一正方形单元时间 t 位形上的应力状态为 τ_{ij}^{t}，假设单元以角速度 ω 刚体旋转，并假定在物质坐标下应力状态保持不变，即 $\bar{\tau}_{ij}^{t}=\tau_{ij}^{t}$。计算 $\dot{\tau}_{ij}^{t}$ 和 Ω_{ij}^{t}，并证明 $S_{ij}=0$，即 S_{ij} 是

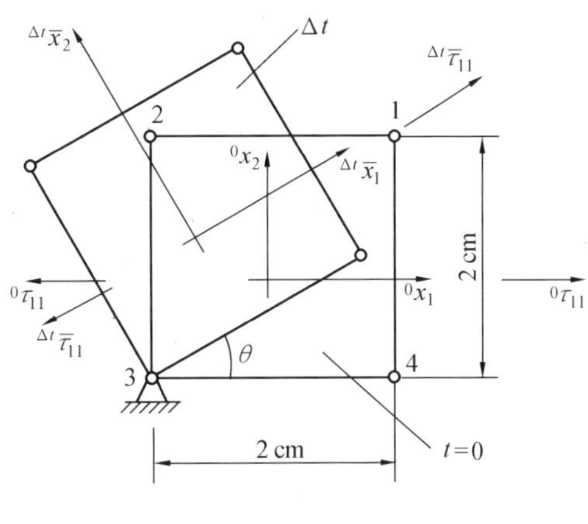

题图 9.3

不随刚体旋转而变化的客观张量。

9.5　列出 T. L. 格式和 U. L. 格式的算法步骤，并和小位移情况的算法步骤比较，指出它们的相同和不同之处。

9.6　轴对称截锥单元在大位移情况下的几何关系是

$$\varepsilon_S = \frac{du}{ds} + \frac{1}{2}\left(\frac{dw}{ds}\right)^2 \qquad \varepsilon_\theta = \frac{1}{r}(u\sin\varphi + w\cos\varphi) + \frac{1}{2}\left(\frac{w}{r}\cos\varphi\right)^2$$

$$k_S = -\frac{d^2 w}{ds^2} \qquad k_\theta = -\frac{\sin\varphi}{r}\frac{dw}{ds}$$

导出此单元在承受侧向压力时 T. L. 格式的有限元方程和单元矩阵表达式。

第 10 章

结构稳定性问题

结构的稳定性分析(屈曲分析)是结构分析的一个重要组成部分,它所研究的是特定形式的结构(薄板、薄壳,以及细长的杆)对特定形式的外载荷(压载荷、剪载荷)的响应特性。结构的承载能力表现在它能产生适当的变形来抵御外载荷的作用;也就是说,它可以产生适当的内力来平衡外部作用的载荷。但是,这种平衡可能是稳定的,也可能是不稳定的。如果平衡是稳定的,则处于平衡位形下的结构在小的干扰(扰动)下不会出现大的响应,并在干扰去除后能回复到原来的平衡位形。如果结构在小的干扰下永久地偏离原先的平衡位形,则平衡是不稳定的。粗略地讲,就是指所研究的系统在微小的外界干扰下系统平衡状态是否发生很大的改变的问题。如果系统原有的状态发生了较大的变化,则称之为系统的失稳或屈曲。从数学上说,结构在静载荷作用下出现屈曲可归结为平衡方程的多值性问题。但这并不意味着在一种平衡位形下是不稳定的结构,它在另一种平衡位形下也是不稳定的。

本章将重点介绍结构系统的初始屈曲的数值计算列式及屈曲、后屈曲历程的分析方法、非线性特别是几何非线性引起的屈曲分析。

10.1 弹性结构的稳定性

在薄壁结构设计中,必须计算结构的弹性稳定性。结构的弹性稳定分析(stability analysis)通常分为两步,第 1 步用线性分析方法求出结构的内力分布;第 2 步计算结构失稳的临界荷载。本节将阐明在已知内力分布规律的条件下,如何用有限单元法计算结构失稳(destabilization)的临界荷载(critical load)。

我们这里讨论的是线性弹性稳定问题,所谓“线性”:一是,杆的轴向力或板的薄膜力由线性弹性分析决定;二是,在屈曲(buckling)引起的无限小位移过程中,轴向力或薄膜力保持不变。对于板来说,就是由线性弹性平面应力分析求得薄膜力,而且在达到屈曲时,薄膜力保持不变。

10.1.1 杆的稳定性

杆在轴向力作用下,当达到临界状态时,原来的直线平衡状态已不再是稳定平衡了,在横向扰动(disturb)下将发生弯曲,扰动消除后,仍保持其新的弯曲状态的平衡位置。临界载荷是杆在没有横向力作用的情况下保持弯曲位置的最小轴向力,所以这一问题实际上是轴向力作用下梁的弯曲问题。

分析梁的弯曲问题,应用梁单元的平衡方程,即

$$\boldsymbol{K}\boldsymbol{u}^e = \boldsymbol{F}^e$$

式中　F^e—— 单元外力的等效节点力。

现在,外力只有轴向力。设单元 e 的轴向力为 p,于是需计算轴向力所引起的梁单元的等效节点力。

平面梁单元任一点的弯曲挠度插值公式可表示为

$$v = H(x) A_2^{-1} u^e$$

式中

$$u^e = [v_i \quad \theta_i \quad v_j \quad \theta_j]^T$$

$$A_2^{-1} = \begin{bmatrix} 1 & 0 & 0 & 0 \\ 0 & 1 & 0 & 0 \\ -3/l^2 & -2/l & 3/l^2 & -1/l \\ 2/l^3 & 1/l^2 & -2/l^3 & 1/l^2 \end{bmatrix}$$

$$H(x) = [1 \quad x \quad x^2 \quad x^3]$$

则由上式可得

$$u = \begin{bmatrix} v \\ \theta \end{bmatrix} = \begin{bmatrix} v \\ \dfrac{dv}{dx} \end{bmatrix} = \begin{bmatrix} H(x) \\ H'(x) \end{bmatrix} A_2^{-1} u^e$$

另外,轴向力的广义体积力分量为

$$F_p = \begin{bmatrix} 0 \\ -p\dfrac{dv}{dx} \end{bmatrix} \tag{10.1}$$

则形函数表达式为

$$N = \begin{bmatrix} H(x) \\ H'(x) \end{bmatrix} A_2^{-1} \tag{10.2}$$

将式(10.1)和式(10.2)代入等效结点力公式,即

$$F^e = \int N^T F_p dx$$

得到

$$F^e = \int H'^T p H' dx \, A_2^{-1} u^e$$

记

$$k_\sigma = (A_2^{-1})^T \int H'^T p H' dx \, A_2^{-1} \tag{10.3}$$

由此可得单元平衡方程

$$(k + k_\sigma) u^e = F^e$$

经组集,得整体平衡方程

$$(K + K_\sigma) u = 0 \tag{10.4}$$

式中　K_σ—— 总体几何刚度矩阵,为对称阵;

k_σ—— 单元几何刚度矩阵。

当轴向力为拉力时,k_σ 为正值,梁单元刚度矩阵增加。反之,当轴向力为压力时,k_σ

为负值,梁单元刚度矩阵将减小。由式(10.3)可知,矩阵 $\boldsymbol{k}_\sigma$ 与材料物理常数等无关,只与单元的几何尺寸有关,因此称为几何刚度矩阵。$\boldsymbol{k}_\sigma$ 也与初始内力有关,因此也可称为初应力刚度矩阵。当单元中的轴向力 p 是常量时,由 $\boldsymbol{k}_\sigma$ 表达式的简单运算求得

$$\boldsymbol{k}_\sigma = \frac{p}{30l}\begin{bmatrix} 36 & 3l & -36 & 3l \\ 3l & 4l^2 & -3l & -l^2 \\ -36 & -3l & 36 & -3l \\ 3l & -l^2 & -3l & 4l^2 \end{bmatrix} \tag{10.5}$$

一般来讲,方程(10.4)的系数矩阵是非奇异的,所以方程只有零解 $\boldsymbol{u} \equiv 0$,表示原来的非挠曲平衡是稳定平衡。设外力按比例增加 λ 倍,单元轴向力成为 $\lambda \boldsymbol{F}^e$。这样,单元和总体的几何刚度矩阵分别为 $\lambda \boldsymbol{k}_\sigma$ 和 $\lambda \boldsymbol{K}_\sigma$,则总体平衡方程为

$$(\boldsymbol{K} + \lambda \boldsymbol{K}_\sigma)\boldsymbol{u} = 0 \tag{10.6}$$

在某些 λ 值下,方程(10.6)的系数矩阵变为奇异。此时方程有非零解,它在物理上表示为挠曲形式也是平衡位置。此时如果有微小的横向扰动,弯曲位移会变成无限大。实际上,当位移达到一定值后,以上所建立的线性模型已不能模拟物理真实,位移无限大的结论也不存在,这时只能用非线性问题分析方法加以考虑。

方程(10.6)是特征方程,有 n 个特征对,它们对应的是 n 个临界载荷和 n 个失稳时的屈曲形式。事实上,只有最小的特征对对应的临界载荷才有实际意义。如果特征方程(10.6)的系数矩阵非奇异,即没有特征值,说明在这种载荷下结构没有失稳问题。它在物理上表明杆件受轴向拉力作用下不存在失稳。

10.1.2 平板的稳定性

板在中面内的平面力作用下,达到临界状态时,原来的平面平衡状态已不再是稳定平衡了,在横向弯曲扰动下将发生明显弯曲变形,并且扰动消除后,不能恢复为原来的平面平衡状态,而是保持其新的弯曲平衡位置。临界载荷是指板在没有横向力作用的情况下保持弯曲平衡位置的最小平面力。所以这一问题实际上是在面内薄膜力作用下的板弯曲问题。

板弯曲时单元平衡方程为

$$\boldsymbol{k}\boldsymbol{u}^e = \boldsymbol{F}^e \tag{10.7}$$

式中 $\boldsymbol{F}^e$—— 单元外力的等效结点力。

在板的稳定问题中,外力仅是板的薄膜力,它由平面应力问题求得。设

$$F_x, F_y, F_{xy} = F_{yx}$$

板的弯曲挠度为

$$w = \boldsymbol{N}\boldsymbol{u}^e = \sum \boldsymbol{N}_i \boldsymbol{u}_i^{\ e}$$

$$\boldsymbol{u}_i = [w_i \quad Q_{xi} \quad Q_{yi}]^{\mathrm{T}} = \left[w_i \quad \left.\frac{\partial w}{\partial y}\right|_i \quad -\left.\frac{\partial w}{\partial x}\right|_i\right]^{\mathrm{T}}$$

记板内任一点的位移矢量 $\boldsymbol{u}$ 为

$$\boldsymbol{u} = [w \quad Q_x \quad Q_y]^{\mathrm{T}} = \left[w \quad \frac{\partial w}{\partial y} \quad -\frac{\partial w}{\partial x}\right]^{\mathrm{T}} \tag{10.8}$$

相应的薄膜力 F_x, F_{xy}, F_y 的广义力分量为

$$\boldsymbol{F}_{\mathrm{p}} = \left[0 \quad -\left(F_y \frac{\partial w}{\partial y} + F_{xy}\frac{\partial w}{\partial x}\right) \quad \left(F_{xy}\frac{\partial w}{\partial y} + F_x \frac{\partial w}{\partial x}\right)\right]^{\mathrm{T}}$$

由式(10.8)可得板的形函数,即

$$\overline{\boldsymbol{N}} = [\boldsymbol{N} \quad \boldsymbol{N}_{,y} \quad -\boldsymbol{N}_{,x}]$$

由等效结点力公式

$$\boldsymbol{F}^e = \iint \overline{\boldsymbol{N}}\boldsymbol{F}_{\mathrm{p}} \mathrm{d}x\mathrm{d}y$$

得

$$\boldsymbol{F}^e = -\iint [N_{,x} \quad N_{,y}]^{\mathrm{T}} \begin{bmatrix} F_x & F_{xy} \\ F_{xy} & F_y \end{bmatrix} \begin{bmatrix} \boldsymbol{N}_{,x} \\ \boldsymbol{N}_{,y} \end{bmatrix} \mathrm{d}x\mathrm{d}y\ \boldsymbol{u}^e \tag{10.9}$$

令

$$\boldsymbol{G} = [\boldsymbol{N}_{,x} \quad \boldsymbol{N}_{,y}]^{\mathrm{T}} \qquad \boldsymbol{H} = \begin{bmatrix} F_x & F_{xy} \\ F_{xy} & F_y \end{bmatrix}$$

则得

$$\boldsymbol{k}_\sigma = -\iint \boldsymbol{G}^{\mathrm{T}}\boldsymbol{H}\boldsymbol{G}\mathrm{d}x\mathrm{d}y \tag{10.10}$$

于是

$$\boldsymbol{F}^e = \boldsymbol{k}_\sigma u^e$$

式中 $\boldsymbol{k}_\sigma$—— 板稳定的几何刚度矩阵,它表示薄膜力对弯曲刚度的贡献。

将式(10.10)代入 式(10.7),经单元集成得

$$(\boldsymbol{K} + \boldsymbol{K}_\sigma)u = 0 \tag{10.11}$$

一般来说,方程(10.11)的系数矩阵是非奇异的,它只有零解 $u \equiv 0$。表示原来的非弯曲的平衡是稳定的。设外力按比例增加 λ 倍,单元薄膜力为 $\lambda \boldsymbol{F}_p$,单元和总体的集合刚度矩阵分别变为 $\lambda \boldsymbol{k}_\sigma$ 和 $\lambda \boldsymbol{K}_\sigma$,总体平衡力方程则为

$$(\boldsymbol{K} + \lambda\boldsymbol{K}_\sigma)u = 0 \tag{10.12}$$

对某些 λ 值,方程(10.12)的系数矩阵变为奇异,方程有非零解,表示弯曲形式也是平衡位置,此时如果有微小的横向扰动,弯曲位移会变成无穷大,实际上,当位移达到一定数值之后,以上的线性模型不再成立,而应作为非线性问题考虑,这将在下面讨论。

式(10.12)的特征方程,若为 n 阶,便有 n 个特征对:特征值 $\boldsymbol{\lambda}_i$ 和特征矢量 $\boldsymbol{\phi}_i(i=1,2,\cdots,n)$。相应的外载荷 $\boldsymbol{\lambda}_i\boldsymbol{F}$ 便是临界载荷,$\boldsymbol{\phi}_i$ 便是失稳时的屈曲形式。事实上,只有最小的正特征值所对应的临界载荷才有意义。如果特征方程(10.6)有正特征值,说明在这种载荷下结构没有失稳问题。例如板在平面内受薄膜拉力作用时不存在失稳问题。

10.2 结构稳定的判别

10.2.1 屈曲形式

在保守载荷系统作用下的弹性结构存在着两种失去稳定性的可能形式,或两种可能

的屈曲形式，即分支点屈曲（branch-point buckling）和极值点屈曲（extreme-point buckling）。分支点屈曲是指结构在屈曲前以某种变形模式与外载荷相平衡（这种变形模式称为基本平衡状态），当外载荷小于分支点屈曲的临界值时，这种基本平衡状态是稳定的。当外载荷超过分支点屈曲的临界值后，平衡就不再是稳定的了。在基本平衡状态 Ⅰ 的临近，还存在着另一个平衡状态 Ⅱ。如果结构的平衡是稳定的，则小干扰并不能使结构永久地偏离原来的平衡位形；在小干扰去除之后，结构仍将回到原来的平衡位置。如果结构的平衡是不稳定的（载荷大于分支点屈曲的临界值），则在遇到小的干扰后，平衡位形就将从基本平衡状态 Ⅰ 向状态 Ⅱ 变换（图10.1）。在平衡状态 Ⅰ，结构是不稳定的，但在状态 Ⅱ，结构的平衡则是稳定的。在图10.2中，实线表示稳定的平衡，虚线表示不稳定的平衡。稳定平衡与不稳定平衡的交界点，也就是状态 Ⅰ 和状态 Ⅱ 的交点，称之为分支点。与分支点对应的载荷，也就是分支点屈曲的临界载荷，使屈曲前的基本状态方程（平衡方程或刚度方程）成为奇异的。

分支点屈曲可以用传统的经典线性理论来研究，它除了在数学上做线性化处理外，还假定结构是完善的，即没有初始几何缺陷，也不存在载荷的偏离（偏心）。判断是否产生分支点失稳，一般可用下面的3个准则：静力学准则、动力学准则和能量准则。在这一节的一开始，我们在介绍结构稳定性的概念时所使用的准则实际上就是静力学准则。这一准则是说，倘若在分支点处存在一种无限小的相邻的平衡状态 Ⅱ，在平衡状态 Ⅱ 处建立（扰动后的）平衡微分方程，求此平衡微分方程的非零解，即可得到这微分方程的本征值，也就是分支点屈曲的临界载荷，以两端受轴载 P 的理想直杆为例（图10.3），平衡微分方程为

$$Py - EIy'' = 0$$

式中 E——杆材料的弹性模量；

I——杆剖面的弯曲惯性矩；

l——杠长。

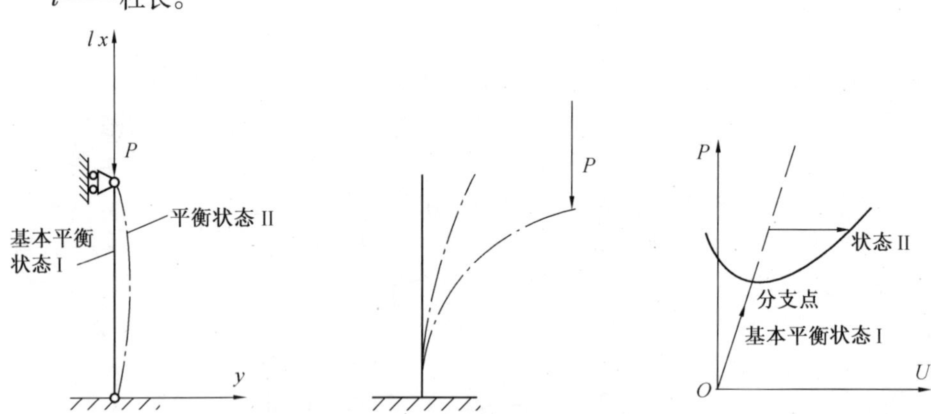

图10.1 不同平衡位形下的结构　　图10.2 分支点屈曲　　图10.3 静力学准则的例子

$y = y(x) = 0$ 总是该方程的一个解，也就是基本平衡状态 Ⅰ。如果 P 达到临界值 P_{cr}，该力学系统就可以在状态 Ⅱ 上保持平衡，即 $y = y(x) \neq 0$。于是由满足边界条件 $x = 0$，$y = 0$；$x = l, y = 0$ 的非零解为

$$y(x)=A\sin\frac{n\pi x}{l}$$

可得

$$\left[P+\frac{EI\pi^2}{(l/n)^2}\right]\cdot A\sin\frac{n\pi x}{l}=0$$

式中,A 值是任意的;n 为正整数。由此可知

$$P_{\mathrm{cr}}=\frac{EI\pi^2}{(l/n)^2}$$

当 $n=1$ 时,得到最小的分支点屈曲临界载荷

$$P_{\mathrm{cr}}=\frac{EI\pi^2}{l^2}$$

动力学准则说,在有限(n) 维空间内建立力学系统的动力平衡(微分) 方程,系统的位形可以用广义坐标 $u_i(i=1,2,\cdots,n)$ 来描述。$\dot{u}_i=\frac{\mathrm{d}u_i}{\mathrm{d}t}$,且当 $t=0$ 时,$u_i=u_i^0,\dot{u}_i=\dot{u}_i^0$。令系统偏离原先的平衡位置,若能找到偏离后的某初始值 u_i^0 及 $\dot{u}_i^0$,使求解初值问题时得到的所有时刻下的绝对值 $|u_i|$ 和 $|\dot{u}_i|$ 都小于指定值 $\bar{u}_i$ 和 $\bar{\dot{u}}_i$,则系统的平衡是稳定的。而能量准则认为,包括变形结构和外载荷在内的力学系统具有总势能 Π,如果与所有邻近平衡状态的总势能相比,Π 达到最小,则基本平衡状态是稳定的。关于能量准则,下面我们还要做详细的讨论。

一般来说,只要结构有初始缺陷,它的屈曲就不再是分支型的;大多数情况下出现了极值点屈曲,在另一些情况下(例如,初始缺陷过分大) 则从稳定性问题转化为强度问题。在极值点屈曲中,不存在分支点,但存在有极值点(图 10.4) 。当载荷位移曲线上载荷参数达到局部最大值时,结构的平衡就丧失了稳定性。由于实际结构往往存在着初始几何缺陷,所以实际结构的失去稳定往往是以极值点屈曲的形式出现的。缺陷对结构失稳特性影响有大有小,并不一致,要根据结构对缺陷的敏感程度而定。在图 10.5 中,ε 代表缺陷参数,粗实线代表完善结构($\varepsilon=0$) 的平衡位形,细实线代表有几何初缺陷($\varepsilon\neq 0$) 的结构的平衡位形。图 10.5 中(a) 和(c) 的情况表明结构的几何初始缺陷相当显著地降低了结构的承载能力,因此这些结构对缺陷是相当敏感的。

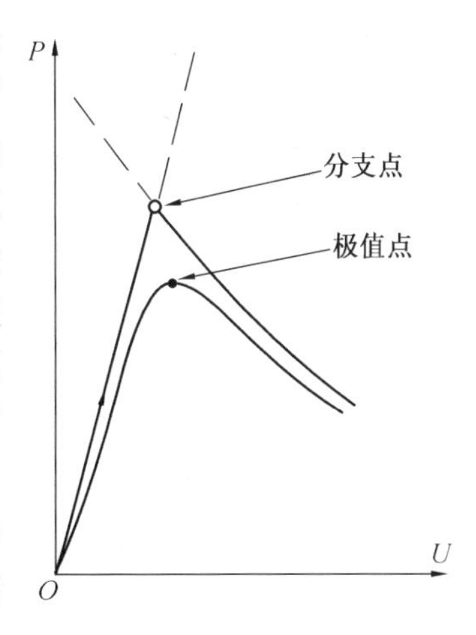

图 10.4 极值点屈曲

10.2.2 判别结构稳定性的能量准则

一个弹性系统,若其总势能 Π 的二阶变分是正定的,则其处在稳定平衡状态,反之亦然,即两者互为充要条件。

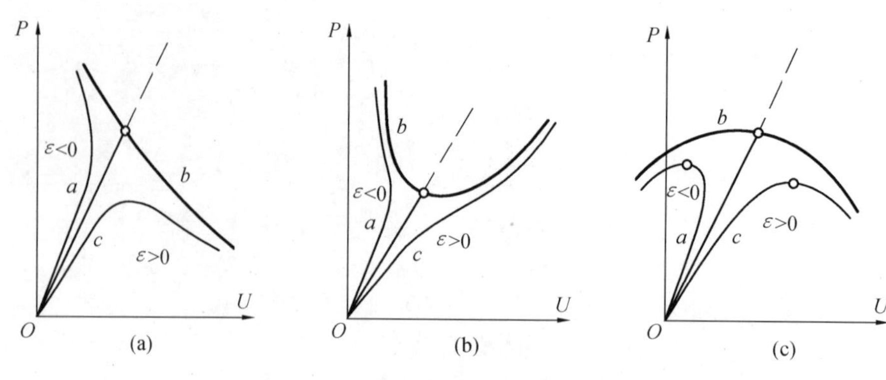

图 10.5　具有初始缺陷的结构的失稳

设 $\overline{F}$ 是某一载荷参数，$\overline{u}$ 是结构满足平衡的位移，$\delta\overline{u}$ 是位移 $\overline{u}$ 的满足运动学边界条件的可能位移的变分，于是在 $\overline{u}$ 的邻域 $\overline{u}+\delta\overline{u}$ 的系统总势能为

$$\Pi(\overline{u}+\delta\overline{u},\overline{F})=\Pi(\overline{u},\overline{F})+\delta\Pi+\delta^2\Pi+R \tag{10.13}$$

其中 R 为余项，由 $\delta\overline{u}$ 引起的总势能增量为

$$\Delta\Pi=\Pi(\overline{u}+\delta\overline{u},\overline{F})-\Pi(\overline{u},\overline{F})=\delta\Pi+\delta^2\Pi+R$$

由于 $\overline{u}$ 是平衡位置上的位移，故有

$$\delta\Pi=0$$

于是总势能增量为

$$\Delta\Pi=\delta^2\Pi+R \tag{10.14}$$

对于有限维系统，在 $\delta\overline{u}$ 是微小的情况下，$\delta^2\Pi$ 是 $\Delta\Pi$ 中起支配作用的分量。因此，正定的二阶变分就保证了系统的稳定性，它既是必要条件，也是充分条件。即 $\delta^2\Pi>0$，Π 为极小，稳定平衡；如 $\delta^2\Pi<0$，Π 为极大，$\Delta\Pi<0$，这表明结构状态不稳定，非稳定平衡；$\delta^2\Pi=0$，Π 为驻值，临界平衡。

将结构连续系统离散化而成为有限单元的集合体，则其系统总势能可表示为

$$\Pi=\sum_{e=1}^{m}\left[\frac{1}{2}\int_V\boldsymbol{\varepsilon}^{\mathrm{T}}\boldsymbol{D}\boldsymbol{\varepsilon}\mathrm{d}V-(\boldsymbol{u}^e)^{\mathrm{T}}\overline{\boldsymbol{F}}\boldsymbol{\lambda}_0^e\right] \tag{10.15}$$

式中　m—— 单元总数。

由于 $\overline{\boldsymbol{F}}\boldsymbol{\lambda}_0^e=\boldsymbol{F}$，因此式(10.15)的关于 $\boldsymbol{u}$ 的一阶、二阶变分为

$$\delta\Pi(\boldsymbol{u},\overline{\boldsymbol{F}})=\sum_{e=1}^{m}\int_V\delta\boldsymbol{\varepsilon}^{\mathrm{T}}\boldsymbol{D}\boldsymbol{\varepsilon}\mathrm{d}V-\delta(\boldsymbol{u}^e)^{\mathrm{T}}\overline{\boldsymbol{F}}\boldsymbol{\lambda}_0^e$$

$$\delta^2\Pi=\sum_{e=1}^{m}\frac{1}{2}\int_V(\delta^2\boldsymbol{\varepsilon}^{\mathrm{T}}\boldsymbol{D}\boldsymbol{\varepsilon}+\delta\boldsymbol{\varepsilon}^{\mathrm{T}}\boldsymbol{D}\delta\boldsymbol{\varepsilon})\mathrm{d}V=$$

$$\sum_{e=1}^{m}\frac{1}{2}\int_V(\delta\boldsymbol{\varepsilon}^{\mathrm{T}}\boldsymbol{D}\delta\boldsymbol{\varepsilon}+\delta^2\boldsymbol{\varepsilon}^{\mathrm{T}}\boldsymbol{\sigma})\mathrm{d}V$$

因为有

$$\boldsymbol{\varepsilon}=\left(\boldsymbol{B}_{\mathrm{L}}+\frac{1}{2}\boldsymbol{B}_{\mathrm{N}}\right)\boldsymbol{u}^e$$

$$\delta\boldsymbol{\varepsilon} = (\boldsymbol{B}_{\mathrm{L}} + \boldsymbol{B}_{\mathrm{N}})\delta\boldsymbol{u}^{e}$$

$$\delta^{2}\boldsymbol{\varepsilon}^{\mathrm{T}}\boldsymbol{\sigma} = \delta(\boldsymbol{u}^{e})^{\mathrm{T}}\boldsymbol{G}^{\mathrm{T}}\boldsymbol{\sigma}\boldsymbol{G}\delta\boldsymbol{u}^{e}$$

则可得

$$\delta^{2}\Pi = \sum_{e=1}^{m}\delta(\boldsymbol{u}^{e})^{\mathrm{T}}\left[\frac{1}{2}\int_{V}(\boldsymbol{B}_{\mathrm{L}} + \boldsymbol{B}_{\mathrm{N}})^{\mathrm{T}}\boldsymbol{D}(\boldsymbol{B}_{\mathrm{L}} + \boldsymbol{B}_{\mathrm{N}})^{\mathrm{T}}\mathrm{d}V + \int_{V}\boldsymbol{G}^{\mathrm{T}}\boldsymbol{\sigma}\boldsymbol{G}\mathrm{d}V\right]\delta\boldsymbol{u}^{e}$$

$$\delta^{2}\Pi = \frac{1}{2}\delta\boldsymbol{u}^{\mathrm{T}}\sum_{e=1}^{m}\left[\int_{V}(\boldsymbol{B}_{\mathrm{L}}^{\mathrm{T}}\boldsymbol{D}\boldsymbol{B}_{\mathrm{L}})^{\mathrm{T}}\mathrm{d}V + \int_{V}(\boldsymbol{B}_{\mathrm{L}}{}^{\mathrm{T}}\boldsymbol{D}\boldsymbol{B}_{\mathrm{N}} + \boldsymbol{B}_{N}{}^{\mathrm{T}}\boldsymbol{D}\boldsymbol{B}_{\mathrm{L}} + \boldsymbol{B}_{\mathrm{N}}{}^{\mathrm{T}}\boldsymbol{D}\boldsymbol{B}_{\mathrm{N}})\mathrm{d}V + \int_{V}\boldsymbol{G}^{\mathrm{T}}\boldsymbol{\sigma}\boldsymbol{G}\mathrm{d}V\right]\delta\boldsymbol{u} = \frac{1}{2}\delta\boldsymbol{u}^{\mathrm{T}}(\boldsymbol{K}_{0} + \boldsymbol{K}_{\mathrm{N}} + \boldsymbol{K}_{\sigma})\delta\boldsymbol{u} = \frac{1}{2}\delta\boldsymbol{u}^{\mathrm{T}}\boldsymbol{K}_{\mathrm{T}}\delta\boldsymbol{u} \tag{10.16}$$

式中 $\boldsymbol{K}_{\mathrm{T}}$——结构在位移 $\boldsymbol{u}$ 时的切线刚度矩阵,与小变形的几何非线性切线刚度矩阵是一致的。

但这里是从另一个角度讨论的,它是讨论 $\boldsymbol{u}$ 与载荷参数 $\overline{\boldsymbol{F}}$ 的关系(表现在 $\boldsymbol{B}_{N}$ 和 $\boldsymbol{\sigma}$ 中),我们将式(10.16)与判别平衡状态的能量准则联系,因而 $\delta^{2}\Pi > 0$ 与正定的 $\boldsymbol{K}_{\mathrm{T}}$ 等价。

随着参数 $\overline{\boldsymbol{F}}$ 和广义位移 $\boldsymbol{u}$ 的逐步增大,$\boldsymbol{K}_{\mathrm{T}}$ 将可能发生质的变化。当 $\overline{\boldsymbol{F}}$ 达到某一临界值 $\boldsymbol{P}_{\mathrm{cr}}$,同时 $\boldsymbol{u}$ 也相应地达到某一临界的平衡位形时,将有

$$\det(\boldsymbol{K}_{\mathrm{T}}) = 0 \tag{10.17}$$

这预示着 $\delta^{2}\Pi$ 不再正定,结构处在一种临界状态,将开始向不稳定的平衡过渡。

若在式(10.16)中略去位移的影响(因为在结构失稳前,位移影响通常是较小的),则近似地令 $\boldsymbol{K}_{\mathrm{N}} = 0$,同时假定应力 $\boldsymbol{\sigma}$ 与载荷 $\overline{\boldsymbol{F}}$ 成线性关系,则式(10.17)可改写为

$$\det(\overline{\boldsymbol{K}}_{\sigma} + \boldsymbol{P}_{\mathrm{cr}}\boldsymbol{K}_{\sigma}) = 0 \tag{10.18}$$

其中,$\overline{\boldsymbol{K}}_{\sigma}$ 为 $\overline{\boldsymbol{F}} = 1$ 时的 $\boldsymbol{K}_{\sigma}$;$\boldsymbol{P}_{\mathrm{cr}}$ 为临界载荷。式(10.18)也就是求解经典临界载荷 $\boldsymbol{P}_{\mathrm{cr}}$ 的有限元公式。

如果考察具有初始几何缺陷的结构的极值点屈曲,可以应用总势能二阶变分获得,但屈曲后的平衡路径,将在下节介绍。

10.3 屈曲后的平衡路径分析

在稳定性分析中,当达到极值点(或分支点)以后,要想得到屈曲后的结构载荷位移曲线,并不是一件容易完成的事。困难主要在于当结构将要达到和已经达到它的稳定性极限后,增量的切线刚度矩阵将迅速变成奇异。在靠近不稳定区的地方,一般的平衡(balancing)迭代将收敛得很慢,甚至根本不收敛。为了解决这一问题,提出了若干处理方法,归结起来可分为4大类:假想弹簧法、指定位移法、当前刚度参数法和限制位移长度法。

10.3.1 假想弹簧法

假想弹簧法(imaginary spring method)的主要思想是为了保持切线刚度矩阵的正定，在适当的自由度上假想地加上一个弹簧常数为 K 的弹簧。这一方法原是为桁架结构提出，后来被推广应用于有限单元法。这一方法的本质是在具有屈曲后的性态的结构载荷位移曲线上加一个线性的弹簧响应，即在未加弹簧响应前，切线刚度矩阵从正定的变成非正定，加上线性响应，则合成后的切线刚度矩阵则总是正定的，如图 10.6 所示，虚线表示真实结构屈曲后的平衡路径。

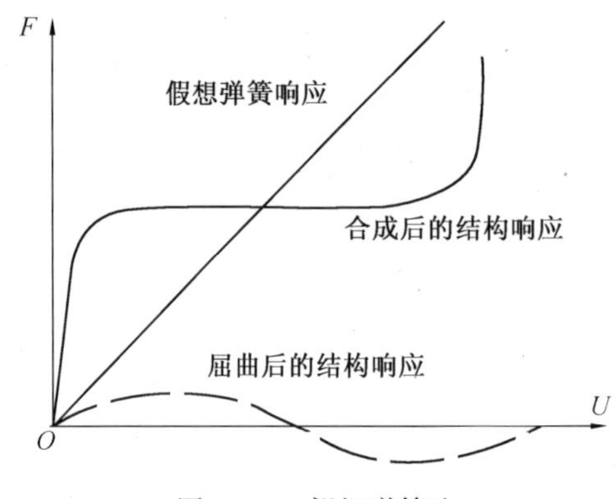

图 10.6 假想弹簧法

设 $\boldsymbol{F}'$ 是作用在加有假想弹簧的模型上的总外载荷矢量，它由真实结构载荷矢量 $\boldsymbol{F}$ 和弹簧力 $\boldsymbol{F}_S$ 组合而成，即

$$\boldsymbol{F}' = \boldsymbol{F} + \boldsymbol{F}_S \tag{10.19}$$

而弹簧力则可以由弹簧刚度矩阵 $\boldsymbol{K}_S$ 和位移向量 $\boldsymbol{u}$ 的乘积来表示，即

$$\boldsymbol{F}_S = \boldsymbol{K}_S \boldsymbol{u}$$

其中，$\boldsymbol{u}$ 是节点广义位移矢量，它不论是对于真实结构还是修改后的结构都是相同的。于是，假想弹簧法的载荷位移曲线所对应的结构有限元平衡方程为

$$(\boldsymbol{K} + \boldsymbol{K}_S)\boldsymbol{u} = \boldsymbol{F}' \tag{10.20}$$

由于 $\boldsymbol{F}'$ 中包含 $\boldsymbol{F}_S$，而 $\boldsymbol{F}_S$ 是与 $\boldsymbol{u}$ 有关的量，因此式(10.20)可以写成迭代格式，即

$$(\boldsymbol{K} + \boldsymbol{K}_S)\boldsymbol{u}^{n+1} = \boldsymbol{F} + \boldsymbol{K}_S \boldsymbol{u}^n \tag{10.21}$$

$$\boldsymbol{K} = \boldsymbol{K}_0 + \boldsymbol{K}_N(\boldsymbol{u}^n)$$

式中 $\boldsymbol{K}_0$—— 线性的刚度系数；

$\boldsymbol{K}_N$—— 非线性的刚度系数。

由上式求得位移 $\boldsymbol{u}^{n+1}$ 后，即可由式(10.19)求得使原结构产生同样位移 $\boldsymbol{u}^{n+1}$ 所需的载荷，即

$$\boldsymbol{F} = \boldsymbol{F}' - \boldsymbol{K}_S \boldsymbol{u}^n = \boldsymbol{F} + \boldsymbol{K}_S \Delta \boldsymbol{u}^{n+1}$$

$$\Delta \boldsymbol{u}^{n+1} = \boldsymbol{u}^{n+1} - \boldsymbol{u}^n$$

式中的弹簧刚度矩阵 $\boldsymbol{K}_S$ 无论用什么方法给出，只要能保证 $\boldsymbol{K}_0$ 正定就行。当前，常用的有两种求法，即

$$\boldsymbol{K}_{\mathrm{S}}=\frac{\boldsymbol{K}}{\sum|f_i|^2}\boldsymbol{F}\boldsymbol{F}^{\mathrm{T}}$$

$$\boldsymbol{K}_{\mathrm{S}}=\boldsymbol{I}\boldsymbol{K}$$

式中,$\boldsymbol{I}$ 为 $n\times n$ 阶单位矩阵;$\boldsymbol{F}=[f_1 \quad f_2 \quad \cdots \quad f_n]^{\mathrm{T}}$。

上述弹簧法,只限于加一根假想弹簧的情况。如果为了保证 $\boldsymbol{K}_{\mathrm{T}}$ 的正定性而需加几根弹簧,方法就会变得十分复杂。不过,对于一般板壳结构,给出 $\boldsymbol{K}_{\mathrm{S}}$ 就足够了。

10.3.2 指定位移法

指定位移法(specified displacement method)是将待求的结构位移分量分成两部分,选择其中某些位移分量 $\boldsymbol{u}_2$,并赋予它们一系列指定值,另外位移分量部分 $\boldsymbol{u}_1$ 为待求量,有

$$\boldsymbol{u}=[\boldsymbol{u}_1{}^{\mathrm{T}} \quad \boldsymbol{u}_2{}^{\mathrm{T}}]^{\mathrm{T}} \tag{10.22}$$

指定 $\boldsymbol{u}_2$ 值的目的,是为了避免切线刚度矩阵出现奇异性,这正是求解屈曲路径的困难所在。

在讨论具体算法之前,首先指出切线刚度矩阵是位移 $\boldsymbol{u}$ 和应力 $\boldsymbol{\sigma}$ 的函数,当迭代过程中 $\boldsymbol{u}$ 和应力 $\boldsymbol{\sigma}$ 不断修正时,$\boldsymbol{K}_{\mathrm{T}}$ 也应不断地修正。因而指定位移法必须采用增量形式,而每一增量步中又需进行多次迭代。

首先假定在时刻 0 到 t 的 $\boldsymbol{u}$ 值都由计算获得,$\boldsymbol{u}_2$ 为已知,现在要计算 $t+\Delta t$ 时刻的 $\boldsymbol{u}$ 值,且假定在 $t+\Delta t$ 时刻的总体刚度矩阵 $\boldsymbol{K}_{\mathrm{T}}$ 已成为奇异,即设与 $t+\Delta t$ 时刻相应的点为结构不稳定点。在 t 至 $t+\Delta t$ 这一增量步中,位移增量为 $\Delta\boldsymbol{u}$,其中 $\Delta\boldsymbol{u}_2$ 的值在一开始(时刻 t)就被指定为 $\Delta\boldsymbol{u}_2{}^0$,上标 0 表示第 0 次迭代时的值,即在 t 时刻的起始值,并且在以后迭代过程中 $\Delta\boldsymbol{u}_2$ 保持不变。$\boldsymbol{R}$ 为 t 时刻的残差力矢量,$\Delta\lambda$ 为增量载荷参数,$\boldsymbol{P}$ 是 $\Delta\boldsymbol{\lambda}=1$ 的外载荷矢量。在一个增量步中它是一个已经确定的不变量,于是在 $t+\Delta t$ 增量步中,增量形式的有限元方程为

$$\boldsymbol{K}_{\mathrm{T}}\Delta\boldsymbol{u}=\boldsymbol{R}+\Delta\lambda\boldsymbol{P}$$

或者由式(10.22),并按增量形式的迭代格式可表示为(对于二维问题)

$$\begin{bmatrix} k_{11} & k_{12} \\ k_{21} & k_{22} \end{bmatrix}^i \begin{bmatrix} \Delta u_1 \\ \Delta u_2 \end{bmatrix}^i = \begin{bmatrix} R_1 \\ R_2 \end{bmatrix}^i + \Delta\lambda^i \begin{bmatrix} P_1 \\ P_2 \end{bmatrix} \tag{10.23}$$

其中,上标 i 表示第 i 次迭代时的迭代量。因为 Δu_2 为给定值,故

$$\Delta u_2^0=\Delta u_2$$

$$\Delta u_2^i=0 \quad (i>0)$$

又令

$$\left.\begin{aligned} \Delta u_1 &= \Delta u_1^a+\Delta\lambda\,\Delta u_1^b+\Delta u_1^c \\ \Delta u_2 &= \Delta u_2^a+\Delta\lambda\,\Delta u_2^b+\Delta u_2^c=\Delta u_2^c \end{aligned}\right\} \tag{10.24}$$

其中,上标 a、b、c 分别表示为不平衡残差力矢量 $\boldsymbol{R}$、外载荷矢量 $\boldsymbol{P}$ 和给定位移 Δu_2 所引起的位移增量,且总位移增量是上述三类位移增量之和。

显然,将式(10.24)代入式(10.23),即可改写为

$$\left.\begin{aligned}k_{11}(\Delta u_1^a+\Delta\lambda\Delta u_1^b+\Delta u_1^c)&=R_1+\Delta\lambda P_1-k_{12}\Delta u_2\\k_{22}\Delta u_2+k_{21}(\Delta u_1^a+\Delta u_1^c)-R_2&=\Delta\lambda(P_2-k_{21}\Delta u_1^b)\end{aligned}\right\}\tag{10.25}$$

再将上式按 a、b、c 分离，并以矩阵迭代格式表示，则上式可写为

$$\left.\begin{aligned}\begin{bmatrix}k_{11}&0\\0&1\end{bmatrix}^i\begin{bmatrix}\Delta u_1^a\\\Delta u_2^a\end{bmatrix}^i&=\begin{bmatrix}R_1\\0\end{bmatrix}^i\\\begin{bmatrix}k_{11}&0\\0&1\end{bmatrix}^i\begin{bmatrix}\Delta u_1^b\\\Delta u_2^b\end{bmatrix}^i&=\begin{bmatrix}P_1\\0\end{bmatrix}^i\\\begin{bmatrix}k_{11}&0\\0&1\end{bmatrix}^i\begin{bmatrix}\Delta u_1^c\\\Delta u_2^c\end{bmatrix}^i&=\begin{bmatrix}-k_{12}\Delta u_2\\\Delta u_2\end{bmatrix}^i\end{aligned}\right\}\tag{10.26}$$

此外，由式(10.25)，还可得到

$$\Delta\lambda^i=\frac{k_{22}^i\Delta u_2^i-R_2^i+k_{21}^i(\Delta u_1^a+\Delta u_1^c)^i}{P_2-k_{21}^i\Delta u_1^{bi}}\tag{10.27}$$

至此，可以由式(10.26)的第一式解出 Δu_1^a，由第二式解出 Δu_1^b，由第三式，当 $i=0$ 时，可解得 $(\Delta u_1^c)^0=-(k_{11}^{-1}k_{12})\Delta u_2$；当 $i>0$ 时，因为 $\Delta u_2^i=0$，故 $\Delta u_2^c=0$。最后可得

$$\Delta u_1^i=(\Delta u_1^a)^i+\Delta\lambda^i(\Delta u_1^b)^i+(\Delta u_1^c)^i$$

$$u_1^{i+1}=u_1^i+\Delta u_1^i$$

$$\lambda^{i+1}=\lambda^i+\Delta\lambda^i$$

$$\lambda^0=1$$

将上述平衡迭代一直进行下去，直到达到所需要的精度为止。

当载荷 - 位移曲线在结构屈曲点以后很陡地下降，或者具有突跃(snap-through)性态时，指定位移法会失效。指定位移法的另一个缺点是处理随动载荷时会遇到更多困难。

10.3.3 当前刚度参数法

当前刚度参数(current rigidity parameter method)是指与当前刚度矩阵有关的能量和与起始(线性)刚度矩阵有关的能量之比。当前刚度参数 S_P 可以用公式表示为

$$S_P=\frac{\|\Delta\boldsymbol{F}^1\|^2(\Delta u^i)^T\boldsymbol{K}_T{}^i\Delta u^i}{\|\Delta\boldsymbol{F}^i\|^2(\Delta u^1)^T\boldsymbol{K}_T{}^i\Delta u^1}$$

或者

$$S_P=\frac{\|\Delta\boldsymbol{F}^1\|^2(\Delta u^i)^T\Delta\boldsymbol{F}^i}{\|\Delta\boldsymbol{F}^i\|^2(\Delta u^1)^T\Delta\boldsymbol{F}^1}\tag{10.28}$$

式中 i—— 第 i 个增量步；

$\Delta\boldsymbol{F}^i$—— 第 i 个增量步中的载荷增量。

在 $t=0$ 至 Δt 这一增量步中，即当 $i=1$ 时，显然 $S_P=1$，以后 S_P 将逐步缩小，到了结构屈曲点(极值点)，由于这时 $\boldsymbol{K}_T$ 成为奇异，故 $S_P=0$。在屈曲点以后，即到了屈曲后阶段，S_P 将变成为负值。

根据这些特征，我们可用当前刚度参数 S_P 来控制屈曲点附近的迭代方程。引入 $\bar{S}_P = 0.05 \sim 0.10$，如果 S_P 的绝对值小于 $\bar{S}_P$，则增量不再迭代；如果 S_P 是正值，则外载荷增量和 S_P 一样也取正值；如果 S_P 是负值，则外载荷增量也取负值。当前刚度参数法的计算格式如图10.7所示。提出这一方法，主要是由于平衡迭代在屈曲点附近的收敛性很差。

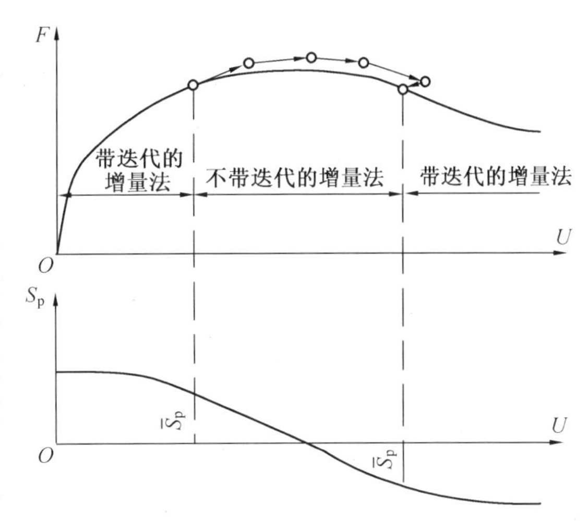

图10.7　当前刚度参数法的计算格式

当前刚度参数法中，位移会从平衡路径上飘移出去（图10.7），从这一点来看，它也有不足之处。为了使数值解尽可能少地偏离平衡路径，当前刚度参数法中，在 $|S_P| < \bar{S}_P$ 范围内应把增量载荷值取得足够小。

10.3.4　限制位移矢量的长度法

限制位移矢量的长度法（method of limiting displacement increment length）通常称为“弧长法”。在这一方法中，假设从时刻0到 t 的位移解已经获得，在 t 至 $t+\Delta t$ 这一增量步中，结构将从稳定的平衡转向不稳定的平衡。为了在这一增量步中得到稳定的数值解，亦即为了使数值解收敛，在采用修正的牛顿－拉斐逊方法进行迭代的同时，还限制位移增量的长度。这一方法的计算格式如图10.8所示。

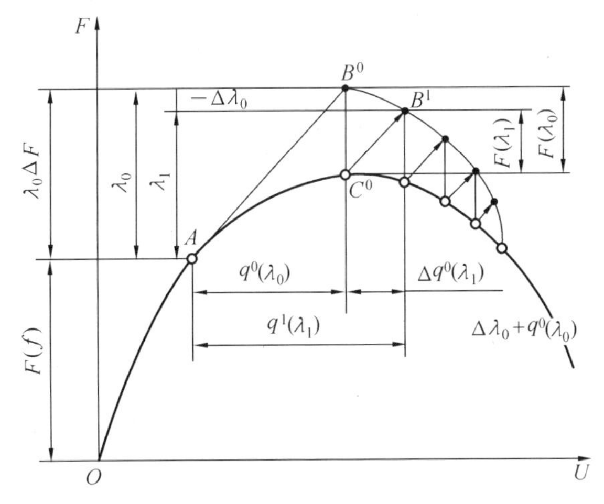

图10.8　限制位移矢量的长度法

图10.8中，$\boldsymbol{F}(t)$ 表示时刻 t 的平衡载荷，$\Delta\boldsymbol{F}$ 为 $\lambda=1$ 时的载荷增量。在时刻 t 时，切线刚度矩阵为 $\boldsymbol{K}_T{}^0$，以后 $\boldsymbol{K}_T{}^0$ 保持不变。现在计算时刻 $t \sim t+\Delta t$ 这一增量步。首先令载

荷增量为$\lambda_0 \Delta \boldsymbol{F}$,得到位移增量$\boldsymbol{q}^0(\lambda_0)$,这时,在时刻$t$处于载荷位移空间中的某一点$A$,在$t \sim t+\Delta t$时刻到了新的位置$B^0$,但这并不是真实的平衡点。

线段AB^0的长度为

$$[\boldsymbol{q}^0(\lambda_0)]^{\mathrm{T}}\boldsymbol{q}^0(\lambda_0)+\lambda_0^2\Delta \boldsymbol{F}^{\mathrm{T}}\Delta \boldsymbol{F}_0$$

已知位移增量$\boldsymbol{q}^0(\lambda_0)$后,不难找到与当前位移对应的平衡点$C^0$,而与$C^0$对应的载荷与$\lambda_0\Delta \boldsymbol{F}$之间就会有一差值,这载荷差就是$\boldsymbol{F}(\lambda_0)$。接着,从$C^0$出发,以同样的$\boldsymbol{K}_T$找到一个新的点$B^1$,而且要使迭代的序列$B^0,B^1,B^2,\cdots,B^{11},\cdots$愈来愈向真实的响应曲线接近,其办法就是使$AB^0=AB^1$,或者以数学公式来表示,即

$$[\boldsymbol{q}^1(\lambda_1)]^{\mathrm{T}}\boldsymbol{q}^1(\lambda_1)+\lambda_1^2\Delta \boldsymbol{F}^{\mathrm{T}}\Delta \boldsymbol{F}=[\boldsymbol{q}^0(\lambda_0)]^{\mathrm{T}}\boldsymbol{q}^0(\lambda_0)+\lambda_0\Delta \boldsymbol{F}_1^{\mathrm{T}}\Delta \boldsymbol{F} \tag{10.29}$$

从图10.8可以看到,如果在这一增量步中进行迭代时保持

$$[\boldsymbol{q}^i(\lambda_i)]^{\mathrm{T}}\boldsymbol{q}^i(\lambda_i)+\lambda_i^2\Delta \boldsymbol{F}^{\mathrm{T}}\Delta \boldsymbol{F}=[\boldsymbol{q}^{i+1}(\lambda_{i+1})]^{\mathrm{T}}\boldsymbol{q}^{i+1}(\lambda_{i+1})+\lambda_{i+1}^2\Delta \boldsymbol{F}^{\mathrm{T}}\Delta \boldsymbol{F} \tag{10.30}$$

迭代是可以收敛的,而且到了接近收敛时,必有

$$\lambda_i^2 \approx \lambda_{i+1}^2$$

从而迭代收敛时要求

$$[\boldsymbol{q}^{i+1}(\lambda_{i+1})]^{\mathrm{T}}\boldsymbol{q}^{i+1}(\lambda_{i+1})=[\boldsymbol{q}^i(\lambda_i)]^{\mathrm{T}}\boldsymbol{q}^i(\lambda_i) \tag{10.31}$$

因为

$$\boldsymbol{q}^{i+1}(\lambda_{i+1})=\boldsymbol{q}^i(\lambda_i)+\Delta\boldsymbol{q}^i(\lambda_{i+1}) \tag{10.32}$$

$$\Delta\boldsymbol{q}^i(\lambda_{i+1})=(\boldsymbol{K}_T{}^0)^{-1}[\boldsymbol{F}(\lambda_i)-\Delta\lambda_i\Delta\boldsymbol{F}] \tag{10.33}$$

在上式中,由于采用修正的牛顿-拉斐逊方法迭代,因此$\boldsymbol{K}_T$不变,都等于$\boldsymbol{K}_T{}^0$,即起始切线刚度矩阵。记

$$\left.\begin{aligned}(\boldsymbol{K}_T{}^0)^{-1}\Delta\boldsymbol{F}&=\frac{\boldsymbol{q}^0(\lambda_0)}{\lambda_0}=\bar{\boldsymbol{q}}^0(\lambda_0)\\(\boldsymbol{K}_T{}^0)^{-1}\boldsymbol{F}(\lambda_i)&=\Delta\boldsymbol{q}^i(\lambda_i)\end{aligned}\right\} \tag{10.34}$$

将式(10.33)和式(10.34)代入式(10.32),即得

$$\boldsymbol{q}^{i+1}(\lambda_{i+1})=\boldsymbol{q}^i(\lambda_i)+\Delta\boldsymbol{q}^i(\lambda_{i+1})-\Delta\lambda_0\bar{\boldsymbol{q}}^0(\lambda_0) \tag{10.35}$$

于是收敛条件式(10.31)即可改写为

$$[\boldsymbol{q}^{i+1}(\lambda_{i+1})]^{\mathrm{T}}\boldsymbol{q}^{i+1}(\lambda_{i+1})-[\boldsymbol{q}^i(\lambda_i)]^{\mathrm{T}}\boldsymbol{q}^i(\lambda_i)=0$$

或者

$$\begin{gathered}[\boldsymbol{q}^i(\lambda_i)+\Delta\boldsymbol{q}^i(\lambda_i)]^{\mathrm{T}}[\boldsymbol{q}^i(\lambda_i)+\Delta\boldsymbol{q}^i(\lambda_i)]-2\Delta\lambda_i[\boldsymbol{q}^i(\lambda_i)+\Delta\boldsymbol{q}^i(\lambda_i)]^{\mathrm{T}}\bar{\boldsymbol{q}}^0(\lambda_0)+\\\Delta\lambda_i^2[\bar{\boldsymbol{q}}^0(\lambda_0)]^{\mathrm{T}}\boldsymbol{q}^0(\lambda_0)-[\boldsymbol{q}^i(\lambda_i)]^{\mathrm{T}}\boldsymbol{q}^i(\lambda_i)=0\end{gathered}$$

上式亦可简单地表示为

$$\alpha_1\Delta\lambda_i^2-\alpha_2\Delta\lambda_i+\alpha_3=0 \tag{10.36}$$

其中 $\alpha_1=[\bar{\boldsymbol{q}}^0(\lambda_0)]^{\mathrm{T}}\boldsymbol{q}^0(\lambda_0)$

$\alpha_2=2[\boldsymbol{q}^i(\lambda_i)+\Delta\boldsymbol{q}^i(\lambda_i)]^{\mathrm{T}}\bar{\boldsymbol{q}}^0(\lambda_0)$

$\alpha_3=[\boldsymbol{q}^i(\lambda_i)+\Delta\boldsymbol{q}^i(\lambda_i)]^{\mathrm{T}}[\boldsymbol{q}^i(\lambda_i)+\Delta\boldsymbol{q}^i(\lambda_i)]-[\boldsymbol{q}^i(\lambda_i)]^{\mathrm{T}}\boldsymbol{q}^i(\lambda_i)$

而

$$\boldsymbol{F}(\lambda_i)=\boldsymbol{F}(t)+\lambda_i\Delta\boldsymbol{F}-\int_{V(t)}\boldsymbol{B}_{\mathrm{L}}{}^{\mathrm{T}}\boldsymbol{\sigma}^{i-1}\mathrm{d}V$$

由式(10.36)可以得到$\Delta\lambda_i$的两个根:$(\Delta\lambda_i)_1$和$(\Delta\lambda_i)_2$。$\Delta\lambda_i$的正根表示使λ_i减小($\lambda_{i+1} < \lambda_i$),如图10.8所示,从$(\Delta\lambda_i)_1$和$(\Delta\lambda_i)_2$中,只选取一个根,该根应使载荷位移曲线往前走而不是往后返回,即应使$[\boldsymbol{q}^{i+1}(\lambda_{i+1})]^{\mathrm{T}}\boldsymbol{q}^i(\lambda_i)$大于零而不是小于零。记

$$Q_1 = [\boldsymbol{q}^{i+1}(\lambda_{i+1})_1]^{\mathrm{T}}\boldsymbol{q}^i(\lambda_i)$$

$$Q_2 = [\boldsymbol{q}^{i+1}(\lambda_{i+1})_2]^{\mathrm{T}}\boldsymbol{q}^i(\lambda_i)$$

式中,下标1、2表示式(10.35)中用$(\Delta\lambda_i)_1$和$(\Delta\lambda_i)_2$算出的对应$\boldsymbol{q}$值。

如果Q_1和Q_2分别为正值和负值,则取为正值所对应的根$\Delta\lambda_i$;如果Q_1和Q_2均为正值,则可取接近线性解$\dfrac{\alpha_3}{\alpha_2}$的那个根为$\Delta\lambda_i$。

前述4种方法应用于实际的计算分析结果表明,限制位移矢量长度法通常能在屈曲后平衡路径的跟踪、带初始缺陷结构的屈曲和后屈曲分析以及突跃问题等的处理上取得较好的效果。很多通用有限元软件(如ABAQUS、ANSYS和NASTRAN等)都含有这类算法。

10.4 带初始缺陷的结构稳定性问题

在实际的梁板壳结构中,往往存在这样那样的缺陷,如由于制造、施工中造成的几何缺陷,或者是由于加载偏心造成了附加弯矩等。这些几何或载荷的缺陷有时虽然很小,但对于缺陷敏感的结构,其稳定性将受到很大的影响,导致实际承载能力和理论值之间有很大差距。

对于一个带有几何的或材料的缺陷或者外部载荷扰动的实际结构,采用有限元法分析其屈曲载荷时,应在其有限元模型中引入这些缺陷,以得到符合实际的计算结果。例如,有任意初始几何缺陷的板壳单元在大变形后都可以看成是任意壳单元,须用一般壳体的平衡方程进行分析,而其初始几何缺陷的影响可以通过修正壳单元的初始曲率来考虑。这样,无论是板还是圆柱壳,都可以看成是扁壳或任意壳。以扁壳为例,假设其初始主曲率为$1/R_x$和$1/R_y$,由初始几何缺陷引起的相对于理想壳体中曲面的曲率分别为$1/k_x$、$1/k_y$和$1/k_{xy}$,则产生挠曲变形后的实际曲率分别为

$$\frac{1}{R_x} + w_{,xx} + k_x \qquad \frac{1}{R_y} + w_{,yy} + k_y \qquad w_{,xy} + k_{xy}$$

则平衡方程可表示为

$$D\nabla^4 w = \left(\frac{1}{R_x} + w_{,xx} + k_x\right)F_x + \left(\frac{1}{R_y} + w_{,yy} + k_y\right)F_y + 2(w_{,xy} + k_{xy})F_{xy} + q \tag{10.37}$$

当$1/R_x = 0$时,上式就变成有初始缺陷的圆柱壳的平衡方程;当$1/R_x = 1/R_y = 0$时,上式则变为带初始挠度的板的平衡方程,而在一维情况下,它又退化为带初始挠度的梁的平衡方程,即

$$EI\frac{\mathrm{d}^4 w}{\mathrm{d}x^4} = F_x w_{,xx} + F_x k_x \tag{10.38}$$

上式右端第二项就是由初始挠度引起的,它可以看成是一种横向载荷。由于它的存在,将使压杆的分支点失稳问题转变为纵横弯曲问题。这在材料力学课程中有较详细的介绍和求解。

显然,对于这类带初始缺陷的问题,难以用特征值分析来预测屈曲载荷,而必须跟踪整个载荷——变形历程,从中识别屈曲点,这就要借助于上一节讨论的分析方法。但在实际应用中,结构的缺陷数据(如几何缺陷的大小和分布形式等)往往难以精确获得,一种常用的方法是,根据分析对象的实际情况,采用弹性屈曲模态的线性组合作为假想的初始缺陷,即首先通过特征值分析得到弹性临界载荷和相应的屈曲模态,然后根据屈曲模态的某种线性组合形式设定一定量值和分布的初始缺陷,并加入到有限元模型中进行分析。这种思路是基于,与弹性屈曲模态相似的几何缺陷对于结构的稳定性影响一般最大,这种方法已被写入欧洲钢壳结构稳定性设计标准。有时结构的初始几何缺陷也被假设为与结构弹性变形相似的形式。

引入适当的初始缺陷,再结合上一节的弧长法等计算方法,也是分析结构塑性屈曲、局部屈曲的有效方法。

10.5 应用实例

【例 10.1】 我们通过研究图 10.9(a) 所示单向压缩的简支正方形板的稳定性来比较 4 种算法。

解 正方形板临界载荷的 Timoshenko 解为

$$P_{cr} = \frac{4\pi^2 D}{a^2}$$

其中

$$D = Eh^3/12(1 - v^2)$$

式中 a—— 板的边长;

D—— 板的弯曲刚度;

h—— 板厚;

E—— 弹性模量;

v—— 泊松比。

方板屈曲模态为横向位移,有

$$w = A\cos\frac{\pi x}{a}\cos\frac{\pi y}{a}$$

其中,A 为任意幅值。

在数值计算中,令 $a = 2$ m,$h = 0.01$ m。由于对称性,只需分析 1/4 板。采用图 10.9(b) 所示组合板元,并分别划分成 2 × 2 和 3 × 3 网格。由于解曲线比较光滑,加之单元精度较高,故两种模型都是十分精确的。

解析解为

$$P_{cr} = \frac{4\pi^2 D}{a^2} = 90.30 \times 9.8(\text{N/m})$$

对于2 × 2 网格,有

$$P_{cr} = 91.68 \times 9.8(\mathrm{N/m})$$

对于3 × 3 网格,有

$$P_{cr} = 90.43 \times 9.8(\mathrm{N/m})$$

为了得到极值点屈曲路径,在正方形板完好的几何形状上加一个初始缺陷,有

$$\bar{w} = \delta\left(1 - \frac{2x}{a}\right)\left(1 - \frac{2y}{a}\right)$$

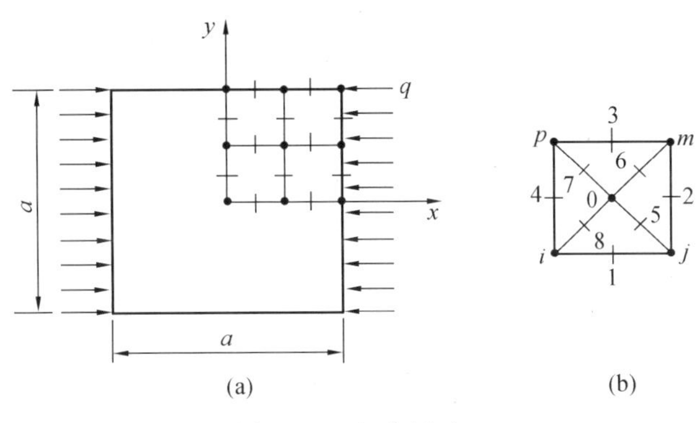

图 10.9　组合板元

由于已知无初始缺陷的精确临界载荷为$P_{cr}=90.30\times 9.8(\mathrm{N/m})$,故对有初始缺陷的临界载荷就可分为5个增量步来探求,并且每一增量步取$20\times 9.8(\mathrm{N/m})$。如果预先知道极值点(或屈曲点)会出现在哪个增量步上,就会给计算带来很大的方便。然而一般是无法知道的,因为它与结构对初始缺陷的敏感度有关。无论δ(即初始缺陷的最大值)取什么值(当然应符合工程实际),用哪一种增量法都可以计算出前屈曲路径和后屈曲路径。至于用哪种方法来过渡极值点较好,则与δ的取值十分有关。

例如,当$\delta = h\times 0.1\%$时,采用当前刚度参数法,在$0.05 \leqslant |S_p| \leqslant 0.10$时,只需经过1次细分迭代计算,即可从极值点漂移过去,如图10.10中的平衡路径①所示,若采用其他3种方法都没有得到更好的效果。

当$\delta = h\times 1\%$时,也可用能量参数法,但没有给定位移(取$\Delta u = 0.35\times 10^{-3}$长度单位)法和弹簧法的效果好,而给定路径弧长法的效果为最差,从计算出的结果(即从图10.10中的平衡路径②)来看,由于屈曲前后的平衡路径的非线性程度都较低,故出现这种情况是很自然的。

当$\delta = h\times 10\%$时,除给定路径弧长法外,其他3种方法的效果都较好,但能量参数法中的能量参数控制范围还可放松,如取$S_p = 0.064 \sim 0.15$,亦可得到图10.10中的平衡路径③。

事实上,对图10.9(a)所示板结构的稳定性,可以直接采用修正的牛顿 - 拉斐逊法,分5个增量步计算。当在某一增量步中发生屈曲(即得不到结果,或结果反常)或在某一增量步中非线性程度很严重时,再进一步做直接细分迭代计算,同样可以得到图10.10所示的3种平衡路径。对平衡路径①,需再细分5次迭代,而对②、③则需再细分4 ~ 5次迭代。

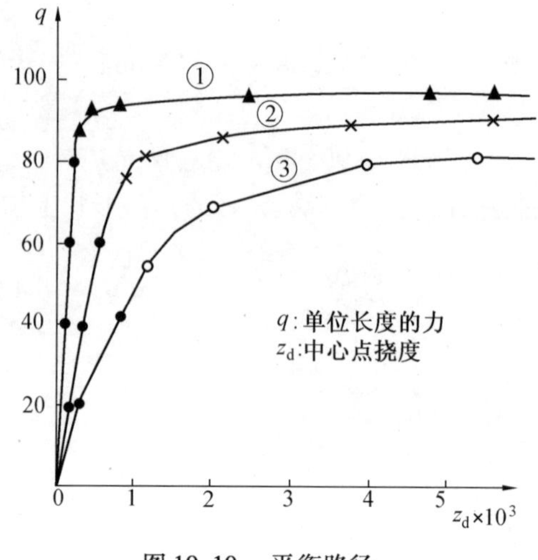

图 10.10 平衡路径

以上计算能够较顺利地进行,主要是由于对结构的稳定性态比较了解。由此可见,在稳定计算前对结构的稳定性态做必要的分析了解是十分重要的。

此外,从图中可以看出,当$\delta = h \times 0.1\%$时,方板的承压能力(即刚度)是在很短时间内丧失的;当$\delta = h \times 1\%$,$\delta = h \times 10\%$时,即δ增加时,失去承压能力的过程就变得缓慢了。还可看出,平衡路径随δ的变化,即①→②→③的变化,也正好说明方板承压能力对缺陷是十分敏感的。

第11章 接触问题

物体间的接触和碰撞在工程和生活中是经常可见的现象,如各种传动、连接机构(例如螺栓、轴承、凸轮、链轮与齿轮传动、发动机活塞和气缸的接触等),金属塑性加工中工件与磨具接触、碰撞,列车轮轨之间的接触,汽车的碰撞,飞行物对结构的冲击等。在接触问题中,由于接触界面的未知性及接触状态的复杂性,使得接触边界呈现高度非线性,同时,接触问题常伴随材料的非线性和大变形,使得接触问题的分析更为复杂。

11.1 接触问题的数学描述

接触问题的边界非线性主要表现在两个方面:一是接触表面的变化,即接触表面的区域和位置在接触运动中是不断改变的而且难以事先预知;二是接触面的接触条件如变形、摩擦表现的非线性。随着接触边界条件的改变,接触表面可能在滑动、黏结、分离状态之间相互转变,同时接触载荷也随之不断变化,因此,对接触问题的分析十分困难。而随着计算机技术的发展和有限元理论的完善,有限元方法已成为分析接触问题的有效工具。

描述接触问题的数学模型,包括平衡方程、几何方程、本构方程以及给定的边界条件及初始条件,还有接触表面的接触边界条件,主要为不可贯入条件和接触面摩擦条件。为了给出接触面边界条件的数学描述,可按照休斯(Hughes)方法建立描述接触坐标系和接触条件。

图11.1表示某时刻物体A和物体B发生接触,Ω^A和Ω^B分别表示其构形,S^A和S^B分别表示其边界,S^C表示A和B共有的接触边界,显然,$S^C=S^A\cap S^B$。为方便起见,定义物体A为接触体,物体B为目标体,S_C^A为从接触面,S_C^B为主接触面。接触面上相互接触的两点称为接触点对,并分别称为从接触点和主接触点。

在目标体B的接触面上任意一点Q建立局部坐标系,单位向量$\boldsymbol{e}_1$、$\boldsymbol{e}_2$位于接触体A和目标体B的公切面上,$\boldsymbol{e}_3$与Q点法线重合,设单位法向量为$\boldsymbol{n}^B$,有

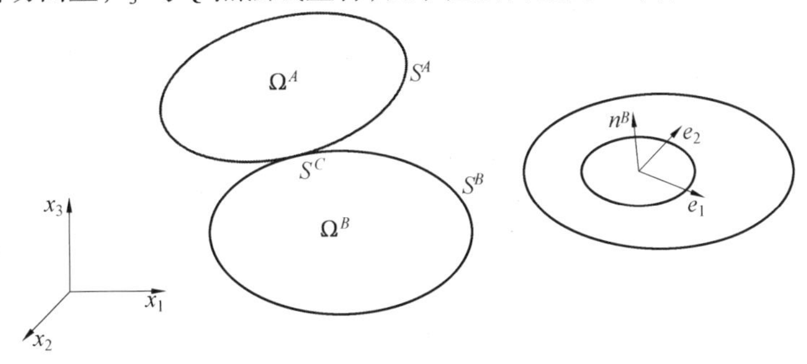

图11.1 接触界面局部坐标

$$\boldsymbol{n}^B = \boldsymbol{e}_3 = \boldsymbol{e}_1 \times \boldsymbol{e}_2 \tag{11.1}$$

根据接触问题的特点,接触边界条件通常用法向接触和切向接触条件来描述。

(1) 法向接触条件

法向接触条件用来判定接触物体的接触与否的条件,并用不可贯入条件约束接触表面的接触点的法向位移。不可贯入条件是指两接触物体在运动过程中不允许相互侵入的条件。

如图 11.2 所示,接触面 S_C^A 上任意一点 P 坐标为 x_P^A,目标面 S_C^B 上任意一点 Q 坐标为 x_Q^B,则两点距离在 $\boldsymbol{n}^B$ 上的分量为

$$g_{\mathrm{N}} = (x_P^A - x_Q^B) \cdot \boldsymbol{n}^B \geqslant 0 \tag{11.2}$$

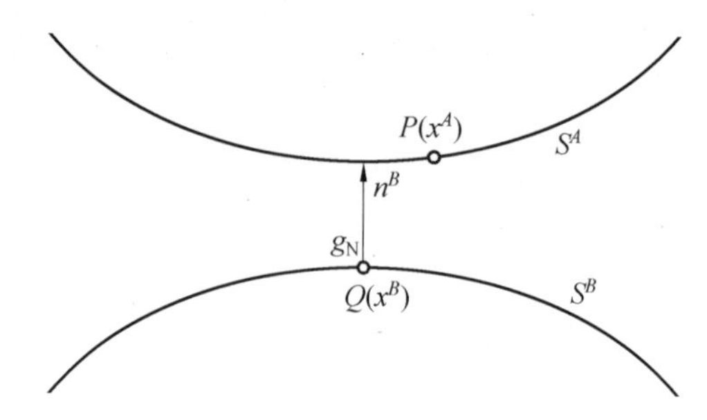

图 11.2　接触点对及其距离

另外,在不考虑接触面间黏附或冷焊情况下,法向接触力 F_{N}^B 为压力,有

$$F_{\mathrm{N}}^B \leqslant 0 \tag{11.3}$$

根据作用力与反作用力大小相等原则,法向接触力 F_{N}^A 为

$$F_{\mathrm{N}}^A = - F_{\mathrm{N}}^B \geqslant 0 \tag{11.4}$$

(2) 切向接触条件

切向接触条件是来判断接触物体接触面的接触状态,用来描述切向接触力。

如果接触物体间摩擦可忽略不计,可采用无摩擦模型,即切向接触力为零

$$F_{\mathrm{T}}^B = F_{\mathrm{T}}^A \equiv 0 \tag{11.5}$$

如果考虑接触摩擦,则切向接触力主要取决于采用的摩擦模型,工程分析中经常采用库伦(Coulumb)摩擦模型。根据 Coulumb 摩擦模型,如果接触摩擦系数为 μ,切向接触力即摩擦力 $|F_{\mathrm{T}}^A| \leqslant \mu |F_{\mathrm{N}}^A|$。

如果两接触面间无相对滑动,即相对切向速度 $\bar{v}_{\mathrm{T}}$ 为零,则切向接触条件为

$$\bar{v}_{\mathrm{T}} = v_{\mathrm{T}}^A - v_{\mathrm{T}}^B = 0 \qquad |F_{\mathrm{T}}^A| < \mu |F_{\mathrm{N}}^A| \tag{11.6}$$

如果两接触面间相对滑动 $\bar{v}_{\mathrm{T}} \neq 0$,则有

$$\bar{v}_{\mathrm{T}} \cdot F_{\mathrm{T}}^A = (v_{\mathrm{T}}^A - v_{\mathrm{T}}^B) \cdot F_{\mathrm{T}}^A < 0 \qquad |F_{\mathrm{T}}^A| = \mu |F_{\mathrm{N}}^A| \tag{11.7}$$

在 Coulumb 摩擦模型中,摩擦力从无到有有一阶跃变化,会造成有限元迭代计算中收敛困难,实际计算中常采用规则化的替代模型,即

$$F_{\mathrm{T}}^{A}=-\mu\left|F_{\mathrm{N}}^{A}\right|\frac{2}{\pi}\mathrm{arctg}\left(\frac{\bar{v}_{\mathrm{T}}}{c}\right)e^{\mathrm{T}} \tag{11.8}$$

其中 e^{T} 是切向相对滑动的方向，$e^{\mathrm{T}}=\dfrac{\bar{v}_{\mathrm{T}}}{|\bar{v}_{\mathrm{T}}|}$。$c$ 是控制参数，c 值越小，规则化的替代模型越接近 Coulumb 摩擦模型，如图 11.3 所示。

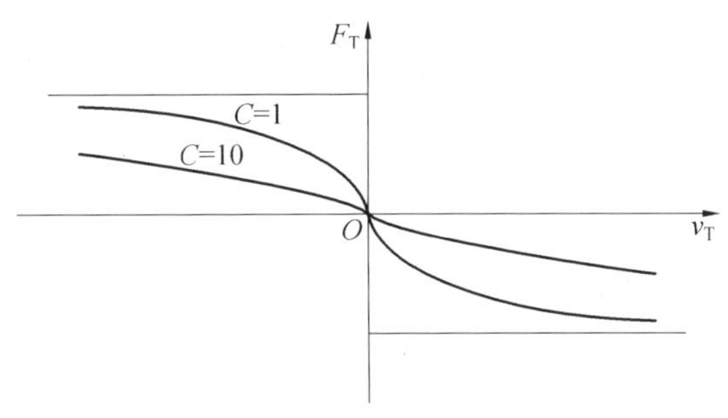

图 11.3　规则化摩擦模型

11.2　接触问题求解原理

由于接触问题通常随时间变化，伴随着材料非线性、几何非线性和接触边界条件非线性，并且接触界面和接触状态的事先未知性，因此，接触问题的求解通常采用增量方法，以 t 时刻构形为参考构形，求解 $t+\Delta t$ 时刻构形。为了适应增量方法，接触边界条件也相应采用增量形式。

11.2.1　接触条件的增量形式

(1) 法向接触条件增量形式

如果 t 时刻构形已知，则 $t+\Delta t$ 时刻的不可贯入条件可表示为

$$^{t+\Delta t}g_{\mathrm{N}}=(^{t+\Delta t}x^{A}-{}^{t+\Delta t}x^{B})\cdot{}^{t+\Delta t}\boldsymbol{n}^{B}\geqslant 0 \tag{11.9}$$

如果 t 时刻到 $t+\Delta t$ 时刻的位移增量分别为 Δu^{A}、Δu^{B}，则有

$$^{t+\Delta t}x^{A}={}^{t}x^{A}+\Delta u^{A}\quad {}^{t+\Delta t}x^{B}={}^{t}x^{B}+\Delta u^{B} \tag{11.10}$$

将公式(11.10) 带入公式(11.9) 得

$$\begin{aligned}^{t+\Delta t}g_{\mathrm{N}}&=(\Delta u^{A}-\Delta u^{B})\cdot{}^{t+\Delta t}\boldsymbol{n}^{B}+({}^{t}x^{A}-{}^{t}x^{B})\cdot{}^{t+\Delta t}\boldsymbol{n}^{B}=\\&\Delta u_{\mathrm{N}}^{A}-\Delta u_{\mathrm{N}}^{B}+{}^{t}g_{\mathrm{N}}\geqslant 0\end{aligned} \tag{11.11}$$

其中 $\Delta u_{\mathrm{N}}^{A}$、$\Delta u_{\mathrm{N}}^{B}$ 分别是从接触点、主接触点在 $^{t+\Delta t}\boldsymbol{n}^{B}$ 上的分量，$^{t}g_{\mathrm{N}}$ 是从接触点、主接触点 t 时刻的距离在 $^{t+\Delta t}\boldsymbol{n}^{B}$ 上的分量，即

$$\left.\begin{aligned}\Delta u_{\mathrm{N}}^{A}&=\Delta u^{A}\cdot{}^{t+\Delta t}\boldsymbol{n}^{B}\\\Delta u_{\mathrm{N}}^{B}&=\Delta u^{B}\cdot{}^{t+\Delta t}\boldsymbol{n}^{B}\\{}^{t}g_{\mathrm{N}}&=({}^{t}x^{A}-{}^{t}x^{B})\cdot{}^{t+\Delta t}\boldsymbol{n}^{B}\end{aligned}\right\} \tag{11.12}$$

一般情况下,${}^{t+\Delta t}\boldsymbol{n}^B$ 是依赖于位移而变化的。在实际计算中,可采取近似方法进行处理:在每次迭代过程中,对${}^{t+\Delta t}g_N$ 进行微分或变分计算时,假定${}^{t+\Delta t}\boldsymbol{n}^B$ 为常量,在迭代求解后,根据新的位移值计算出新的${}^{t+\Delta t}\boldsymbol{n}^B$ 代替原来的数值,进行下次迭代计算。

(2) 切向接触条件增量形式

两接触面间黏结无相对滑动时,$t+\Delta t$ 时刻切向接触条件为

$$\Delta\bar{u}_T = \Delta u_T^A - \Delta u_T^B = 0 \quad |{}^{t+\Delta t}F_T^A| < \mu |{}^{t+\Delta t}F_N^A| \tag{11.13}$$

其中 Δu_T^A、Δu_T^B 分别为从、主接触点在 t 时刻到 $t+\Delta t$ 时刻的切向位移增量。

两接触面间有相对滑动时,有

$$\Delta\bar{u}_T = \Delta u_T^A - \Delta u_T^B \neq 0 \quad |{}^{t+\Delta t}F_T^A| = \mu |{}^{t+\Delta t}F_N^A| \tag{11.14}$$

并且

$$(\Delta u_T^A - \Delta u_T^B)\cdot {}^{t+\Delta t}F_T^A < 0$$

11.2.2 接触问题的虚位移原理

与几何非线性问题相比,接触问题增加了接触边界上的虚功增量,$t+\Delta t$ 时刻接触问题 U.L 格式的虚功方程可表示为

$$\int_\Omega ({}^t\sigma_{ij} + \Delta S_{ij})\,\delta E_{ij}\mathrm{d}\Omega - \delta W_L - \delta W_I - \delta W_C = 0 \tag{11.15}$$

其中 δW_I 为惯性力的虚功增量,δW_C 为接触边界上接触力的虚功增量。

$$\delta W_I = -\int_\Omega^{t+\Delta t} \rho\, {}^{t+\Delta t}\ddot{u}\,\delta\Delta u_i\,\mathrm{d}\Omega \tag{11.16}$$

$$\delta W_C = \int_{S_C^A}^{t+\Delta t} F_i^A \delta\Delta u_i^A \mathrm{d}S + \int_{S_C^B}^{t+\Delta t} F_i^B \delta\Delta u_i^B \mathrm{d}S = \int_{S_C}^{t+\Delta t} F_i^A (\delta\Delta u_i^A - \delta\Delta u_i^B)\,\mathrm{d}S \tag{11.17(a)}$$

或写为

$$\delta W_C = \int_{S_C^A}^{t+\Delta t} F_j^A \delta\Delta u_j^A \mathrm{d}S + \int_{S_C^B}^{t+\Delta t} F_j^B \delta\Delta u_j^B \mathrm{d}S = \int_{S_C}^{t+\Delta t} F_j^A (\delta\Delta u_j^A - \delta\Delta u_j^B)\,\mathrm{d}S \tag{11.17(b)}$$

其中,下标为 i 的变量是沿局部坐标轴的分量;下标为 j 的变量是沿整体坐标轴的分量。

11.3 接触问题的有限元求解列式

在有限元分析中,根据公式(11.15)可见,接触边界上的接触力可以按照虚功等效原则转化为单元的等效结点载荷,接触力的等效结点载荷对单元的虚功仍可用 δW_C 表示。而对于接触位移边界条件,与一般边界上给定的位移条件不同。对于给定的位移边界条件,可以直接引入到整体刚度方程中求解,而接触位移边界条件是不等式约束,难以直接引入到整体刚度方程中。实际上,接触问题的就是带不等式约束条件的泛函问题,可采用

Lagrange 乘子法、罚函数等方法将接触位移边界条件引入到泛函中进行求解。

11.3.1 接触问题的泛函弱形式

如上节所述,接触问题的位移边界条件需要通过相应的算法引入到系统泛函中进行求解,,由此可构造相应的泛函为

$$\Pi = \Pi_u + \Pi_G \tag{11.18}$$

其中 Π_u 为系统势能,即

$$\Pi_u = U - W_L - W_I \tag{11.19}$$

式中 U、W_L、W_I 分别为应变能、外力功和惯性力做的功。

Π_G 为相应于不同算法的接触位移约束项,不同算法有不同的表达形式。

如采用 Lagrange 乘子法,Π_G 可写为

$$\Pi_G = \Pi_{GL} = \int_{S_c} \boldsymbol{\Lambda}^T \boldsymbol{g} \mathrm{d}s \tag{11.20}$$

其中 $\boldsymbol{\Lambda} = [\lambda_1 \quad \lambda_2 \quad \lambda_3]^{\mathrm{T}}$ 为 Lagrange 乘子,$\boldsymbol{g} = [g_1 \quad g_2 \quad g_3]^{\mathrm{T}}$ 为接触间隙矢量。

采用罚函数法时,Π_G 为

$$\Pi_G = \Pi_{GP} = \frac{1}{2}\int_{S_c} \boldsymbol{\alpha g}^{\mathrm{T}} \boldsymbol{g} \mathrm{d}s \tag{11.21}$$

其中 $\boldsymbol{\alpha} = \begin{bmatrix} \alpha_1 & & \\ & \alpha_2 & \\ & & \alpha_3 \end{bmatrix}$,或采用相同的惩罚因子。

根据最小势能原理,问题的解为公式(11.18) 泛函的极值条件,有

$$\delta\Pi = \delta\Pi_u + \delta\Pi_G = 0 \tag{11.22}$$

其中 $\delta\Pi_u$ 与非接触问题的形式相同。

$$\delta\Pi_{GL} = \int_{S_c} \delta\boldsymbol{\Lambda}^{\mathrm{T}} \boldsymbol{g} \mathrm{d}s + \int_{S_c} \boldsymbol{\Lambda}^{\mathrm{T}} \delta\boldsymbol{g} \mathrm{d}s \tag{11.23}$$

$$\delta\Pi_{GP} = \int_{S_c} \boldsymbol{\alpha g}^{\mathrm{T}} \delta\boldsymbol{g} \mathrm{d}s \tag{11.24}$$

11.3.2 有限元求解列式

将接触物体离散为有限单元之后,整体坐标系下接触点对的间隙量可以用相应节点位移和初始间隙来表示

$$\boldsymbol{g} = \boldsymbol{N u} + \boldsymbol{g}^0 \tag{11.25}$$

其中,$\boldsymbol{u}$ 为接触点对之间相对位移;$\boldsymbol{g}^0$ 为初始间隙。

对于 Lagrange 乘子法,其乘子在单元一级进行离散后,需将其从局部坐标系转换到整体坐标系,即

$$\boldsymbol{\Lambda} = \boldsymbol{L\lambda} \tag{11.26}$$

其中,$\boldsymbol{\lambda}$ 为接触单元相关节点处乘子列阵,相应于接触内力列阵。

从而式(11.23) 和式(11.24) 写成矩阵形式,即

$$\delta \Pi_{GL} = \boldsymbol{\lambda}^{\mathrm{T}} \boldsymbol{B} \delta \boldsymbol{u} + \delta \boldsymbol{\lambda}^{\mathrm{T}} (\boldsymbol{B} \boldsymbol{u} + \boldsymbol{\gamma}_L) \tag{11.27}$$

$$\delta \Pi_{GP} = \alpha (\boldsymbol{u}^{\mathrm{T}} \boldsymbol{K}_P + \boldsymbol{\gamma}_P^{\mathrm{T}}) \delta \boldsymbol{u} \tag{11.28}$$

其中

$$\boldsymbol{B} = \sum_e \int_{S_c^e} \boldsymbol{L}^{\mathrm{T}} \boldsymbol{N} \mathrm{d}s$$

$$\boldsymbol{K}_P = \sum_e \int_{S_c^e} \boldsymbol{N}^{\mathrm{T}} \boldsymbol{N} \mathrm{d}s, \boldsymbol{\gamma}_L = \sum_e \int_{S_c^e} \boldsymbol{L}^{\mathrm{T}} \boldsymbol{g}^0 \mathrm{d}s$$

$$\boldsymbol{\gamma}_P^{\mathrm{T}} = \sum_e \int_{S_c^e} \boldsymbol{N}^{\mathrm{T}} \boldsymbol{g}^0 \mathrm{d}s$$

这样,式(11.22)写成离散化后的有限元整体刚度方程

Lagrange 乘子法

$$\boldsymbol{M}\ddot{\boldsymbol{u}} + \begin{bmatrix} \boldsymbol{K} & \boldsymbol{B}^{\mathrm{T}} \\ \boldsymbol{B} & 0 \end{bmatrix} \begin{bmatrix} \boldsymbol{u} \\ \lambda \end{bmatrix} = \begin{bmatrix} \boldsymbol{R} \\ -\gamma_L \end{bmatrix} \tag{11.29(a)}$$

对于静力分析,有

$$\begin{bmatrix} \boldsymbol{K} & \boldsymbol{B}^{\mathrm{T}} \\ \boldsymbol{B} & 0 \end{bmatrix} \begin{Bmatrix} \boldsymbol{u} \\ \boldsymbol{\lambda} \end{Bmatrix} = \begin{Bmatrix} \boldsymbol{R} \\ -\boldsymbol{\gamma}_L \end{Bmatrix} \tag{11.29(b)}$$

罚函数法

$$\boldsymbol{M}\ddot{\boldsymbol{u}} + (\boldsymbol{K} + \boldsymbol{\alpha} \boldsymbol{K}_P^{\mathrm{T}}) \boldsymbol{u} = \boldsymbol{R} - \boldsymbol{\alpha} \boldsymbol{\gamma}_P \tag{11.30(a)}$$

对于静力分析,有

$$(\boldsymbol{K} + \boldsymbol{\alpha} \boldsymbol{K}_P^{\mathrm{T}}) \boldsymbol{u} = \boldsymbol{R} - \boldsymbol{\alpha} \boldsymbol{\gamma}_P \tag{11.30(b)}$$

如上节所述,在有限元分析时,往往采用增量迭代方法进行计算,在每一迭代步中都需要检测接触点对的接触状态,并将相应的接触界面条件引入到系统方程中,在每一迭代步计算步可归纳如下:

① 根据前一步的计算结果和本计算步的加载条件,假定本计算步初始接触面的区域和接触状态;

② 对接触面上的每点,将不等式约束条件引入系统方程,将其作为定解条件进行求解;

③ 利用接触界面的校核条件对计算结果进行检查。如果计算结果不违反校核条件,则结束本计算步的求解,进行下一增量步的计算。否则,修正步骤 ① 的假设,重新进行本计算步的搜索和迭代求解,直至计算结果满足校核条件。

接触问题计算中,对接触点对的搜索是主要任务之一,其在计算过程中主要需要完成两种情况的搜索:一是还没有接触的从结点在下一迭代步中是否与主接触面接触,如果接触,则确定其接触位置;二是对已经处于接触状态的从结点在下一迭代步中进行接触检查,确定其接触状态,如果接触,则确定其新的接触位置。

11.4 应用实例

【例 11.1】 以两长圆柱体弹性接触问题为例,这是一经典 Hertz 接触弹性问题。两

圆柱体直径均为100 mm,圆柱体弹性模量为210 000 MPa,泊松比为0.3,不考虑摩擦,所受压力为2 000 N。

解 本问题可简化为平面应变问题,网格划分如图11.4所示。图11.5给出了有限元计算结果与Hertz理论界的对比,图中p_{max}为弹性接触的最大压应力,a为接触区宽度的一半,本例中分别为322.055 MPa、0.59 mm。由图11.5可见,对于弹性接触问题,有限元计算结果与理论解符合很好。

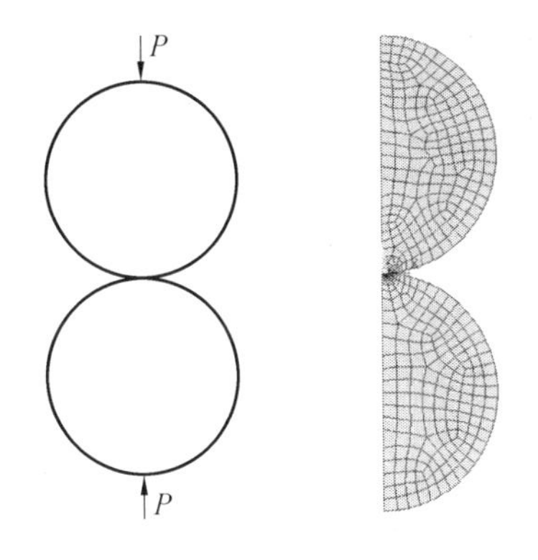

图11.4 两长圆柱体接触问题

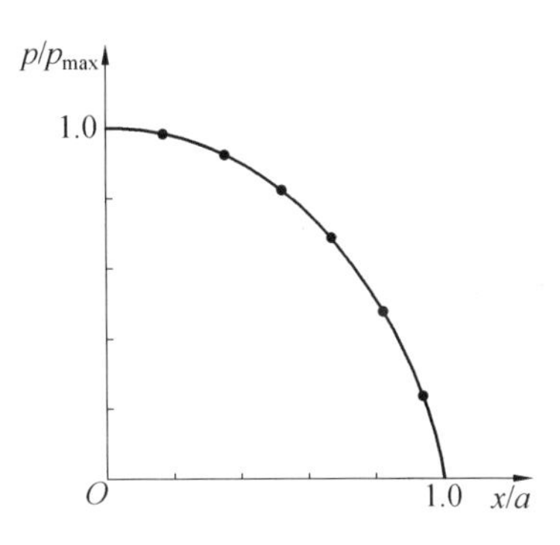

图11.5 两圆柱体接触区压力分布

参 考 文 献

[1] 徐秉业,刘信声. 应用弹塑性力学[M]. 北京:清华大学出版社,1995.

[2] 杨桂通. 弹性力学[M]. 北京:高等教育出版社,1998.

[3] 谢贻权,何福保. 弹性和塑性力学中的有限单元法[M]. 北京:机械工业出版社,1981.

[4] 郭乙木. 线性与非线性有限元及其应用[M]. 北京:机械工业出版社,2004.

[5] 王勖成,邵敏. 有限单元法基本原理和数值方法[M]. 北京:清华大学出版社,1997.

[6] 王勖成. 有限单元法[M]. 北京:清华大学出版社,2003.

[7] 朱伯芳. 有限单元法原理与应用[M]. 北京:中国水利水电出版社,1998.

[8] ZIENKIEWICZ O C , TAYLOR K L. The finite element method [M]. 5th ed. New York: McGraw-Hill Inc. ,1987.

[9] 蒋友谅. 非线性有限元法[M]. 北京:北京工业大学出版社,1988.

[10] 薛守义. 有限单元法[M]. 北京:中国建材工业出版社,2005.

[11] 宋天霞. 非线性结构有限元计算[M]. 武汉: 华中理工大学出版社,1990.

[12] 殷有泉. 固体力学非线性有限元引论[M]. 北京: 北京大学出版社,1987.

[13] 吴鸿庆,任侠. 结构有限元分析[M]. 北京:中国铁道出版社,2000.

[14] 何蕴增. 非线性固体力学及其有限元法[M]. 哈尔滨:哈尔滨工程大学出版社,2007.

[15] 颜云辉. 结构分析中的有限单元法及其应用[M]. 沈阳: 东北大学出版社,2000.